石油高职高专规划教材

井下作业

(第二版·富媒体)

蔡宝君　白瑞义　主编

石油工业出版社

内容提要

本书内容包括井结构、井下作业设备及工具等基础知识,着重介绍了常规作业施工工序、试油与试气、酸处理、水力压裂、检泵作业、查封窜、解卡打捞、防砂、套管检测及修复等工艺技术。全书根据职业教育培养技术技能型人才的特点,注重强化学生的基础理论,使学生建立工程施工的思维和逻辑,培养学生的技能操作能力和分析问题、解决问题能力,为学生成为技术技能型人才打下基础。

本书可作为高职高专院校石油工程技术、油气开采技术等油气生产相关专业学生的教材,也可作为各油田生产单位作业技能人员和技术人员的培训教材及参考书。

图书在版编目(CIP)数据

井下作业:富媒体/蔡宝君,白瑞义主编. —2版. —北京:石油工业出版社,2020.6
石油高职高专规划教材
ISBN 978-7-5183-4029-3

Ⅰ.①井… Ⅱ.①蔡… ②白… Ⅲ.①井下作业(油气田)—高等职业教育—教材 Ⅳ.①TE358

中国版本图书馆 CIP 数据核字(2020)第 085886 号

出版发行:石油工业出版社
　　　　　(北京市朝阳区安华里2区1号楼　100011)
　　　　　网　　址:www.petropub.com
　　　　　编辑部:(010)64250091
　　　　　图书营销中心:(010)64523633　　(010)64523731
经　　销:全国新华书店
排　　版:北京密东文创科技有限公司
印　　刷:北京中石油彩色印刷有限责任公司

2020年6月第2版　2020年6月第1次印刷
787毫米×1092毫米　开本:1/16　印张:19.75
字数:485千字

定价:48.80元
(如发现印装质量问题,我社图书营销中心负责调换)
版权所有,翻印必究

第二版前言

山东胜利职业学院在近年的发展过程中，除承担高等职业教育教学工作外，还承担了中国石油化工集团有限公司尤其是胜利油田分公司大量井下作业技能操作人员和技术人员的岗位培训任务。因此，学院石油工程技术专业教师一直在思考如何编写一本教材将职业教育学生在技术技能方面的培养与企业的需求做到无缝对接。编写的教材既能够满足职业院校学历教育的需要，又能满足石油企业对在岗人员培训的需要。基于以上考虑编写了本教材。

本书以井下作业专业职业教育和培训为出发点，打破了过去传统教材的学科性编写模式，从现场施工中遇到的问题出发，使本书更具实用性。在教学内容的选择上，注重知识的科学性、系统性、先进性和实用性，注重应用专业理论知识分析和解决实际生产问题。

在本书编写之前，进行了广泛的走访、调研，征求了技能操作人员、技术人员、一线教学老师和培训专家的意见，经过反复研究，确定了本书的结构和内容。在编写过程中，胜利油田人力资源处和作业管理中心给予了大力支持。

本书是在孙树强主编的《井下作业》的基础上进行修订的，由山东胜利职业学院蔡宝君和胜利油田分公司技能大师白瑞义担任主编。具体编写分工如下：蔡宝君负责编写第一章、第三章、第四章、第五章、第六章、第七章、第八章、第十一章和附录部分内容；白瑞义负责编写第二章、第九章和第十章内容。

第一版主编孙树强教授对本书内容进行了审定和把关，在此表示衷心感谢！

由于编写人员水平有限，书中难免有不当之处，敬请广大读者批评指正。

编者
2020 年 3 月 20 日

第一版前言

2005年8月,在山东胜利职业学院召开了石油高职高专规划教材编写提纲审定会,本教材就是根据这次教材编写提纲审定会的要求,由山东胜利职业学院等六所院校共同编写的。在教材编写过程中遵循的原则是:

(1) 高职高专教育属于高等教育,教材应突出高层次性,应具有一定的先进性;

(2) 根据高职高专培养目标的要求,教材应突出应用性,从高等应用性职业的实际需要出发,做到理论联系实际,提高学生的动手能力;

(3) 为了学生以后的继续学习,高职高专教材与本科教材应具有可衔接性;

(4) 创新教材内容,与工人技能鉴定与培训结合起来,突出教材的广泛性。

本教材共分十三章,内容包括:完井、井下作业设备及工具、试油与试气、水力压裂技术、酸处理技术、油水井维修及事故处理、套管修理、侧钻工艺技术、油水井窜通、找漏堵漏工艺、防砂、防蜡及堵水、保护油气层技术简介和HSE管理等方面的基础知识、基础理论和基本技能。

共有六所院校的老师参与了本教材的编写工作,编写分工如下:

辽河石油职业技术学院王正东编写第一章,韩书红编写第十一章;大庆职业学院郭伟编写第二章、第十三章;渤海石油职业学院郑文清编写第三章(郭桥儒参与编写第三节),杨伟编写第八章;天津石油职业技术学院李建铭、韩永辉编写第四章,李建铭、徐建功编写第十章;天津工程职业技术学院苏春涛编写第五章、第七章;山东胜利职业学院孙树强编写第六章、第十二章,刘科峰编写第九章。

山东胜利职业学院孙树强担任本教材的主编。渤海石油职业学院郑文清和大庆职业学院郭伟为副主编。山东胜利职业学院于云琦为本教材的主审,对本书提出了许多宝贵的意见。

本书可作为高职高专院校井下作业技术专业学生的教科书,也可作为相关专业技术人员技术培训及高级技工的参考用书。

由于时间短,编者水平有限,如有错误和不妥之处,恳请广大读者批评指正。

编者

2006年4月

目 录

第一章 井的结构 … 1
- 第一节 井身结构及完井方法 … 1
- 第二节 井口装置 … 11
- 思考题 … 19

第二章 井下作业设备及工具 … 20
- 第一节 通井机 … 20
- 第二节 修井机 … 21
- 第三节 井架 … 25
- 第四节 循环冲洗设备 … 33
- 第五节 修井辅助设备 … 37
- 第六节 修井地面工具 … 39
- 第七节 井下作业控制装置 … 51
- 思考题 … 60

第三章 常规作业施工工序 … 61
- 第一节 管柱准备与起下管柱 … 61
- 第二节 通井 … 64
- 第三节 试压 … 66
- 第四节 压井 … 67
- 第五节 洗井 … 71
- 第六节 探砂面及冲砂 … 72
- 第七节 套管刮削 … 78
- 第八节 清蜡 … 81
- 第九节 填砂 … 83
- 第十节 常规打水泥塞技术 … 84
- 第十一节 钻水泥塞 … 87
- 第十二节 射孔 … 89
- 思考题 … 97

第四章 试油与试气 … 99
- 第一节 试油 … 99
- 第二节 试气 … 109
- 思考题 … 112

第五章 酸处理技术 … 113
- 第一节 碳酸盐岩地层盐酸处理 … 113
- 第二节 酸及添加剂 … 117
- 第三节 砂岩油气层的土酸处理 … 123

第四节　酸化工艺技术	126
思考题	132

第六章　水力压裂技术 … 133
　　第一节　压裂液 … 133
　　第二节　支撑剂 … 136
　　第三节　压裂现场施工 … 138
　　思考题 … 142

第七章　检泵作业 … 143
　　第一节　检泵的原因及分类 … 143
　　第二节　抽油机有杆泵检泵 … 144
　　第三节　地面驱动螺杆泵检泵 … 152
　　第四节　电潜泵检泵 … 159
　　第五节　水力活塞泵检泵 … 166
　　思考题 … 172

第八章　查封窜工艺技术 … 173
　　第一节　油水井窜通 … 173
　　第二节　查窜工艺 … 174
　　第三节　封窜工艺 … 180
　　第四节　验窜 … 185
　　思考题 … 185

第九章　解卡打捞工艺技术 … 186
　　第一节　卡钻类型、原因及预防措施 … 186
　　第二节　解卡工艺技术 … 190
　　第三节　打捞作业 … 199
　　思考题 … 223

第十章　防砂工艺技术 … 224
　　第一节　油气井出砂机理及危害 … 224
　　第二节　化学防砂 … 226
　　第三节　机械防砂 … 232
　　思考题 … 244

第十一章　套管检测及修复技术 … 246
　　第一节　套管损坏的原因及预防 … 246
　　第二节　井筒技术状况检测 … 253
　　第三节　套管整形技术 … 266
　　第四节　套管补贴和加固技术 … 275
　　第五节　取换套工艺技术 … 284
　　思考题 … 295

附录　常用名词解释 … 296

参考文献 … 306

富媒体资源目录

序号	名　　称	页码
1	视频 1-1　井口装置及井身结构	1
2	彩图 1-1　电泵井井口装置	11
3	视频 1-2　安装井口装置操作	14
4	彩图 1-2　采气树	18
5	彩图 1-3　抽油机井井口装置	18
6	彩图 2-1　蓄能修井机	25
7	视频 2-1　水龙头	36
8	视频 2-2　天车	40
9	视频 2-3　操作管钳上卸油管	45
10	视频 2-4　操作液压油管钳上卸油管	48
11	视频 3-1　起油管操作	63
12	视频 3-2　下油管操作	64
13	视频 3-3　套管通井规	65
14	视频 3-4　测量压井液密度	68
15	视频 3-5　测量压井液黏度	68
16	视频 3-6　洗压井	72
17	视频 3-7　接洗压井地面管线	72
18	视频 3-8　冲砂操作	73
19	视频 3-9　套管刮削操作	80
20	视频 3-10　高能复合射孔 HEPF	89
21	视频 4-1　一次替喷	100
22	视频 4-2　二次替喷	101
23	视频 5-1　酸化解堵	129
24	彩图 6-1　压裂施工管汇	139
25	视频 7-1　普通管式抽油泵	146
26	视频 7-2　普通杆式抽油泵	146
27	视频 7-3　螺杆泵工作原理	152
28	视频 7-4　电潜泵	159
29	视频 9-1　公锥	202

序号	名　　称		页码
30	视频 9-2	NC31 母锥	203
31	视频 9-3	可退捞矛	203
32	视频 9-4	篮式卡瓦捞筒	204
33	视频 9-5	卡瓦捞筒	205
34	视频 9-6	开窗捞筒	206
35	视频 9-7	接箍捞矛	207
36	视频 9-8	滑块捞矛	209
37	视频 9-9	倒扣捞矛	210
38	视频 9-10	不可退抽油杆捞筒	211
39	视频 9-11	活页捞筒	212
40	视频 9-12	三球打捞器	213
41	视频 9-13	内钩	217
42	视频 9-14	磁力打捞器	220
43	视频 9-15	反循环打捞篮	221
44	视频 10-1	不动生产管柱防砂或防塌技术	242
45	视频 10-2	水平井打孔套管充填防砂完井技术	242
46	视频 10-3	海上油井防砂演示	244
47	视频 11-1	铅模打印及描述操作	261
48	彩图 11-1	梨形胀管器	266
49	视频 11-2	偏心辊子整形器	270
50	视频 11-3	平底磨鞋	273
51	视频 11-4	凹底磨鞋	273
52	视频 11-5	取换套技术	284
53	视频 11-6	套铣筒	293

本教材的富媒体资源由蔡宝君提供。若教学需要，可向责任编辑索取，邮箱为 gaojiaofenshe@ vip. 126. com。

第一章 井的结构

第一节 井身结构及完井方法

一、井身结构

在已经钻成的裸眼井内依序下入直径不同、长度不等的几层套管,并分别注入水泥浆封固每层套管与地层之间的环形空间间隙,最终形成轴心线重合的一组套管和水泥环的组合,称为井身结构,具体如图1-1和视频1-1所示。

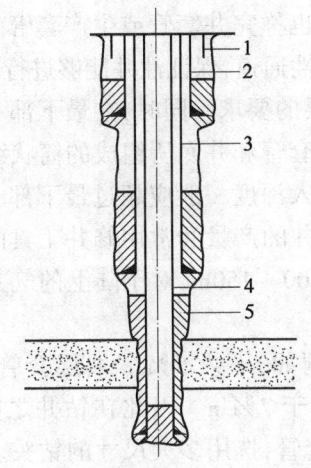

图1-1 井身结构示意图
1—导管;2—表层套管;3—技术套管;
4—油层套管;5—水泥环

视频1-1 井口装置及井身结构

(一)导管

在完整的井身结构中下入的最靠近裸眼井壁的第一层套管称为导管。导管的作用是钻井开始时保护井口附近的地表层不被冲垮,建立起钻井液循环,引导钻具的钻进,保证井眼钻凿的垂直等。对于不同的油田或地层,导管下入的要求也不同。钻井时是否需要下入导管,要依据地表层的坚硬程度与结构状况来确定。下入导管的深度一般取决于地表层的深度,通常为几米到几十米。下导管的方法较简单,把导管对准井位的中心铅垂方向下入,导管与井壁中间填满石子,然后用水泥浆封固牢。

(二)表层套管

在完整的井身结构中下入的第二层套管称为表层套管。表层套管的作用是加固上部疏松岩层的井壁,供井口安装封井器用。表层套管的下入深度一般为几十米到几百米,其管外用水泥浆封固牢,水泥上返至地面。

(三)技术套管

在井身结构中位于表层套管和油层套管之间的套管称为技术套管。技术套管的作用主要是处理钻进过程中遇到的复杂情况,如隔绝上部高压油(气、水)层、漏失层或坍塌层,以保证钻进的顺利进行。技术套管的下入层次应依据钻井过程中遇到地层的复杂程度以及钻井队的技术水平来决定。现场施工中,钻井队为了加速钻进和节省费用,钻进过程中通过采取调整钻井液性能的办法控制复杂层的井喷、坍塌和卡钻等,尽可能不下或少下技术套管,也可以利用加深表层套管等措施来简化井身结构。技术套管的下入层次、深度以及水泥上返高度,以能够封住复杂地层为基本原则。技术套管的技术规范应根据油层套管的规范来确定。

(四)油层套管

油井内最后下入的一层套管称为油层套管,也称完井套管或生产套管。油层套管的作用是封隔住油、气、水层,建立一条封固严密的永久性通道,保证油井能够进行长时期的生产。油层套管下入深度必须满足封固住所有油、气、水层的要求。同时,在最下部一个油层底部要有一个足够的沉砂口袋(即由油层底部未射孔井段套管和井底所组成的筒状结构),以保证油井能进行长时期的安全生产。因此,油层套管的下入深度一般应超过最下部一个油层下界 30m 以上。下入井内的油层套管的技术规范,应依油井的产量和常用修井工具的尺寸来确定。油井的油层套管要求水泥上返到最上部油层以上 100~150m,对于陆上的气井或海上油气井要求水泥上返到地面。

一般井眼直径应比套管外径大 2~3in。例如,下入 $5\frac{3}{4}$in 油层套管的井眼应当使用 $7\frac{3}{4}$in 钻头钻进。若下技术套管,其内径必须大于 $7\frac{3}{4}$in。因此在钻井之前,要设计好油层套管直径的尺寸,以及一口井内需要下入几层套管,选用多大尺寸的钻头。像胜利油田常用的直井井身结构只包括两层套管,假设首先用 $13\frac{3}{4}$in 钻头开钻,下入 $10\frac{3}{4}$in 的表层套管,然后用 $7\frac{3}{4}$in 的钻头钻进,下入 $5\frac{1}{2}$in 的油层套管。

二、完井方法

(一)完井的定义

一口井经过钻凿、固井后,在钻开油层或下入油层套管前必须进行完井设计,然后再进行完井工作。

完井有广义和狭义之分,广义的完井称为完井工程,即现代完井,是建立在对油气储集层的地质结构、储油性质、岩石力学性质和流体性质分析的基础上,研究井筒和生产层的连通关系,追求在井底有全井最小的油气流阻力,使一口井有最大的油气产量和最长的寿命这一目标,达到一口井有最大的效益的这样一门工艺技术,是一项系统工程。狭义的完井即本书中所介绍的完井方法。所谓完井方法,主要包括依据选定的完成方法,做好人工井底,装好井口装置,建立起油气从油气层流至地面的通道,为油气井的正式投产做好准备。

完井工作质量的好坏直接影响到油气井的生产状况及其寿命,关系到整个油气田的合理开发和利用,以至油气田的最终采收率。

目前,完井方法有多种类型,但都有其各自的适用条件和局限性。只有根据油气藏类型和油气层的特性去选择最合适的完井方法,才能有效地开发油气田,延长油气井的寿命并提高其经济效益。

对于不同地层性质、不同类型的井所采取的完井方法是不同的。不论采用哪种方法,都需要满足以下几个方面的要求:

(1)油层和井筒之间应保持最佳的连通条件,油层所受的伤害小;
(2)油层和井筒之间应具有尽可能大的渗流面积,油气流入井筒阻力最小;
(3)应能有效地封隔油、气、水层,防止气窜或水窜,防止层间的相互干扰;
(4)能有效地防止油层出砂,防止井壁坍塌,确保油井长期生产;
(5)能够适应油井自喷、抽油等不同生产阶段的需要,又能适应分层开采工艺的需要;
(6)满足进行压裂、酸化、调剖、堵水等油气层改造措施的要求;
(7)满足油气田开发后期,井网调整的需要;
(8)满足油水井生产晚期,井身结构改造的需要;
(9)工艺简单、先进、安全可靠,成本低。

(二)完井方法的分类

完井方法依据钻开油气层和下入油层套管的先后次序,分为先期完井方法和后期完井方法两种类型。先期完井方法是先下入油层套管再钻开油气层;后期完井方法是先钻开油气层再下入油层套管。

先期完井方法的优点:
(1)排除了钻开油气层时上部地层的干扰,有利于安全钻开油气层和采取保护油气层的措施;
(2)压井液浸泡油层的时间短,减少了钻井液对油气层的侵害。

先期完井方法的缺点:
(1)必须弄清层位,卡准套管鞋位置;
(2)难以避免油层出砂和井壁坍塌给生产带来的影响等。

因此,先期完井方法一般只用于岩性稳定、无气水夹层的单一油层或性质相同的多油气层的井,在碳酸盐裂缝性油气田上应用较广泛。

后期完井方法由于完井液浸泡油层时间长,容易造成储层污染,尤其对低压低渗储层,需要加强对油气层的保护。

根据完井方法的功能不同又分为裸眼完井、射孔完井和复合完井,其中复合完井是指在裸眼完井或射孔完井的基础上,下入防砂工具或构建功能性井底结构,这些完井方法称为复合完井。目前应用最多的复合完井方法是防砂完井。

完井方法根据井型又分为直井和斜井完井、水平井完井。

（三）直井和斜井常见完井方法

1. 裸眼完井

裸眼完井是指钻开的生产层不下入任何套管的完井方法。根据钻开油层的方式不同，裸眼完井又分为先期裸眼完井和后期裸眼完井。

1）先期裸眼完井

先期裸眼完井是当钻井钻至油层顶部后，下入油层套管，注入水泥浆固井。然后，用较小直径的钻头钻开油气层。若油层底部没有水层时，还可以再加深一些进尺作为口袋。完井后，油气层顶部直接与井眼相连通，如图1-2(a)所示。

2）后期裸眼完井

后期裸眼完井是用与正常钻进相同尺寸的钻头钻开油气层，钻达设计深度后再下入油层套管至油层顶部，并对其进行固井，最后裸眼完井，如图1-2(b)所示。

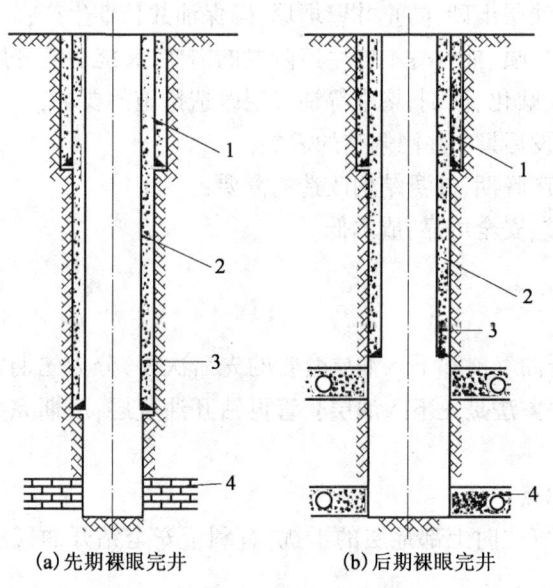

(a)先期裸眼完井　　(b)后期裸眼完井

图1-2　裸眼完井示意图

1—表层套管；2—油层套管；3—固井水泥环；4—油气层

裸眼完井的优点是油层全部裸露，油气流有最大的渗滤面积，而且流线平直，油气流的阻力小，有利于油气开采；同时钻进速度快，成本低。裸眼完井的缺点是井底易坍塌，难以避免层段之间的窜通，不能进行水力压裂作业，生产检测资料不可靠等。选用裸眼完井一般需要同时满足以下条件：

(1)岩性坚硬致密、井壁稳定不坍塌的碳酸盐岩或裂缝型砂岩储集层；

(2)无气顶、无底水、无含水夹层及易塌夹层的储集层；

(3)单一厚储集层，或压力、岩性基本一致的储集层；

(4)不准备实施分隔层段、选择性处理的储集层。

2. 射孔完井

射孔完井是国内外最为广泛和最主要使用的一种完井方式，包括套管射孔完井和尾管射孔完井。

1) 套管射孔完井

套管射孔完井是钻头钻穿油层直至设计井深,然后下套管到油层底部注水泥固井,最后射孔,射孔弹射穿套管、水泥环并穿至油层某一深度,建立起油流通道,如图1-3所示。

2) 尾管射孔完井

尾管射孔完井是在钻头钻至油层顶界后,下套管注水泥固井,然后用小一级的钻头钻穿油层至设计井深,用钻具将尾管送下并悬挂在套管上,再对尾管注水泥固井,然后射孔,如图1-4所示。

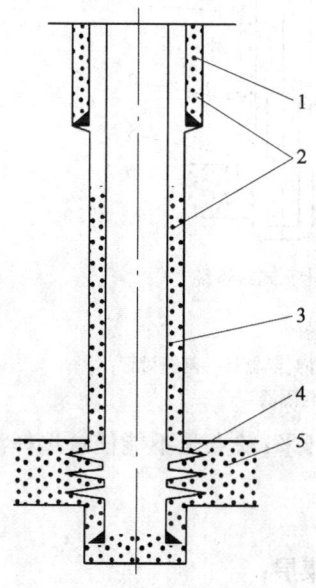
图1-3 套管射孔完井示意图
1—表层套管;2—水泥环;3—油层套管;
4—射孔孔眼;5—油层

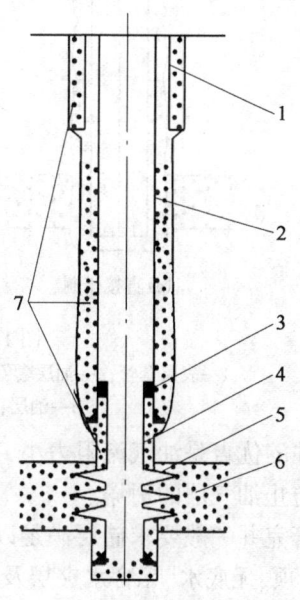
图1-4 尾管射孔完井示意图
1—表层套管;2—技术套管;3—悬挂器;4—尾管;
5—射孔孔眼;6—油层;7—水泥环

射孔完井既可以根据油层压力和物性的差异选择性地射开油层,以避免层间干扰,又可以避开夹层水、底水和气顶,避免夹层的坍塌,具备实施分层注采和选择性压裂或酸化等分层作业的条件。射孔完井的缺点是出油面积小、完善程度较差,对井深和射孔深度要求严格,固井质量要求高,水泥浆可能伤害油气层。射孔完井法理论上适合所有油层状况。

3. 复合完井

1) 衬管完井

衬管完井是当钻井钻至油层顶部时,下入油层套管,注入水泥浆固井。检验固井质量合格后,改换小尺寸钻头钻开油气层。最后,下入适宜的衬管完井。

下入井内的衬管是用带孔眼的管子做成的。衬管孔眼的形状有圆孔和割缝两种,一般采用带圆孔的衬管。对于出砂严重的油井应采用割缝衬管,其防砂效果好。衬管的长度一般依据油层的厚度来确定。衬管的底部应当做成喇叭口形状,以利于起下作业,防止衬管口被撞破。

对于不同的油气层,衬管置于井底的方式应该不同。薄层采用短衬管,衬管直接坐于井底,如图1-5(a)所示。若油气层的厚度大采用长衬管时,需要使用悬挂器将衬管悬挂于套管下部,并用堵塞器来分隔油层与上部井眼的连通。也可以采用卡瓦式封隔器来代替悬挂器和堵塞器,将衬管悬挂固定在油层套管上,并把油层套管与衬管的环形空间堵塞住,如图1-5(b)所示。

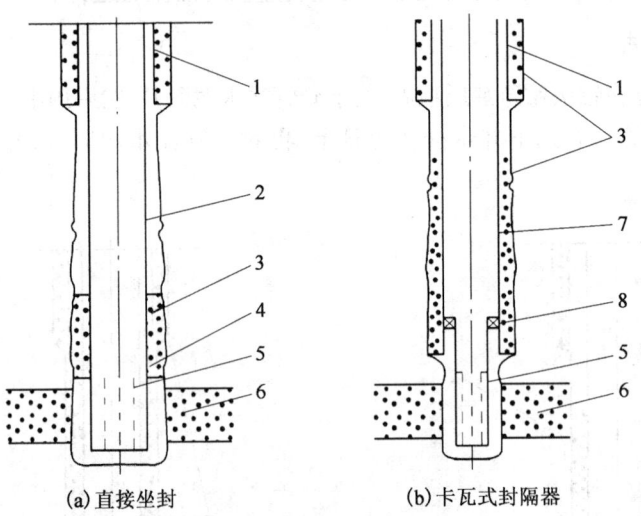

图1-5 衬管完井示意图
1—表层套管;2—油层套管;3—水泥环;4—套管外封隔器;5—割缝衬管;
6—油层;7—技术套管;8—卡瓦封隔器

衬管完井的优点是油气流阻力小,有利于油气层的开采;缺点是不能任意选择油气层位,不能有效地防止油气层的坍塌。

选择衬管完井一般要求储层满足以下条件:
(1)无气顶、无底水、无含水夹层及易坍塌夹层的储集层;
(2)单一厚储集层,或压力、岩性基本一致的多层储集层;
(3)不准备实施分隔层段、选择性处理的储集层;
(4)岩性较为疏松的中砂粒储集层。

2)砾石充填衬管完井

为了克服衬管完井的缺点,对于油层较疏松、出砂严重的油井采用砾石充填衬管完井,即在衬管与井壁环形空间充填一层砾石,以达到支撑井壁防止形成砂堵的目的。根据储层类型不同,可以分为裸眼砾石充填衬管完井和套管砾石充填衬管完井两种方法,如图1-6所示。

裸眼砾石充填衬管完井是在钻开油气层后,用偏心钻头扩眼之后下入衬管,再向衬管与井壁环形空间内充填砾石,携砂液作为介质用循环的方式把砾石携带至衬管与井壁环形空间。套管砾石充填衬管完井是在套管和衬管之间充填砾石,起到滤砂与防砂的目的,也可以采用地面预制法,在地面将砾石衬管制成,然后下入井内。

砾石与衬管在油井生产过程中起到了双重的防砂作用,对于岩层疏松、出砂严重的井防砂效果较好;砾石层又具有支撑井壁、防止坍塌的作用;同时,油气层裸露面积大,油流阻力小,因此砾石充填衬管完井适用于疏松的砂岩油气层。此法的缺点是施工复杂,对于有夹层水的油气层不适用。

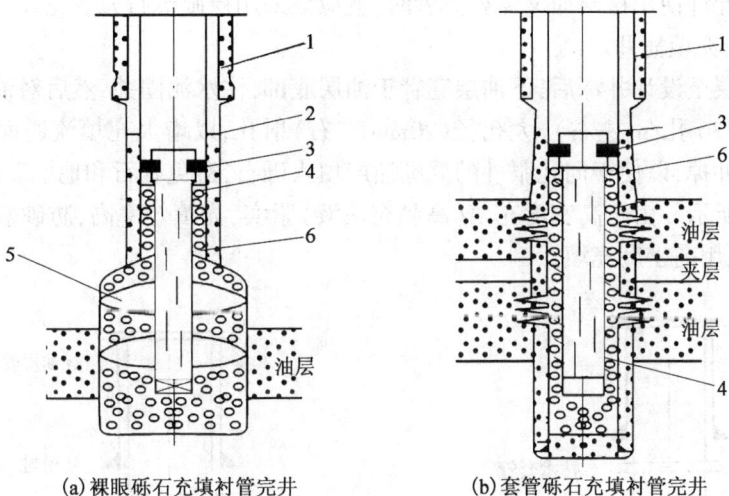

(a) 裸眼砾石充填衬管完井　　(b) 套管砾石充填衬管完井

图 1-6　砾石衬管完井示意图

1—油层套管；2—技术套管；3—卡瓦封隔器；4—衬管；5—扶正器；6—充填砾石

3) 绕丝筛管砾石充填完井

对于胶结疏松、出砂严重的地层，一般应采用绕丝筛管砾石充填完井方式。它是先将绕丝筛管下入井内油层部位，然后用充填液将在地面上预先选好的砾石泵送至绕丝筛管与井眼或绕丝筛管与套管之间的环形空间内构成一个砾石充填层，以阻挡油层砂流入井筒，达到保护井壁、防砂入井的目的。

常见的筛管类型有绕丝筛管、割缝筛管和圆眼筛管三种，如图 1-7 所示。绕丝筛管砾石充填完井主要包括裸眼砾石充填完井和套管砾石充填完井两种。

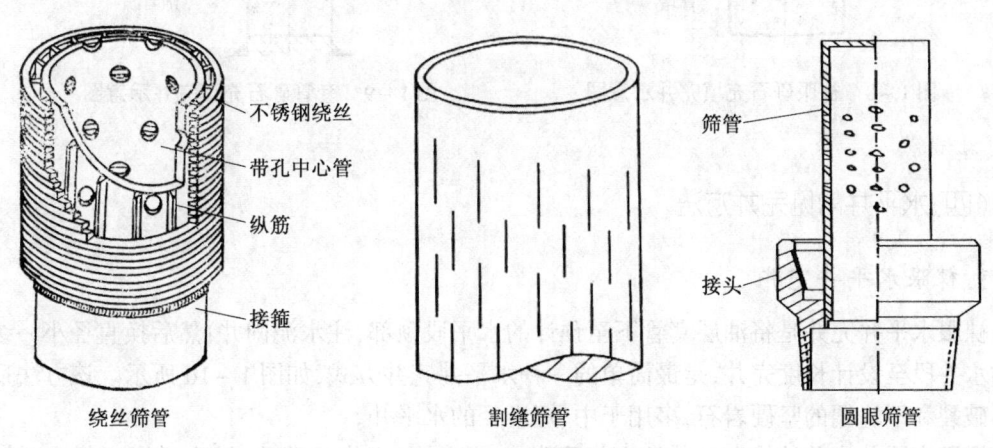

图 1-7　筛管类型

(1) 裸眼砾石充填完井。

钻头钻达油层顶界以上约 3m 后，下技术套管注水泥固井，再用小一级的钻头钻穿水泥塞，钻开油层至设计井深，然后更换扩张式钻头将油层部位的井径扩大到技术套管外径的 1.5~2 倍，以确保充填砾石时有较大的环形空间，增加防砂层的厚度，提高防砂效果，如图 1-8 所示。一般砾石层的厚度不小于 50mm。

在地质条件允许使用裸眼而又需要防砂时,就应该采用裸眼砾石充填完井。

(2)套管砾石充填完井。

钻头钻穿油层至设计井深后,下油层套管于油层底部,注水泥固井,然后对油层部位射孔。要求采用高孔密(30孔/m左右)、大孔径(20mm左右)射孔,以增大充填流通面积,有时还把套管外的油层砂冲掉,以便于向孔眼外的周围油层填入砾石,避免砾石和地层砂混和增大渗流阻力,如图1-9所示。由于高密度充填(高黏充填液)紧实,充填效率高,防砂效果好,有效期长,故当前大多采用高密度充填。

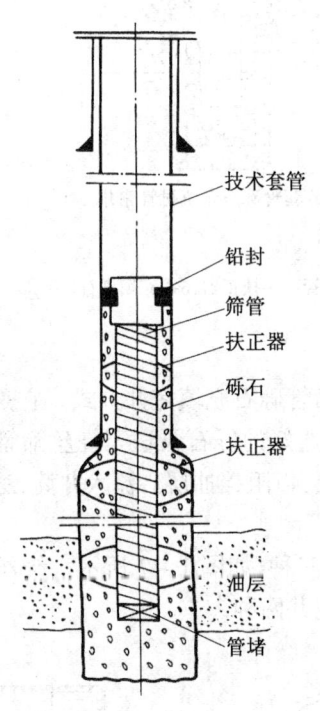

图1-8 裸眼砾石充填完井示意图

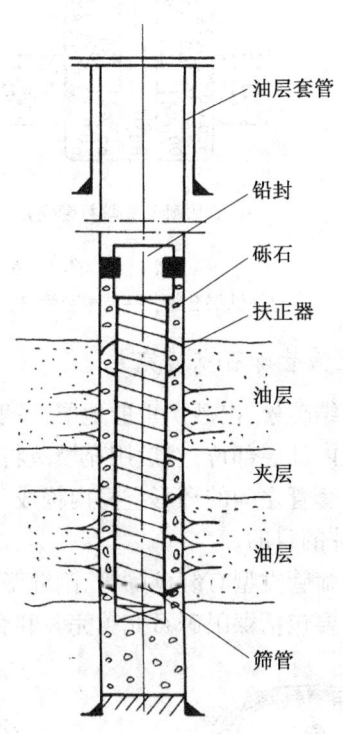

图1-9 套管砾石充填完井示意图

(四)水平井常见完井方法

1. 裸眼水平井完井

裸眼水平井完井是将油层套管下至预计的水平段顶部,注水泥固井;然后换直径小一级钻头钻水井段至设计长度完井,是最简单的一种水平井完井方式,如图1-10所示。该方法适用于不破裂和不坍塌的坚硬岩石,多用于中、短半径的水平井。

裸眼水平井完井的优点是井的完善系数高,产量高,污染易消除;缺点是岩石强度不够高时,在生产中会有井壁坍塌,井壁条件限制了增产措施的应用。

2. 割缝衬管完井

割缝衬管完井是将割缝衬管悬挂在套管尾端,依靠悬挂封隔器封隔管外的环形空间。割缝衬管要加扶正器,以保证衬管在水平井眼中居中,是当前普遍采用的完井方法,如图1-11所示。砂岩或碳酸盐岩油层均可使用该方法。

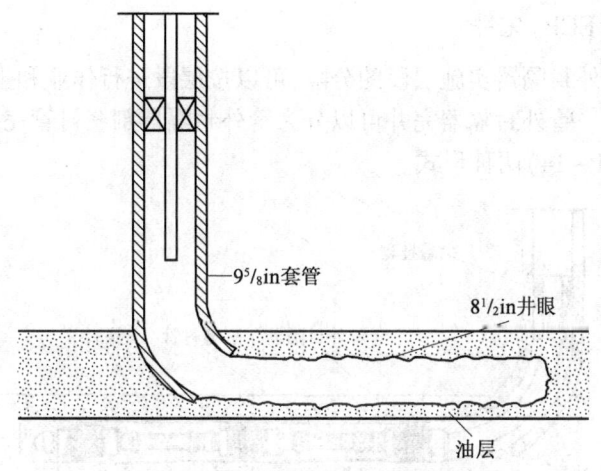

图1-10 裸眼水平井完井示意图

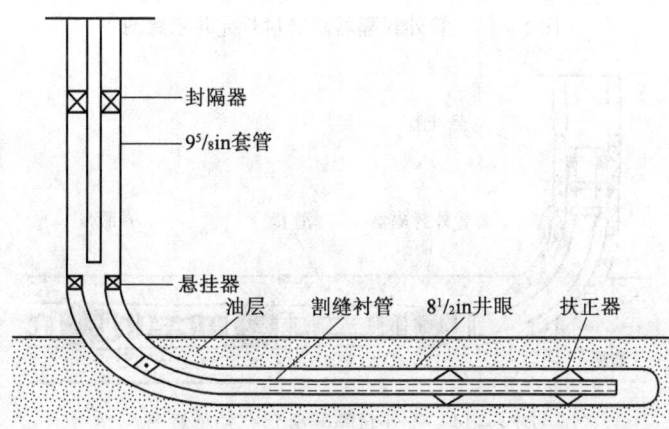

图1-11 割缝衬管完井示意图

3. 水平井射孔完井

水平井射孔完井是套管下过直井段注水泥固井后,在水平井段内下入完井尾管,注水泥固井,完井尾管和油层套管宜重合100m左右,最后在水平井段射孔,水平井一般采用120°~180°相位射孔,以免地层砂从孔眼落入套管水平段内堵塞井筒,如图1-12所示。

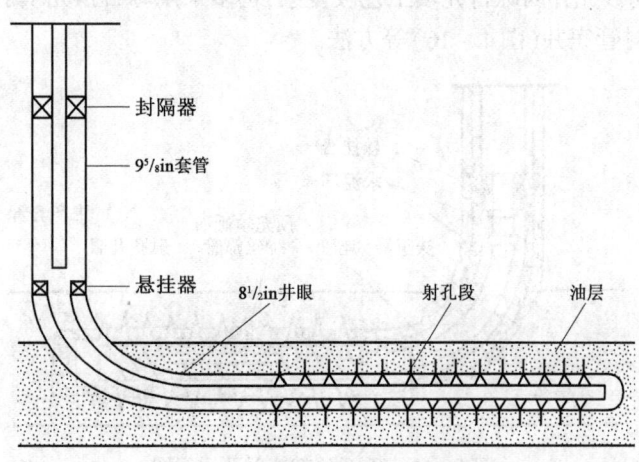

图1-12 水平井射孔完井示意图

4. 管外封隔器(ECP)完井

在裸眼中依靠管外封隔器实施层段的分隔,可以按层段进行作业和生产控制,这对于注水开发的油田尤为重要。管外封隔器完井可以分为管外封隔器割缝衬管完井(图1-13)和管外封隔器滑套完井(图1-14)两种形式。

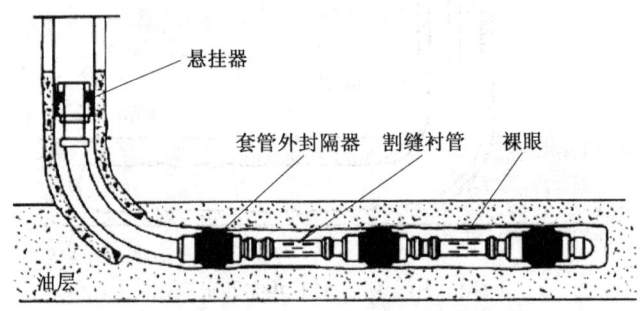

图1-13 管外封隔器割缝衬管完井示意图

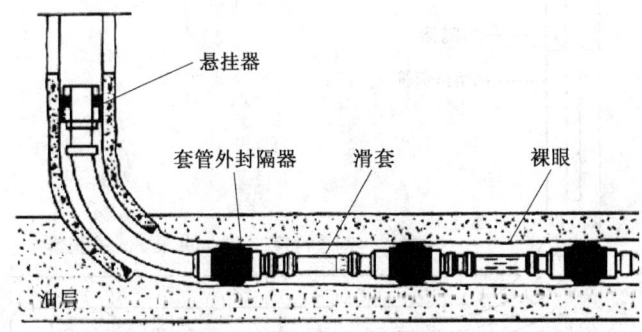

图1-14 管外封隔器滑套完井示意图

5. 砾石预充填完井

在裸眼井钻完后,或套管固井射孔完成后,用暂堵剂将油层暂堵住,渗透率为0,因而防止充填液的滤失,为水平段长井段砾石充填创造了施工条件,现已在现场推广使用,充填长度已达到1000m左右。

目前水平井的防砂完井因砾石充填工艺较复杂,仍多采用砾石预充填射孔完井(图1-15)或砾石预充填割缝衬管完井(图1-16)等方法。

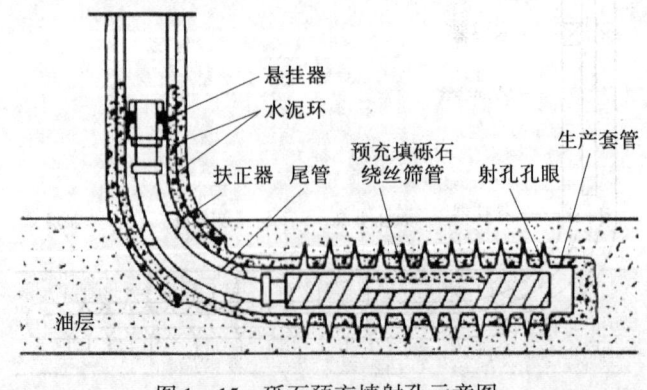

图1-15 砾石预充填射孔示意图

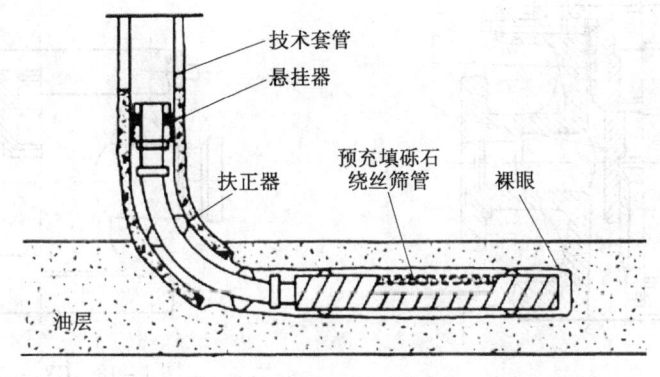

图 1-16 砾石预充填割缝衬管完井示意图

第二节 井口装置

一、井口装置概述

井口装置,又名采油树,是油气井最上部控制和调节油气生产的主要设备,主要由套管头、油管头和采油(气)树本体三部分组成(彩图1-1)。

彩图1-1 电泵井井口装置

(一)井口装置的作用

(1)连接井下的各层套管,密封各层套管环形空间,悬挂套管部分重量。
(2)悬挂油管及下井工具,承挂井内油管柱的重量,密封油套环形空间。
(3)控制和调节油井生产。
(4)保证各项井下作业施工,便于压井作业、起下作业等措施施工和进行测压、清蜡等油井正常生产管理。
(5)录取油套压。

(二)井口装置各组成部分的作用

1. 套管头

套管头安装在整个采油树的最下端,其作用是把井内各层套管连接起来,使各层套管间的环形空间密封不漏。

2. 油管头

油管头安装在套管头上面,主要由套管四通和油管悬挂器组成,其作用是悬挂井内的油管柱,密封油套管环形空间。

图 1-17 所示为常用的 C_Q-250 型油管头,图 1-18 所示为 CY_b-250 型油管头。油管头内锥面上可以承坐油管悬挂器,下端可以连接油层套管底法兰。上端在钻井或修井过程中分别连接所使用的控制器;油井投产时,在其上安装采油(气)树。

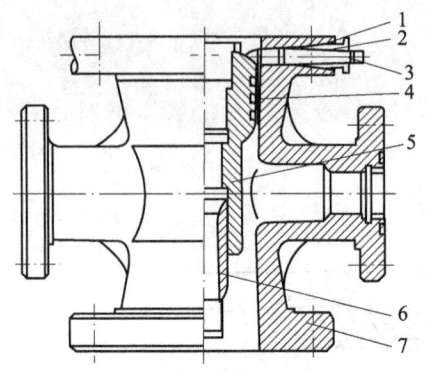
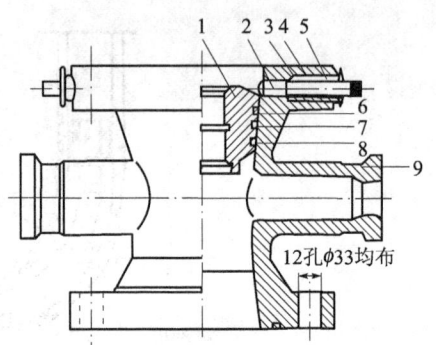

图1-17 C_Q-250型油管头
1—密封圈;2—压帽;3—顶丝;4—O形密封圈;
5—油管挂;6—油管短节;7—特殊四通

图1-18 CY_b-250型油管头
1—油管锥管挂;2—顶丝;3—垫片;4—顶丝密封;
5—压帽;6,8—紫铜圈;7—O形密封圈;
9—特殊四通

3. 采油(气)树本体

采油(气)树本体又称井口阀,主要由各类闸阀、四通、三通、节流器(或油嘴、针形阀等)组成,安装在油管头的上部,如图1-19所示。采油(气)树本体的主要作用是控制与调节油、气流,合理地进行生产,确保顺利实施压井、测试、打捞、注液等修井与采油作业。

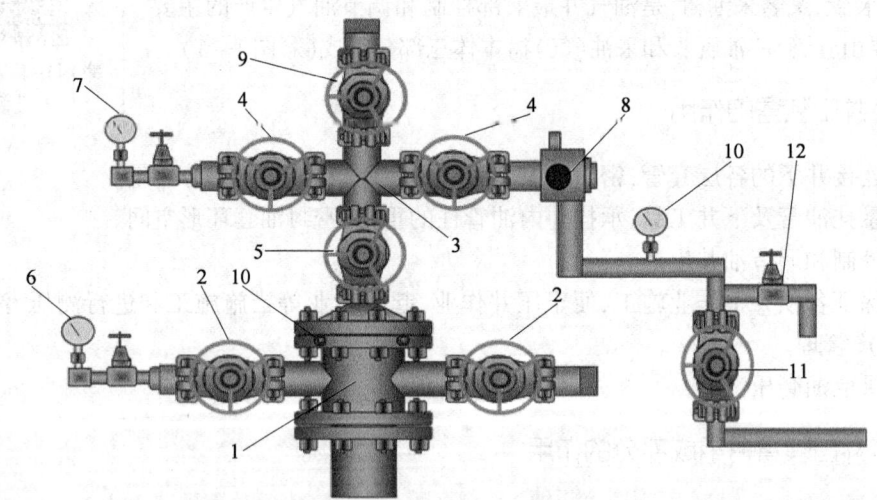

图1-19 采油(气)树本体结构图
1—套管四通;2—套管阀门;3—油管四通;4—生产阀门;5—总阀门;6—套压表;
7—油压表;8—油嘴;9—清蜡阀门;10—回压表;11—回压阀门;12—取样阀门

(三)采油(气)树本体主要组成配件及附属设备简介

(1)套管四通:连通油套环形空间和套管阀门及套压表的部件。
(2)套管阀门:控制油套环形空间的阀门。
(3)油管四通:连通油管内空间和生产阀门、清蜡阀门及油压表的部件。
(4)生产阀门:控制油管内空间的阀门。

(5)总阀门:在套管四通以上、油管四通以下控制油管内空间的阀门。

(6)套压表:井口反映套管压力的仪表。

(7)油压表:井口反映油管剩余压力的仪表。

(8)油嘴:调节油气井产量和气流的装置。

(9)清蜡阀门:又称试井阀门,开关油管内空间与防喷管内空间的阀门。

(10)回压表:测量回压的压力表,反映从油井到计量站之间地面管线中的流动阻力。

(11)回压阀门:开关油嘴节流器内空间与出油管道内空间的阀门。

(12)取样阀门:在油井井口流程上取样时开启的小阀门。

(13)顶丝:压紧油管挂的一种特殊螺钉。拧紧顶丝可压住油管挂,防止井内油管上顶。

(14)卡箍和钢圈:连接采油(气)树各部分的部件。

(15)卡箍短节:一端带螺纹,另一端带卡箍头的特殊短节。

(16)油管挂:俗称萝卜头,是连接油管最顶端的形如锥体状的部件,它坐在四通内,起悬挂井内油管和密封油套环形空间的作用。

(四)常用名词及术语

(1)油补距(又称补心高差):钻井转盘上平面到套管四通上法兰面之间的距离。

(2)套补距:钻井转盘上平面到套管短节法兰上平面之间的距离。

(3)联入:钻井转盘上平面到第一根油层套管接箍上平面之间的距离。

(4)完钻井深:从转盘上平面到钻井完成时钻头所钻进的最后位置之间的距离。

(5)套管深度:从转盘上平面到套管鞋的深度。

(6)人工井底:钻井或试油时,设计的最下部油层下的阻流环或水泥塞面,其深度是从转盘上平面到人工井底之间的距离。

(7)水泥返高:固井时水泥浆沿套管与井壁之间的环形空间上返面到转盘上平面之间的距离。

(五)采油树的选择依据

油井完成后,安装好井口装置才算完成全部建井工作。自喷井井口装置主要由环形铁板、套管短节、法兰盘(上接采油树底法兰)及采油(气)树本体组成。环形铁板是指两层套管之间加焊的圆形铁板,它的作用是把内层套管与外层套管相连接,使内层套管的重量坐于表层套管,把各层套管连成一个整体。套管短节是为了适应井所处位置和环境而加装的。法兰盘是为加装采油树而设置的。

随着采油工艺技术的发展,老式井口装置因笨重、加工制造复杂、不便于操作而逐步被淘汰。目前我国油田上广为使用的是以 CY_b-250 型采油树为代表的一些采油树。在浅井和中深井多采用庆150型采油树、轻型采油树和胜254型采油树等。在气井上,多采用 C_Q-250 型采气树。由于钻井工艺技术的发展以及多数油田的井中只下入油层套管,老式井口装置采油树油管头已经不用。目前矿场上井口装置通常只有油管头和采油(气)树本体两大部分。

(六)矿场采油树的安装要求

(1)采油树到井场后,要对采油树进行验收,检查零部件是否齐全,阀门开关是否灵活好用。

(2)先从套管四通底法兰卸开,与套管头连接前必须把套管短节清洗干净,缠上密封纸或涂上密封脂,对正扣上紧。上齐采油树各部件并调整方向。

(3)对采油树进行密封性试压,一般油(气、水)井采油树用清水试压,试压压力为采油树额定工作压力,或采油树最高工作压力的1.5倍。经30min压降不超过0.3MPa为合格。350型和600型气井采油树先用压风机打压12MPa后,再用清水升压至工作压力,30min无渗漏,压降不超过0.3MPa为合格。

二、井口装置规范

(一)井口装置型号的表示方法

井口装置型号表示方法如图1-20所示,安装井口装置操作见视频1-2。

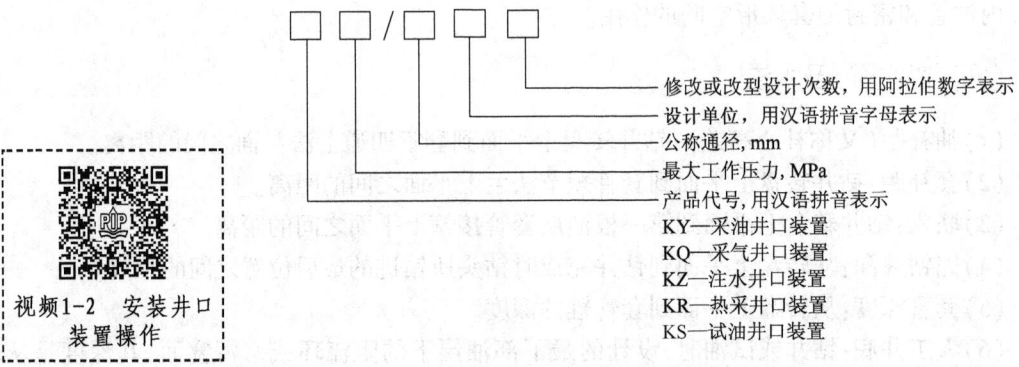

图1-20 井口装置型号表示方法

例如KY25/65SL,其中KY表示采油井口装置,25表示最大工作压力为25MPa,65表示公称通径为65mm,SL表示设计单位为胜利油田。

(二)井口装置的基本连接形式

按连接方式的不同井口装置可分为法兰连接、螺纹连接和卡箍连接三种,其中法兰连接和卡箍连接最常用。

(三)采油(气)树本体的基本形式

目前,油田上常用的采油树有CY_b-250型、胜254型和庆150型等。气井多用C_Q-250型采气树。

1. 采油树

CY_b-250型采油树的结构如图1-21所示。CY_b-250型采油树的主要特点是用油嘴来控制油井的压力和流量。油嘴孔眼每相差0.5mm为一级。一般油嘴孔眼径为2~20mm,油嘴孔眼直径超过20mm以上者为特殊油嘴。该采油树耐压250kgf/cm^2,能够满足一般高压油井的要求。该采油树采用特殊四通与油管挂,能满足钻井、完井与修井等多种作业要求。采油树采用卡箍连接,结构简单,重量轻,体积小,拆装方便。该采油树靠底法兰与油管头套管相连接,底法兰结构如图1-22所示。

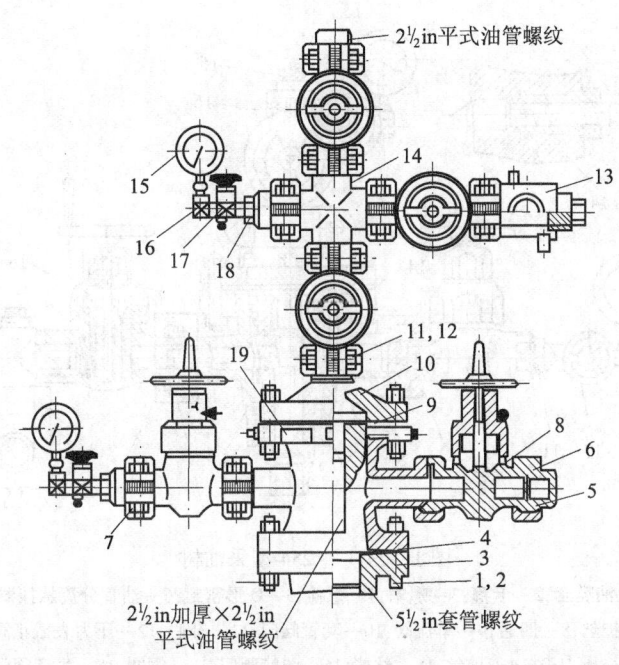

图 1-21 CY$_b$-250S723 型采油树

1—螺母;2—双头螺栓;3—套管法兰;4—锥坐式油管头;5—卡箍短节;6—钢圈;7—卡箍;
8—闸阀;9—钢圈;10—油管头上法兰;11—螺母;12—双头螺栓;13—节流器;14—小四通;
15—压力表;16—弯接头;17—压力表截止阀;18—接头;19—铭牌

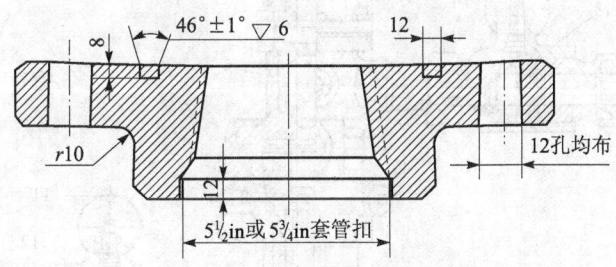

图 1-22 CY$_b$-250S723 型采油树底法兰

另外,目前油田上较多应用的采油树还有胜 254 型采油树和庆 150 型采油树等,其结构分别如图 1-23 和图 1-24 所示。

由于采油工艺技术的发展和采油工艺技术措施的需要,目前也应用双管与多管进行采油,于是出现了相应的采油树结构形式。例如应用双管进行采油时(分层开采),在油层套管内下入两根油管,下层油管上带一封隔器用来分隔两个油层,对两个油层进行分层采油,其采油树结构如图 1-25 所示。

2. 采气树

目前国内采气井广为使用的采气树是 C$_Q$-250 型采气树,其结构如图 1-26 和彩图 1-2 所示。其特点是:采用锥形油管挂,密封性好;明杆式阀门,能明显看出开关情况;操作使用方

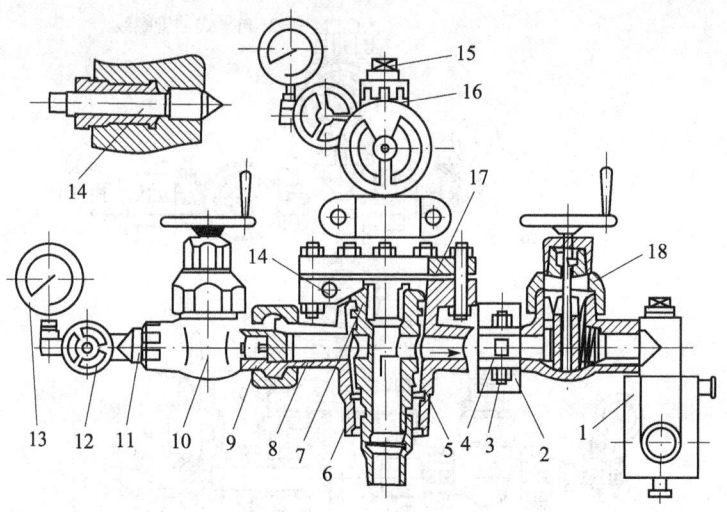

图1-23 胜254型采油树
1—油嘴套;2—卡箍;3—螺帽;4—螺栓;5—O形密封;6—油管分流悬挂器;
7—护丝;8—四通;9—单流阀;10—套管阀门;11—补心;12—压力表截止阀;
13—压力表;14—顶丝;15—丝堵;16—清蜡阀门;17—钢圈;18—生产阀门

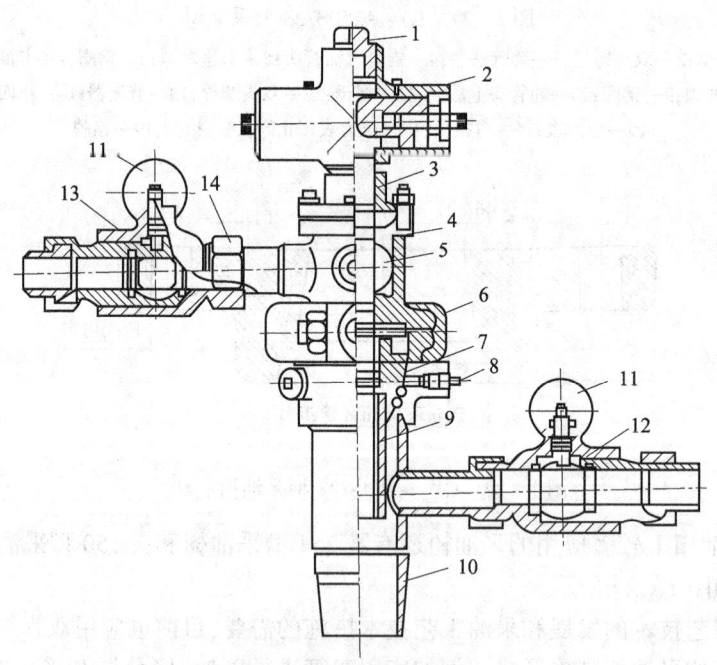

图1-24 庆150型采油树
1—丝堵;2—清蜡阀门;3—连接法兰;4—密封圈;5—球阀(总阀门);6—卡箍;
7—油管悬挂器;8—顶丝;9—油管挂短节;10—套管连接短节;11—压力表;
12—球阀(套管阀门);13—球阀(油管阀门);14—活接头

便;采用特殊结构形式四通,其两旁的旁通管可以装单流阀(堵头),配备有特殊的装卸工具,便于在不压井的条件下拆换套管闸阀,具有良好的防硫化氢腐蚀性能等。

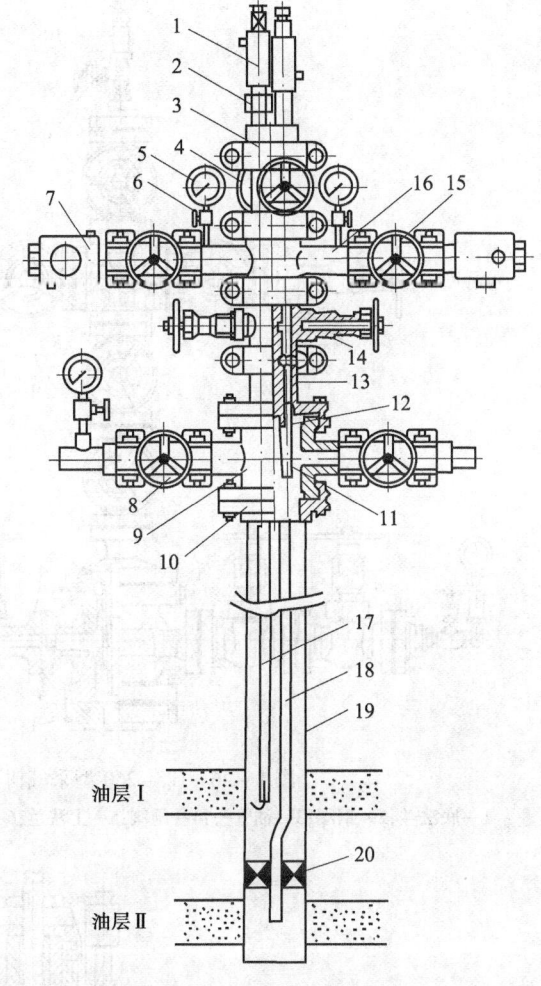

图1-25 双管采油树

1—防喷管;2—高压活接头;3—卡箍;4—清蜡阀门;5—压力表;6—四通;
7—油嘴套;8—套管阀;9—大四通;10—底法兰;11—正反扣短节;
12—油管挂;13—上法兰;14—双孔阀;15—生产阀门;
16—双三通;17—上层油管;18—下层油管;
19—套管;20—封隔器

(四)抽油井井口装置

对于抽油井也需要装一套井口装置,才能够确保抽油井的正常生产及修井和采油工艺技术措施的实施(彩图1-3)。

抽油井井口装置的作用与自喷井井口装置类似,由于抽油井井口压力低,所以井口装置的结构比较简单。一般的抽油井井口装置可以利用自喷井井口加以改造,其基本组成是套管四通、油管三通和密封盒。其中套管四通和油管三通的作用主要是调节生产,便于修井和工艺技术措施的实施。密封盒的作用是密封光杆,使抽上来的原油进入输油管道,其结构主要有弹簧、胶皮密封、密封盒等,图1-27(a)和(b)分别为单密封盒与双密封盒。

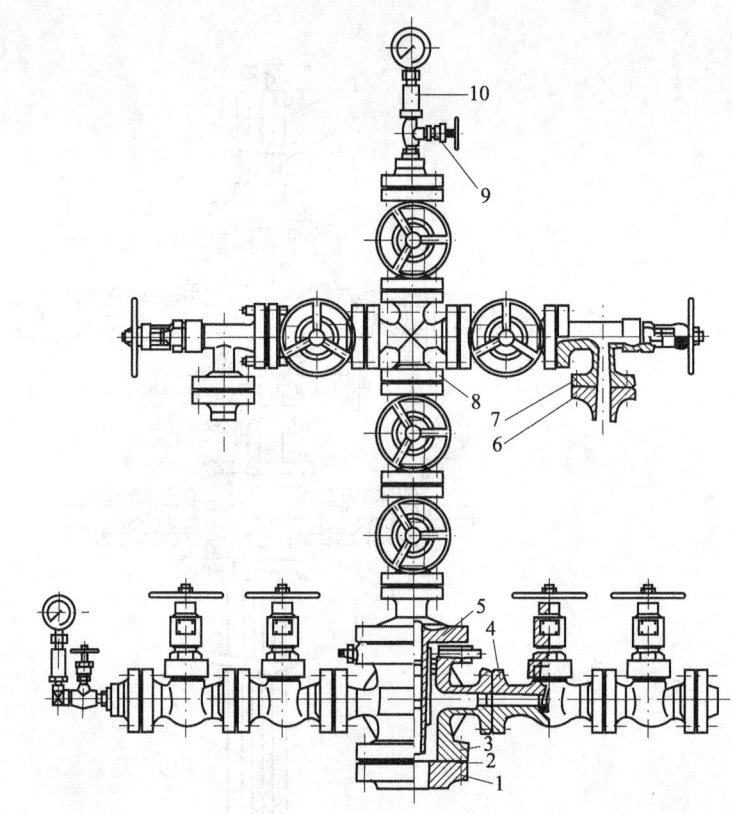

彩图1-2 采气树

图1-26 C_Q-250型采气树

1—底法兰;2—钢圈;3—油管头;4—闸阀;5—上法兰;6—法兰接头;7—针阀;

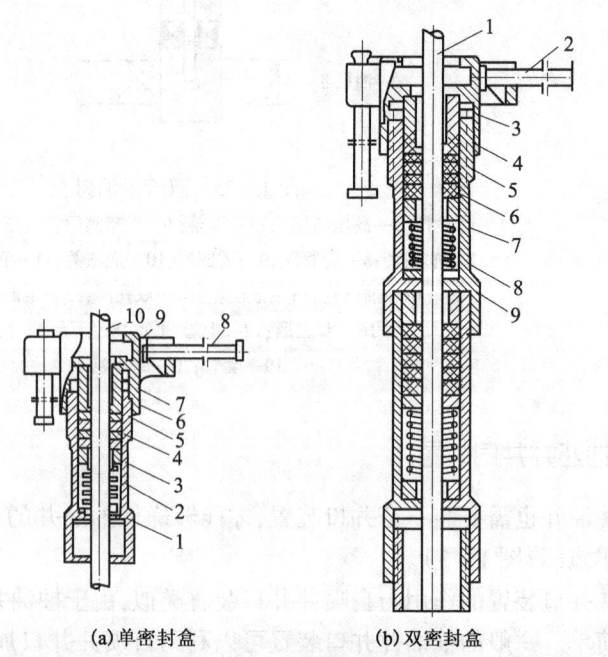

(a)单密封盒　　(b)双密封盒

图1-27 抽油井井口装置

1—弹簧座;2—弹簧;3—下压帽;4—胶皮密封;5—密封盒;6—上压帽;
7—密封帽;8—撬杆;9—装机油;10—光杆

彩图1-3 抽油机井井口装置

由于各油田所采用的流程与供热保温条件不同,抽油井井口装置的构成与连接方法也有所不同。图1-27所示井口装置是由自喷井井口装置改装的,是双管流程蒸汽伴随条件下的抽油井井口装置,其中油套管连通阀门是收集天然气及冲净出油管线(即扫线)用的。此外还可以在油套管连通管线上装一个单流阀,以防止原油灌入套管;安装油套管压力表,用来观察油套压,判断油井生产情况。

虽然抽油井井口可以根据实际情况来装置,但是无论哪种形式的抽油井井口装置都必须满足以下的基本要求:测示功图,测动液面,取样,观察压力,操作方便,管理容易等。

◆◆ 思考题 ◆◆

1. 什么是井口装置?它由哪些部分组成?有什么作用?
2. 井口装置主要有哪些连接形式?
3. 什么是井身结构?各层套管的作用是什么?
4. 什么是完井?目前的油井完井方法主要有哪些?
5. 什么是先期完井方法?什么是后期完井方法?各自有哪些优缺点?
6. 射孔完井法的优点是什么?
7. 先期裸眼完井和后期裸眼完井各自的优缺点是什么?

第二章 井下作业设备及工具

井下作业需要依靠一些专门的设备和工具来完成。一般来说凡是油水井维修所使用的设备和工具,可统称为井下作业设备及工具,主要包括吊升动力设备、循环冲洗设备、修井辅助设备和修井工具等。使用时要依据作业的具体内容、井的性质及深浅程度、事故的性质和类型,同时还要考虑到油田现有设备状况、油田或施工井所处的地理及位置,以及设备使用的经济效益等因素,对所用设备及工具进行合理选择,使设备及工具的能力符合要求并得到充分发挥,提高效益,保证安全。为了确保安全作业,首先必须了解和掌握井下作业设备及工具的基本结构、工作原理、性能和安全使用要求。

第一节 通 井 机

通井机是目前各油田修井作业最常用的一种轻型修井设备,主要适用于油、气、水井的小修作业,如检泵、冲砂、打捞、换封、新投、转注、找堵水、解卡、换光杆、换井口等作业,是一种自行式拖拉机(一般不带井架)的修井动力设备。

通井机按其运移形式主要分为履带式通井机和轮式通井机两种,一般不配带井架,其越野性能好,适用于各种复杂井场环境,如低洼泥泞地带施工。通井机型号表示方法如图2-1所示。

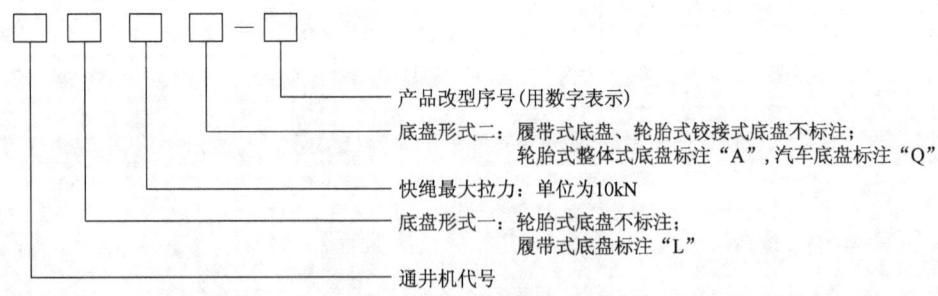

图2-1 通井机型号表示方法

例如,快绳最大拉力为120kN,不备井架,轮胎式整体式底盘第一次改型的通井机,其型号为TJ12A-1。

目前常用的型号有TJ-10、XT-12、XT-15、LTJ-10、LTJ-12、TJL-15以及轮式通井机等型号,主要技术参数见表2-1。AT-10型通井机的外形如图2-2所示,XT-12型通井机的外形如图2-3所示。

表2-1 通井机技术参数

通井机型号	柴油机型号	滚筒直径（mm）	滚筒有效长度（mm）	滚筒容量*（钢丝绳直径为15.5mm时）（m）	钢丝绳最大拉力（kN）	最高收绳速度（m/s）	刹车毂数量（个）	刹车毂直径（mm）	刹车带宽度（mm）
TJ-10	6130T3	350	910	3000	117.7	5.2	2	1080	195
XT-12	635AK-6 6135AK-10	360	910	3000	114.6	6	2	1070	180
XT-15	6135AZK-3b	360	910	3000	147	6.43	2	1070	180
LTJ-10	WD61567G3	360			100				
LTJ-12	6135K-9a	360	910		120	7			
TJL-15	6135AK-8b	360	910	3000	147	4.75	2	1070	260

* 滚筒能缠绕直径15.5mm粗的钢丝绳多少米。

图2-2 AT-10型通井机

图2-3 XT-12型通井机

第二节 修 井 机

修井机是修井施工中最基本、最主要的动力来源，它的作用是起下管(杆)柱及井下工具，完成提捞、抽汲和打捞等任务，是一种轮胎式自带井架的修井设备。修井机行走方便，安装简单，适用于快速搬迁施工作业，缺点是低洼、泥泞地带、雨季翻浆季节行走和进入井场相对受限制。

一、修井机的型号及主要技术参数

修井机型号表示方法如图2-4所示。

各油田使用的修井机类型较多，有的型号已被逐渐淘汰。目前使用较多的修井机有W65B型、XJ350型、XJ250型、XJ450型、XJ80型、XJ-6501型、XJ-120型、XJ40型、LJ-350型、WILLSON42B-500型等。XJ250型修井机的外形如图2-5所示。W65B型、XJ450型、XJ80型修井机主要技术参数见表2-2。

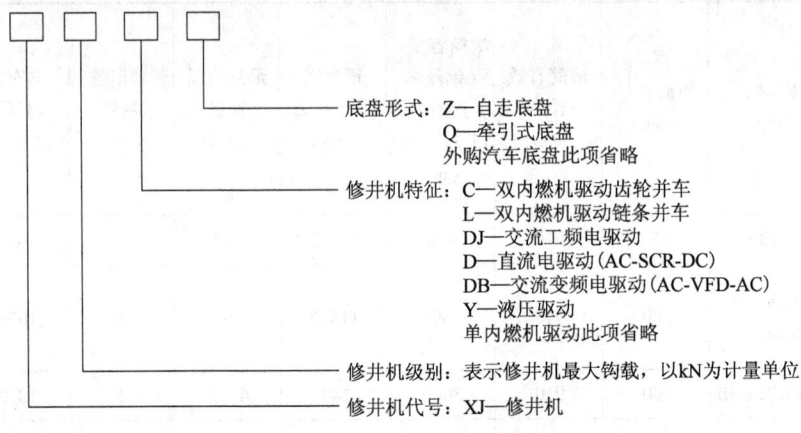

图 2-4 修井机型号表示方法

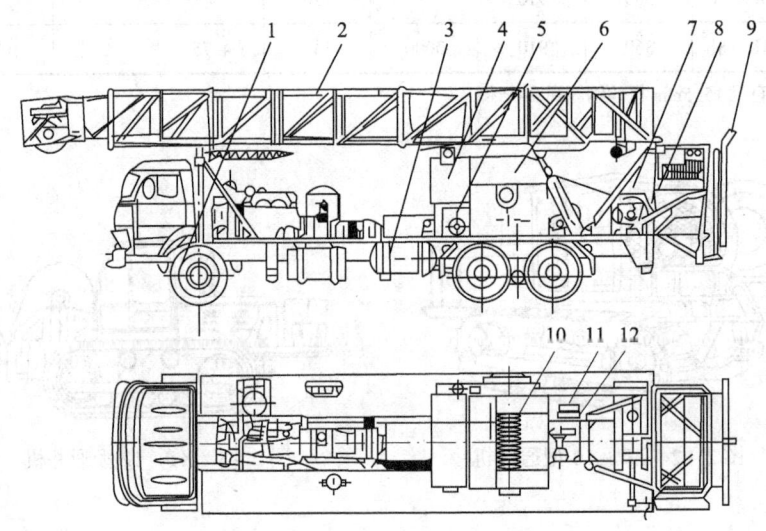

图 2-5 XJ250 型修井机示意图

1—自走车底盘;2—井架及游动系统;3—刹车冷却装置水箱;4—液路系统油箱;5—绞车传动装置;
6—绞车架及护罩总成;7—钻盘传动装置;8—司钻操作台;9—井口操作台;
10—滚筒及刹车系统;11—死绳固定器及指重表;12—液压绞车

表 2-2 修井机主要技术参数

修井机型号	W65B	XJ450	XJ80
发动机型号	2-CAT3406B	CAT3408B	CAT3408B
额定功率(kW)	294(2100r/min)	354(2100r/min)	354(2100r/min)
最大钻(修)井深度(m)	3048(4½in 钻杆)	5500(2⅞in 油管)	4500(2⅞in 钻杆)
大钩额定负荷(kN)	1200	980	800
大钩最大静载(kN)	1334	1195.6	1125
提升速度(m/s)	0.18~2.36	223~893.2r/min	0.2~1.25
滚筒直径×长(mm)	457×1003	429×965	450×912
刹车毂(直径×刹带宽)(mm)	1066.8×266.7	1070×260	1070×320

续表

修井机型号		W65B	XJ450	XJ80
钢丝绳直径(mm)		28.6(1⅛in)	26	26
井架最大负荷,静载(kN)		1334	1195.6	1125
井架高度(m)		35.36	35	35
外形尺寸(mm)	长	21950	18400	18660
	宽	3560	3000	2800
	高	5460	4270	4150
自重(t)		59.23	47	47.6
主油泵型号		P25	P25	P25
轮胎规格(前、后)(cm)		18~22.5,11~20	18~22.5,11~20	18~22.5,11~20
变速箱型号		CLBT5861	CLBT5961	CLBT5961
游车大钩型号		YD135	YG150	
游车大钩最大载荷(kN)		1334	1470	1350
水龙头型号		LB-140	LB140Ⅰ	LB140Ⅰ
水龙头工作载荷(kN)		1245	1245	1245
转盘型号		T-1750-44(原)ZP175(现配)	ZP-175	ZP-175
转盘最大载荷(kN)		2250	2250	2250
液压系统最大压力(MPa)		13.8	13.7	14
气路系统工作压力(MPa)		0.833~0.931	0.686~0.735	0.8
(水刹车最大制动功率,kW)(大钩匀速下降最大钩载,kN)(大钩匀速下降最大速度,m/s)			882 1.5	1691
液压小绞车起重量(kN)			29.4(3t型) 53(5t型)	30kN/14MPa (YC3A)

二、网电修井机和液压蓄能修井机

(一)网电修井机

网电修井机是车载式单滚筒修井设备,主要由底盘、绞车滚筒、桁架式双节伸缩井架、变频电机、电控系统、液压系统、盘式刹车系统、减速箱,以及天车、游钩等部分组成,主要适用于油、气、水井的小修作业。其具体用途如下:

(1)进行起下钻杆、油管、抽油杆、深井泵等工作;
(2)清理井底、降低砂面、钻井液循环等作业;
(3)油井发生故障进行打捞工作;
(4)对油井可以进行检泵;
(5)加深或提高泵挂深度。

网电修井机主要由动力系统、传动系统、制动系统、气压工作系统、液压工作系统和电气系统六部分组成。其中,动力系统主要由发动机、空气滤清器、燃油箱、散热器、油门操纵系统、消音器等组成。传动系统分为底盘传动系统和作业传动系统两部分:底盘传动系统是由发动机输出的动力经离合器、变速箱通过传动轴传至驱动桥,实现整机移运;作业传动系统由变频电动机、联轴器、角传动箱、绞车减速装置、滚筒等部分组成。变频电动机输出动力通过联轴器传至角传动箱,经过绞车减速装置减速后传至滚筒进行作业。制动系统由行车制动、驻车制动、辅助制动组成,行车制动采用双管路气压制动,驻车制动采用弹簧储能断气制动。气压工作系统由气源、用气装置、控制阀及其他辅助装置和连接管线组成。气源为空气压缩机,用气装置是主滚筒离合器、角传动箱换挡气缸及各路控制阀件等,辅助装置有空气干燥器、防冻器、快速放气阀、储气罐、气压表、调压阀等。液压工作系统分为主液压系统和盘刹液压系统。主液压系统主要由电动机、齿轮泵、液压油箱、液压千斤顶、起升油缸、伸缩油缸、多路换向阀、液压小绞车(选装)、溢流阀等组成。盘刹液压系统主要由电动机、油泵、油箱、蓄能器、制动器、高压精滤器及各阀件等部分组成,是用来制动滚筒和解除滚筒制动的。电气系统由作业室主仪表盘、辅助仪表箱、触摸屏、S7-300PLC 控制系统、变频器单元构成。TAZ5333TXJ 网电修井机运移状态如图 2-6 所示。

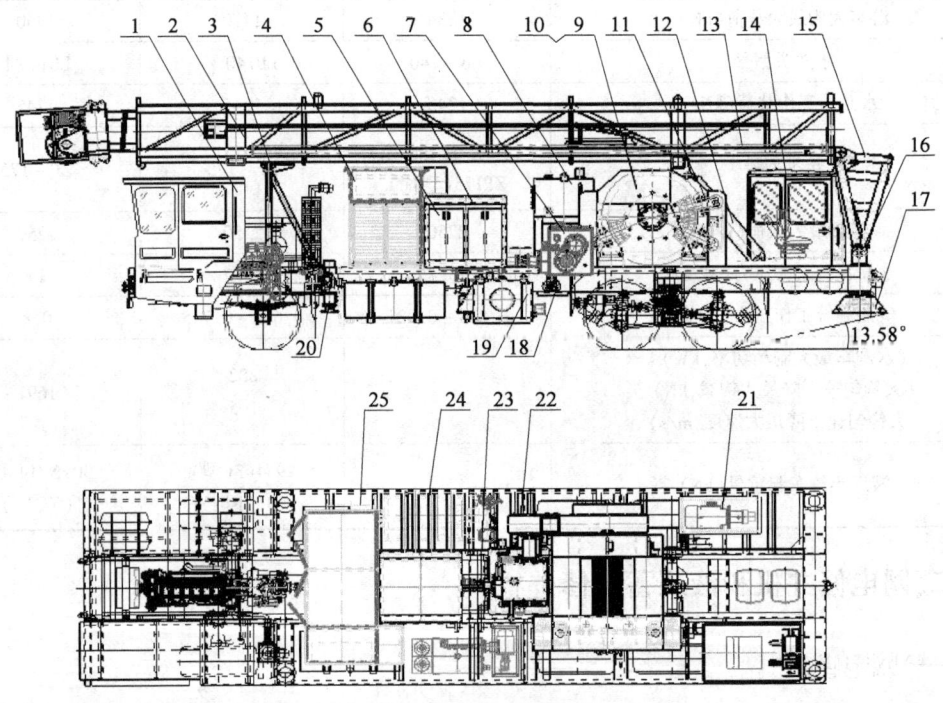

图 2-6 TAZ5333TXJ 网电修井机运移状态图

1—修井机底盘;2—井架总成;3—前支架总成;4—电控系统总成;5—变频电机;6—电机护罩;7—角传动箱;8—主系统液压油箱;9—滚筒总成;10—滚筒支架;11—盘刹执行机构总成;12—井架举升液压缸;13—井架伸缩液缸;14—操作室总成;15—后支架总成;16—后支腿底盘;17—后千斤底座;18—盘刹系统动力源;19—盘刹系统液压油箱;20—前支腿液缸;21—主液压系统动力源;22—链条箱;23—万向节;24—空压机组;25—电缆卷筒总成

(二)液压蓄能修井机

液压蓄能修井机是采用电动机驱动液压泵提供作业动力,并通过特殊的液压控制系统将作业过程中非提升时间的动能和管柱下放时的势能转化为液能储存起来,在提升管柱时再利用储存的能量,从而在保证作业效率的前提下起到很好的节能效果。

液压蓄能修井机主要由自走式专用底盘、电动机驱动液压泵的动力系统、氮气包与蓄能缸组成的蓄能装置、主油缸与游动系统组成的提升装置、液压操作系统以及气电控制系统等部分组成。液压蓄能修井机修井作业时工作和运移状态如图2-7和彩图2-1所示。

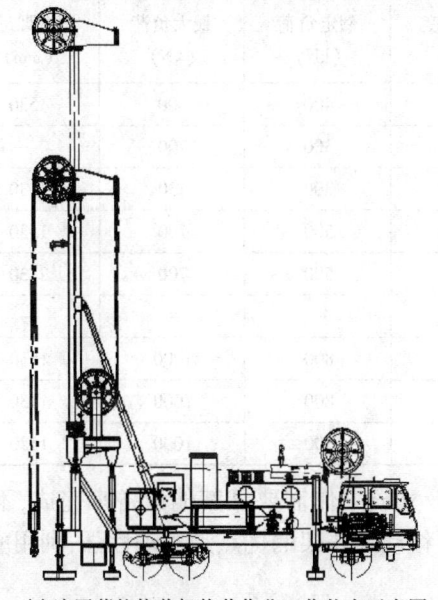

(a) 液压蓄能修井机修井作业工作状态示意图

彩图2-1 蓄能修井机

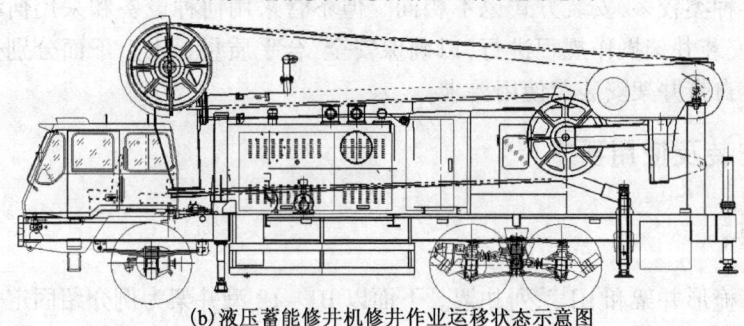

(b) 液压蓄能修井机修井作业运移状态示意图

图2-7 液压蓄能修井机修井作业时工作和运移状态图

第三节 井 架

一、井架的作用和种类

在井下作业过程中，井架的用途主要是装置天车，支撑整个提升设备，以便悬吊井下设备、工具和进行各种起下作业，有的井架还可以将油管（钻杆）立放或立柱式排放。一般修井时均采用固定式轻便井架或修井机自带各种类型的井架，特殊的大修作业时，需使用钻井井架。

井架的种类很多，分类方法也有所不同。从井架的可移动性来分，有固定式井架和可移动式井架；从结构特点来分，有桅杆式（即单腿式）井架、两腿式井架、三腿式井架和四腿式井架几种；从井架的高度来分，固定式井架又可分为18m井架、24m井架、29m井架等几种。

目前在井下作业中,常用的固定式井架有 BJ-18 型、BJ-19 型和 JJ-80-18 型,其主要技术规格见表 2-3。

表 2-3 常用井架技术规格

井架型号	配套天车	井架高度（m）	额定负荷（kN）	最大负荷（kN）	支脚距（mm）	自重（t）
BJ1-18	TC-50	18.28	400	600	1530	3.035
	TC1-50	—	500	700	—	3.625
BJ2-18	TC-30	18.28	300	450	1530	3.42
BJ-18	TC3-50	18.28	500	700	1530	3.42
BJ-29	TC1-50	28.9	500	700	2130	5.8
	TC3-50	—				5.347
JJ-80-18	T3-2-1	18.3	800	1000	1530	4.5
JJ-80-21	T3-2-1	21.3	800	1000	1530	5.162
JJ-80/29-W	T3-2-1	29	800	1000	1520	6.403

由于固定式井架的利用率低,转移及立放工作需要靠其他设备来完成,不够经济,国内外都在逐渐用可移动式井架来取代它。可移动式井架的优点是机动性强,利用率高,并且不需要专门的安装队进行安装和拆除。

各油田修井使用的井架种类较多,安装方式也不相同。但不管采用何种设备和采用何种方式安装井架,都必须按照安装井架操作规程进行,以确保安全,合乎质量要求。下面分别介绍固定式井架安装和修井机自带井架安装及使用要求。

二、固定式井架的安装及使用要求

(一)固定式井架的安装

目前常用的固定井架有桅形井架和 BJ 系列井架。下面以 BJ-18 型井架为例介绍固定式井架的安装。

BJ-18 型井架为两腿式固定井架,将其按 97°角的标准立起后,支脚底座面到井架顶面的垂直高度为 18m,主要由本体、支座、天车和绷绳等组成。

1. 绷绳坑的准备

作业前,必须清理好井场,检查绷绳坑的位置和牢固情况,以便安全作业。绷绳坑的位置选择应以为修井作业创造好的工作条件为准,如风向、阳光、抽油机和井口方向等,要便于修井设备及油管、抽油杆、钻杆管柱的摆放,同时还应考虑便于井架的搬运和安装等基本条件。先确定井架立放的方向,然后根据井深负荷和井架高度确定绷绳位置及数目。

(1)绷绳坑木尺寸:$\phi300$mm×1600mm,不准用腐烂变质木料。若用水泥地锚时,尺寸为 0.2m×0.2m×1.5m。

(2)绷绳坑尺寸:1.6m×(上 1.4m,下 1.6m)×0.8m(深×长×宽),前后共 6 个坑,后第一道坑深 1.8m。

(3)绷绳坑到井口距离:

后一道坑,20~22m;开挡,12~16m。

后二道坑,18~20m;开挡,14~16m。

前绷绳坑,18~20m;开挡,18~20m。

(4)绷绳坑绳套长 8m,直径不小于⅝in。

(5)绷绳与坑木(地锚)在平面上呈 90°角。

(6)绷绳坑用石头或黏土填实,在有流沙地区填石头并灌注水泥浆。

(7)使用麻花钻时,深度不小于 2m。

(8)绷绳和地锚必须定期检查。

为了快速施工,可采用钻进地锚。采用这种方法效率高、施工快,作业完工后,还可将地锚取出,再用到其他井上。但是,对这种地锚一定要依据不同的井深和施工中可能达到的最大负荷进行计算,并经过试验鉴定证实安全可靠方能使用。

2. 井架基础

井架基础的作用是使井架承受负荷后不会下沉、倾斜与翻转,在施工作业过程中要保持稳定性。井架基础的种类较多,主要有混凝土浇筑、木方组装、管子排列焊接、混凝土预制等几种。在使用时除依据所承受负荷的基本条件要求外,还要考虑节省人力、物力和节省时间等因素。目前常用的 BJ-18 型井架多为管子焊接基础。

(1)采用活动基础,形状为凸字形,尺寸为 0.8m×2.6m×(上 0.5m,下 1.0m)(高×长×宽)。

(2)基础水平度:用 24in 水平尺测量允许误差 2mm。

(3)混凝土比例:用 400 号或 500 号普通水泥配制,比例均为 1∶3∶5(水泥∶砂子∶石头),基础面上水泥比例应稍加大。

(4)水泥凝固时间:冬季需保温,凝固时间 96h 以上,夏季 48h 以上。

3. 井架的立放操作

立放 BJ-18 型井架现场多用两种方法,一种是井架车立放,另一种是吊车立放。

1)井架车立放井架

在载重汽车底盘上装配专用的设备,集立放运井架于一身的专用车,称立放运井架车,简称井架车。常用的型号有 LFY1802/T148、LFY1803/奔驰、LTY1804/T815 等。这几种型号的井架车其立放运井架的原理基本相同,只是所用的载重汽车不同,这里以 LFY1802/T148 为例进行介绍。

LFY1802/T148 型井架车由太脱拉 148 型载重汽车、托架、液压支脚、气动锁销、井架固定装置和横纵向调整液缸几部分组成。整车的工作过程是:放井架时,用起升液缸将托架顶起使其贴在井架的上部,再把气动锁销伸出抱住井架,然后收回托架,把井架放下来背在车上,完成放井架动作。放下来的井架卧在托架内,用调整液缸将其锁紧,同固定装置一起把井架固定,利用汽车(井架车)本身行走能力,完成搬运井架动作。立井架时,通过汽车的油压系统,使液缸将托架、井架顶起,使卧着井架的托架围绕后支点翻转,将所背的井架竖起来,直到达到要求的位置,完成立井架的动作。

(1)立放前的准备。检查油箱液面是否达到规定高度,以油杆尺最上面刻线为准,同时检查托架、保险绳及其他紧固件是否紧固。立井架前要检查井架及附件是否符合要求。各润滑点加足润滑油,每立放 10 次加注一次润滑油。检查各油路、气路有否漏油、漏气现象。各控开关应停在中间或不工作状态。

(2) 立井架。立井架的位置可根据井场条件和施工要求去选。一般是井架立起后留有井下作业施工用的各种设备的摆放位置，便于车辆进出，便于下地锚，井架的正面尽量不要正向南方。井架车到井场后将汽车中心对准井口中心，汽车后轮中心线在离井口 7m 左右，刹住汽车后轮。把全部绷绳拉到合适的长度和位置。松开井架上的紧绳器，启动油泵。踩下离合器，将变速手柄放在空挡，打开油泵传动控制单向气动开关，指示灯亮，即表示齿轮挂上，松开离合器，油泵开始工作。打开手动换向阀，分别把左右液压支腿撑到地面，这时压力表压力不超过 5MPa。然后在液压支腿下垫木块，防止下陷。松开四个横向液缸，打开单向气动开关。开通向油缸的手动换向阀，放到上升的位置，使起升液缸下端进油，顶起井架 10°左右，停一下，看车的各部位工作是否正常。在井架底座接触基础立起 70°左右停止起升，量一下井架中心到井口中心的距离，并观察一下位置是否合适。再将井架放回，固定后四道绷绳，然后将井架送到工作位置。观察井架的爬度和与井口中心线的位置，达不到要求时，用横纵向液缸调整。固定所有绷绳，收回托架、液压支腿，做好收尾工作。至此，井架立起工作全部结束。

(3) 放井架。车到井场后把车中心线对准井架的中心线，在轮子的中心距井口 7m 左右，刹住车，并将车固定好。启动油泵，打开手动换向阀，分别把左右液压支腿支好，起升托架，托架快靠近井架时打开单向气动开关，使抱紧销收到气缸内，托架靠上井架后，便关闭气动开关，使抱紧销复位，抱住井架，这时松开前绷绳。试收托架，在各部位均完好的条件下，将托架收回落到支架上，用调整液缸把井架的位置调整好，销紧。收回液压支腿，拔出所有地锚，将绷绳、地锚缠好，捆牢在井架上即可。

2) 吊车立放井架

(1) 立井架。选好基础位置并将其按要求平整好。吊车开进井场停住打好千斤顶，拖车入井场吊下井架，把井架放在基础上向外躺平，根据井架的高度和井场条件必要时调整吊车位置，打好千斤顶，按要求对井架的各个部位进行认真检查，全部合格后系钢丝绳套在井架上部距天车 5~6m 处，启动吊臂，在吊车各部件工作正常的情况下挂好绳套，试起吊井架，正常后把井架坐在基础上，观察井架位置是否合适，基本合适后，固定后面两道绷绳，稍松吊钩到无负荷，再观察井架是否歪斜，爬度如何，固定其余绷绳，派人上井架摘掉吊钩上的绳套，并解下。

(2) 放井架。吊车停在适当的位置，试吊车，各方面工作正常后即可开始工作。派人上井架在距天车 5~6m 处挂牢绳套，挂在吊钩上，待吊钩稍吃负荷后松前绷绳，将井架竖直，重心平衡后，方可松掉各道绷绳及井架与基础的连接销轴等，即可将井架放倒。把绳套挂在井架重心处，起吊装拖车即可。

3) 立放运 BJ 型井架的安全要求

(1) 立井架前要对井架和设备认真检查，认真执行操作规程。

(2) 井架立起后，前绷绳未装卡牢固时，井架车的托架和吊车的游车不得收回或摘掉。

(3) 放井架时，托架未靠近井架或吊车的游车未与井架起重绳挂牢之前，井架前第一道绷绳不得摘掉。

(4) 立井架前应清除掉井架上的泥土杂物，以防井架立起后危害人身安全。

(5) 立放井架时，指挥人员应站在井架车操作台斜对面，与操作人员视线无遮挡，距井口 3~5m 的位置。其他人员应站在以井架高度为半径的范围以外安全的地方。六级风以上和雨雪天不得立放井架。

(6)在井架和二层台上进行操作时,要穿硬底鞋,系好安全带,脚下踩实、站牢;一般情况下要一只手扶东西,一只手操作。

(7)用井架车纵向调整缸调整井架位置时,操作要平稳,若有卡挂现象,排除故障后再调整。

(8)严格按标准施工,井架底座中心距井口达到规范标准,天车正对井口。

(9)按规定标准下地锚,装卡绷绳,及时更换锈蚀严重的绷绳或地锚,有大风警报时,采取加固绷绳、地锚或将井架放倒等措施。

(10)立放29m井架时,放落井架二层平台应用吊车放或其他动力牵引平台悬吊缓慢下放。无动力设备放平台时,应将两根平台悬吊绳在井架立柱上各缠两圈,每根绳由4人以上拉紧,然后缓松,慢放,直到放平。

(二)井架的使用要求

(1)使用应在安全负荷范围内。

(2)在重负荷时不许猛刹猛放。

(3)一般不允许超负荷使用;若需要超负荷使用时,应请示有关部门,并采取加固和安全措施。

(4)井下作业施工中(起下油管、抽汲、提捞),每天8点对天车、地滑车、游动滑车打黄油一次。

(5)所有黄油嘴保持完好,若卡、堵、坏打不进黄油时,应及时修理或更换。

(6)发现井架扭弯、拉筋断裂、变形等情况时,及时请示有关部门鉴定处理后方可使用。

(7)井架使用中应经常检查各道绷绳吃力是否均匀,绳卡是否紧固,天车固定螺栓、井架连接螺栓等是否紧固。

(8)井架基础附近不能积水和挖坑。

三、修井机井架的安装及使用要求

(一)地基的选择和绷绳坑的确定

(1)基础承载力的要求。要求井架基础最小承受压力为0.15~0.2MPa,若所需承载力达不到安装标准,应采取相应措施加固,井架基础周围井场应平整。

(2)地基的布置及绷绳坑的确定。修井机及钻台基础应略高于地平面且要求平整,以便排出液体,绷绳坑的位置应避开排水沟、水坑、钻井液池等处。绷绳应离开电力线5~10m。

(3)在井场建筑物和地形受到限制时,可用加长绷绳的办法处理,不能缩短绷绳或改变绷绳坑的方位。

(4)绷绳坑及地脚绳的要求:

①绷绳坑应按标准确定,深度要求在2.2m以上,横杆洞穴靠近井口端,且垂直于坑长方向,一般洞穴深度不小于250~300mm。

②横杆两端离地面不少于2.2m,横杆采用89mm的钢管。

③特殊情况下经有关部门同意可采用水泥墩子固定,墩子的摆放位置与绷绳坑位置要求一样。每个墩子的拉力,两层井架不少于70kN,单层井架不少于50kN。水泥墩子基坑深度必

须达到1m。

④地脚绳应采用19mm的双股钢丝绳,钢丝绳不应断丝、断股或有腐蚀,不能打死结。马蹄扣套应位于横杆中间,接头用4个卡子,卡口在受力端方向,卡距为120mm,绳卡应露出地面,便于检查。

⑤绷绳的每端使用与绷绳规格相同的绳卡不少于3个,每个绳卡之间距离为150~200mm,U形卡的开口方向均朝向绷绳受力侧方向。

(二)井架的起升和安装

修井机开到井场后,按有关要求就位,做好各种检查和准备工作后,即可按下面的程序起升井架。

1. 井架起升操作程序

井架起升前必须检查绷绳、二层台固定钢丝绳、游动系统等绳索是否按要求固定好或者无干涉,并松开前支架处的井架固定卡子;检查液压系统、气控系统。

1)二层井架起升操作程序

(1)关闭针形阀,抬起起升液缸控制手柄,开始起升井架。

(2)起升过程液压油压力控制在额定范围。

(3)当起升至液缸直径变化,产生增压时,操作应保持平稳。当井架升到垂直位置时,要减慢起升速度,使井架缓慢落在Y形支腿上,不能产生任何冲击。

(4)井架起升完毕,先把下节井架与Y形支腿锁紧,再打开针形阀。

2)单层井架起升操作程序

(1)将多路换向阀的溢流阀压力调到额定范围,并向各油缸充油。

(2)操作多路换向阀起升井架,当井架起升到垂直位置后,应减慢起升速度,不能产生任何冲击。

(3)井架起升完毕,将井架与后支架前腿用连接销连接好。

2. 上部井架的伸出操作程序

(1)将固定二节井架的安全锁钩打开。

(2)打开伸缩缸顶部的放气螺钉,循环液压系统3min左右,排除油缸上部空气,无气体油流出为止,拧紧伸缩油缸顶部放气螺钉。检查液路,如发现漏失应处理完后再起升井架上体。

(3)安装好刹把与刹车连杆,并松开固定的游车大钩。对新换的钢丝绳要确定好长度,固定好死绳头。

(4)抬起伸缩液缸的控制阀手柄,开始伸出第二节井架。伸出井架时液缸压力控制在额定范围。若压力超过规定范围值,上节井架仍不能马上伸出时,应全面检查钢丝绳是否缠绕,井架下体之间的构件是否有卡住现象。

(5)二层台也随吊绳拉紧而逐渐开启栏杆并抬起到水平位置。在井架上体伸出过程中应特别注意扶正器是否到位及有无损坏。井架上体伸出到扶正器以上200~300mm时观察扶正器是否到位,否则应停止起升。若无异常,井架上体可继续伸出。

注意:井架上体在不断伸出的过程中,如果扶正器不能抱住伸缩油缸,可能会造成井架上体倒塌,严重损坏设备,造成人员伤亡等事故。

(6)井架升到位时,拉下井架背面的杠杆手柄,使井架链锁装置转到锁合位置,然后把上节井架慢慢下放,坐在链锁装置的托座上。继续压下伸缩液缸的控制手柄,使之处于缩回井架的位置上,打开针形阀使液缸泄压。

3. 井架固定要求

(1)将上节井架链锁装置的安全定位锁销插牢,二层台挂钩处的固定连接件扣合,穿销固定,并连接两节井架间的电路插头。

(2)安装好全部绷绳,绷绳未绷好前井架上不许上人。

(3)全部液压控制阀处于非工作状态位置,阀组箱应关闭,换位阀应换位。

(三)放井架操作方法与程序

1. 上部井架缩回操作

(1)操作伸缩长液缸举升手把,使上节井架慢行上升至离开链锁装置托座,停止伸出井架,上推井架背面的杠杆手柄,使链锁装置回位。认定回位后,再慢慢下压控制阀手柄或打开针形阀,使上节井架平稳下降。

(2)缓慢平稳地下放井架,最高压力不超过额定值,同时二层台也随着下降、倒垂,收起栏杆,直到滑杆完全进入滑套为止。

(3)在收回井架上体过程中,扶正器必须抱住伸缩油缸柱塞杆,游车大钩始终处于合适位置。

(4)上部井架下放快到位时,应放慢速度以防冲击。

(5)打开针形阀。

2. 井架放倒操作

1)二层井架放倒操作

(1)将游动滑车大钩在托架上固定牢,松开刹把与载车间的刹车连杆,拆掉下节井架与Y形支腿的定位销或搭扣螺栓。

(2)打开起升油缸针形阀,提起起升油缸操纵手柄,循环液压系统3min左右,以释放油路中及起升油缸底部空气。关闭针形阀,卸松起升油缸顶部排气塞,然后按下操作手柄,排放起升油缸三级有杆腔空气,直至排出油无气泡为止。

注意:液压泵运转时才能排放液压油缸里的气体,如果不排完这些气体,当井架放倒时会自行翻倒,损坏设备,造成人员伤亡。

(3)小心按下起升油缸操纵手柄,缓慢放倒井架,注意观察起升油缸动作顺序,上部第三级小油缸必须先缩回,下部第一级大油缸必须最后缩回。

注意:

①如果油缸按错误的顺序缩回,应重新让油缸伸出,再按正确顺序缩回,否则将会造成设备损坏、井架自由下落、人员伤亡等重大事故。在放倒井架过程中,当上部第三级小油缸回收到位后,井架靠自重回落,井架回落速度由油缸内的安全节流孔控制。

②不得打开起升油缸针形阀操纵井架下落。

(4)在放倒井架过程中,液缸直径变化将引起压力变化,应平稳操作。当井架快接触支架时,应减慢速度,平稳地把井架托在支架上。井架放倒完毕,及时打开针形阀。

(5)退回Y形支腿的两只载荷千斤顶及附加在载车上的支撑千斤顶,退回找平千斤顶,并把绷绳和其他绳索牢固地圈捆在井架上。

(6)关闭液压箱或及时将换位阀转向安全位,停止液泵工作。

2)单层井架放倒操作

(1)将井架与后支架前腿的连接销取下。

(2)打开多路换向阀,使液缸上腔充油。打开起升油缸顶部放气螺钉,提起起升油缸操纵手柄,循环液压系统3min左右,以释放油路中及起升油缸空气,无气体油流出为止,拧紧起升油缸顶部放气螺钉。检查液路,如发现漏失应处理完后再下放井架。逐渐关闭多路换向阀,使井架平稳放下。

(3)打开千斤顶锁帽,使千斤顶收回,然后收回液压找平千斤顶,关闭各液压控制阀,停止液压泵工作。

(四)井架安装质量和安全要求

1. 井架安装质量要求

(1)天车、游动滑车上下活动正常,天车、游车、井口在同一垂直线上,井架的倾斜度不超过3.5°。

(2)井架各连接部位锁销到位,固定牢靠,基础受力均匀,车身前后左右调整达到水平。

(3)二层台及栏杆到位,安全锁销固定可靠,绷绳受力均匀。

(4)绷绳坑应符合地基选择和绷绳坑确定中的规定,所有绳卡应符合地基选择和绷绳坑确定中的有关规定。

(5)所有千斤顶都应坐稳,各千斤板应与载车中轴线呈十字摆放。

2. 立、放井架的安全要求

(1)立、放井架必须由专人指挥、专人操作、专人观察。

(2)操作人员必须经培训合格后上岗。

(3)在立、放井架期间,非工作人员应远离井架,工作人员不得站立在井架下面。

(4)立、放井架时必须连续作业,不得中途停顿。

(5)立、放井架作业不能在夜间或五级风以上的天气进行。风季期间,必须先挂好抗风绷绳。

(6)在上部井架上伸但没有锁销前,需派人上井架工作时,在此期间不得举升或下放井架,并指派专人在操作台监护。

(7)扶正器到位方可继续举升井架。在伸出井架过程中,同组扶正器的瓦片必须对齐,扶正器臂最大转过水平位置应为40mm。

(8)井架相对于载车大梁的倾斜度不得超过举升液缸的行程。

(9)在井架起升过程中,不能再次紧固Y形支腿的支撑螺栓。井架起升后,不得动支腿阀。

(10)在立、放井架过程中操作要平稳,不得有碰、挂及异常响声。若发生异常现象,排除故障后方可继续立、放井架。

(11)作业过程中,若发生井架失去水平的现象,应将井架放倒重新校平后,再立井架。严禁采用调整绷绳的方法校正井口中心。

(12)在放井架回缩过程中,应将大绳整齐排列在滚筒上,并注意大钩所处的位置。

(13)上部井架回缩完毕后,应将上下井架之间的安全钩挂牢,并固定游动滑车。

(14)每次立、放井架前后,应对井架进行全面详查,发现开焊、断裂等问题应及时处理。

第四节 循环冲洗设备

在井下作业(修井)施工中,循环冲洗设备的主要作用是向井内打入各种液体介质,实现循环和洗井工艺,以满足压井、冲砂、替喷(诱喷)、洗井、增产措施中向井内泵送酸液和压裂液以及水力喷砂射孔等项作业的要求。循环冲洗设备主要包括钻井泵(车)、洗井车(水泥车)、压裂车、管汇及弯头、水龙头、水龙带等。

一、钻井泵(车)

在大修和井下作业施工过程中,钻井泵主要用于循环修井工作液,完成冲洗井底、冲洗鱼顶等各项作业施工。一般有条件的井场可配备电驱动钻井泵,在无电源情况下,配备柴油机驱动的钻井泵。

(一)钻井泵的形式

与修井机配套的钻井泵主要有双缸双作用泵和三缸单作用泵两种形式。

双缸双作用泵有两个缸,每个缸中的活塞在一侧吸入的同时,另一侧则排出,活塞往复一次,吸入、排出各两次。三缸单作用泵有三个缸,三个活塞,活塞仅一面给流体施加压力,活塞往复一次,泵做一次吸入和排出。

按液缸的布置方式分类,往复泵有卧式、立式之分;按活塞式样分类,有活塞泵、柱塞泵之分。对修井泵来说大都为卧式活塞泵。

(二)钻井泵的基本结构

钻井泵的基本结构如图2-8所示。

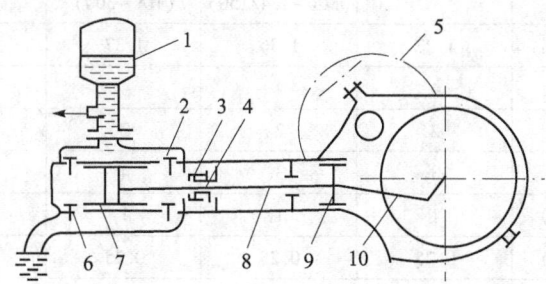

图2-8 钻井泵的结构示意图
1—空气包;2—排出阀;3—拉杆密封涵;4—活塞拉杆;5—皮带轮;
6—上水阀;7—缸套;8—中心拉杆;9—十字头;10—连杆

(三)钻井泵的使用要求

(1)安全阀必须灵活可靠,保险阀销钉的耐压强度不得大于水龙带允许安全压力,保险阀杆要有护罩。

(2)泵的皮带或传动轴护罩必须完整、紧固。

(3)压力表应保证灵敏准确,禁止使用已失灵的压力表,严禁超压运行。

(4)开泵前,操作人员必须与有关人员进行信号联系,待回信号后方可挂泵。

(5)启动泵时,动力和液力端部位以及高压管线附近,水龙带下面禁止站人。

(6)开泵时挂离合器应缓慢,不得猛合,应特别注意压力表变化,一旦泵压偏高时,应迅速换挡,严防憋泵。待钻井液返出井口,泵压正常后方可离开操纵位置。

(7)钻井泵在运转过程中,要倾听钻井泵各部运转有无异常声响,要巡回检查,操作人员不得离开岗位。

(8)倒换阀门时,必须掌握先开后关的原则,操作人员不得正对阀门,停泵后摘开离合器,操作杆应处于空挡位置并应打开回水阀门。

(9)冬季操作,停泵后应立即拆泵,砸开管线放净液力部位的循环液体并用低速挡转动2~3圈,严防钻井泵冻结损坏。

(10)冬季操作,应按先接管线后装泵的原则进行,装泵前用蒸汽预热,快速用热水装好泵,立即投入运行,以防因冻结造成事故。

二、洗井车(水泥车)

能进行洗井、循环、压井、封堵及注水泥等作业的车装洗井设备统称洗井车。洗井车一般都是由洗井泵和动力运载车两部分组成。泵被安装在车上,是完成上述循环洗井等项作业的主要设备;车的作用有两个:一是供给泵驱动力,二是起运载作用。因此可选用不同规格的泵和不同类型的汽车,组合制造出多种类型的洗井车。

(一)主要技术参数

目前现场上常见的洗井车型号有300型和400型等几种,300型洗井车的技术规格见表2-4。

表2-4 300型洗井车技术规格

类型		SNC-H300	SNC-M150 (MA-1.4/150)	SNC-R30 (HA-300)	SNC-28V0	SNC-R155 (1.4/150)
泵	最大排量(m^3/min)	1.27	1.36	1.37	1.37	1.37
	进水管直径(in)	4	4	4	4	4
	出水管直径(in)	2	2	2	2	2
水箱	容积(m^3)	3	3	4	3	3
水泥混合器	工作能力(t/min)	1	1	1	1	1
	水泥槽容积(m^3)	0.25	0.25	0.25	0.25	0.25
外形尺寸(mm) (长×宽×高)		9345×2600× 3250	7700×2550× 2750	9600×2600× 2860	9200×2750× 2900	3450×2640× 2890
总质量(kg)		—	11000	15500	12700	11650

(二)使用要求

(1)工作中经常检查各动、静密封处有无泄漏,察听各传动部位声响及泵阀的撞击声,发现问题及时处理。

(2)注意泵压变化、仪表的指示情况,发现异常及时调整或停车,以防发生事故。

(3)观察润滑油泵的供油是否正常,供油油压应保持在 0.1~0.3MPa 范围内,检查轴承温度最高不得超过 85℃,同时还要经常注意变速箱的温度变化,注意冷却系统,其水温应保持在规定范围内。

(4)工作过程中,若需短期停泵,应摘开离合器,冬季要定时循环,以防冻结地面管线和泵头。

(5)停止工作前,应替注一定量的清水,以清洗活塞或柱塞、阀、工作腔、管线等处。

有关泵的操作要求可参考钻井泵。

三、压裂车

压裂车的组成基本与水泥车相同,压裂车所用的往复泵多为三缸单作用卧式柱塞泵,其特点是功率高、排量大、压力高,且运载车辆越野性能强。一般在大修施工作业中水泥车满足不了要求时及压裂施工中使用压裂车。目前,常用的压裂车型号有 YLC-500、SYC-700、ACF-700、YLC-1000、LC-1050、NOWSCO/STP2000、W1500/K184、SJX5321TYL105、FC-2251等。压裂车的使用、保养可参照洗井车。

四、管汇

管汇,又称总机关,它的作用是汇集液流和改变液流方向,并有控制高压液流的作用。它由一些高压阀门、活接头、弯头、三通和短节等组合而成。对管汇的技术要求是:每个组件必须能耐高压,质量合格。新的管汇使用前一定要经过试压检验(或探伤检测),合格后方可使用。使用时不仅各部件能耐额定高压,而且各连接部位还要保证不刺不漏。由于管汇比较笨重,为了提高管汇利用率,便于搬移,可将管汇装在汽车上,这种车辆称为管汇车。

弯头的作用是改变施工中管线的连接方向且便于管线的连接,按其结构特点分为固定式弯头和活动式弯头两种。

五、水龙头

水龙头的作用是悬吊井下管柱、连接循环冲洗管线中固定部分和旋转部分,并能进行旋转井下管柱(循环管线的一部分)完成洗井、冲砂、解卡循环等施工作业,具有高压密封循环修井工作液的功能。

(一)基本结构形式

水龙头由固定部分和转动部分组成,基本结构形式如图 2-9 和视频 2-1 所示。使用时,固定部分与提升大钩连接,起到悬吊井下管柱的作用,活动部分与方钻杆连接,并能随同方钻杆和井下管柱一同转动。

(二)使用要求

(1)各润滑部位的钙基润滑脂应充足。

(2)鹅颈管螺纹与下端体螺纹完好无损、清洁。

(3)开始使用时,应逐步旋转,缓慢加压,各密封部位无渗漏,如有渗漏应先松开压紧块,适当左旋调整圈,然后将两个压紧螺栓(母)压紧。

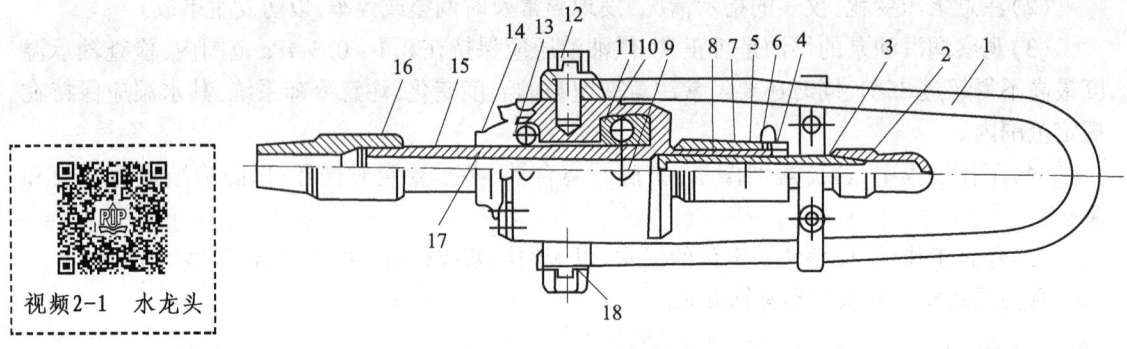

图2-9 水龙头结构

1—提环;2—鹅颈管;3—冲管;4—密封盒垫环;5—密封圈;6—上密封圈座;7—下密封圈;
8—密封盒;9—黄油嘴;10,13—止推轴承;11—主体;12—螺钉;14—底盖;15—中心管;
16—接头;17—挡油圈;18—防松垫

(4)严禁超载、超压使用。

(5)提环必须放入游车大钩开口内,下端连接螺纹与方钻杆连接时,中间需加保护接头。

(6)与水龙带连接的活接头应砸紧,并加保险绳。

(7)搬迁时,严禁直接在地面拖曳。

(8)每连接使用8h以上,应加注润滑脂一次,并加满。

(9)长期停用应做好防腐工作。

六、水龙带

(一)用途

水龙带是由一层内橡胶、几层帘线布、几层中间橡胶及钢丝网层制成的中空软管。其主要作用是便于高压管线连接,满足修井施工中所需要的带高压状态下进行上下活动、使高压管线通道可以弯曲与转向等要求。

作业施工中使用时,水龙带两端插有倒齿型钢接头,倒齿所插入的水龙带外部有两道卡箍,防止使用时压力高将接头憋开。水龙带的用途很广,按其工作压力和管径的不同,分为工作压力为8MPa、10MPa、15MPa、20MPa,直径为50.8mm、73mm、88.9mm、114mm等几种规格。

(二)使用要求

(1)按照作业中可能达到的最高压力选用符合技术要求的水龙带,在使用过程中最高压力不允许超过水龙带的极限压力。

(2)施工过程中,水龙带两端要拴牢保险绳,以防倒齿接头憋出造成事故。

(3)水龙带不能挤压,不能让车辆压碾。

(4)一般水龙带因为没有防酸和防腐蚀层保护,故不能用以打酸、注入具有腐蚀性的液剂。

(5)冬季使用完后要把水龙带中的水控净,以防结冰冻裂。

(6)严禁将水龙带作为出口放喷管线使用。

第五节 修井辅助设备

修井过程中,除上述各种专用设备外,还需要有一定的辅助设备才能保证修井工作顺利进行。修井辅助设备主要有加热设备、汽车和汽车吊车、混砂车、液氮车、连续油管作业车等。

一、加热设备

修井施工中,需要加热各种液剂进行循环刺洗及冲洗打捞等作业,靠加热设备来完成。目前常用的加热设备有锅炉和锅炉车等。

(一)锅炉

锅炉在修井施工中的主要作用是加热水或液剂,以利于施工顺利进行。利用锅炉的热蒸汽刺洗油管及下井工具;冬季保温防冻等。常用的有卧式锅炉和内燃锅炉。

锅炉的缺点是转移施工井场需要吊运车辆,比较困难。同时,它满足不了突然出现的特殊情况的需要,一般不能立即到达现场。

(二)锅炉车

为了克服锅炉的缺点,提高利用率,满足急需的施工要求,将内燃锅炉安装在汽车上,并装置了自动点火装置,这种设备称为汽车锅炉(或蒸汽车),俗称锅炉车。它具有点火快,效率高,安全可靠等优点,且便于运移,一般用于井内油管清蜡、地面管线清扫及疏通。

锅炉车有两种,一种是蒸汽清蜡车,另一种是热油熔蜡车。

蒸汽清蜡车的工作介质为清水,燃料为 -10#柴油。它通过上水泵,经过蒸汽炉加热产生高压水蒸气。燃烧系统配有专用汽油机经减速箱带动风机,为燃烧提供足够的空气。常用的 Z-C-60 型蒸汽清蜡车的蒸汽压力为 6MPa,蒸汽量(最大)为 1t/h。

热油熔蜡车的工作介质为原油,燃料为柴油。动力由汽车发动机经分动箱提供,带动原油泵及燃料供给系统。原油经过卧式盘管炉加热后,产生高压热油。常用的 RRC-H200 热油熔蜡车的最大工作压力为 21.56MPa,原油排量(最大)为 $0.305m^3/min$。

二、储罐车

由于修井内容和施工条件不同,各种汽车的用途也不一样。大型设备远距离搬家时,需要用大型平板车、吊车、拖车等;运送施工用料常用一般的卡车;施工中需要运送清水、各种液剂等,需要不同类型的罐车;另外还需要接送工人的值班车。在施工中,因施工目的和内容不同,所用车辆的数量也不同,在现场摆放施工设备时,要合理布局,保证有足够的车辆摆放空间。摆放车时要有专人指挥,正确操作,防止发生意外伤害事故。下面主要介绍一下储罐车。

(一)储罐车的用途

储罐车主要是指运送和储存固井、压裂及酸化等井下作业施工所需液体(水、油、压裂液、酸液等)的车辆。在某些储罐车上,由于在储罐前面装了一台立式三缸柱塞泵或离心泵,因而扩大了使用范围。液体可以从别的容器打入罐内或由罐内抽取,也可由一个容器打入另一个容器或在罐内循环。

(二)储罐的结构

储罐是卧式椭圆形的钢板焊制容器,容积为 $10m^3$ 左右,结构如图 2-10 所示。罐内有四块波形隔板,把储罐分成连通的五格,其目的是减小行车时液体的振荡。罐顶有加油孔与呼吸阀,后端装有浮标式液面测量计。有的在罐内还有蒸汽盘管供加热液体用。

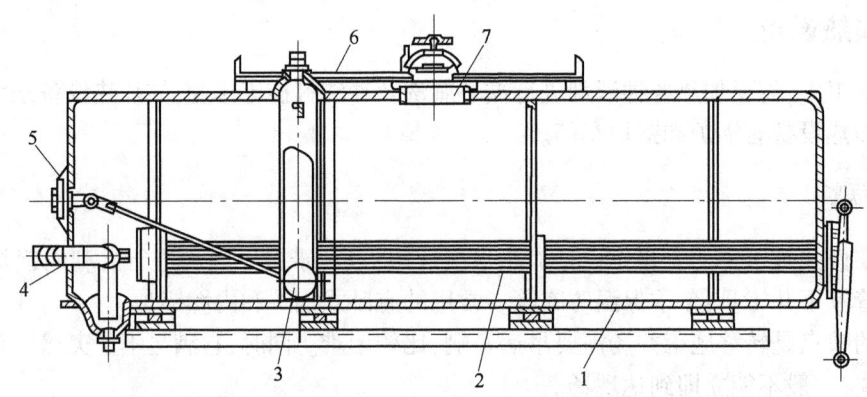

图 2-10 卧式椭圆形油罐结构
1—油罐壳体;2—加热管;3—液面浮标;4—进、出口管;5—液面计;6—平台;7—人孔

有时,在现场为了储藏液体(水、钻井液等),还可采用柔性储罐,容积可达 $20m^3$。空储罐可卷起来运输,不重于 100kg。另外,还应配备充液和取液装置。

三、混砂车

混砂车又称液—砂比例混合机,是进行油层水力压裂的核心设备。油田现场常用的混砂车有双筒机械旋转式混砂车、供液风吸式混砂车等。大部分混砂车都装有螺旋式输砂器或真空吸砂器等装置,用以完成混砂与供砂任务。混砂车主要由供液、输砂、混砂、传动四个系统组成。确保混砂车工作性能的良好与稳定,是完成压裂任务与取得良好压裂效果的关键。

(一)混砂车的作用

(1)将各个供液车罐与高压泵车连接起来,构成向井内泵送高压、大排量液体的完整水力压裂系统。

(2)便于加入支撑剂,并通过高压泵车以大排量注入井内。

(3)根据施工设计要求,调配适当含砂比的工作介质,以完成对不同地层的压裂改造作业。

(4)通过该设备上的仪表及综合压裂中出现的现象,掌握、调节和控制压裂施工的顺利进行。

(二)混砂车的性能要求

(1)排量要大,吸液与排液系统要通畅,满足供给所有压裂车所需液量的要求。

(2)泵的性能要好,工作稳定,能保证长时间处于良好工作状态。

(3)混砂与输砂系统工作可靠,保证获得各种要求的工作液。

(4)控制仪器与指示仪表性能良好,记录数字准确。

(5)运载汽车要有较大的载荷能力和越野性能,以适应低洼井场压裂的需要。

(三)混砂车的使用要求

现以螺旋输砂混砂车为例讲述对混砂车的使用要求。

(1)施工前做好检查及准备工作:检查变速箱、减速器、角传动箱的润滑油是否够;检查砂泵及油泵皮带的松紧程度、传动轴连接螺栓有无松动;检查管线是否畅通、阀门是否灵活,并按施工要求开通阀门;利用液罐的液面高灌注供液泵和砂泵,必要时打开放气阀放气。

(2)注意控制混砂罐进口阀门,混砂罐内的液面高度控制在离上盖300mm左右,防止溢流或因液面过低而影响砂、液混合和砂泵上水。

(3)检查供液泵、砂泵及传动系统轴承部位有无过热现象。

(4)按施工指挥员的指挥变换排量和输砂量。

(5)施工结束后用清水循环供液系统,放掉螺旋输砂器内的剩余砂子,以免下次启动时启动负荷过大。冬季施工时注意防冻工作,施工后排净供液系统内的积液。

四、液氮车

液氮车在油田改造措施中,主要是给液氮压裂和酸化作业供应大量的氮,以满足施工的需要,是一种独立的液氮储运、泵注及转换装置。该车能在低压状态下短期储存和运输氮,并能把低压液氮转换为高压液氮或高压常温氮气排出。液氮车主要由液氮储罐、高压液氮泵、液氮蒸发系统、卡车组成,其结构紧凑,运移性好,工作不需另配辅助设备。

五、连续油管作业车

连续油管作业车是一种轻便的能单独作业的车装设备,能在不压井状态下把小直径连续油管下入井内油管中,以完成各种特殊作业。该设备除能在不动井下管柱、不压井状态下进行酸化作业外,还能用于气举、冲砂、固砂、洗井、挤水泥浆、注入防蜡剂或缓蚀剂等作业。该车主要由卡车底盘、连续油管滚筒、注入头、井口防喷装置、液吊组成,车上设备采用液压传动,既简化了整车结构,又便于操作。

除上述设备外,还有在井下作业中用于推平施工井场、修整道路或用来拖拉井场设备的推土机,依靠汽车动力自行立放两腿井架的立放井架机,在没有照明电源的油田边缘或电路损坏地区提供施工中所需动力和照明的发电机,在压裂、酸化中的仪表车、平衡车及试井中的试井车等辅助设备。

第六节 修井地面工具

修井地面工具是指修井施工作业时所用的专用地面工具,是保障作业得以实施的基本用具。常见的修井地面工具有天车、游动滑车、大钩、钢丝绳、吊环、吊卡、抽油杆吊卡、管钳、链钳、扳手、油管钳、抽油杆钳子、液压油管钳、钻杆动力钳、套管动力钳、液压小绞车等。

一、天车

天车是游动系统的固定部件,安装在井架顶部最高处(故称天车),由一组定滑轮、天车轴、天车架及轴承等主要零件组成,如图2-11和视频2-2所示。目前常用的天车有3～8轮,同装在一根天车轴上,排成一行。负荷为294～490kN,轮径有432mm、460mm、525mm和567mm四种,适用的钢丝绳直径为18.5～26mm。

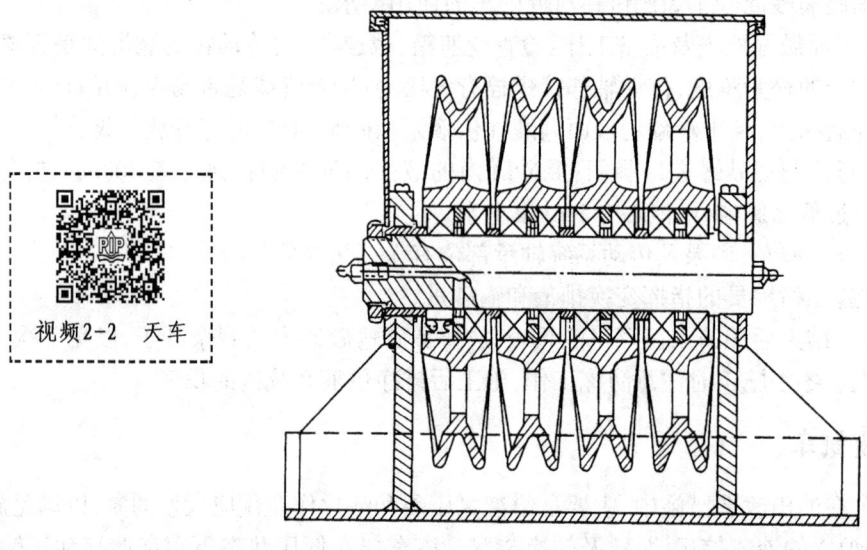

图2-11 天车结构示意图

(一)用途

通过钢丝绳与游动滑车构成游动系统,以完成悬吊与起下作业。

(二)使用要求

(1)每个滑轮的轴承应能单独进行润滑。每个滑轮应能用手转动,且相互之间不得干涉。

(2)滑轮绳槽须经表面淬火,其硬度为45～50HRC,淬硬深度不小于2mm。

(3)铸造滑轮槽底圆弧表面不允许有砂眼、气孔、夹砂等缺陷存在。对出现的铸造缺陷允许采用适当的方法予以修复。

(4)游车、天车均应有防止钢丝绳跳槽装置。

(5)天车轴(包括快绳轮轴和死绳轮轴)与天车梁的弯曲屈服安全因数为1.67。

(6)使用时其安全负荷必须与井架、游动滑车和大钩的安全负荷相匹配。

二、游动滑车

游动滑车由一组滑轮组成(一般滑轮的数目为3～4个),同装在一根游车轴上,排成一列,如图2-12所示。起重量为300～1176kN,本身质量为290～1000kg,适用的钢丝绳直径为18.5～22mm。

(一)用途

游动滑车是通过钢丝绳与天车组成游动系统,使从绞车滚筒钢丝绳来的拉力变为井下管柱上升或下放的动力,并有省力的作用。

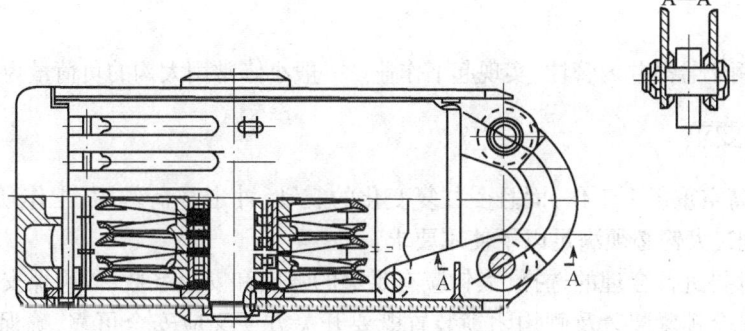

图 2-12 游动滑车结构示意图

(二)使用要求

游动滑车由于种类较多,规格不同,使用时需进行合理选择,确保在安全负荷范围内使用。

(1)在使用中最大负荷不能超过游动滑车的安全负荷。

(2)游动系统使用的钢丝绳直径必须与游动滑车轮槽相适应,不能过大或过小。

(3)在未安装前或使用一段时间后应加注黄油。

(4)滑轮护罩上的绳槽应合适,以免钢丝绳通过时受护罩的磨损而缩短使用寿命。

(5)游动滑车使用一个时期后,应将滑轮翻转安装一次,防止某一个方向磨损太厉害,使滑轮磨损程度趋近一致。

(6)在进行装卸、上吊或下放时须加小心,勿将轮槽边碰伤损。

(7)进行起钻时须多加注意,勿使游动滑车碰到天车或指梁上。

(8)游动滑车上的滑轮须经常清洗,以免加速滑轮的磨损与损害钢丝绳。

三、大钩

大钩主要由钩身、钩座及提环组成,DG-130 大钩如图 2-13 所示。

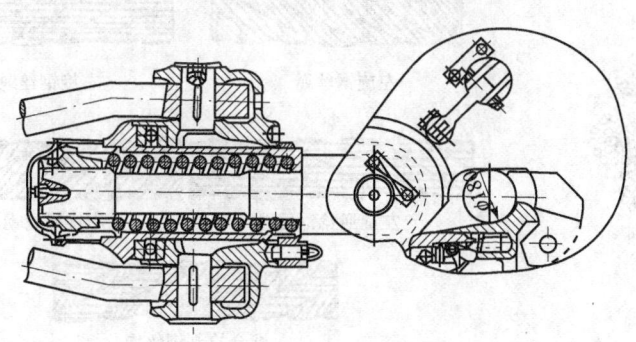

图 2-13 DG-130 大钩的结构

目前在现场上使用的主要是三钩式大钩,即有一个主钩和两个侧钩。主钩用于悬挂水龙头,两个侧钩用于悬挂吊环。

三钩式大钩和游动滑车组合在一起构成组合式大钩(也称游车大钩)。组合式大钩的主要优点是可减少单独式游动滑车和大钩在井架内所占的空间,当采用轻便井架时,组合式大钩更具优越性。

(一)用途

大钩主要用于悬吊井内管柱,实现起下作业。一般小修常用大钩的负荷量为294~490kN。

(二)使用要求

大钩是在高空重载下工作,而且受往复变化的震动、冲击载荷作用,工作环境恶劣。为满足井下作业要求,大钩必须满足以下使用要求:

(1)使用时要进行合理的选择,大钩应有足够的强度和安全系数,以确保安全生产。

(2)钩口安全锁紧装置及侧钩闭锁装置既要开关方便又应安全可靠,确保水龙头提环和吊环在受到冲击、震动时不自动脱出。

(3)在起下钻杆、油管时,应保证钩身转动灵活,悬挂水龙头后,应确保钩身制动可靠,以保证卸扣方便和施工安全。

(4)应安装有效的缓冲装置,以缓和冲击和振动,加速起下钻杆、油管的进程。

(5)在保证有足够强度的前提下,应尽量使大钩自身的质量轻,以便起下作业时,操作轻便。另外,为防止碰挂井架、采油设备及起出的钻柱、管柱,大钩的外形应圆滑、无尖锐棱角。

四、钢丝绳

钢丝绳是由钢丝中间夹麻芯缠死制成的,它的种类很多,从结构组成(股数和丝数)上分有6×19、6×24、9×37等几种(前边数字代表钢丝绳的股数,后边数字代表钢丝数);从捻制方法与形式上来分,有左旋与右旋、顺捻和逆捻之分,捻制与截面结构如图2-14所示。捻制方法不同,其特点也不同,顺捻钢丝绳的伸缩性大,易松股打扭,强度不如逆捻钢丝绳大,但它的弯曲性、耐磨性好;逆捻钢丝绳不易松股,强度比顺捻要大。因此,可以根据不同需要、不同负荷,正确选择使用。

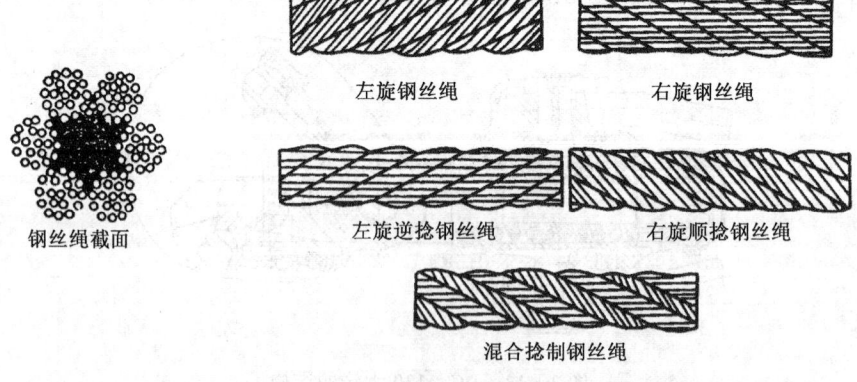

图2-14 钢丝绳捻制与截面结构示意图

(一)用途

钢丝绳的主要用途是通过天车把绞车、游动滑车连在一起组成游动系统,从而把绞车的旋转运动变为游动滑车的升降运动,达到起下作业的目的。

另外,钢丝绳还可用作井架绷绳,固定稳定井架,使井架能承载井下作业管柱负荷。此外,钢丝绳还用于牵引拖拉起吊设备时的承力、承重绳套。

(二)使用要求

新钢丝绳不应有压扁、松股及生锈等缺陷。欲剁断钢丝绳时,在距断口两端各20mm处用铝丝扎紧,以防松股,用锋利扁铲剁断。钢丝绳直径应用游标卡尺度量,钢丝绳外表面应涂润滑油保养。

由于施工作业内容和所用设备的规格不同,所用钢丝绳也应有所不同,对所用钢丝绳要进行合理选择,现场上一般用绞车滚筒直径 D 与钢丝绳的直径 d 的比例关系选择,即以 $D > 22d$ 为选择标准。

五、吊环

按结构不同,吊环分单臂吊环和双臂吊环两种形式,如图2-15和图2-16所示。

单臂吊环采用高强度合金钢锻造而成,具有强度高、质量轻、耐磨等特点,因而适用于深井作业。双臂吊环则是用一般合金钢锻造、焊接而成,因此只适用于一般修井作业中。

单臂吊环在双吊卡起下钻头、管柱过程中,因质量轻而消耗体力少,但套入吊卡耳孔中较困难。双臂吊环质量较大,但套入吊卡耳孔比较方便。

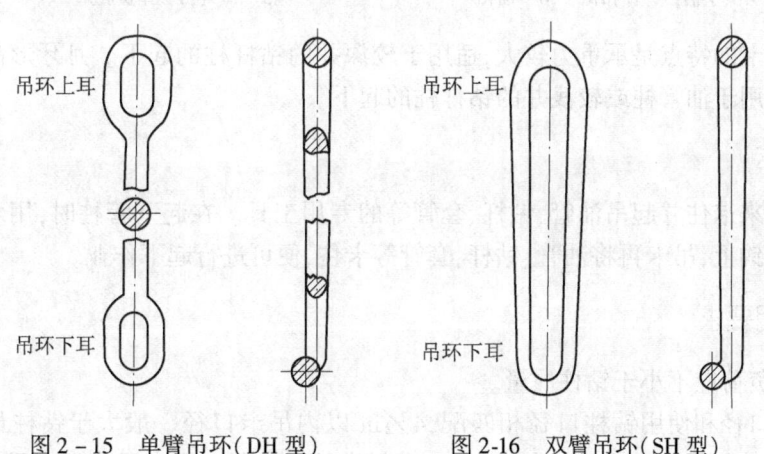

图2-15 单臂吊环(DH型)　　图2-16 双臂吊环(SH型)

(一)用途

吊环是起下修井工艺管柱时连接大钩与吊卡用的专用提升用具。

吊环成对使用,上端分别挂在大钩两侧的耳环上,下端分别套入吊卡两侧的耳孔中,用来悬挂吊卡。

(二)使用要求

(1)吊环应配套使用。
(2)不得在单吊环情况下使用。
(3)经常检测吊环直径、长度变化情况,成对的吊环直径长度不相同时,不得继续使用。
(4)应保持吊环清洁,不得用重物击打吊环。

六、吊卡

修井作业施工中常用的吊卡一般有活门式和月牙形两种吊卡,基本结构形式如图 2-17 和图 2-18 所示。

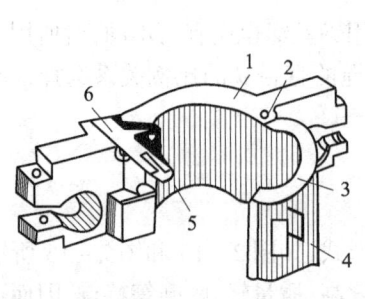 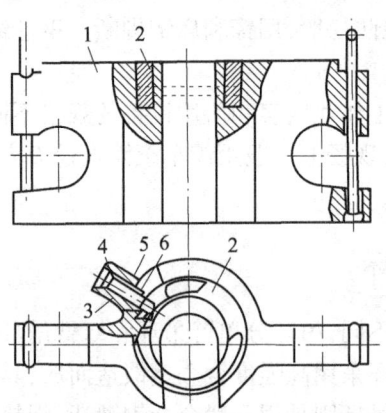

图 2-17 活门式吊卡结构
1—吊卡体;2—活门销子;3—吊卡活门;
4—手柄;5—锁扣销子;6—锁扣

图 2-18 月牙形吊卡结构
1—壳体;2—凹槽;3—插门;4—手柄;
5—弹簧;6—弹簧底垫

活门式吊卡的特点是承重力较大,适用于较深井的钻杆柱的起下。月牙形吊卡的特点是轻便、灵活,适用于油管柱或较浅井的钻杆柱的起下。

(一)用途

吊卡是用来卡住并起吊油管、钻杆、套管等的专用工具。在起下管柱时,用双吊环将吊卡悬吊在游车大钩上,吊卡再将油管、钻杆、套管等卡住,便可进行起下作业。

(二)使用要求

(1)吊卡负荷应不小于钻柱质量。
(2)吊卡口径和使用钻柱口径相匹配,4½in 以内吊卡口径一般大于钻柱最大管身直径 2~3mm,若吊卡长期使用口径大于管身直径 5mm 时,应修补后再用。
(3)吊卡各转动部位应灵活好用。
(4)吊卡安全保险装置应完整可靠。

七、抽油杆吊卡

抽油杆吊卡是起下抽油杆的专用吊卡,主要由卡体、吊环和卡具等组成,如图 2-19 所示。抽油杆吊卡中间的卡具(卡套)是可以更换的,可以更换直径 19~25mm 的各种卡套,以适用于不同规格抽油杆的起下作业。抽油杆吊卡一般工作负荷为 50kN,可以适用于一般井深的起下抽油杆作业,使用时将吊环悬挂在游车大钩开口内即可,使用要求可参照吊卡。

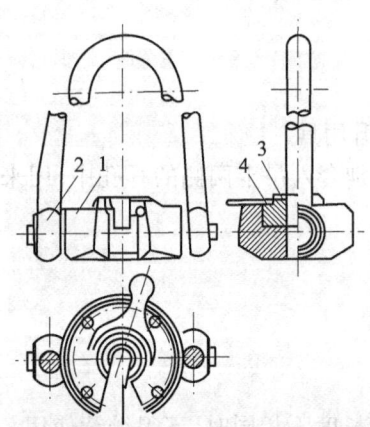

图 2-19 抽油杆吊卡结构
1—卡体;2—吊环;3—卡具;4—手柄

八、管钳

管钳由钳身、钳头、板牙、调节坏四部分组成,如图2-20所示。它的规范是按管钳头张到最大位置时管钳的全长而定,以英寸为公称尺寸。井下作业常用的管钳有18in、24in、36in、48in四种(视频2-3)。

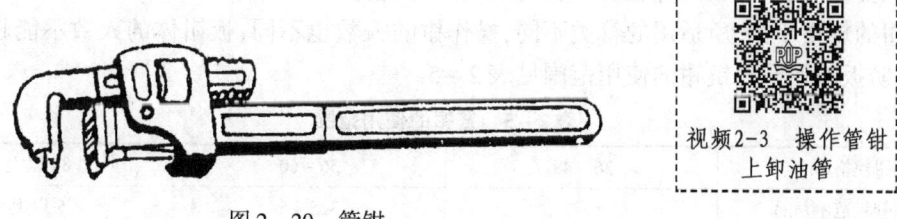

图2-20 管钳

(一)用途

管钳又称管子钳,是转动上卸管子和其他圆形工作物的工具。井下作业时常用它进行上卸较小的油管与钻杆及其他工具。

(二)使用要求

先将钳口开至适当尺寸,左手把正钳头,将钳口对正要卡的管类物体,卡在管子上,然后试操作用力,逐渐加力直到管子被卸开(或被上紧)。操作时脚要站稳,用力要均匀,两腿开立,双手平伸,用手掌压在钳柄尾端逐渐加力上卸管子扣。严禁用五指紧握钳尾端,以免管钳打滑(或螺母突然卸开),使钳体尾端突然着地将手脚砸伤。管钳不能用加力管往下压,不能把管钳当手锤或撬杠等工具用。不用时要清洗干净,涂上防锈油。

九、链钳

链钳由一个钳柄、两块齿板、一根带有平式活节的链条及固定链条的销子等组成,如图2-21所示。

图2-21 链钳

(一)用途

链钳是用来上卸管类和圆筒形物体的专用工具,其适用管径比管钳大得多,可用几倍于管钳所用的力进行操作。

（二）使用要求

使用时,将链条和齿板卡住管身,构成杠杆、管、柄三支点,使用的力可以很大,接与卸管子比较方便。

操作时,人应站在链钳的侧面,不能对立,禁止用加力管加长钳柄,钳子所咬位置不允许高过人的头部,不能用齿板夹部咬管子,以防将管子咬扁。

链钳的规格不同,所适用的管类不同,操作钳的人数也不同,扳钳体的人数不能超过规定人数,以防扳断钳子。链钳的使用范围见表2-5。

表2-5 链钳的使用范围

链钳规格(in)	36~48	56~60	84以上
适用管径范围(in)	2.5~3.5	3.5~5	5以上
扳链钳的人数(人)	2	3	4

十、扳手

修井常用扳手有活动扳手和固定扳手两种,如图2-22和图2-23所示。活动扳手的特点是扳手开口在一定范围内可以进行调节,可上、卸不同规格的螺帽,使用方便,用途广泛。修井常用的活动扳手有8in、10in、12in、18in四种规格,各种活动扳手的使用范围见表2-6。

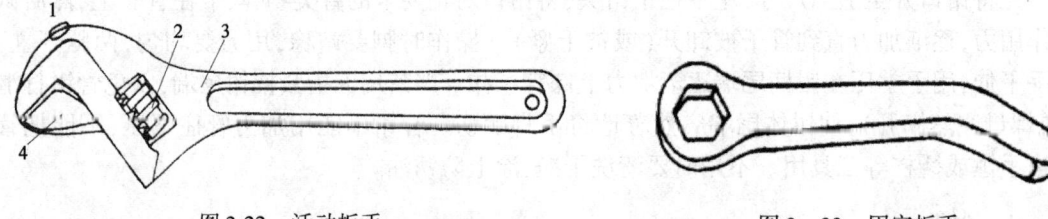

图2-22 活动扳手　　　　　　　　图2-23 固定扳手

1—导向螺母;2—旋合螺母;3—上虎口;4—下虎口

固定扳手(死扳手)只能上卸一种规格的螺钉和螺帽,其规格很多,目前修井作业常用的有54mm、47mm、42mm单头固定扳手及24mm×36mm双头固定扳手等。

有关扳手的安全操作可参照管钳。

表2-6 各种活动扳手的使用范围

公称尺寸(in)	4	6	8	10	12	14	15	18	24
全长(mm)	100	150	200	250	300	350	375	450	600
最大开口(mm)	14	19	24	30	36	41	46	55	65

十一、油管钳

（一）用途

油管钳是专门用于上卸油管的工具,主要由钳柄、钳牙、钩柄、小钳颚与大钳颚组成,如图2-24所示。

(二)使用要求

使用时,一手握钳柄,一手扳动钩柄,把小钳颚打开,张开钳口,将钳搭在油管上(动作要快),利用惯性使小钳颚与大钳颚把油管抱住,拉钳柄,小钳颚内钳牙咬住油管,用力越大,咬得越紧。不停地转动钳柄,便可将油管上紧或卸开。

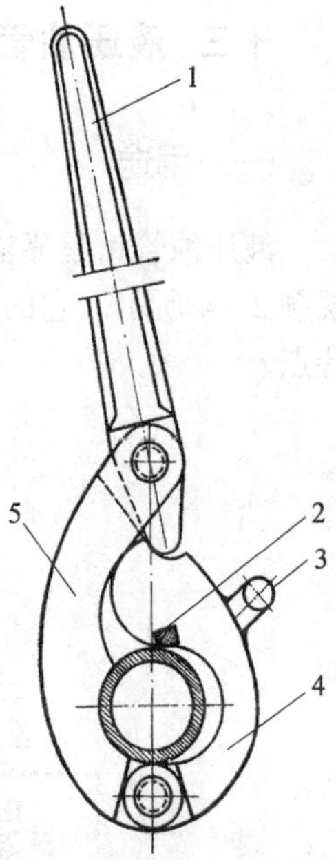

使用保养及注意事项:

(1)使用油管钳时应先检查钳头、钳柄的连接销是否牢固,钳牙是否装正,销子是否锁紧。

(2)使用时不要用力过猛,否则容易折断。

(3)不能超过其额定使用范围。

(4)用完应刷洗干净,长期不用时应涂抹黄油。

十二、抽油杆钳子

(一)用途

抽油杆钳子是作业施工用于上卸抽油杆扣的工具,具有比管钳上卸抽油杆灵活好用的特点。其结构如图 2-25 所示,技术规范见表 2-7。

图 2-24 油管钳
1—钳柄;2—钳牙;3—钩柄;4—小钳颚;5—大钳颚

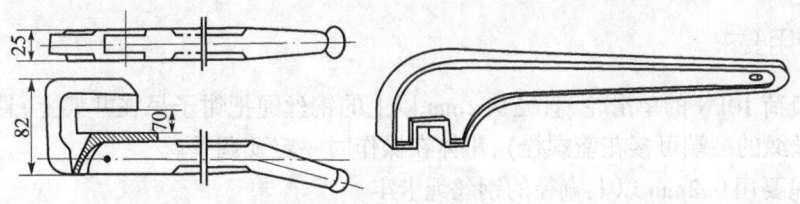

图 2-25 抽油杆钳子

表 2-7 抽油杆钳子技术规范

公称尺寸(mm)	16×440	19×440	22×440	25×440
使用范围(mm)	16	19	22	25

(二)使用要求

(1)使用前要先检查钳子是否有裂痕,符合标准方可使用。

(2)上扣时应将开口放入抽油杆接箍,平稳用力。

(3)卸扣时反过来用,卸不动时可用加力杠。

(4)严禁用手锤砸击钳子,防止滑脱或飞起伤人。

(5)防止在钳子没有打牢的情况下用力过猛而滑脱。

(6)用后及时刷洗干净,长期不用应涂抹黄油。

十三、液压油管钳

(一)用途

液压油管钳是靠液压系统进行控制和传递动力的上卸油管扣的专用工具,如图2-26和视频2-4所示。它的动力由液压马达提供,具有操作平稳、效率高、安全可靠、适用性强等特点。

视频2-4 操作液压油管钳上卸油管

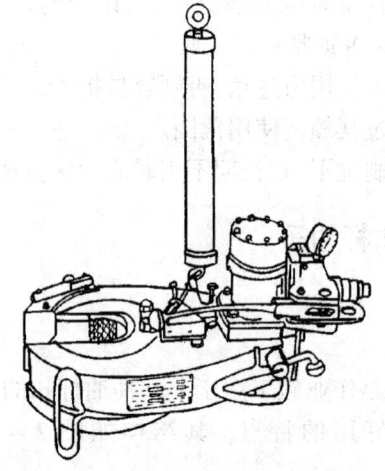

图2-26 液压油管钳示意图

(二)使用要求

(1)用负荷10kN的单滑轮、直径9.2mm以上的钢丝绳把钳子吊在井架上,悬吊高度要便于操作(钢丝绳的一端可接花篮螺栓),钳体在操作时一定要调平。

(2)尾绳要用9.2mm以上直径的钢丝绳卡牢。

(3)检查钳子各部螺钉有无松动,检查各阀门是否打开,切断总离合器,挂上增速箱离合器,调整溢流阀,上扣时压力为6~9MPa,卸扣时压力为10~11MPa,最高不超过11MPa。

(4)合上离合器,开动液压钳空转1~2min,运转正常,换挡灵活,挡位正常无异常噪声,缺口对位准确方可使用。

(5)单人操作,严禁两人同时操作。

(6)操作者应站在前面操作,尾绳两侧不准站人。

(7)复位对缺口一定用低挡,上扣一定用高挡,停车后挂回空挡,不论上卸扣,挂挡顺序要遵循"低—高—低"的原则。

(8)使用时要注意是否憋压,有无渗漏,保持液压油及快速接头等液压件的清洁。

(9)更换钳牙或现场检查时,必须摘下通井机的总离合器,否则严禁把手放入钳口;应将劳保服袖口、衣角等系紧,防止操作时被绞进机内。

(10)使用中若发现运转声音异常,应立即停车检查,严禁在不正常的情况下使用液压钳。

(11)管柱螺母过紧,如果系统压力调到11MPa仍不能卸开扣时,停止使用液压钳卸扣。严禁液压钳超高压使用或用高速冲击的方式上卸扣。

十四、钻杆动力钳

(一)用途

钻杆动力钳是用于油田作业时上卸油管、小钻杆螺母的机械化设备。ZQ20 钻杆动力钳的适用范围为 $2\frac{3}{8}$in、$2\frac{7}{8}$in、$3\frac{1}{2}$in 油管和 $2\frac{7}{8}$in、$3\frac{1}{2}$in 钻杆。

(二)使用要求

(1)开钻机到动力钳气管线阀门。

(2)通液压站管线。

(3)把钳子平稳地送到井口,若钳子高度不合适可操作手拉葫芦,进行调节。

(4)在钳子送到井口,钻杆或油管通过缺口进入钳子后,观察钳子上下两堵头螺栓是否与内外接头贴合,而后操纵夹紧缸双向气阀使下钳夹紧接头或管体。

(5)根据上卸扣需要,高低挡的双向气阀转动相应位置,在使用中可不停车换挡。

(6)马达的正反转是通过 H 形手动换向阀来实现的,根据上卸扣的需要更换手柄位置。

(7)复位,即钳头缺口相互对准的过程,当上完一个扣或卸完一个扣时,必须操作 H 形手动换向阀,使其钳头向工作状态反向转动,在复位时根据各缺口相距远近可操作高低挡双向气阀,用高低挡变换的办法实现。

(8)卸扣时,当内扣全部从外扣中旋出后,即可将双向阀向上扣方向转动复位,在上钳松开钻具而未对准缺口也允许停车提管柱,提出管柱后继续复位,这样能节约时间。

(9)在内扣没有全部从外扣中旋出前不能上提钻具,当上钳没有松开钻具前不允许上提。

(10)夹紧气缸双向气阀到工作位置的相反位置,使下钳恢复零位对准缺口。

(11)平稳地使钳子离开井口。

(12)若全部起完或下完钻后,把所有液气阀复零位,关闭液压源及钻机来气阀门。

(13)搬运时,应封闭好液气管路接头,以防污物进入气管线。

(14)上下钳的定位销的位置根据上扣或卸扣要求而定,在变换位置时,钳头的各个缺口必须对正后方可操作。

(15)钳子每次起钻之后用清水冲洗干净,夏天用压缩空气吹干。冬天用蒸汽吹干,坡板滚子部分清洗干净后涂一层黄油,要求坡板清洁,滚子销子转动灵活。传动系统轴承的保养与压风机轴承座的要求相同。

(16)夹紧缸在每次起下钻完后用清水洗干净,活塞杆用棉纱擦干涂一层黄油,伸出部分全部收入缸筒。

十五、套管动力钳

(一)用途

套管动力钳是油田作业时上卸套管螺母的机械化设备。TQ-20 套管动力钳的适用管径范围为 $4 \sim 13\frac{3}{8}$in。

(二)使用要求

要求操作者要完全熟悉钳子换向阀手柄和变速手柄的使用,十分明了操作顺序和安全要求。

1. 操作顺序

(1)将换向阀手柄和变速手柄置于中间位置。

(2)检查钳头颚板尺寸是否与套管尺寸相符,弧形磁钢安装方向是否正确。

(3)将逆止销插入上扣孔内。

(4)打开门,将钳子套在套管上,合上门,并检查门闩闭合是否可靠。

(5)将变速手柄置于高挡,向前推换向阀手柄(上扣),转子随即转动,主颚板爬坡收缩,并夹紧管子,带动管子一起做高速运转。

(6)当转子转动时,将换向阀手柄退至中间位置,变速手柄置于低挡,前推换向阀手柄,转子带动管子做慢速运转,观察扭矩表,当读数达到需要值后,换向阀退至中间位置。

(7)向后拉换向阀手柄,使钳头松开,转子继续回转,使逆止销回复至原始位置(此时转子插销处于坡道板最高空挡位置而弹出),打开活门,退出钳子,重复上述步骤,对下一个套管接头进行上扣操作。

在卸扣时,应先将变速手柄置于低速挡,逆止销置于"卸扣"孔内,待螺母松动后,将变速手柄置于高速挡,拉动换向阀手柄,转子带动管子做高速运转,将螺母全部卸出为止,其他操作方法与上扣时相同。

2. 注意事项

(1)拆装更换主颚板时,应特别注意弧形磁钢,因其装于主颚板下面,拆装时用手托住,以免跌落而造成碎裂。

(2)合上门后,应检查门闩是否闭合可靠,切不可在门闩闭合不可靠的情况下使转子运转。

(3)在颚板夹紧管子前,应先使转子齿圈转动150mm(逆止销转动20°左右),使转子上的插销转离坡道板然后再施加扭矩,否则将会造成重大事故。

(4)操作者切不可将衣服、身体的任何部分以及钢丝绳等其他东西夹到钳子中,操作者及其他物件必须离开钳子的尾绳和钳子的摆动空间。

十六、液压小绞车

(一)用途及性能参数

液压小绞车是井下作业施工中的一种起升管柱的动力设备。YC3A液压小绞车的额定压力为16MPa,最高允许压力为20MPa,最大流量为130L/min,额定工作负荷为3t,最高提升速度为28m/min,推荐钢丝绳直径为ϕ13mm,总质量为220kg。

(二)使用要求

(1)滚筒上钢丝绳必须排列整齐。

(2)可用控制阀的开关来控制重物升降速度。

(3)重物过重,弹簧刹车打滑时,可通过控制阀对液压马达反向加压,以增强弹簧刹车的力量。

(4)液压小绞车不可载人,重物下严禁站人。

第七节 井下作业控制装置

井下作业控制装置是对油气井实施压力控制,对事故进行预防、监测、控制、处理的关键设备,是实现安全井下作业的可靠保证。通过井下作业控制装置可以做到在井内带压的情况下,完成起下管柱的作业,既可以减少对油气层的伤害,又可以保护套管,防止井喷和井喷失控,实现安全作业。常规作业经常使用手动开关的井口控制器,高压井、气井以及大修取套井施工时,要使用液(气)动和手动双重开关的防喷器。

一、井口控制装置的结构

常规作业使用的机械式井口控制装置如图 2-27 所示,按其工作原理可分为井口控制部分、加压部分和油管密封部分。

（一）井口控制部分

井口控制部分由自封封井器、半封封井器、全封封井器、法兰短节和连接法兰组成,其作用是在不压井起下作业时控制井口压力,使作业施工安全顺利地进行。

1. 自封封井器

1) 结构和工作原理

自封封井器由壳体、压盖、压环、密封圈、胶皮芯子和放压丝堵组成,如图 2-28 所示。它依靠井内油套环空的压力和胶皮芯子自身的伸缩力使胶皮芯子扩张,起到密封油套环形空间的作用。井内管柱和井下工具能顺利通过胶皮芯子,最大通过直径应小于 ϕ115mm,技术规范见表 2-8。

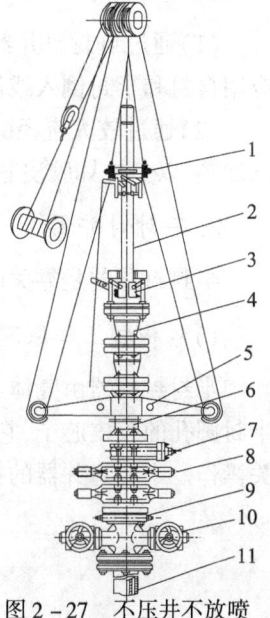

图 2-27 不压井不放喷井口控制装置

1—分段加压吊卡;2—油管;3—安全卡瓦;4—自封封井器;5—加压支架;6—法兰短节;7—全封封井器;8—半封封井器;9—顶丝法兰;10—四通;11—套管

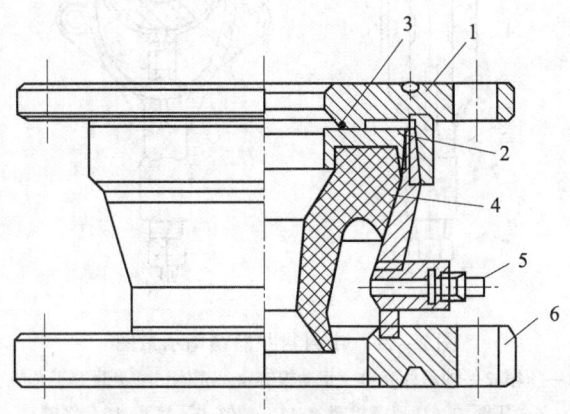

图 2-28 自封封井器结构示意图
1—压盖;2—压环;3—密封圈;4—胶皮芯子;5—放压丝堵;6—壳体

表2-8 自封封井器技术规范

试验压力(MPa)	10	高度(mm)	235
工作压力(MPa)	6	质量(kg)	80
使用范围(mm)	φ73~φ114	压环内径(mm)	φ115
连接方式	φ178mm法兰,φ211mm钢圈	胶皮芯子内径(mm)	φ69

2)使用要求

(1)通过自封封井器的下井工具,外径应小于φ115mm。外径超过φ115mm的下井工具,应用自封和半封倒入或倒出。

(2)通过较大直径的下井工具时,可在自封的胶皮芯子上涂抹黄油。冬天使用时,应用蒸汽加热,以免拉坏胶皮芯子。

2. 半封封井器

半封封井器是靠关闭闸板来密封油套环形空间的井口密封工具。

1)结构和工作原理

半封封井器由壳体、半封芯子总成、丝杠等组成,如图2-29所示。其密封元件为两个带半封圆孔的胶皮芯子,它装在半封芯子总成上,转动丝杠,可以带动半封芯子总成运动,完成开关操作。半封封井器的技术规范见表2-9。

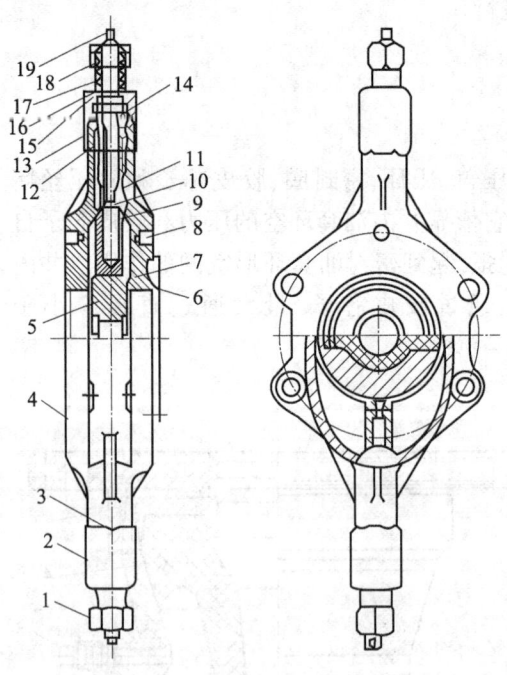

图2-29 半封封井器结构示意图
1—压帽;2—轴承外壳;3—止动螺钉;4—壳体;5—半封芯子总成;
6—压圈;7—U形密封圈;8、11—螺钉;9—接头;10—倒键;
12—密封圈;13—垫片;14—止推轴承;15—下垫圈;
16—人字密封圈;17—中垫圈;
18—密封圈压帽;19—丝杠

表 2-9 半封封井器的技术规范

试验压力(MPa)	8	质量(kg)	108
工作压力(MPa)	6	最大工作直径(mm)	φ178
连接方式	φ178mm 法兰,φ211mm 钢圈	开关圈数(圈)	9.5
高度(mm)	146	适应管径(mm)	φ73,φ89
长度(mm)	1106		

2)使用要求

(1)半封芯子手把应灵活,无卡阻现象,要求能够保证全开或全关。

(2)胶皮芯子无损坏,无缺陷,并随时检查,有问题及时更换。

(3)使用时不能使胶皮芯子关在油管接箍或封隔器等下井工具上,只能关在油管本体上。

(4)正常起下时,要保证处于全开状态。

(5)冬季施工时应用蒸汽加热后再转动丝杠,以免半封内结冰,拉脱丝杠。

(6)开关半封时两端开关圈数应一致。

3.全封封井器

全封封井器是用于起出管(钻)柱后封闭井口的控制装置。

1)结构与工作原理

全封封井器由壳体、丝杠等组成,如图 2-30 所示。它的外形和工作原理与半封封井器基本相同。不同之处是闸板没有半圆孔,两块闸板关紧可以密封井口,转动丝杠,可以开井或关井,其技术规范见表 2-10。

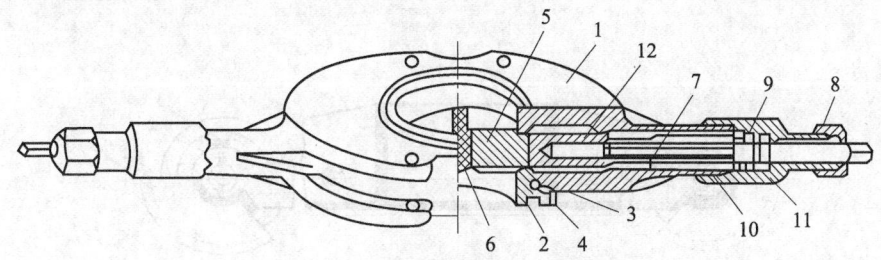

图 2-30 全封封井器结构示意图

1—壳体;2—压盖;3—U 形密封圈;4—固定螺钉;5—芯子壳体;6—胶皮芯子;7—丝杠;8—压帽;9—止推轴承;10—O 形密封圈;11—丝杠壳体;12—芯子接头

表 2-10 全封封井器技术规范

试验压力(MPa)	8	长度(mm)	1106
工作压力(MPa)	6	质量(kg)	115
连接方式	φ178mm 法兰,φ211mm 钢圈	最大工作直径(mm)	φ178
高度(mm)	146	开关圈数(圈)	9.5

2)使用要求

(1)丝杠开关灵活,无卡阻现象,全开直径应大于 178mm。

(2)冬季施工使用时应加热,以免冻结后拉脱丝杠。

4. 法兰短节

法兰短节由 $\phi178mm$ 套管与两个法兰片焊接制成,可以根据使用需要制成不同的高度,可与自封封井器和半封封井器连接。一般经常使用的有 0.5m、0.7m、1.0m 和 1.2m 几种高度。在法兰短节上焊有放空阀门,关闭半封封井器和全封封井器后,可用放空阀门放掉控制器内的压力。

5. 特殊连接法兰

特殊连接法兰是一个钻有各种可调换孔眼的连接法兰,通径 $\phi178mm$,连接钢圈 $\phi211mm$。它装在控制器的底部,上与半封或全封封井器连接,下与套管四通相连接。装在法兰盘下面的连接螺栓可调换孔眼,与不同规格的四通连接。有的法兰盘下部为卡箍,可与卡箍井口连接。

(二)加压部分

加压部分包括加压支架、加压吊卡、分段加压吊卡、加压绳、安全卡瓦等,其作用是解决油管的上顶问题。

1. 加压支架

加压支架固定在法兰短节上,由支架、固定螺栓、滑轮、滑轮轴等组成,如图 2-31 所示。它的作用是承受加压钢丝绳的力和转变力的方向,把绞车的上提力变为控制油管上顶的下压力和向井内压送油管的下压力,从而安全顺利地起出(或下入)作业中最后(或最初)的几根或几十根油管,完成施工任务。加压支架的计算负荷为 200kN,适用钢丝绳直径为 12.5~18.5mm。

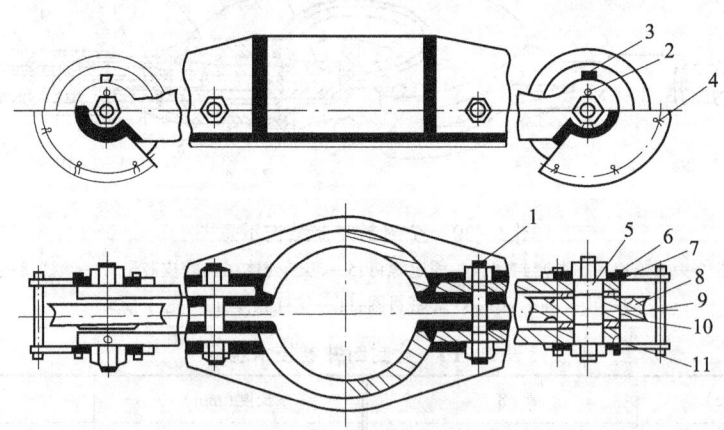

图 2-31 加压支架
1,3—固定螺栓;2,4—开口销;5—滑轮销;6—挡绳销;7—垫片;8—滑轮;
9—钢套;10—油孔丝堵;11—支架

技术要求:组装后滑轮必须转动灵活。在压力较高的井施工时,可用绳索将悬臂与套管四通连接起来,以增加强度。

2. 加压吊卡

加压吊卡是加压起下油管的专用吊卡,由壳体、滑轮、活门等组成,如图2-32所示。它的作用是在加压起下油管时压送和扶正油管。加压吊卡下部与普通吊卡相似。当活门处于开口位置时,将油管放入,使油管接箍正好位于吊卡上下两部分之间,靠上部壳体下面直径92mm的台肩压住油管接箍。加压吊卡左右两端的滑轮与加压钢丝绳连接,转动手把,使之抱住油管,起扶正作用。开动修井机即可将管柱压入井内。在起油管时,加压系统起控制作用。加压吊卡技术规范见表2-11。

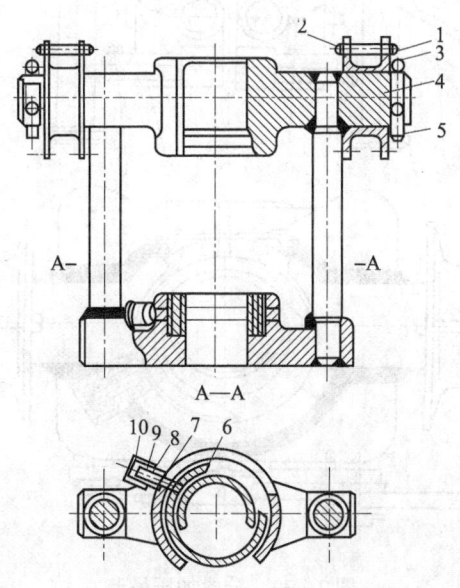

图2-32 加压吊卡
1—螺栓;2—螺母;3—滑轮;4—壳体总成;5,7—销子;
6—活门;8—弹簧;9—圆柱螺母;10—手把

表2-11 加压吊卡技术规范

设计负荷(kN)	200	宽度(mm)	478
使用范围	φ62mm 油管	主体上孔直径(mm)	φ77
高度(mm)	375	主体下孔直径(mm)	φ76

技术要求:(1)吊卡壳体上下部分中心孔不同心度小于1mm;(2)活门在壳体内转动灵活,无卡阻现象。

3. 分段加压吊卡

当井内压力过高,加压起下油管时易压弯油管,或处理特殊情况时,用普通加压吊卡无济于事时,可采用分段加压吊卡。它是将长油管"分成"几段或几次分别压入井内(或起出井外),从而防止油管压弯。分段加压吊卡由卡瓦牙壳体、吊卡活门、滑轮、主体、手把等组成,如图2-33所示。工作时只需给手把一个向上或向下的力,通过四连杆机构的作用,使两瓣卡瓦张开或合拢,以便卡住油管的任意部位。滑轮与加压钢丝绳连接,开动修井机,即可将管柱压入井内。

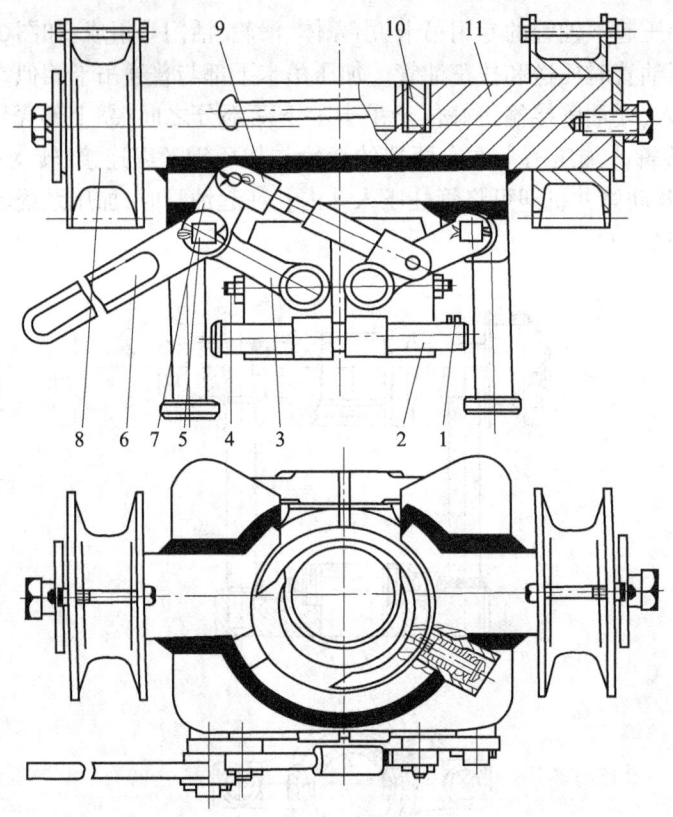

图2-33 分段加压吊卡
1—挡销;2—导杆;3—主连杆;4—卡瓦牙壳体;5—连杆轴;6—手把;7—曲柄;
8—滑轮;9—中间连杆;10—吊卡活门;11—主体

分段加压吊卡较笨,使用不方便,易损伤油管,效率低等,故在一般情况下不使用它。
分段加压吊卡的技术要求如下:
(1)组装后,连杆机构和吊卡键应转动灵活,无卡阻现象。
(2)两卡瓦牙在收拢位置时,牙齿的不同心度允许误差为1mm。
(3)卡瓦牙合卡油管时,压下手把,两卡瓦应能完全合拢。
(4)抬起手把,两卡瓦张开距离在80mm以上,与轴线对称。

4.加压绳

加压绳是指加压起下油管时所用的钢丝绳。根据其在整个加压起下过程中的作用不同,分为加压绳和提升绳两段,应用范围和技术规范见表2-12。

表2-12 加压绳和提升绳技术规范

规范	长度(m)	绳径(mm)	拉力(kN)	绳径(mm)	拉力(kN)	绳径(mm)	拉力(安全系数为5时)(kN)
提升绳	46~50	12.5	14.5	15.5	23	18.5	35.2
加压绳	74~80	12.5	14.5	15.5	23	18.5	35.2

5. 安全卡瓦

1) 结构与工作原理

安全卡瓦是依靠卡瓦卡住油管,防止油管上顶飞出的不压井起下安全设备,由主体、手把、连杆机构和卡瓦等组成,如图2-34所示。当向下压下手把时,连杆机构带动卡瓦牙闭合,卡住油管,制止油管上顶。向上抬起手把,卡瓦就张开,松开被卡住的油管。因安全卡瓦可以卡住油管的任何部位,所以,当油管自重小于液体上顶力时,可用于卡住油管,便于不倒换吊卡接卸单根。同时,可坐安全工具,防止控制器某部件失灵时将井内管柱顶出。安全卡瓦技术规范见表2-13。

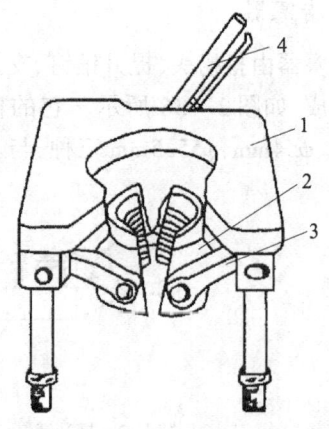

图2-34 安全卡瓦
1—主体;2—卡瓦及其壳体;
3—连杆机构;4—手把

表2-13 安全卡瓦技术规范

设计负荷(kN)	135	高度(mm)	280
试验负荷	65kN 卡瓦牙推移	质量(kg)	98
使用范围	φ178mm 法兰	卡瓦牙高(mm)	150
连接方式	M30 螺母		

2) 使用要求

(1) 在 φ168mm 套管内工作压力4MPa以上不能使用,在 φ140mm 套管内工作压力5MPa以上不能使用。

(2) 冬季施工应化净冰冻,防止结冰后卡瓦失灵。

(三) 油管密封部分

油管密封是靠工作筒、堵塞器来完成的。使用时工作筒接在管柱的最底部,随下井管柱下入井内。下井之前在地面上将堵塞器装入工作筒内,下完全部油管后再捞出堵塞器,油管内即畅通可投产。如果起油管,则在起油管之前投入堵塞器,即可密封油管,顺利起出井内管柱。

1. 工作筒

工作筒如图2-35所示。工作筒主体上部为 φ62mm 油管扣,可与油管相连接。密封短节在工作筒主体下部,与堵塞器配合使用,可以起密封作用。常用的工作筒有 φ54mm 和 φ55.5mm 两种,在压裂和化堵施工时还要使用一种 φ50mm 的加厚工作筒。

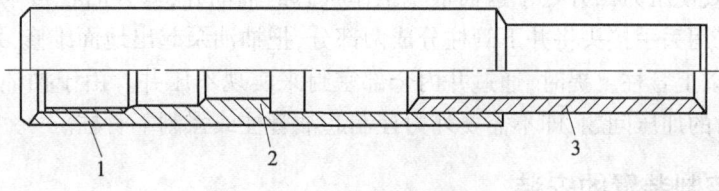

图2-35 工作筒
1—上接头;2—台阶;3—密封短节

2. 堵塞器

堵塞器由打捞头、提升销钉、支撑卡、调节环、密封圈、密封圈座、密封圈心轴、螺母、导向螺母等组成，如图 2-36 所示。它的作用是装(投)入工作筒内，密封油管。堵塞器的尺寸有 $\phi 50mm$、$\phi 54mm$、$\phi 55.5mm$ 三种，与工作筒配套使用。

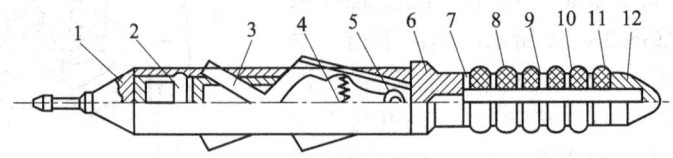

图 2-36 堵塞器

1—打捞头；2—提升销钉；3—支撑卡；4—弹簧；5—心轴；6—支撑卡体；7—调节环；
8—密封圈；9—密封圈座；10—密封圈心轴；11—螺母；12—导向螺母

3. 打捞器和安全接头

打捞器是打捞井内堵塞器的专用工具，常用的是爪块式打捞器，由本体、扭簧、销钉、打捞爪组成，如图 2-37 所示。打捞井下堵塞器时，用通井机钢丝绳或油井钢丝绳将打捞器下入油管内，当打捞器下到井下接触到堵塞器的打捞头后，打捞爪卡住堵塞器的打捞头，向油管内满灌清水，平衡油管和套管的压力，然后方可上提打捞器，将井下堵塞器捞出。

安全接头是与打捞器配套使用的工具，如图 2-38 所示。在打捞井下堵塞器时，当井下堵塞器由于沉砂或其他原因有卡阻时，可以在安全接头销钉处拉断脱开，脱开后井下余留部分顶端为打捞头，便于下次打捞。如果在打捞堵塞器时不安装安全接头，那么在打捞遇阻时就可能拔断钢丝绳或钢丝，造成油管内落物事故。

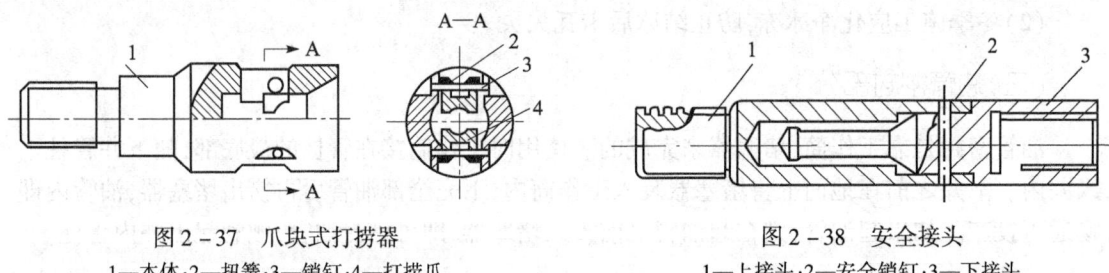

图 2-37 爪块式打捞器　　　　　　　图 2-38 安全接头
1—本体；2—扭簧；3—销钉；4—打捞爪　　　1—上接头；2—安全销钉；3—下接头

一般在打捞井下堵塞器时，下井打捞工具的连接顺序由上而下为钢丝绳帽、加重杆、安全接头、打捞器。

上述不压井、不放喷井下作业装置，一般用在压力较小的自喷井或注水井。对具有一定自溢能力、注水见效使压力回升处于连抽带喷工作状态的抽油井，修井时也可采用不压井作业。其工艺方法是采用丢手接头将井下管柱分成两部分，把抽油泵起出地面维修，泵以下管柱留在井内不动，当泵以上管柱上提时，通过井内全部密封来实现不压井。由于抽油井压力低，就不存在管柱起下时的加压问题，即不需要外力控制起油管柱或强制下管柱。

二、井口控制装置的安装

(1)在地面检查井口控制装置的各部件，半封封井器和全封封井器的丝杆应开关自如，无卡阻现象,全部打开封井器。由下到上按万能法兰、全封封井器、半封封井器、法兰短节、半封封井器、自封封井器、安全卡瓦的顺序组装井口控制装置。各组件中间放入 φ211mm 钢圈,钢圈和钢圈槽用擦布擦拭干净,在钢圈槽内涂好黄油,放好钢圈,对角平衡用力上紧螺母。

(2)用擦布擦净井口四通的钢圈槽,涂好黄油,放入 φ211mm 钢圈。用钢丝绳套吊起组装好的井口控制装置,缓慢放下,让井口控制装置底部的4条螺栓进入四通的连接孔内。与井口四通连接时,要选择封井器丝杠便于开关的位置方向连接。对角平衡用力上紧螺母。

(3)再次检查全封封井器和半封封井器的丝杠,看是否处于全开的位置。检查法兰短节上的放空阀门是否关闭。

三、高压防喷井控设备

高压防喷井控设备在井下作业施工中是用于高压井、气井、大修取套井的关井防喷系统。它由井控装置主体、控制系统、井控管汇及辅助设备等组件组成。其井控装置主体由环形防喷器、闸板防喷器、四通、放喷阀、钻具内防喷工具等组成。整套防喷控制系统如图2-39所示。

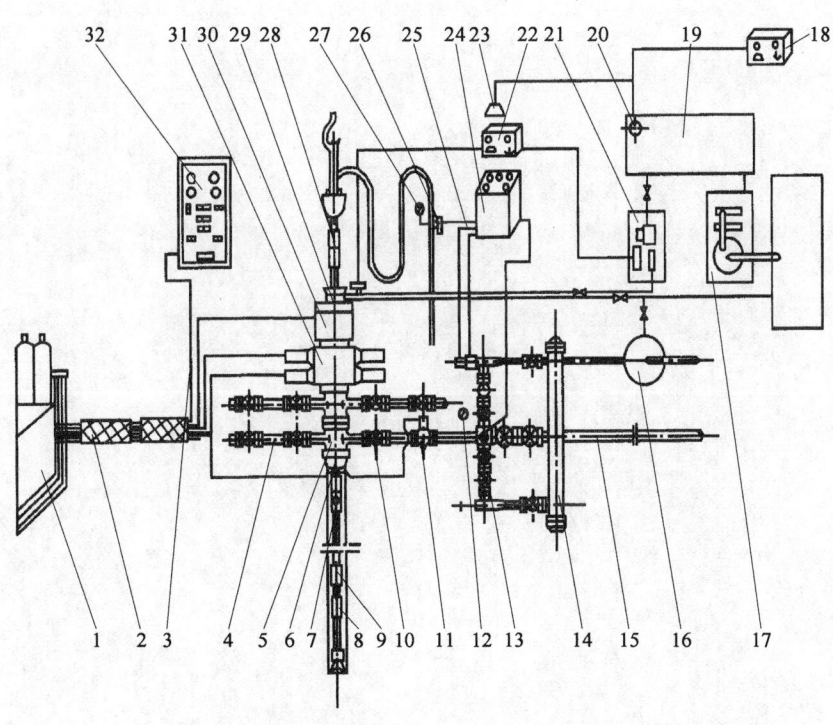

图2-39 高压防喷井控设备示意图
1—防喷器远程控制台;2—防喷器液压管线;3—防喷器气管束;4—压井管汇;5—四通;6—套管头;7—方钻杆下旋塞;8—旁通阀;9—钻具止回阀;10—手动放喷阀;11—液动放喷阀;12—套管压力表;13—套管压力传感器;14—节流管汇;15—放喷管汇;16—钻井液气体分离器;17—真空除气器;18—钻井液池液面监测仪;19—钻井液罐;20—钻井液池液面监测装置传感器;21—自动灌钻井液装置;22—自灌装置报警箱;23—钻井液池液面报警;24—节流管汇控制箱;25—节流管汇控制管线;26—立管压力传感器;27—立管压力表;28—方钻杆上旋塞;29—防溢管;30—环形防喷器;31—双闸板防喷器;32—防喷器司钻控制台

高压防喷井控设备在常规作业中很少使用,这里就不做详细介绍。

思考题

1. 通井机、修井机的作用是什么？使用时应注意哪些事项？
2. 井架的作用是什么？常用的有哪几种型号？
3. 修井机起升井架的程序是什么？
4. 循环冲洗设备主要包括哪些设备？各设备的作用是什么？
5. 常用的修井辅助设备有哪些？各用于什么用途？
6. 常用的修井地面工具有哪些？用途是什么？
7. 井口控制部分由哪几部分组成？各部分的作用是什么？

第三章 常规作业施工工序

油水井的每一项作业(维护、措施作业等)都是一项复杂的施工工艺过程,是一系列具体的施工工序的组合。在作业施工中,有一些工序是常规作业施工都包含的,如井筒处理类工序,称为常规作业工序。常规作业工序主要包括管柱准备与起下管柱、通井、试压、压井、洗井、探砂面及冲砂、套管刮削、清蜡、填砂、常规打水泥塞和钻水泥塞等,本章将逐一介绍。

第一节 管柱准备与起下管柱

一、管柱准备

管柱准备是甲方根据施工目的设计好管柱后,由乙方(作业队)按照设计要求或管柱图来完成下井管柱的清洗、检查、丈量和组配等工作。采油、采气、注水、储层改造和修井施工都要下入不同结构的管柱,通过下入井内的工具来完成施工设计目的。各种不同的下井管柱都需要在地面预先组配好,并严格按照下井顺序编号,在油管桥上摆放整齐,按顺序下入井内。

管柱准备具体包括刺洗油管、丈量油管和组配管柱三部分内容。

(一)刺洗油管

刺洗油管是指用高温蒸汽刺洗油管,一方面清除油管内外的结蜡、油污、泥沙和杂物;另一方面清洗油管螺纹。在清洗的过程中检查螺纹是否完好无损,检查油管是否有裂纹、穿孔、弯曲和腐蚀,将不合格的油管抬出油管桥 2m 以外摆放。清洗完成后需要用油管规通过油管对刺洗效果进行检查。

油管规选用应符合表 3-1 的选用规定。

表 3-1 油管规选用规定 (单位:mm)

油管公称口径	油管外径	油管规直径	油管规长度
40	48.3	37	
50	60.3	47	
62	73	59	800~1200
76	88.9	73	
88	101.6	85	

(二)丈量油管

丈量油管是使用钢卷尺丈量油管的长度,并将长度记录在油管记录单上。丈量时具体技术要求如下：

(1)适用经检测后标定合格的钢卷尺丈量油管,钢卷尺的有效长度要大于15m。

(2)丈量时拉紧钢卷尺,防止钢卷尺产生弧度。

(3)丈量油管时不得少于3人,反复丈量3次,做好记录,做到三对口。

(4)3人3次丈量的管柱累计长度误差每1000m应小于或等于0.2m。

(5)丈量时,钢卷尺的零点位于接箍上端面,另一端对准油管螺纹根部(普通油管余2扣,玻璃油管余3扣,抽油杆丈量同油管相同,但去掉扣)读出油管单根长度,做好记录。

(6)将丈量好的油管整齐排列在油管桥上,每10根拉出一根油管接箍长度,以井口方向按下井顺序排列。

(三)组配管柱

组配管柱是按照设计要求将下井工具、油管或钻杆等连接起来。作业施工过程中组配的管柱通常分为两类,分别是施工管柱和完井管柱。管柱组配的具体要求如下：

(1)管柱结构应满足施工设计和施工目的要求,密封可靠,施工作业方便。注水井在射孔井段顶界以上10~15m处设一级保护套管封隔器。

(2)封隔器卡点应选择在套管光滑部位,避开套管接箍和射孔炮眼及管外窜槽井段,满足分层管柱要求。

(3)封隔器卡点应符合设计深度。按照施工设计精确配出封隔器卡点、卡距、油管的下入深度。卡点深度与设计深度误差不超过±0.2m。

(4)下井管柱要有下井工具、管柱结构示意图,注明各种下井工具的名称、规范、型号及下井深度。

(5)管柱配好后要与下井工具出厂合格证、作业设计书、油管记录对照,核实无差错方可下井。

(6)注水管柱完成深度应在油层射孔井段底界10m以下。

计算方法:完成深度 = 油补距 + 油管挂长度 + 油管挂短节长度 + 油管累计长度 + 工作筒长度 + 喇叭口长度 + 其他工具长度。

(7)找水管柱:完成深度应在射孔井段顶界以上5~10m,计算方法同上。

(8)机械采油井管柱按设计的泵挂深度和尾管完成深度组配。

计算方法:泵挂深度 = 油补距 + 油管挂短节长度 + 泵以上油管总长 + 卸油器长 + 泵长。

(9)分层管柱。

①单级封隔器管柱：

完成深度 = 油补距 + 油管挂长度 + 油管挂短节长度 + 卡点以上油管累计长度 + 配产器长度 + 封隔器长度 + 卡点以下油管累计长度 + 丝堵长度。

②多级封隔器卡距间管柱：

卡距长度 = 上封隔器密封件上端面以下长度 + 中间下井工具长度 + 中间油管累计长度 + 下封隔器密封件上端面以上长度。

(10)偏心配水管柱。

①偏心活动式管柱自上到下由封隔器、偏心配水器、封隔器、偏心配水器、撞击筒、单流阀组成。

②底部球座(挡球)深度必须安装在射孔井段底界 10m 以下,对使用撞击筒的偏心管柱,撞击筒深度应在射孔井段底界 5m 以下。

③偏心管柱相邻两级偏心配水器之间距离不小于 8m,下面一级偏心配水器与撞击筒之间距离不小于 10m,撞击筒与尾管底部距离不小于 5m。

④上面一级配水器与油管工作筒的距离大于 8m 以上。

二、起下管柱

（一）拆卸井口装置、试提

(1)拆井口装置前,首先将油套管阀门缓慢开启,无较大喷溢流时方可拆卸采油树。将采油树的钢圈、螺栓和钢圈槽清洗干净、涂抹润滑油,摆放在固定位置备用。

(2)先试提检查油管头的顶丝退出情况,并应缓慢提升。如果井内遇卡,在设备提升能力范围内上下活动管柱,直至悬重正常无卡阻现象,再继续缓慢提升管柱。油管挂提出井口后,停止提升,卸下油管挂并清洗干净,摆放在固定位置。

(3)安装封井器,并试压调试合格。

（二）起油管

(1)有自喷能力的井,井筒内修井液应保持常满状态,每起 10~20 根油管灌注一次井液。

(2)根据动力提升能力、井深和井下管柱结构的要求,管柱从缓慢提升开始,随着悬重的减少,逐步加快至规定提升速度。

(3)使用气动卡瓦起油管时,待刹车后再卡卡瓦,卡瓦卡好后再开吊卡。严禁猛刹刹车。

(4)应使用液压钳卸油管螺纹,待螺纹全部松开后,才能提升油管。

视频3-1 起油管操作

(5)起井下工具和最后几根油管时,提升速度要小于或等于 5m/min,防止碰坏井口、拉断拉弯油管或井下工具。

(6)起出油管应按先后顺序排列整齐,每 10 根一组摆放在拧牢固的油管桥上,摆放整齐,并按顺序丈量准确,做好记录。

(7)油管滑道应顺直、平稳、牢固,起出油管单根时,应放在小滑车上顺道推下。

(8)起油管过程中,随时观察并记录油管和井下工具无异常,有无砂、蜡堵、腐蚀及偏磨等情况。

(9)应对起出的油管或工具进行检查,对不合格的及时进行标识、隔离或更换。

(10)起立柱时,起完管柱或中途暂时作业,井架工应从二层平台上将管柱固定(视频 3-1)。

（三）下油管

(1)下井油管螺纹应清洁,连接前应均匀涂抹密封脂。密封脂应涂抹在油管外螺纹上,不应涂抹在内螺纹处。

(2)油管外螺纹应放在小滑车上或戴上护丝拉送。拉送油管的人员应站在油管的侧面,两腿不应骑跨油管。

(3)用液压钳上油管螺纹。下井油管螺纹不应上斜,应上满扣、旋紧,同时观察扭矩仪显示数据,其扭矩值可参照表3-2。

表3-2 油管推荐上紧扭矩

公称直径 (mm 或 in)	名义质量(kg/m) 螺纹与接箍		钢级	上紧力矩(N·m) 非加厚			加厚		
	非加厚	加厚		最佳	最小	最大	最佳	最小	最大
73.02 (2½)	9.52	9.67	J-55	1423.93	1070.87	1775.98	2236.90	1680.86	2792.93
	9.52	9.67	N-80	1992.71	1491.59	2494.81	3118.51	2345.75	3905
	12.80	12.95	N-80	2995.93	2250.62	3741.24	4094.28	3077.33	5124.96
	9.52	9.67	P-105	2507.56	1883.86	3131.26	3945.22	2955.72	4936.67
	12.80	12.95	P-105	3782.42	2833.14	4731.71	5167.12	3877.55	6453.76
88.90 (3)	11.46	—	J-55	1640.65	1233.68	2047.63	—	—	—
	13.69	13.84	J-55	2006.44	1505.32	2508.54	3091.06	2318.29	3863.82
	15.18	—	J-55	2332.02	1748.53	2914.54	—	—	—
	11.46	—	N-80	2304.56	1735.78	2888.06	—	—	—
	13.69	13.84	N-80	2806.66	2101.57	3510.78	4338.46	3253.85	5423.08
	15.18	—	N-80	3267.58	2453.62	4080.55	—	—	—
	18.90	19.27	N-80	4352.19	3267.57	5437.79	5818.29	4366.90	7269.67
	13.69	13.84	P-105	3552.95	2671.33	4448.30	5492.70	4122.72	6862.69
	18.90	19.27	P-105	5504.47	6847.00	6897.02	7361.85	5518.20	9206.48

(4)油管下放速度应控制,当下到设计深度的最后几根时,下放速度不应超过5m/min。

(5)下入井内的大直径工具在通过射孔井段时,下放速度应小于或等于5m/min。

视频3-2 下油管操作

(6)油管未下到预定位置遇阻或上提受卡时,应及时分析井下情况,校对各项数据,查明原因及时解决。

(7)油管下完后上接清洗干净的油管挂,并装有"O"形密封圈,对好井口下入并坐稳,再顶上顶丝。

(8)按设计要求安装井口装置,井口阀门方向一致(视频3-2)。

第二节 通 井

一、通井的定义

常说的通井,即套管通井,是指用规定外径和长度的柱状规,即通井规,如图3-1和视频3-3所示,下井直接检查套管内径和深度的作业施工。

套管通井施工一般在新井射孔、老井转抽、转电泵、套变井和大修井施工前进行。

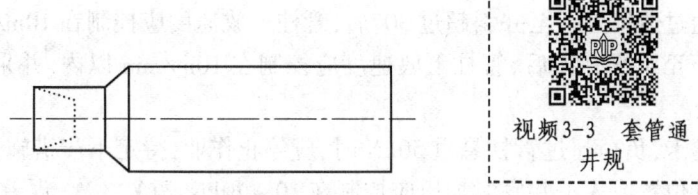

图 3-1 套管通井规示意图

二、通井的目的

(1)消除套管内壁上黏附的固体物质,如钢渣、毛刺、固井残留的水泥等。
(2)检查套管通径及变形、破损情况。
(3)检查固井后形成的人工井底是否符合试油要求。
(4)调整井内的压井液,使之符合射孔要求。

三、通井管柱及工具

(1)通井管柱通常自下而上依次是:通井规+安全接头+油管或钻杆,以常规5½套管通井为例,管柱自下而上依次为:ϕ116mm×1200mm 通井规+AJ-C105 安全接头(油管105mm,钻杆108mm)+ϕ73mm 油管。

通井最主要的工具是通井规和铅模,对于通井规和铅模有着明确的规范。套管通井规规范见表3-3。

表3-3 套管通井规规范表

套管规格	mm	114.30	127.00	139.70	146.50	168.28	177.80
	in	4½	5	5½	5¾	6⅝	7
通井规规格	外径(mm)	92~95	102~107	114~118	119~128	136~148	146~158
	长度(mm)	1200	1200	1200	1200	1200	1200
接头连接螺纹	钻杆	NC26	NC26	NC31	NC31	NC31	NC38
	油管	2⅜TBG	2⅜TBG	2⅞TBG	2⅞TBG	2⅞TBG	3½TBG

(2)通井规大端长度应大于1.2m,对于有特殊要求的通井操作,可以根据施工设计的要求确定通井规的长度及尺寸,但其最大外径应小于井内套管柱中最小的套管内径6~8mm,大于封隔器胶筒外径2mm。

四、各类施工井的技术要求

(一)直井、小斜度井(小于30°)通井

(1)通井管柱下放速度应小于20m/min,至距离设计位置、射孔井段或人工井底100m时,管柱下放速度应控制在10m/min。
(2)通至设计位置或人工井底时加压应控制在10~20kN,重复3次,误差不超过0.5m。
(3)通井过程中,若中途遇阻加压应控制在30kN以内,并平稳活动管柱,配合循环冲洗确认遇阻位置。

(二)水平井、大斜度井(大于30°)通井

(1)通井规通过造斜点下至井斜超过30°后,管柱下放速度应控制在10m/min以内。

(2)通井规下至水平井段后,管柱下放速度应控制在10m/min以内,并采用下一根、提一根、下一根的方法。

(3)上提时遇卡,负荷超过管柱悬重50kN时,应停止作业,待定下步措施。

(4)通至设计位置或人工井底时加压应控制在10~20kN,重复3次,误差不超过0.5m。

(5)通井过程中,若中途遇阻加压应控制在30kN以内,并平稳活动管柱,配合循环冲洗确认遇阻位置。

(三)裸眼井通井(筛管完成井)

(1)通井管柱下放速度应小于20m/min,距离套管鞋100m时,管柱下放速度应控制在10m/min。

(2)通井规通至套管鞋以上10~15m后,停止施工,起出通井管柱。

(3)按设计要求用光油管或钻杆通至井底。

(4)通井过程中,若中途遇阻加压应控制在30kN以内,并平稳活动管柱,配合循环冲洗确认遇阻位置。

五、管柱遇阻后的处理措施

如果通井规遇阻起出后,应当下入铅模进一步通井检查,以确定井下套管变形或落物情况。下铅模打印要控制下管柱的速度,接近遇阻点10m时下放速度不应超过5~10m/min。遇阻后管柱悬重下降15~30kN,特殊情况最大不得超过50kN,加压打印一次后即可起出管柱,经分析后采取下一步措施。

第三节 试 压

一、试压的定义

试压是指对井口装备、地面设施及下井工具等的耐压能力进行测试的过程。通过试压检查设备、管线、法兰、阀门和井下工具等的耐压情况,有否泄漏,防止施工过程中发生泄漏影响施工,同时也防止由于压力泄漏发生安全事故。

二、试压分类及技术标准

井下作业试压通常分为对地面管线流程试压、井筒及井筒内水泥塞、桥塞试压和井控装置工具试压等,具体包括井口、防喷器、油管、套管、地面连接管线、水泥塞泵、封隔器(验封)等。试压的类型、检测的位置和管柱的尺寸导致试压的标准不相同。以井筒试压为例,井筒试压需要检测三个方面:一是检验固井质量;二是检查套管密封情况;三是检查升高短节、井口和环形铁板的密封情况。不同套管的清水增压试压标准见表3-4。

表 3-4　清水增压试压标准

套管外径(mm)	增压压力(MPa)	观察时间(min)	压力降落(MPa)
127	15	30	0.2
139.7	15	30	0.2
177.8	12	30	0.2
244.5	10	30	0.2

三、试压步骤

(1)对地面流程试压时,要首先检查流程的固定情况,固定合格后再进行试压。

(2)对井筒及井筒内水泥塞、桥塞试压时,要组装好井口再进行试压,严禁不使用采气树,仅使用油管挂试压,试压时首先倒好阀门,并使用两块以上经校验合格的压力表进行压力观察。

(3)所有试压作业都必须分段(不少于三段)进行,严禁一次打压至设计压力,每次打压稳定时间不少于5min,不刺不漏后再继续打压至下一压力。试压时要有专人指挥,观察井口压力的人与泵车操作人员之间视线无障碍。试压时施工管线周围10m不得站人。

(4)发现刺漏时要认真观察记录漏失位置,泄压后再进行整改,严禁带压整改。整改过程需要敲击时必须将压力表卸下,防止震坏压力表,为下次试压埋下隐患。

(5)打压至设计压力后,停止泵车打压后关闭阀门,严禁边打压边关阀门。试压结束后,一定要等完全泄压后再拆除打压管线。注意一定要打开与泵车连接端的阀门。

第四节　压　井

通过从地面向井内注入密度适当的流体,使井筒内液柱在井底造成的回压与地层的压力平衡,恢复和重建压力平衡,这一作业过程称为压井。

压井的目的是暂时使井内流体在施工过程中不喷出,方便作业。压井的原则是压井过程中要保护油气层,应满足"压而不喷,压而不漏;压而不死,活而不喷"的原则。

一、压井液的选择

压井是靠压井液本身的静压头有效地控制地层压力,地层不可避免地要受到压井液的影响,其影响程度和压井效果的好坏,取决于压井液柱压力与地层压力的对比关系以及压井液本身的性质,所采用的加重剂最好是溶入该压井液的载体。

(一)压井液选择原则

(1)根据不同的作业内容,有针对性地选择压井液。压井液应与地层岩石、地层流体相配伍,不会对地层产生损害。

(2)根据地层压力大小、油气产量、漏失情况高低,选择合适的压井液密度。

(3)压井液应尽量选择低固相或无固相,以免损害地层和堵塞射孔孔眼。

(4)悬浮物能达到将砂子或岩屑携带到地面的要求。

(5)压井液中的化学物质是稳定的,不产生化学反应。

(6)价格便宜,调配、使用方便。

(二)压井液密度计算

压井液的密度计算公式为:

$$\rho = \frac{p}{10^{-3}gH}(1+k) \tag{3-1}$$

式中　ρ——压井液密度,g/cm³;

　　　p——油水井近3个月所测静压值,MPa;

　　　H——油层中部深度,m;

　　　k——附加值,作业施工取0~15%,修井施工取15%~30%。

测量压井液密度操作见视频3-4,测量压井液黏度操作见视频3-5。

视频3-4　测量压井液密度

视频3-5　测量压井液黏度

(三)压井液量确定

压井液量按式(3-2)计算:

$$V = \pi R^2 h(1+k) \tag{3-2}$$

式中　V——压井液用量,m³;

　　　R——套管内径半径,m;

　　　h——人工井底深度,m;

　　　k——附加量,取50%~100%。

二、压井方式的选择

压井方式选择是否正确是压井成败的重要因素,需确定以下因素:

(1)井内管柱的深度和规范;

(2)管柱内阻塞或循环孔道;

(3)实施压井工艺的井眼及地层特性,作为压井方法选择的依据。

如果压井方法选择不当、计算不准确,可能造成井涌、井喷或井漏,都会损害产层。目前常用的压井法有灌注法、循环法和挤入法等。

(一)灌注法

灌注法是向井筒内灌注一段压井液,产生一定的液柱压力平衡地层压力的方法。灌注法压井适用于井底压力不高、作业施工简单、作业时间短的井,即低压低产井,如图3-2所示。

灌注法的特点是压井液与油层不直接接触,修井后很快投产,可基本消除对产层的损害。

(二)循环法

循环法压井是将密度合适的压井液用泵车以循环的方式泵入井内,密度较小的原井液(或油气水)被压井液替出井筒达到压井目的的方法。循环法压井要求有循环通道的井,适用于自喷井和动液面恢复较快的井,即压力较高、产量大的井,如图3-3所示。

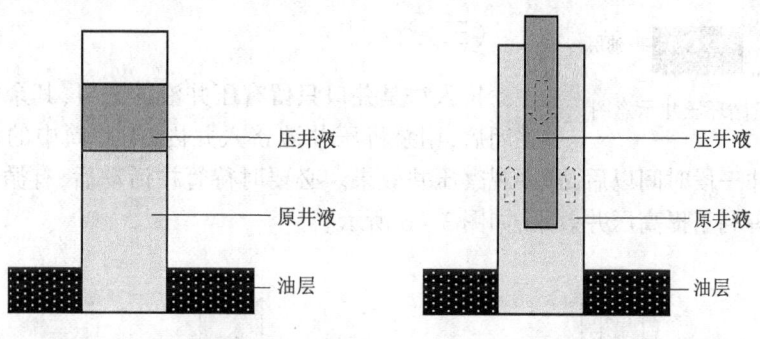

图3-2　灌注法示意图　　　　图3-3　循环法压井示意图

正常循环虽然可以用重浆把井压住,但在井口敞开的情况下,井下也易产生新的复杂情况,这是因为液柱压力尚未完全建立,而压井液被高压气体及液体侵入、破坏,很难建立起井眼—地层系统的压力平衡。解决的办法是在井口造成一定的回压,利用回压和压井液柱压力来平衡地层压力,抑制地层流体流向井内。

循环法压井的关键是确定压井液的密度和控制适当的回压。循环法压井可分为反循环压井和正循环压井。

1. 反循环压井

反循环压井是将压井液从油套环形空间泵入井内顶替井内流体,由管柱内上升到井口的循环过程,如图3-4所示。

反循环压井多用在压力高、产量大的油气井中。反循环压井时,液体是从截面积大、流速低的管柱与套管环形空间流向截面积小流速高的管柱内。根据水力学原理,在排量一定时,当压井液从管柱与套管的环形空间泵入时,压井液的下行速度低,沿程磨阻损失小,压降也小,而对井底产生的回压相对较大。

可见,反循环压井从一开始就产生较大的井底回压。所以,对于压力高、产量大的井,采用反循环压井法不仅易成功,而且压井后,即使油层有轻微损害,也可借助投产时井本身高压、大产量来解除;相反,如果对低压井采用反循环压井,会产生较大的井底回压,易造成产层破坏,甚至出现压漏地层的现象。反循环压井有排除液流时间短,地面压井液增量少,较高的压力局限在管柱内部等优点。

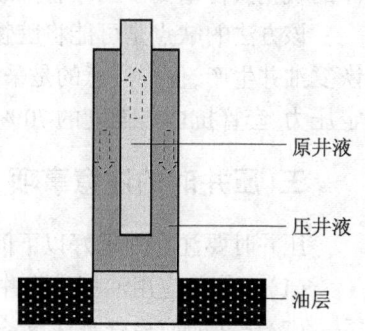

图3-4　反循环压井示意图

2. 正循环压井

正循环压井是将压井液从油管泵入井内顶替井内流体,由环形空间上升到井口的循环过程,如图 3-5 所示。

正循环压井适用于低压和产量较大的油井。在排量一定的条件下,当压井液从管柱内泵入时,压井液的下行速度快,则沿程磨阻损失大,压降也大,对井底产生回压相对较小。所以,对于低压井采用正循环压井,不仅能达到压井目的,还能避免压漏地层。

(三)挤入法

挤入法是井口只留有压井液的进口,其余管路阀门全部关闭后,用泵将压井液挤入井内,把井筒中的油、气、水挤回地层,挤完关井一段时间以后,开井观察压井效果。必要时待管柱活动后,有循环压井条件的可洗井,这样有利于提高压井效果,如图 3-6 所示。

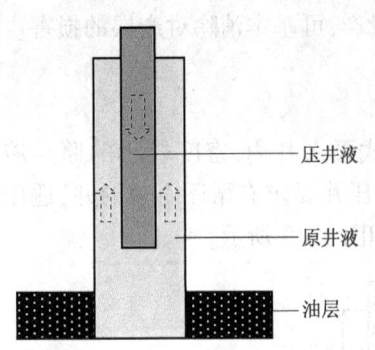

图 3-5 正循环压井示意图

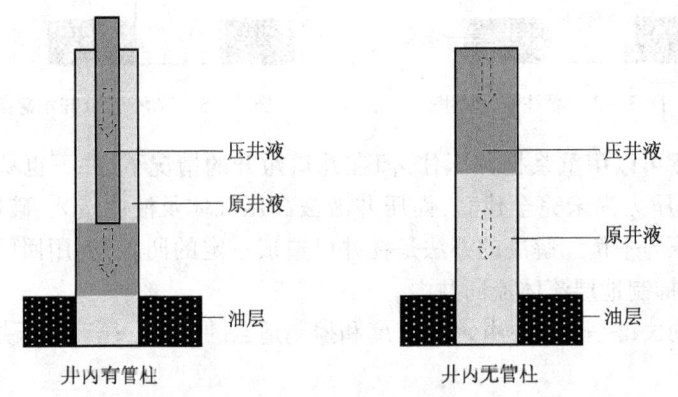

图 3-6 挤入法压井示意图

挤入法压井适用于循环压井无效或没有循环通道的井。在油、套管内既不连通,又无循环通道的井不能循环压井,也不能采用灌注压井的情况下采用挤入法。比如砂堵、蜡堵,井筒流体的硫化氢含量高于工作容限或因井下结构及事故不能进行循环的高压井等。

该方法的缺点是可能将脏物(泥、砂)等挤入产层,造成孔道堵塞,需要压裂来解除堵塞,恢复油井生产,值得注意的是采用挤入法时在挤压过程中,其最高压力不得超过井控装置的额定压力、套管抗内压强度的 70% 和地层破裂压力值三者中的最小值。

三、压井时的注意事项

压井时要注意处理好以下问题:
(1)压井前应用油嘴排除井筒上部的存气。
(2)压井前应检查泵注设备,以免中途停泵,造成压井液气侵。
(3)出口管线用硬管线连接,不允许有小于 90°的急弯,在井口附近装好针型阀,并且每 10~15m 固定一个地锚。
(4)进口管线必须在井口处装好单流阀(高压井压井用高压单流阀),防止天然气倒流至水泥车造成火灾事故。
(5)用改性压井液压井时,压井前应先替入部分前置液脱气;高油气比井可用清水循环除气,待出口见水后,再替入改性压井液。

(6)应避免压井时间过长,以减少压井液对油气层的损害。

(7)当压井液进口液量超过理论井筒容积时,压井液还不返出或大量漏失,应停止作业,请示有关部门,采取有效措施。

(8)压井时应用大的泵排量,为防止管线堵塞,应装过滤网。

(9)挤压井的压井液挤入到产层顶部以上50m,计量一定要准确。

(10)如果重复压井,必须将前次压井液排净,排除量应大于井筒容积的1.2~1.5倍。

(11)压井进出口罐必须放置在井口的两侧(不同方位),相距井口30~50m以外,目的是防止井内油、气引起水泥车着火。水泥车的柴油机排管一定要装防火帽。

(12)气井,尤其是含H_2S气井压井,要特别制定防火、防爆、防中毒措施。

(13)现场要准备防喷阀门及所用接头等,以备井喷时抢装井口,再次压井。

第五节 洗 井

洗井是在地面向井内打入高速流动液体,靠水力作用将井壁和油管上的结蜡、油、铁锈、杂质等冲散,并利用液流循环上返的携带能力,将蜡、油、铁锈、杂质等带到地面而清除的方法。

洗井是井下作业施工的一项常见施工,在抽油机井、稠油井、注水井及结蜡严重的井施工时,一般都要洗井。

一、洗井工作液的选择

在选择洗井工作液时应注意以下事项:

(1)洗井工作液的性质要根据井筒污染情况和地层物性来确定,要求洗井工作液与地层及油气水具有良好的配伍性。

(2)在油层为黏土矿物结构的井中,要在洗井工作液中加入防膨剂。

(3)在低压漏失地层洗井时,要在洗井工作液中加入增黏剂和暂堵剂,采取混气措施降低洗井液密度。

(4)在稠油井洗井时,要在洗井工作液中加入表面活性剂或高效洗油剂,或用热油洗井。

(5)在结蜡严重或蜡卡的抽油机井洗井,要提高洗井工作液的温度在70℃以上。

(6)洗井工作液的相对密度、黏度、pH值和添加剂性能应符合施工设计要求。

(7)洗井工作液量为井筒容积的2倍以上。

二、洗井方式

(一)正洗井

正洗井是指洗井液由油管进入井内,在流出油套环形空间时以较高的流速冲刷套管壁和油管壁,被冲洗的油污、蜡等与洗井液一起从油套环形空间返至地面的方法,如图3-7所示。

(二)反洗井

反洗井是指洗井液从油套环形空间进入井内,将油污、蜡等冲散,被冲洗的油污、蜡等与洗井液一起从油管返出的方法,如图3-8所示。

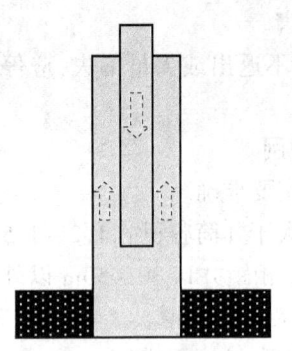
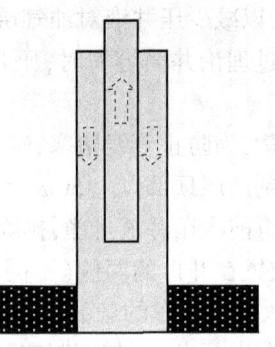

图3-7 正洗井示意图   图3-8 反洗井示意图

抽油井、注水井、套管结蜡严重的井一般用正洗井,洗压井操作见视频3-6,接洗压井地面管线见视频3-7。

第六节 探砂面及冲砂

探砂面是下入管柱实探井内砂面深度的施工工序。通过实探井内砂面的深度,可以为下一步下入的管柱提供参考依据,也可以通过实探砂面深度了解地层出砂情况。如果井内砂面过高,掩埋油层或影响下步要下入的其他管柱,就需要冲砂施工。

冲砂是向井内高速注入液体,靠水力作用将井底沉砂冲散,利用液流循环上返的携带能力,将冲散的砂子带到地面的施工。

一、探砂面

(1)探砂面施工可以用两种管柱来完成,一种是加深原井管柱探砂面,另一种是起出原井管柱下入探砂面管柱探砂面。

(2)准备冲砂管、油管或其他下井工具,准备灵敏的拉力表。

(3)起出或加深原井管柱,下管柱探砂面。

(4)用金属绕丝筛管防砂的井,要下入带冲砂管的组合管柱探砂面。绕丝筛管与组合管柱规格的使用配合应符合表3-5的规定。

(5)当油管或下井工具下至距油层上界30m时,下放速度应小于1.2m/min,以悬重下降10~20kN时为遇砂面,连探三次。2000m以内的井深误差应小于0.3m,2000m以上的井深误差应小于0.5m。连探三次的平均深度为砂面深度。

(6)用带冲管的组合管柱探砂面,在冲管接近防砂铅封顶或进入绕丝筛管内时,要边转管柱边下放,以悬重下降5~10kN为砂面深度,连探三次,允许误差小于0.5m,记录砂面位置。

(7)起出管柱后,还要复查丈量油管,进一步确认砂面深度。

表3-5 绕丝筛管与组合管柱规格使用配合表

绕丝筛管规格	组合管柱(mm)	
	冲管内径	油管内径
50	25.4	62
62	40.3	62
100	62	

二、冲砂方法

冲砂方法主要有三种,即正冲砂、反冲砂和正反冲砂。

(一)正冲砂

正冲砂时,冲砂液由油管打入井内,在流出冲砂管柱底部时产生较高的流速冲散砂堵,被冲散的泥砂与冲砂液混合后沿着冲砂管与套管的环形空间返至地面。为防止冲砂过程中笔尖及底部油管砂堵,通常采用防堵笔尖,采用这种笔尖可防止冲砂前冲砂管下放过快或冲砂接换单根时冲动的砂粒回落堵塞底部油管,如图3-9所示。冲砂操作见视频3-8。

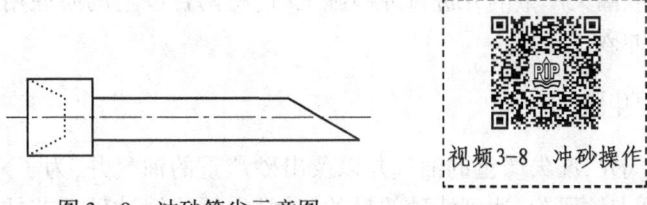

图3-9 冲砂笔尖示意图

正冲砂时,由于冲砂管直径较小,冲刺力大,因而易于冲散砂堵。但因为环空截面积比冲砂管截面积大,因而正冲砂时冲洗液上返速度小,携砂能力差,大颗粒砂不易带出。为了提高携砂能力,就必须加大泵的排量,这样就得增大设备能力。

(二)反冲砂

反冲砂时,液体从套管与冲砂管的环形空间进入,而被冲起的泥砂与冲砂液混合后沿冲砂管内部上返至地面。

当套管直径较大、正冲砂液上返速度不够时,可采用反冲砂的办法将砂粒冲洗干净。这样就消除了冲砂过程中卡钻的可能性,其缺点是液体下行时速度降低,冲刺力不大,且易堵塞管柱。

(三)正反冲砂

正反冲砂就是采用正冲的方式冲散砂堵,并使其呈悬浮状态,然后迅速改用反冲洗,将砂子带到地面的冲砂方式,这样可以提高冲砂效率。正反冲砂时要接换向开关以便在倒换冲砂方式时方便快捷。

三、漏失井冲砂

对一些地层压力低的井,往往由于液柱压力过大而产生严重的漏失,不仅伤害油层,还会导致无法进行正常的循环。为此,漏失井冲砂常采用在冲砂液中加入暂堵剂等化学药剂的方式进行冲砂,对漏失严重的井常采用汽化液冲砂和泡沫冲砂、大排量联泵冲砂、连续油管冲砂等方式进行冲砂施工。

(一)汽化液冲砂和泡沫冲砂

当在油层压力低或漏失的井进行冲砂时,常规冲砂液无法将冲散的砂子循环到地面,而需采用将泵出的冲砂液和氮气混合而成的混合液进行施工的冲砂方式。汽化液中的液体可采用原油或清水。汽化液冲砂的实质在于降低冲砂液的密度,从而降低液柱对井底产生的回压,以减少或防止地层漏失,防止油层污染。汽化液是由水泥车打出来的液体和氮气相混合而形成的。用汽化液冲砂时,氮气车与水泥车联合,使用时先开水泥车,后开氮气车,使泵不受其他的影响,保证上水正常。氮气车的出口与水泥车之间要装单流阀,以防止液体倒流。接单根要先停氮气车,继续开泵 5~10min,使液体充满冲砂管柱。液体的汽化程度应按需要调节,对于漏失特别严重的井冲砂,可在汽化水冲砂的基础上,向水中加入泡沫剂进行泡沫冲砂,以达到更好地降低汽化液密度、减少漏失、提高返出效果、保证冲砂质量的目的。

(二)大排量联泵冲砂

在油层压力低或漏失严重的井进行冲砂施工时,将两台以上的泵联用进行施工的冲砂方式称为大排量联泵冲砂。

(三)连续油管冲砂

对于低压低产气井、漏失严重的油气井以及出砂严重的油气井,为了减少对储层的伤害,节省作业时间,降低卡钻风险,达到清砂的目的,常常采用连续冲砂工艺技术。特别是采用连续油管冲砂,可对油套同采、分层采气、水平井等特殊工艺井在不起生产管柱的情况下进行施工。

采用连续油管在不压井的情况下可对气井进行冲砂作业;也可采用由连续油管正注冲砂介质,由生产管柱和连续油管环空返排胶液,采用冲砂液与液氮交替进行冲砂作业。

四、冲砂液

进行冲砂时所采用的液体就是冲砂液。通用的冲砂液有原油、油田污水、清水、乳化液、泡沫液、钻井液等。为了防止污染油层,在冲砂液中可以加入表面活性剂。一般油井用原油或清水作冲砂液,水井用清水或盐水作冲砂液,低压井用混合气水作冲砂液。为了完成油层漏失严重井的冲砂任务,现场往往在清水中加入适量泡沫剂,使用氮气车和水泥车共同完成冲砂工作。

因此,冲砂液的选择应根据油井的具体情况而定,一般对冲砂液有以下要求:

(1)具有一定黏度,以保证有良好的携砂性能。

(2)具有一定密度,以便形成适当的液柱压力,防止井喷和漏失。

(3)与油层配伍性好,性能稳定,能保护油气层的渗透性,对油气层损害要小。

(4)洗井(或冲砂)时,由于液柱压力作用,洗井液(冲砂液)可能进入地层,所以要使洗井液(冲砂液)易于排出。

(5)来源广,经济适用。

五、冲砂的水力计算

冲砂时为了使携砂液将砂粒带到地面,液流在井内的上升速度必须大于最大直径砂粒在携砂液中的下沉速度,推荐速度比大于或等于2,计算公式为:

$$V_{砂} = V_{液} - V_{降} \tag{3-3}$$

$$V_{砂} \geqslant 2V_{降} \tag{3-4}$$

式中 $V_{砂}$——冲砂时砂粒上升速度,m/s;

$V_{液}$——冲砂时冲砂液上返速度,m/s;

$V_{降}$——砂粒在静止冲砂液中的自由下沉速度,m/s。

假设 $N = V_{液}/V_{降}$(利用某种粒径石英砂在水中试验证明),当 N 取值在 1.6~1.7 时,砂粒在上升液流中是悬浮状态;当液流上升速度稍增大时,砂粒开始上升,且 $V_{液}$ 比 $V_{降}$ 大得越多,砂粒的上升速度越快。冲砂时能否把砂粒带出地面与冲砂液体的性质、泵的排量、砂粒性质、返砂通道截面积等因素有关。

冲砂时液流上返速度 $V_{液}$ 与泵的排量、返砂通道截面积有关,其关系式为:

$$V_{液} = \frac{Q_{液}}{3600A}(正冲砂) \tag{3-5}$$

式中 Q——冲砂时泵的排量,m³/h;

A——冲砂液上返流动横截面积(正冲砂为油套管环形空间截面积),m²。

从式(3-5)中可以看出,要增大液体的上返速度,必须增加冲砂泵的排量或减小返砂通道横截面积。

冲砂时泵车最小排量为:

$$Q = 7200 A V_{降} \tag{3-6}$$

式中 Q——泵车排量,m³/h;

A——冲砂液上返流动横截面积,m²。

在固定排量下冲砂,井底砂粒返至地面的时间为:

$$t_{实} = \frac{H}{\frac{Q}{3600A} - V_{降}} \tag{3-7}$$

式中 $t_{实}$——冲砂时井底砂粒返回地面的时间,s;

H——井深,m;

Q——冲砂时实际泵入排量,m³/h;

A——冲砂液上返流动横截面积,m²;

$V_{降}$——每砂粒在静止冲砂液中的自由下沉速度,m/s。

相对密度为 2.65 的石英砂在清水中的自由沉降速度见表 3-6。

表 3-6 相对密度 2.65 的石英砂在清水中的自由沉降速度

平均颗粒大小 (mm)	在水中的下降速度 (m/s)	平均颗粒大小 (mm)	在水中的下降速度 (m/s)	平均颗粒大小 (mm)	在水中的下降速度 (m/s)
11.90	0.3930	1.850	0.1470	0.200	0.0244
10.30	0.3610	1.550	0.1270	0.156	0.0172
7.300	0.3030	1.190	0.1050	0.126	0.0120
6.400	0.2890	1.040	0.0940	0.116	0.0085
5.500	0.2600	0.760	0.0770	0.112	0.0070
4.3600	0.2400	0.510	0.0530	0.080	0.0042
3.500	0.2090	0.370	0.0410	0.055	0.0021
2.800	0.1910	0.300	0.0340	0.032	0.0007
2.300	0.1670	0.230	0.0285	0.011	0.0001

六、冲砂准备

(1)按照标准编写施工设计,并对施工人员进行技术交底。

(2)选好冲砂操作所需要的工具、用具和设备,并检查所用工具、用具和设备的技术性能。
(3)测量冲砂工具,并绘制草图。
(4)按照施工设计准备足够的冲砂液。
(5)准备好进、出液罐及沉砂池或沉砂罐。
(6)连接好地面管线,并固定牢固。
(7)检查好提升系统,保证冲砂过程中提升系统能正常工作。

七、冲砂的程序及技术要求

(一)常规冲砂操作程序及相关要求

1. 下冲砂管

(1)当探砂面管柱具备冲砂条件时,可以用探砂面管柱直接冲砂。
(2)如探砂面管柱不具备冲砂条件,需要下入冲砂管柱冲砂,下油管5根后,在井口装好自封封井器。
(3)继续下油管至距预计砂面以上30m时,缓慢加深油管探砂面,待核实砂面深度后上提管柱。
(4)正冲砂时将单流阀连接在井口油管上。
(5)连接好冲砂施工管线。

2. 冲砂

(1)在接好冲砂施工管线后,当管柱下到砂面以上3m时,开泵循环洗井,观察水泥车压力表及排量的变化情况。
(2)返出正常后缓慢加深管柱,同时用水泥车向井内泵入冲砂液,如有进尺,则以0.5m/min的速度缓慢均匀加深管柱。
(3)冲砂时要尽量提高排量,保证把冲起的沉砂带到地面。

3. 接单根

(1)当冲砂管方余全部入井内后,要大排量泵入井筒容积2倍的冲砂液,循环洗井15min以上,保证把井筒内冲起的沉砂带出到地面。
(2)把活接头用管钳上在欲下井的油管单根上,水泥车停泵后,提出连接水龙头的油管卸下,接着下入一单根油管。连接带有水龙头的油管,提起1~2m,开泵循环,待出口排量正常后,缓慢下放管柱冲砂。
(3)按上述要求重复接单根冲砂,连续加深3~5根油管后,必须循环洗井1周以上再继续冲砂到设计要求深度,通常都是冲到人工井底。

4. 大排量冲洗井筒

冲砂至人工井底或设计要求深度后,上提管柱1~2m,要大排量充分循环洗井,一般要冲洗井筒2周,当出口含砂量小于0.2%时,即达到施工要求。

5. 探人工井底

冲砂结束后,上提管柱至原砂面20m以上,沉降4h后,下放油管实探人工井底,管柱悬重下降10~20kN,与人工井底深度误差为0.3~0.5m,为实探人工井底深度。

(二)汽化液(泡沫)冲砂操作方法

(1)将单流阀连接在井口油管上。

(2)接好正冲砂管线,同时启动水泥车与氮气车,待出口返液后,缓慢加深管柱(注意用清水作为冲砂液)。

(3)单根冲完后,氮气车停机,用水泥车继续泵入1倍油管容积的液体。

(4)水泥车停泵,接单根后,按以上顺序启动水泥车和氮气车,继续以0.5m/min的均匀速度缓慢加深油管冲砂,直到冲至设计深度,充分洗井使返出口液含砂量小于0.2%,结束冲砂施工。

(三)常规冲砂技术要求

(1)严禁使用普通弯头替代冲砂弯头。

(2)冲砂弯头及水龙带系有安全绳,防止落物而意外发生伤人事故。

(3)汽化液冲砂排量为500L/min左右,氮气车排量为$8m^3/min$左右,冲至砂面时加压不大于10kN。

(4)禁止使用带封隔器、通井规等大直径的管柱冲砂。

(5)常规冲砂施工必须在压住井的情况下进行。

(6)冲砂过程中要缓慢均匀地下放管柱,以免造成砂堵或憋泵。

(7)冲砂施工需有沉砂池,进、出口罐分开,防止将冲出的砂又循环带入井内。

(8)要有专人观察冲砂出口返液情况,若发现出口不能正常返液,应立即停止冲砂施工,迅速上提管柱至原砂面以上30m(如果是在组合套管内冲砂,在确保上提原砂面以上30m前提下,还要保证上提到悬挂器位置10m以上),并反复活动管柱。

(9)在进行汽化液或泡沫冲砂施工时,氮气车出口与水泥车之间要安装单流阀,井口应装高压封井器,出口必须接硬管线并用地锚固定牢固。

(10)冲砂施工中途若作业机等提升设备出现故障,必须进行彻底循环洗井。若水泥车或氮气车出现故障,应迅速上提管柱至原砂面以上30m(如果是在组合套管内冲砂,在确保上提原砂面以上30m前提下,还要保证上提到悬挂器位置10m以上),并反复活动管柱。

(11)因管柱下放快造成憋泵,应立即上提管柱,待泵压和出口排量正常以后,方可继续加深管柱冲砂。

(12)对冲砂地面罐和管线要求同压井作业,尤其是对气井特别要注意防火、防爆、防中毒,避免事故发生。禁止使用空气等易燃易爆气体进行冲砂。

(13)冲砂深度必须达到设计要求。

(14)冲砂至人工井底或灰面等设计深度后,应保持2倍$V_{降}$(砂粒在静止冲砂液中的自由下沉速度)以上的排量继续循环,当出口含砂量小于0.2%时,为冲砂合格,然后上提管柱20m以上,沉降4h后,回探砂面,并记录深度。

(15)对高压自喷井冲砂要控制出口排量,应保持与进口排量平衡,防止井喷。

(16)井口操作人员、作业机操作人员、泵车操作人员要密切配合,根据泵压、出口排量来控制下放速度。

八、机械捞砂

机械捞砂就是把捞砂工具下入井内捞出井内沉砂的施工工艺。按捞砂筒的性质可分为柱塞式捞砂筒和真空式捞砂筒;按连接捞砂工具下井方式可分为硬捞砂和软捞砂,硬捞砂由油管传递捞砂工具入井,软捞砂由钢丝绳传递捞砂工具下井。

机械捞砂一般用于井漏失严重、不能建立液体循环的油井,或油层压力低而不宜采取冲砂施工的井。捞砂施工可防止因冲砂施工造成的油井二次污染而出现的重复出砂。多次捞砂施工的共同作用可将油层框架外游离态的砂粒逐渐捞净,有利于油井长期生产。

第七节 套管刮削

一、套管刮削的定义

套管刮削是利用专门的工具刮削套管内壁,清除残留在套管内壁上的水泥块、硬蜡、盐垢以及沉积物、射孔造成的炮眼毛刺及套管锈蚀后产生的氧化铁等物,以及修整下钻头或打捞工具过程中可能造成的撞击刻痕或毛刺等,以便畅通无阻地下入各种下井工具。

二、套管刮削器的工作原理

套管刮削器装配后,刀片、刀板自由伸出外径比所刮削套管内径大 2~5mm。下井时,刀片向内收拢压缩胶筒或弹簧筒体,最大外径则小于套管内径,可以顺利入井。入井后,在胶筒或弹簧的弹力作用下,刀片、刀板紧贴套管内壁下行,对套管内壁进行切削。每一次往复动作,都对套管内壁切刮一次,这样往复数次,即可达到刮削套管的目的。

三、套管刮削器的分类

套管刮削器主要包括防脱式套管刮削器、胶筒式套管刮削器和弹簧式套管刮削器三种类型。

(一)防脱式套管刮削器

1. 结构

防脱式套管刮削器由上接头、下接头、壳体、刀片、弹簧、刀片座等组成,如图 3-10 所示。

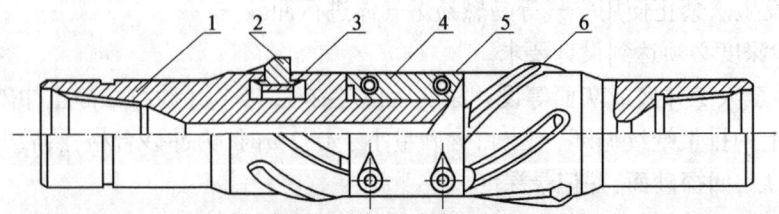

图 3-10 防脱式套管刮削器结构图
1—主体;2—右旋刀片;3—弹簧;4—挡环;5—螺栓;6—左旋刀片

2. 技术规范及参数

防脱式套管刮削器的技术参数见表3-7。

表3-7 防脱式套管刮削器技术参数

序号	规格型号	外形尺寸（外径×长度）（mm）	接头螺纹		刮削套管（mm）	刀片伸出量（mm）
			钻杆	油管		
1	GX-T114	112×1119	NC26(2A10)	φ60 TBG	114.30	13.5
2	GX-T127	119×1340	NC26(2A10)	φ60 TBG	127.00	12
3	GX-T140	129×1443	NC31(210)	φ73 TBG	139.70	9
4	GX-T146	133×1443	NC31(210)	φ73 TBG	146.05	11
5	GX-T168	156×1604	330	φ89 TBG	168.28	15.5
6	GX-T178	166×1604	330	φ89 TBG	177.80	20.5

(二)胶筒式套管刮削器

1. 结构

胶筒式套管刮削器由上接头、壳体、刀片、胶筒、冲管、下接头等组成,如图3-11所示。

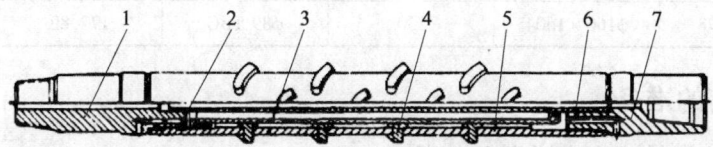

图3-11 胶筒式套管刮削器结构图
1—上接头;2—冲管;3—胶筒;4—刀片;5—壳体;6—O形密封圈;7—下接头

2. 技术规范及参数

胶筒式套管刮削器的技术参数见表3-8。

表3-8 胶筒式套管刮削器技术参数

序号	规格型号	外形尺寸（外径×长度）（mm）	接头螺纹		刮削套管（mm）	刀片伸出量（mm）
			钻杆	油管		
1	GX-G114	112×1119	NC26(2A10)	φ60 TBG	114.30	13.5
2	GX-G127	119×1340	NC26(2A10)	φ60 TBG	127.00	12
3	GX-G140	129×1443	NC31(210)	φ73 TBG	139.70	9
4	GX-G146	133×1443	NC31(210)	φ73 TBG	146.05	11
5	GX-G168	156×1604	330	φ89 TBG	168.28	15.5
6	GX-G178	166×1604	330	φ89 TBG	177.80	20.5

(三)弹簧式套管刮削器

1. 结构

弹簧式套管刮削器由壳体、刀板、刀板座、固定块、螺旋弹簧、内六角螺钉等组成,如图3-12所示。

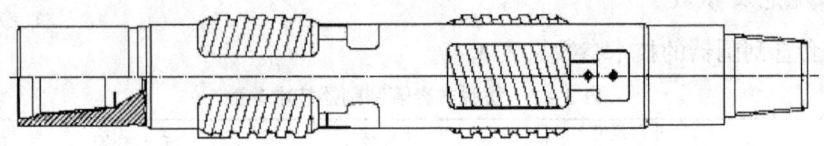

图 3-12 弹簧式套管刮削器结构图

2. 技术规范及参数

弹簧式套管刮削器的技术参数见表 3-9。

表 3-9 弹簧式套管刮削器参数

序号	规格型号	外形尺寸 (外径×长度) (mm)	接头螺纹		刮削套管 (mm)	刀片伸出量 (mm)
			钻杆	油管		
1	GX-T114	φ112×1119	NC26(2A10)	φ60 TBG	114.30	13.5
2	GX-T127	φ119×1340	NC26(2A10)	φ60 TBG	127.00	12
3	GX-T140	φ129×1443	NC31(210)	φ73 TBG	139.70	9
4	GX-T146	φ133×1443	NC31(210)	φ73 TBG	146.05	11
5	GX-T168	φ156×1604	330	φ89 TBG	168.28	15.5
6	GX-T178	φ166×1604	330	φ89 TBG	177.80	20.5

四、刮削前的准备

(1)准备井史资料,查清历次施工情况。

(2)根据套管内径准备相应的套管刮削器。

(3)按施工设计组配管柱。

五、刮削施工程序

(1)按套管内径选择合适的套管刮削器。

(2)将套管刮削器连接在管柱底部,条件许可时,刮削器下端可多接尾管增加入井时重量,以便压缩收拢刀片、刀板。

(3)下油管 5 根后井口装好自封封井器。

(4)下管柱时要平稳操作,下管柱速度控制在 20~30m/min。下到距离设计要求刮削井段前 50m 时,下放速度控制在 5~10m/min。接近刮削井段并开泵循环正常后,边缓慢顺螺纹紧扣方向旋转管柱边缓慢下放,然后再上提管柱反复多次刮削,悬重正常为止。

(5)若中途遇阻,不能顿击硬下,当悬重下降 20~30kN 时,应停止下管柱。边洗井边旋转管柱反复刮削至悬重正常,再继续下管柱,一般刮管至射孔井段以下 10m。

(6)刮削完毕要大排量反循环洗井一周以上,将刮削下来的脏物洗出地面。

(7)洗井结束后,起出井内全部刮削管柱,结束刮削操作(视频 3-9)。

视频 3-9 套管刮削操作

六、技术要求

(1)选择适合的套管刮削器。

(2)套管刮削器下井前应认真检查。
(3)刮削管柱下放要平稳。
(4)刮削射孔井段时要有专人指挥。
(5)当刮削管柱遇阻时,应逐渐加压,开始加 10~20kN,最大加压不得超过 30kN,并缓慢上下活动管柱,不得猛提猛放,也不得超负荷上提。

七、刮削操作的质量及安全要求

(一)质量要求

(1)刮削套管作业必须达到设计要求,井下套管内通径畅通无阻。
(2)刮削完毕充分洗井,将刮削下来的脏物洗出地面。
(3)资料收集齐全、准确,其内容包括:
①刮削器型号、外形尺寸;
②刮削套管深度、遇阻位置、指重表变化值;
③洗井时间、洗井液量、泵压、洗井深度、排量;
④出口返出物描述。

(二)安全要求

(1)作业时必须安装经过鉴定、符合要求的指重表及井控装备。
(2)下井工具和管柱均应经地面检验合格。
(3)刮削管柱不得带有其他工具。
(4)严禁用带刮削器的管柱冲砂。
(5)刮削过程中,必须注意悬重变化,悬重下降最大不超过 30kN。
(6)刮削器使用一次后,要及时检修刀片,检查弹簧,保持刮削器处于良好状态。

第八节 清 蜡

原油主要是由碳氢化合物组成的混合物。各种组分的碳氢化合物的相态随开采条件(压力和温度)的变化而变化,可以是单相液态,气、液两相或气、液、固三相共存,其中的固态物质主要是含碳原子数为 16~64 的烷烃(即 $C_{16}H_{34}$~$C_{64}H_{130}$),这种物质称为石蜡。纯石蜡为白色,略带透明的结晶体,密度为 0.88~0.905g/cm^3,熔点在 49~60℃。

油井结蜡不是白色晶体而是黑色的固体和半固体状态的石蜡、沥青、胶质、泥砂等杂质的混合物。

油井清蜡就是将黏附在油井管壁、深井泵、抽油杆等设备上的蜡清除掉。常用的方法有机械清蜡和热力清蜡两种方法。

一、机械清蜡

目前油田现场所使用的机械清蜡方法主要有刮蜡片清蜡和套管刮蜡。

(一)刮蜡片清蜡

自喷井机械清蜡是在井场用电动绞车将刮蜡片下入油井中,在油管结蜡部位上、下活动,将管壁上的蜡刮下来被油流带出井口。

刮蜡片清蜡适合于结蜡不严重的井,当结蜡严重时,可用麻花钻头或矛刺钻头清蜡。常用的刮蜡片有"8"字形和舌形两种。

这两种刮蜡片的共同点是都可以上、下活动和任意转动,内空壁薄,边缘刀刃锋利,下到结蜡部位时,靠近管壁的刀刃便可以将管壁上的蜡刮下。

刮蜡片清蜡,应根据油井的结蜡规律,定出清蜡制度,内容包括清蜡周期、清蜡深度、操作规程和使用刮蜡片的规格等。一般情况下,2in 油管用外径 47.5~48.5mm 的刮蜡片,2½in 的油管用外径为 58~60mm 的刮蜡片。

1. 电动绞车、刮蜡片清蜡操作

(1)对清蜡用的设备和工具必须认真仔细检查:

①检查电动机系统、绞车系统、扒杆、滑轮、钢丝等,要求齐全完整,性能良好。

②对下井的刮蜡片要擦洗干净,形状和规格符合要求,62mm 的玻璃油管的刮蜡片不小于 57mm,上端小于下端 1mm,各方向的误差小于 1mm,手捏不变形,不弯曲,转动灵活,上下窜动顺利,焊口光滑可靠,两尖端向内有 15°弯曲,尤其钢丝、刮蜡片、铅锤的连接要牢靠。

③要有钢丝记号(一个在窗口为死记号,一个在滚筒 10~15 圈或 15~30 圈处为活记号),当清蜡工具置于防喷管内,拉紧钢丝,窗口处记号对准标桩,计数器归零,方可下清蜡工具。

④井下和油井生产情况必须清楚,并有清蜡措施,才能进行清蜡。

(2)清蜡操作:

开始下清蜡工具时,要用手扶着绞车摇把下 5~15 圈,一般下过活记号,再用一手扶滚筒,一手把倒顺开关(以防遇阻时突然停车),下放速度一般为 40~50m/min,眼睛注视钢丝的松紧和滑轮转动情况(以防钢丝打扭、跳槽等)。如果计数器必须用电动机才能工作,可利用间断送电慢下。当清蜡工具下到预定深度后,按规定停 15min 后再起,起清蜡工具时,要注意油井情况和油压变化,以防顶钻。直到离井口 50m 左右时,一手摸记号,一手把开关,摸到第一个活记号时停车用手摇着起(停车后应立即拉开闸刀,以防碰倒顺开关绞车再启动),速度要慢。清蜡工具全部进入防喷管后,再试关清蜡阀门、探闸板(如有胶皮清蜡阀门,可以一次关死),然后再放空防喷盒,起出清蜡工具进行打蜡、清洗、检查。

2. 注意事项

清蜡操作时,一定要精力集中,平稳操作。做到深通慢起下,勤活动、多打蜡,遇阻莫强顿,遇卡不硬拔,遇顶快快摇,打扭跳槽快检查,起剩十圈用手摇,记号对准方停下。

同时严格执行"三有""三不关""五不下"。"三有":有清蜡措施;有死、活记号;有计数器。"三不关":计数器不归零不关;清蜡工具未全进入防喷管不关;死、活记号有误差不关。"五不下":刮蜡片直径和连接部位未检查或检查不合格不下;井下情况不明不下;没有清蜡措施不下;无防跳装置不下;计数器不对零不下。

清蜡质量的好坏,取决于清蜡制度的合理程度和执行情况。油井清蜡制度包括清蜡周期、清蜡深度、刮蜡工具及其规范、刮蜡周期等。这些都是在生产实践中通过摸索总结出来的,所以一般油井清蜡制度制定是合理的。清蜡制度执行好的油井,生产是平稳正常的,能够保证安全生产,反之将会出现各种事故。

（二）套管刮蜡

套管刮蜡的主要工具是螺旋式刮蜡器。将螺旋式刮蜡器接在油管下部,利用油管的上下活动将套管壁上的蜡清理掉,也可以利用转盘带动刮刀钻头刮削,同时利用液体循环把刮下的蜡带到地面。因此,套管刮蜡往往和热洗、冲砂等措施联合进行,以提高工效。

二、热力清蜡

（一）热油循环清蜡

利用本井生产的原油,经加热后注入井内不断循环,使井内温度升高达到蜡的熔点,蜡被逐渐熔化并随同油流到地面。

（二）电热清蜡

电热清蜡一般是以油井加热电缆、井下电热器或对油管、抽油杆通电,让电能转化为热能供给油流热量,使其温度升高达到清蜡、防蜡的目的。

（三）热化学清蜡

利用化学反应产生的热能来清蜡,如氢氧化钠、铝、镁与酸作用放出大量的热,用这种方法产生的热量来清蜡不经济,效率不高,因此很少单独使用它,而经常与热酸处理联合使用作为油井的一种增产措施。

$$NaOH + HCl == NaCl + H_2O + 99.2 (kJ)$$

$$Mg + 2HCl == MgCl_2 + H_2 + 460.5 (kJ)$$

$$2Al + 6HCl == 2AlCl_3 + 3H_2 + 527.5 (kJ)$$

（四）蒸汽清蜡

将井内的油管起出来,摆放整齐,然后利用蒸汽车的高压蒸汽熔化并刺洗管内外的结蜡。

第九节 填 砂

填砂是指将砂粒以循环或自然沉降的方式注入井内,将油层或漏失井段封上,以避免影响其他层的施工,是分层注水、分层测试、分层开采或保护措施的工艺技术之一。

一、施工准备

(1)下填砂管柱触探井底或灰面,落实原井底深度。

(2)根据探得的井底或灰面深度,按照施工要求,预备1.2倍砂量。所用砂子必须清洁、分选度好,不准混杂有其他杂物。

(3)于井底或灰面以上 2~3m,用清水洗井 1.5 周,保持井筒清洁、干净。上提油管至本次设计砂面 30~50m。

二、施工步骤

(1)水泥车 1 挡,低油门,排量 100L/min,漏斗灌注清水,边灌边加砂,加砂排量 5~10L/min。

(2)待加砂进行到一定程度形成油套压差时,适当提高加砂排量,可提高至 30L/min,水泥车排量不变,直至加砂完毕。

(3)水泥车大排量送砂至油管鞋处,停泵。要求混砂液加顶替液之和小于油管体积。

(4)一般填砂 4h 探砂面,隔 2h 再探砂面,两次深度相对误差小于 0.5m,即认为填砂完成。

三、注意事项

(1)管柱探人工井底或遇阻位置后充分洗井后上提油管至预计砂面 200m,防止洗井不彻底,填砂时形成砂桥,甚至造成砂卡管柱。

(2)用水泥车冲洗填压裂砂(原则上不允许填建筑砂,但无压裂砂时,所填建筑砂必须用筛子过滤,防止大颗粒入井),并根据井筒套管内径计算好砂量及附加量(附加量一般为 8%~10%)。

(3)填砂结束后,继续往油管内灌水不少于油管内容积后,活动沉砂 8~14h。

(4)探砂面时,若超过预计砂面 20m 未探着砂面,应立即起管至安全位置,分析原因,或继续沉砂,直到探砂面合格。若经 2 次填砂后,仍然探不着砂面的,说明井下层间矛盾突出,砂子在井内不沉,应冲出井内砂子,与有关部门结合,变更方案,改注灰或打桥塞。

第十节 常规打水泥塞技术

在作业施工中为了避免下部油层的干扰或污染伤害下部油层,通过打水泥塞将下部油层临时封隔;此外,对于报废的井需要通过打多个水泥塞封井,因此打水泥塞施工在作业施工中非常普遍。

一、注水泥施工参数的选择与确定

(一)水泥塞(灰塞)厚度及口袋长度的确定

一般用途水泥塞厚度应在 10m 以上,挤灰承压水泥塞厚度应不低于 50m。口袋长度要符合地质设计的要求。注水泥塞管柱应完成在水泥塞底界。注水泥洗井深度应在距离水泥面以上 1~2m。

封井时应注至少两个水泥塞:第一个水泥塞距射孔顶界或套管漏点以上 50m;第二个水泥塞距油层套管水泥返高在 100m 以下,厚度不低于 10m。对于气井或海上的油水井需要打三个塞。

(二)水泥浆用量的确定

确定水泥塞的厚度 h 后,首先根据水泥塞的厚度和施工井的套管内径计算水泥浆的用量。

1. 理论法

$$V_{浆} = \frac{1}{4}\pi d_{套内}^2 h k \tag{3-8}$$

式中 $V_{浆}$——水泥塞需要的水泥浆量,L;

$d_{套内}$——油层套管内径,m;

h——水泥塞的厚度;

k——系数,一般取 1.2~1.5,根据水泥塞的厚度确定,如果水泥塞的厚度大,则 k 值可取 1.2,反之则取 1.5。

2. 经验法

经验法是建立在理论法的基础之上,如 5½in 套管每米的内容积为 12.03L,可记为 12L/m,现场计算时,可以用 $12hk$ 来计算需要的水泥浆量。

(三)水泥浆密度的确定

理论与实践证明,水泥浆密度大(水灰比低)能保证注水泥塞的质量,因为水泥浆的密度大(水灰比低),凝固时间短,对水泥塞有利。但是密度过大,水泥浆稠度高,其流动性会变差,在水泥浆没有加入添加剂的情况下,密度过大的水泥浆随着替入井内的压力及温度的升高,其稠化时间缩短,可泵送的安全性降低。水泥浆的密度过低(水灰比高),其流动性变好,可泵送的时间较长,但凝固时间长,抗压强度低,影响水泥塞的质量。因此,注水泥塞时,水泥浆密度一般应选择标准密度(如 G 级水泥为 1.878g/cm^3),特殊情况下,可适当降低(如井深、井温偏高、设备性能较差等),以提高操作的安全性。

(四)注水泥塞干水泥和清水用量的确定

水泥浆量确定后,需要通过水泥浆量 $V_{浆}$ 计算清水 $V_{水}$ 和干水泥用量 $m_{灰}$,同样有理论法和经验法两种。

1. 理论法

理论方法用到两个原理,一个原理是水泥浆配制过程中质量守恒,即水泥的质量 $m_{灰}$ 与清水的质量 $m_{水}$ 之和等于水泥浆的质量 $m_{浆}$,即

$$m_{水} + m_{灰} = m_{浆} \tag{3-9}$$

另一个原理是水泥浆配制过程中体积近似守恒,即水泥的体积 $V_{灰}$ 与清水的质量 $V_{水}$ 之和等于水泥浆的质量 $V_{浆}$,即

$$V_{水} + V_{灰} = V_{浆} \tag{3-10}$$

根据:

$$m_浆 = \rho_浆 V_浆$$
$$m_水 = \rho_水 V_水 \tag{3-11}$$
$$m_灰 = \rho_灰 V_灰$$

得出清水的体积:

$$V_水 = \frac{(\rho_灰 - \rho_浆)V_浆}{(\rho_灰 - \rho_水)} \tag{3-12}$$

水泥的质量:

$$m_灰 = \rho_灰(V_浆 - V_水) \tag{3-13}$$

2. 经验法

经验法是在理论方法的基础上得出的规律,即现场用一袋50kg密度3.15g/cm³的水泥,添加24L水能够配制40L密度为1.85g/cm³的水泥浆。

(五)前后隔离液比例与垫水高度的确定

当井内的修井液是泥浆或卤水时,替水泥浆时,两端需替入一段清水,即隔离液。替入隔离液的目的是防止水泥浆和修井液直接接触,造成水泥浆的性能改变而影响施工,还有冲洗套管内壁,使灰塞能够牢固凝结在套管壁上。

例如,外径139.7mm,壁厚7.72mm,内径124.3mm,内容积为12.13L/m的油层套管,井内的油管尺寸为:外径73mm,壁厚5.5mm,内径62mm,内容积3.02L/m(4.19L/m);其前后隔离液的比例约为8:3(7.95:3.02)。怎样来确定前后隔离液的水柱高度呢?通过对现场注水泥塞成功与失败经验教训的总结,认为前后隔离液的高度不低于50m,选择隔离液替入高度一般在50~100m为宜。按照前后隔离液的比例及前后隔离液的水柱高度计算,若前后隔离液高度确定为100m,则替入的前隔离液为800L,后隔离液为300L。

针对其他不同尺寸的套管,使用不同尺寸的油管,前后隔离液的比例也不相同。

(六)顶替液量的确定

顶替液量 = 泵车到油管头管线的容积 + 油管头到水泥浆上界面的油管内容积

(七)稠化时间的设计与确定

$$T_稠 = 现场施工时间 + K$$

式中　$T_稠$——水泥浆稠化时间,h;
　　　K——时间附加值,取值范围为0.5~2.5h。

现场施工时间的确定由技术人员对工艺过程及现场实际情况等多方面因素考虑,通过科学计算得到一个理论值,然后加上时间附加值(0.5~2.5h),则得到水泥浆稠化时间,然后根据稠化时间进行稠化实验得到水泥浆的配方,按照配方组织实施。

（八）施工作业时间的控制

一般来说，在得到水泥实验数据后，针对现场施工时间的控制问题，应依据以下方法：

(1)初凝时间法。水泥浆初凝时间是指从配浆时起到变稠开始凝结这段时间。石油行业标准规定：现场作业时，从配浆开始到反洗井结束的时间应小于水泥浆初凝的70%。初凝时间是105min，那么施工时间应控制在73min。

(2)稠化时间法。理论和实践证明：从配浆开始到反洗井结束，在水泥稠化时间的50%之内能够保证水泥浆具有良好的可泵性。例如，API标准生产的G级油井水泥最小稠化时间为90~120min，则现场施工的时间应控制在45~60min。

无论采用哪一种方法来控制现场施工的作业时间，其实质是确保水泥浆的可泵性，做到安全施工作业，把挤、注水泥施工作业的风险降到最低。

（九）候凝时间的确定

根据水泥性能、养护压力和养护温度，以及水泥石的最小抗压强度的要求确定候凝时间，一般为24~36h。

二、注水泥塞（灰塞）施工注意事项

(1)从配水泥浆到反洗井开始所经历的时间控制在水泥浆初凝时间的70%以内，或从配水泥浆到反洗井开始所经历的作业时间要控制在水泥浆稠化时间的50%之内，反(正)洗井途中不得停泵。

(2)对井深超过2000m，夹层小于5m的井段需要对管柱进行磁性定位校正深度。

(3)注水泥管柱禁止带大直径工具。

(4)注水泥塞的管柱内壁要清洁，管柱和井口要密封，保证在液体循环过程中不会"短路"。

(5)井口禁止使用锥面油管挂，应使用法兰悬挂井口（或采用液压防喷器），防止洗井时产生高压击穿挂密封圈而短路。

(6)替顶、反(正)洗水泥浆过程不得随意停泵，防止中途开泵后压力升高憋漏地层。

(7)若反洗井压力过高，应及时改正洗。

(8)在顶替水泥浆中途，若水泥车出现故障，应立即起出井内油管。若起管过程中提升设备出现故障，应及时洗井洗出井内水泥浆。

(9)井深超过2000m禁止使用人工和灰配浆，应采用混灰车（固灰车）下灰配浆，以保证水泥浆的均匀性，并缩短施工时间，降低卡钻风险。

第十一节 钻水泥塞

钻水泥塞是指将注水泥或打水泥塞后留在套管或井眼内的凝固水泥钻掉的过程。开采原封堵层位或打开临时封隔层时，往往需要用钻水泥塞。

一、作业准备

(一)管柱准备

(1)井场备有符合设计要求的下井管柱。
(2)管柱摆放整齐、清洁,高于地面0.3m。
(3)严格丈量管柱长度,误差不大于0.2m/km。

(二)钻头(磨鞋)准备

(1)井场备有符合设计要求的钻头(磨鞋)。
(2)下井前要精确测量钻头(磨鞋)的外径、长度和扣型等数据,并绘制示意图。

(三)设备准备

提升、旋转和循环动力设备作业前必须就位,经检查、调试合格。

(四)井筒准备

(1)下通井管柱至水泥塞面,进行通井、洗井。
(2)用螺杆钻具时,通井规的长度和直径应符合设计要求。
(3)保证井眼畅通,水泥塞面深度准确并无落物。

(五)修井液准备

现场应备有1.5~2.0倍井筒容积的修井液。

二、作业程序

(一)螺杆钻具钻水泥塞

(1)在地面检查螺杆钻具的工作情况,不符合要求不准下井。
(2)钻具组合自下而上为:钻头(磨鞋)、螺杆钻具、加压钻柱、缓冲器、井下过滤器、提升短节、油管(钻杆)。
(3)下钻具。
(4)连接进、出口管线,在循环设备与井口之间的管线应串联地面过滤器。
(5)钻头(磨鞋)下至距水泥塞面顶部5m处开泵正循环,循环正常后慢慢下放钻具,加压5~10kN,环空上返速度不小于0.8m/s。
(6)接单根之前应该充分循环,时间不小于15min。

排量与上返速度换算公式为:

$$q = v \times 60 \times (V_1 - V_2) \tag{3-14}$$

式中　q——排量,L/min;
　　　v——上返速度,m/s;
　　　60——换算系数;
　　　V_1——每米套管内容积,L/m;

V_2——每米管柱容积，L/m。

(二)动力水龙头钻水泥塞

(1)钻具组合自下而上为：钻头(磨鞋)、钻杆、动力水龙头。

(2)下钻具。

(3)连接进、出口管线。

(4)钻头(磨鞋)下至距水泥塞面顶部5m处开泵正循环，循环正常后启动动力水龙头，当水龙头钻速正常后缓慢下放钻具，加压至7~15kN，控制钻速在40~60r/min，环空上返速度不小于0.8m/s。

(5)接单根之前应该充分循环，时间不小于15min。

(三)转盘钻水泥塞

(1)钻具组合自下而上为：钻头(磨鞋)、钻杆、方钻杆。

(2)下钻具。

(3)连接进出口管线。

(4)钻头(磨鞋)下至距水泥塞面顶部5m处开泵正循环，循环正常后启动动力水龙头，当水龙头钻速正常后缓慢下放钻具，加压至10~25kN，控制钻速在60~120r/min，环空上返速度不小于0.8m/s。

(5)接单根之前应该充分循环，时间不小于15min。

第十二节 射 孔

射孔就是根据开发方案的要求，采用专门的油井射孔器穿透目的层部位的套管壁及水泥环阻隔，构成目的层至套管内井筒的连通孔道。因此射孔是油田开发的重要步骤，是开采油、气、水井的重要手段，射孔质量的优劣是关系到开发方案能否按设计目标付诸实施，并得以全部实现的重要条件之一。射孔的目的主要是试油、采油、采气、补挤水泥或注水等。

射孔完井是目前使用最广泛的完井方式，它是在钻井完成、下入油层套管并固井的井中，用射孔器射穿套管、水泥环和产层，形成沟通井筒与油气产层的流体通道，使油气经过射孔孔眼流入井底。如果采用正确的射孔设计和恰当的射孔工艺，就可使射孔对产层的损害最小，完善程度高，从而获得理想的产能。高能复合射孔HEPF见视频3-10。射孔完井应达到以下质量要求：

(1)射孔深度必须准确无误，能够按设计准确打开目的层。

(2)选择合理的射孔器和射孔方式，以获得最佳射孔效果，并且不破坏套管和水泥环。

(3)满足油气层保护的需要。

(4)保证安全施工，能够避免射孔器落井及中途自爆等事故发生。

视频3-10 高能复合射孔HEPF

一、射孔优化设计

射孔优化设计是针对不同的储层特性和不同的射孔目的，对射孔参数、射孔条件和射孔方法进行综合优化的最佳设计。

为实现正确、有效的射孔优化设计,应做好以下方面的工作:

(1)实弹射孔岩心靶实验。模拟井下实际温度、压力、岩石应力,获取各种射孔弹在不同射孔间隙、射孔压差下的岩心穿透程度、孔眼直径、孔容、岩心流动效率等基本数据。

(2)评价钻井液污染和污染程度。根据在裸眼井或套管井中的地层测试资料解释数据,结合以往试油井射孔资料,求得污染深度和污染程度。

(3)分析测井解释资料和高压物性数据,取得储层和流体物性。

(4)在有条件的地方,模拟井筒中在高温高压下射孔对套管、枪的破坏实验,取得各种射孔弹所允许使用的最高孔密数据。

(5)对各种地层、流体建立相应的产能与射孔参数关系的分析、计算优化设计软件。

(6)根据污染参数、地层参数、流体参数,对各种可能的射孔参数组合,按照产能的高低优化射孔参数。

(7)优选射孔液、射孔负压差、射孔工艺,按优化设计方案进行施工。

射孔参数设计是实施射孔施工、提高射孔效率和经济效益的前提。要获得理想的射孔效果,必须针对不同的储层特点和不同的射孔目的,对射孔参数、射孔条件和射孔方法进行综合优化设计。进行正确而有效的射孔参数优选,取决于以下几个方面:一是对于各种储层和地下流体情况下射孔井产能规律的量化认识程度;二是射孔参数、损害参数和储层及流体参数获取的准确程度;三是可供选择的枪弹品种、类型的系列化程度。

射孔参数优化设计主要考虑三个方面的问题:各种可能参数组合的产能比、套管损害情况和孔眼的力学稳定性。产能比是优化目标函数,后两者是约束条件,对特殊井(压裂井、水平井等)还应做特殊考虑。射孔参数优化设计主要分为射孔参数优化设计前的准备工作和射孔参数的优选过程两部分内容。

(一)射孔参数优化设计前的准备工作

射孔参数优化设计前,首先要做好资料的准备工作:

(1)收集射孔枪、弹的基本数据。射孔弹的基本数据包括混凝土的穿深、孔径、岩心流动效率、压实损害参数等;射孔枪参数包括枪外径、适用孔密、相位角、枪的工作压力和发射半径以及适用的射孔弹型号。

(2)进行射孔弹穿深、孔径校正。

(3)完成钻井损害参数的计算(损害深度、损害程度),它是影响射孔优化设计的重要参数。分析射孔参数对产能比(射孔井与自然井产能的比值)的影响。

(二)射孔参数的优选过程

射孔参数的优选必须建立在对各种地质、流体条件下射孔产能规律正确认识的基础上;或者是建立起正确的模型,获得定量化的关系,根据此定量关系,计算各种可能的孔密、相位角、射孔弹配合下的各种产能比,并计算出各种配合下套管抗挤能力降低系数,在保证套管抗挤能力降低不超过5%的前提下,选择出使产能比最高的射孔参数配合。具体的射孔参数的优选过程包括:

(1)建立各种储层和产层流体条件下射孔完井产能关系的数学模型,获得各种条件下射孔产能比的定量关系。

(2)收集本地区、邻井和设计井的有关资料及数据,用以修正模型和优化设计。

(3)调配射孔枪、弹型号和性能测试数据。

(4)校正各种弹的井下穿深和孔径。

(5)计算各种弹的压实损害系数。

(6)计算设计井的钻井损害系数。

(7)计算和比较各种可能参数配合下的产能比、产量、表皮系数和套管挤毁能力降低系数,优化出最佳的射孔参数配合。

影响油井射孔产能的因素包括孔深、孔密、孔径、相位角、伤害程度、伤害深度、压实厚度及非均质性等。射孔参数对各类油气层产能的影响可用电模拟以及有限元数值模拟方法研究。

一般来说射孔参数对油气井产能的影响具有以下特点:

(1)孔深、孔密对油气井产能的影响。油井产能比随孔深增加而增大。特别是当孔深超过钻井液污染带时,油井产能会有一个较大幅度的提高,但孔深增加到一定程度时,产能上升的幅度将越来越小。因此,无限地追求深穿透,从经济效果上考虑是不合理的。油井产能比随孔密增加而增大,但孔密增加到一定的程度后,也不再能显著地提高油井产能。

(2)布井相位角对油井产能的影响。布井相位角对油井产能有影响。当90°相位布孔时,油井产能最高,120°和180°相位布孔次之,0°相位布孔最差。

(3)孔径对油气井产能的影响。孔径对油气井产能比的影响较小,如孔径增加1倍,产能比仅增加7%,可见,相对而言,孔径是一个不重要的影响因素。一般多倾向于用较小的孔径(12mm左右)来获取较大的孔深。

(4)布孔格式对油井产能的影响。表3-10是我国电模拟和数学模拟的研究结果。

表3-10 布孔格式对油井产能的影响(孔径=10mm,理想孔眼)

孔深(mm)	8孔/m			9孔/m		
	相位角	简单平面布孔格式 PR	螺旋布孔格式 PR	相位角	简单平面布孔格式 PR	螺旋布孔格式 PR
160	180°	0.857	0.877	120°	0.901	0.928
190	180°	0.883	0.891	120°	0.929	0.938
227	180°	0.913	0.927	120°	0.956	0.966
260	180°	0.942	0.953	120°	0.979	0.989

注:PR—油井产能比。

由表3-10可见,采用螺旋布孔格式时,油井的产能比最高,且螺旋布孔格式中,相邻孔眼之间的距离最远,井底的压力分布最均匀,而且在每一个枪身平面上只射一个孔,枪身变形小,有利于施工,对套管的影响也小,因此,现场应尽可能采用螺旋布孔格式。

二、射孔定位和射孔深度计算

(一)射孔定位

实现定位射孔方法,需要有测量套管接箍位置的井下仪器作为定位手段。目前主要采用磁性定位器。

(二)射孔深度计算

1. 基本概念

(1)套补距:指套管头平面至钻机方补心上平面的垂直距离。

(2)仪器零长:指射孔磁性定位仪器的记录点至射孔磁性定位仪上提环内圆的长度。

(3)炮头长:指射孔磁性定位仪器的记录点至下井枪身上界面的距离。

(4)上提值:当采用磁定位射孔时,射孔磁性定位仪器的记录点对准标准接箍后,枪身并没有对准油层,为了使射孔弹对准油层,需要使枪身上提一段距离,这段距离称为上提值。

(5)点火记号深度:指在定位射孔时,当枪身正好对准油层时,电缆零点至套管头平面的长度。

(6)点火记号丈量值:指前一次点火记号深度与下一次点火记号深度之差,或者是前一次射孔油层顶部深度与后一次射孔油层顶部深度的差。

2. 基本公式

(1)上提值的计算公式:

$$S = (B + P) - Y + \Delta H \tag{3-15}$$

式中 S——上提值,m;
B——标准接箍深度,m;
P——炮头长,m;
Y——射孔井段油层顶部深度,m;
ΔH——校正值,m。

(2)点火记号深度计算公式:

$$D = Y + \Delta H - (P + T + Y_i) \tag{3-16}$$

式中 D——点火记号深度,m;
Y——油层顶部深度,m;
ΔH——校正值,m;
P——炮头长,m;
T——套补距,m;
Y_i——仪器零长,m。

(3)点火记号丈量值计算公式:

$$Z = Y_{前} - Y_{后} \tag{3-17}$$

式中 Z——点火记号丈量值,m;
$Y_{前}$——前一次射孔油层顶部深度,m;
$Y_{后}$——后一次射孔油层顶部深度,m。

三、射孔工艺设计

射孔工艺设计主要包括射孔方式选择,射孔枪、弹选择和射孔液选择。

(一)射孔方式选择

根据油藏和流体特性、地层损害状况、套管程序和油田生产条件,选择恰当的射孔方式。

1. 电缆输送套管枪射孔(WCG)

电缆输送套管枪射孔按采用的射孔压差可分为常规电缆套管枪正压射孔和套管枪负压射孔。

套管枪正压射孔是指射孔前用高密度射孔液造成井底压力高于地层压力,在井口敞开的情况下,利用电缆下入套管射孔枪后,通过接在电缆上的磁性定位器测出定位套管接箍对比曲线,调整下枪深度对准层位,在正压差下对油、气层部位射孔,取出枪后,下油管并装好井口,进行替喷、抽汲或气举等诱喷或直接采用人工举升的方法,使油气井投产。该方法具有施工简单、成本低、高孔密、深穿透的特点,但正压会使射孔的固相和液相侵入储层而导致较严重的储层损害,特别要求优质的射孔液。

套管枪负压射孔与套管枪正压射孔基本相同,只是射孔前将井筒液面降低到一定深度,使井底压力低于油藏压力以建立适当的负压。该方法主要用于低压油藏。负压差射孔可以使射孔孔眼得到"瞬时"冲洗,形成完全清洁畅通的孔道;可以避免射孔液对油气层的损害。负压差射孔可以免去诱导油流工序,甚至也可以免去解堵酸化投产工序。因此,负压差射孔是一种保护油气层、提高产能、降低成本的完井方式。

负压值是负压射孔的关键。一方面,要保证孔眼清洁、冲刷出孔眼周围的破碎压实带中的细小颗粒,满足这一要求的负压称为最小负压;另一方面,负压值又不能超过某个值,以免造成地层出砂、塌垮、套管挤毁或封隔器失效等其他方面的问题,对应的这一临界值称为最大负压。合理射孔负压值的选择应当是既高于最小负压又不超过最大负压。合理负压值可根据室内射孔岩心靶负压试验,经验统计准则或经验公式确定。以美国 Conoco 公司计算方法为例:

若油气层没有出砂历史,则

$$\Delta p_{rec} = 0.2\Delta p_{min} + 0.8\Delta p_{max} \qquad (3-18)$$

若油气层有出砂历史,则

$$\Delta p_{rec} = 0.8\Delta p_{min} + 0.2\Delta p_{max} \qquad (3-19)$$

根据油气层渗透率,确定最小负压值 Δp_{min},则

$$\Delta p_{min}(气井) = 0.01724/K \qquad (K < 110^{-3}\mu m^2) \qquad (3-20)$$

$$\Delta p_{min}(气井) = 4.972/K^{0.18} \qquad (K > 110^{-3}\mu m^2) \qquad (3-21)$$

$$\Delta p_{min}(油井) = 2.17/K^{0.3} \qquad (3-22)$$

根据油气层的声波时差,确定最大负压差值 Δp_{max},即

$$\Delta p_{max}(气井) = 33.095 - 0.0524\Delta T_{as} \qquad (3-23)$$

$$\Delta p_{max}(油井) = 24.132 - 0.0399\Delta T_{as} \qquad (3-24)$$

若声波时差 $\Delta T_{as} < 300\mu s/m$,则

$$\Delta p_{\max}(\text{油井}) = 0.8 p_{\text{des}} \tag{3-25}$$

式中 K——渗透率,$10^{-3} \mu m$;

$\Delta p_{\min}$——最小负压差值,MPa;

$\Delta p_{\max}$——最大负压差值,MPa;

ΔT_{as}——声波时差,$\mu s/m$;

Δp_{rec}——合理负压值,MPa;

p_{des}——套管挤毁压力,MPa。

2. 油管输送射孔(TCP)

油管输送射孔是利用油管将射孔枪下到油层部位射孔,油管下部连有压差式封隔器、带孔短节和引爆系统,油管内只有部分液柱形成射孔负压,通过地面投棒引爆、压力或压差式引爆或电缆湿式接头引爆等各种方法射开油气层。该方法具有高孔密、深穿透的优点,负压值高,易于解除射孔对储层的损害,对于斜井、水平井和稠油井等电缆难以下入的井更为有利。由于在井口预先装好采油树,故安全性能好,非常适于高压油气井;同时射孔后即可投入生产,便于测试、压裂、酸化等和射孔联作,减少压井和起下管柱次数,减少对油层的损害和作业费用。

3. 油管输送射孔联作

油管输送射孔联作包括油管输送射孔和地层测试联作以及和压裂、酸化联作工艺。

油管输送射孔和地层测试联作是指将油管输送装置的射孔枪、点火头、激发器等部件接到单封隔器并打开测试阀,引爆射孔后转入正常测试程序。这种工艺尤其适合于自喷井。

油管输送射孔和压裂、酸化联作工艺是指将油管输送装置的射孔枪、点火头、激发器等部件接到压裂或酸化管柱的底部,射孔后即可进行压裂或酸化等工序。

4. 电缆输送过油管射孔(TTP)

电缆输送过油管射孔是首先将油管下至油层顶部,装好采油树和防喷器,射孔枪和电缆接头装入防喷管内,然后打开清蜡阀门下入电缆,射孔枪通过油管下出油管鞋。用电缆接头上的磁定位器测出短套管位置,点火射孔。该方法具有负压射孔、减少储层损害的优点,适合于不停产补孔和打开新层位的生产井,避免了压井和起下油管作业。但是,由于该射孔方式使用的射孔枪和射孔弹受到管内径的限制,无法实现深穿透、高孔密、大孔径射孔,其应用受到很大限制。目前,一般都不采用这种方式。仅在海上和一些不能停产的井用于补孔。

5. 超高压正压射孔

超高压正压射孔是利用聚能射孔时射流局部的高压和高速,采用高于油层破裂压力的正压进行射孔。如油管传输氮气正压射孔工艺,是在射孔枪下至射孔位置后,将液氮替入井内,并在井口加压使井底压力高于油层破裂压力下射孔。该工艺的主要优点是:

(1)成孔瞬间的高正压差或气体膨胀能使孔眼周围形成微裂缝,以消除孔眼压实带造成的伤害;

(2)可避免射孔液对油层的伤害;

(3)部分进入油层的氮气有利于清洗孔眼及排液,从而解除油层堵塞;

(4)通过控制放压可使油井迅速建立压差,投入生产;

(5)对于钻开油层及固井过程中造成严重损害的井,与酸化处理联作(射孔前井内替入酸液)可有效地解除近井处的油层损害。

6. 高压喷射和水力喷砂射孔

高压喷射射孔是指利用高压液体射流配合机械打孔装置在套管上钻孔,并以高压射流穿透地层,带喷嘴的软管边向前进,射孔后收回。该方法的优点是孔径大、穿透深度远。

水力喷砂射孔的原理是利用高压液携砂。携砂液质量分数为5%左右,利用高压喷砂液体将套管射穿,继而射向地层。因射流压力高,若地层不是坚硬地层,则可能不是将地层射成一个孔,而是一个洞穴,不利于今后生产。所以除非特殊要求,一般情况下不采用此方法。目前发展一种喷砂切割,形成穿透较大的窄缝,运用于低渗油藏,并可消除压实带的影响。

(二)射孔枪、弹选择

根据射孔枪的枪体结构,可把它分为有枪身射孔枪和无枪身射孔枪。

有枪身射孔枪是使用最早、适合各种用途的射孔枪,尤其是在不允许套管和管外水泥受到破坏以及打开油水或油气界面附近的较薄地层时,通常采用该方法。它的基本特点是:爆炸材料与井内液体无接触;爆炸的飞出物和弹筒的碎片残留在壳体内。

无枪身射孔枪分为全销毁型和半销毁型,主要用于过油管射孔作业。它的特点是:对套管弯曲和有缩径井况具有较好的通过性;射孔后电缆易于提出地面。

目前在生产中普遍使用的是聚能射孔弹,它由弹壳、聚能药罩(金属衬套)、炸药和导爆索组成。对一定类型和数量的炸药,射孔弹有一确定的能量用于做功。射孔弹设计要考虑的主要参数有导爆索、聚能罩、炸药柱和间隙穿透能力等。射孔弹的最大可能尺寸,主要受枪身内部径向尺寸以及枪身或套管允许变形尺寸的限制。

(三)射孔液选择

1. 对射孔液的性能要求

射孔施工过程中采用的工作液称为射孔液,它是完井液中的一种。由于射孔孔眼穿入油层一定深度,有时它的不利影响甚至比钻井液的影响更为严重。因此,要保证最佳的射孔效果,就必须研究筛选出适合于油气层及流体特性的优质射孔液。

射孔液总的要求是保证与油层岩石和流体配伍,防止射孔过程中和射孔后对油层的进一步损害,同时又能满足下列性能要求:

(1)密度可调节:为在套管枪射孔时有效地控制井喷,射孔液的密度必须适合油气层压力,既不能过大也不能过小,过大易压死油层,过小易发生井喷。

(2)腐蚀性小:要求射孔液减少对套管和油管的腐蚀,同时也要减少产生不溶物,防止不溶物进入射孔孔道,对产层造成损害。

(3)高温下性能稳定:采用聚合物配置的射孔液,要求在高温下聚合物不降解而保持性能稳定;对盐水配置的射孔液,要防止随温度的变化而产生结晶。

(4)无固相:防止堵塞孔道。

(5)低滤失:减少进入储层的液体,降低对油层的损害。

(6)成本低,配制方便。

2. 射孔液对油气层可能造成的损害

射孔液对油气层的损害机理与完井液对油气层的损害机理相同，但由于在油气层射孔后，射孔液直接与油气层接触，射孔液选择不当就会对油气层造成损伤。

1) 射孔液固相颗粒损害

采用固相射孔液时，固相颗粒在正压差的作用下进入射孔孔道或微裂缝，可将孔眼堵塞甚至填满，较小的固相颗粒还会穿过孔壁而进入油层引起深部损害。

2) 射孔液滤失造成损害

在正压差的作用下，射孔液将不同程度地滤失并进入油气层，产生多种形式的损害；如引起黏土矿物膨胀、分散、剥落和运移；与油气层矿物或流体不配伍，产生化学沉淀或结垢；由于含水饱和度上升，产生水锁反应，导致原油或天然气的相对渗透率下降；射孔液与油层中的原油生成黏性乳状液，或者油层的润湿性发生反转，增大油流阻力；聚合物射孔液中的长链高分子聚合物进入油层，在孔道表面吸附而降低孔喉有效半径。

3) 射孔液速敏造成损害

在正压差较大且油层渗透率较高时会导致射孔液的滤失速度增大。由于油层中固相颗粒或射孔液带入的外来固相颗粒在高滤失速度下可能产生颗粒间的强烈干扰并形成桥拱而堵塞孔喉，因此在速敏严重时，必须控制压差或提高射孔液黏度。

3. 射孔液体系

目前国内外使用的射孔液有以下七种体系。

1) 无固相清洁盐水

这类射孔液一般由无机盐类、清洁淡水、缓蚀剂、pH 调节剂和表面活性剂等配制而成。其中盐类的作用是调节射孔液的密度和暂时性地防止油气层中的黏土矿物水化膨胀分散造成水敏损害，缓蚀剂的作用是降低盐水的腐蚀性，pH 调节剂的作用是调节清洁盐水的 pH 值在一合适范围，以免造成碱敏损害，表面活性剂的作用是降低滤液的界面张力，利于进入油气层的滤液返排，以及清洗岩石孔隙中析出的有机垢。为减小造成乳化堵塞和润湿反转损害的可能性，最好使用非离子活性剂。此类射孔液的优点是：(1)无人为加入的固相侵入损害；(2)进入油气层的液相不会造成水敏损害；(3)滤液黏度低，易返排。缺点是：(1)要通过精细过滤，对罐车、管线、井筒等循环线路的清洗要求很高；(2)滤失量大，不宜用于严重漏失的油气层；(3)无机盐稳定黏土的时间短，不能防止后继施工过程中的水敏损害；(4)清洁盐水黏度低，携屑能力差，清洗炮眼的效果不好。

2) 阳离子聚合物黏土稳定剂射孔液

这类射孔液可以是用清洁淡水或低矿化度盐水加阳离子聚合物黏土稳定剂配制而成，也可以在清洁盐水射孔液的基础上加入阳离子聚合物黏土稳定剂配制而成。一般说对不需加重的地方用前一种方法较好，这类射孔液除具有清洁盐水的优点外，还克服了清洁盐水稳定黏土时间短的缺点，对防止后续生产作业过程的水敏损害具有很好的作用。

3) 无固相聚合物盐水射孔液

这类射孔液是在无固相清洁盐水的基础上添加高分子聚合物配制而成。它保护油气层机理是:利用聚合物提高射孔液的黏度,以降低滤失速率和滤失量,提高清洗炮眼的效果。其余与无固相清洁盐水基本相同。使用该类射孔液时,长键高分子聚合物进入油气层会被岩石表面吸附,从而减少孔喉有效直径,造成油气层的损害。故应权衡增黏降滤失量与聚合物损害的利弊。一般不宜在低渗透油气层中使用,仅宜于在裂缝性或渗透率较高的孔隙性油气层中使用。

4) 暂堵性聚合物射孔液

这类射孔液主要由基液、增黏剂和桥堵剂组成,基液一般为清水或盐水,增黏剂为对油气层损害小的聚合物,桥堵剂为颗粒尺寸与油气层孔喉大小和分布相匹配的固相粉末。常用的有酸溶性、水溶性和油溶性三种。对于必须酸化压裂才能投产的油气层可用酸溶性桥堵剂;对含水饱和度较大,产水量较高的油气层可用水溶性桥堵剂;其他情况下最好用油溶性暂堵剂。这类射孔液保护油气层的机理是:通过"暂堵"减少滤液和固相侵入油气层的量,从而达到保护油气层的目的。它最大优点是对循环线路的清洗要求低,这对取水较难的陆地油田,特别是缺水的西部油田更为适用。

5) 油基射孔液

油基射孔液可以是油包水型乳状液,或直接采用原油,或柴油与添加剂配制。油基射孔液可避免油气层的水敏、盐敏危害,但应注意防止油气层润湿反转、乳状液及沥青、石蜡的堵塞以及防火安全等问题,这类射孔液由于比较昂贵,一般很少使用。

6) 酸基射孔液

这类射孔液是由醋酸或稀盐酸与缓蚀剂等添加剂配制而成,其保护油气层机理是:利用盐酸、醋酸本身溶解岩石与杂质的能力,使孔眼中的堵塞物以及孔眼周围的压实带得到一定的溶解,并且酸中的阳离子也有防止水敏损害的作用。

使用该类射孔液应注意酸与岩石或地层流体反应生成物的沉淀和堵塞;设备、管线和井下管柱的防腐等问题。一般不宜于在酸敏性油气层及 H_2S 含量高的油气层使用。

实际选择射孔液时,首先应根据油气层的特性和现场所能提供的条件确定最适宜的射孔液体系。其次根据油气层的岩心矿物成分资料、孔隙特征资料、油水组成资料及五敏试验资料,进行射孔液的配伍性试验。通过上述工作才能确定出对本地区油气层无损害或基本无损害的优质射孔液、压井液。

7) 隐型酸完井液

隐型酸完井液利用酸解除由于各种滤液不配伍在储层深部产生的无机垢、有机垢沉淀;利用酸性介质防止无机垢、有机垢的形成;利用酸解除酸溶性暂堵剂、有机处理剂对储层的堵塞和损害;利用螯合剂防止高价金属离子二次沉淀或结垢堵塞和损害储层。

隐型酸完井液的基本组成为:

过滤海水或过滤盐水 + 黏土稳定剂(如 PF – HCS) + 隐型酸螯合剂(如 PF – HTA) + 防腐杀菌剂(如 CA – 101) + 密度调节剂(如 $NaCl$,$CaCl_2$,$CaCl_2/CaBr_2$,$CaCl_2/ZrBr_2$ 等)。

◆ 思考题 ◆

1. 什么是通井?通井的目的是什么?
2. 简述试压的类型及标准。

3. 简述压井的原则和压井方法。
4. 简述打水泥塞施工步骤及参数计算。
5. 简述填砂的工序。
6. 简述钻塞施工的工序。
7. 什么是套管刮削？套管刮削器包括哪几种类型，分别是什么？
8. 什么是射孔？射孔的方式包括哪几类？

第四章 试油与试气

第一节 试 油

一、试油的任务及工作内容

钻井完井后,对可能出油气的地层射孔,利用一套专用设备和方法,降低井内液柱压力,诱导地层中的流体流入井内,并对流体和地层进行测定的工艺过程称为试油。试油是认识油、气层的基本手段,是对钻井地质录井、地球物理测井的解释确认,是评价油、气层的关键环节,试油取得的有关地层流体的产量、压力、温度、物理化学性质及地层参数等资料,是对油、气、水层做出的决定性结论,是油气田开发重要的科学依据。油田勘探开发的阶段不同,所钻井的种类不同,试油的工艺、目的和任务也不同,常见的有参数井(区域探井)试油、预探井试油、详探井试油、开发井试油。

二、常规试油工序

钻井固井后,交井,由专业试油队打开油气层,对油气层进行系统测试的试油方式称为常规试油。

(一)施工前的准备

施工前应做以下准备:
(1)仔细阅读施工设计书,掌握有关数据。包括井的基本数据、油层基本情况、施工目的及要求、下井管柱的结构及要求等试油施工必需的数据。
(2)开工准备。了解井场和进入井场的道路情况;准备设备、工具和材料;搬迁,立井架,调试设备;装井口,实测油补距、套补距。

(二)试油施工的工序

(1)通井、洗井、冲砂、井筒试压、射孔(具体内容请参阅第三章的相关内容)。
(2)诱导油气流。其目的是诱导出油气流进行测试;清除井底砂粒和钻井液等污物,降低井底及其周围地层对油流的阻力。方法是降低压井液液柱高度或密度。
油气井因其地层能量的不同,在裸眼或射孔后,可遇到两种情况:一种是在地层流体形成的液柱压力下,油气能自喷的井,可用替喷、气举的方法诱流测试;对于不能自喷的井,可用抽吸、气举、提捞、泵排液等方法诱流测试。不论采取哪种诱流方式,都应遵循以下原则:

①缓慢而均匀地降低井底压力,以防压力波动破坏油层结构而造成油层出砂及油、气层坍塌。

②要排出井底和井底周围的脏物,解除近井地带污染,以利于排液。

③最大掏空深度,应小于套管的抗外挤强度。

④能建立起足够大的井底压差。有些油气井,由于油层受到钻井液和水泥浆的严重污染,导致孔隙或裂缝通道被严重堵塞;另有一些油气井油层的原始渗透率很低,采用前述的诱导油气流方法仍然不能明显有效时,必须采取人工强化措施,增大油气流通道,改善油气层的渗透性,使油气能畅流入井甚至喷出地面。通常采用较多的人工强化措施是水力压裂和酸化处理。

(3)求产、测试。此步工序所录取的资料是试油施工的主要目的,施工设计要求录取的资料必须取全取准,应获取的资料及获取的方法将在后继各节中介绍。

(4)选择完井管柱和井口装置,完井交井。井内油气层位全部测试完成后,有生产能力的井,应按设计要求下入生产管柱,安装井口,交井投产。

三、诱导油流的方法

(一)替喷法

油层有一定的能量,当油层与井筒沟通后,通过降低井内压井液的密度,油流就能流入井筒,自喷并举出井口的井,用替喷诱导油流。

根据油层条件和试油要求的不同,可将替喷工艺分为一次替喷和二次替喷。

一次替喷是将油管柱下到人工井底以上 1~2m,用替喷液一次把井内压井液全部替出来。然后,上提管柱到油层中部或油层顶部而完井,如图4-1和视频4-1所示。

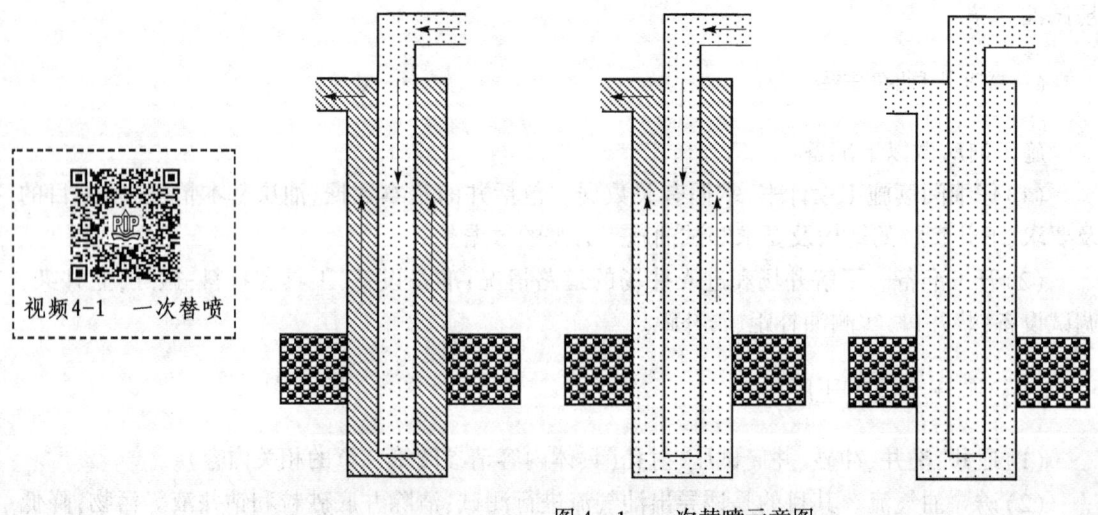

视频4-1 一次替喷

图4-1 一次替喷示意图

这种方法应用于自喷能力不强,井底压力不很大的油井中。因为在这样的油井中,一次替喷完之后,尽管还要敞开井口,起出一部分油管,也不至于造成无控制井喷,使试油工作无法进行。

二次替喷是将油管柱下到人工井底以上1m左右,替入一段清水,将钻井液替置到油层部位。然后,上提油管至油层中部完井位置,坐好井口。最后,用替喷液替出油层顶部以上的全部钻井液,便可以进行下步工作了,如图4-2和视频4-2所示。

视频4-2 二次替喷

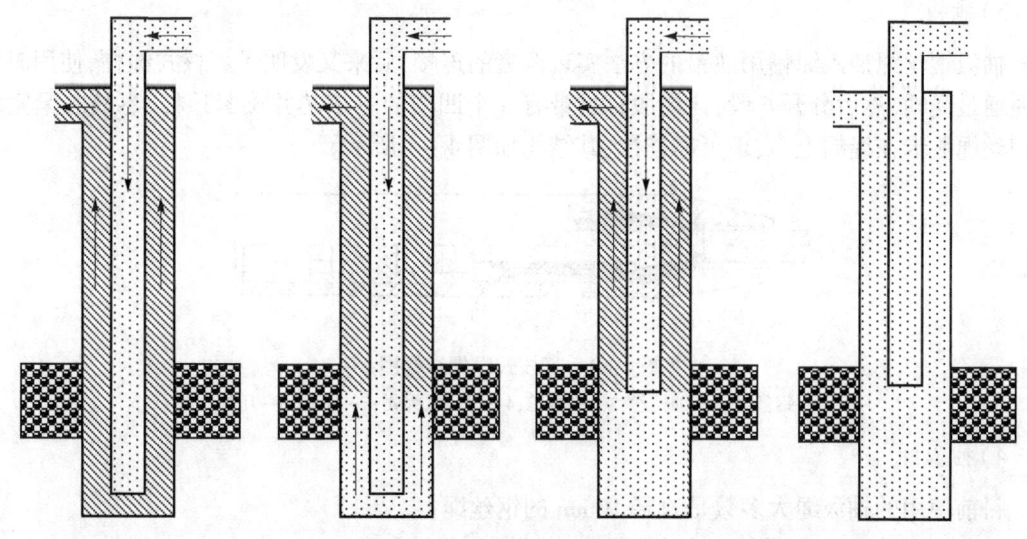

图4-2 二次替喷示意图

替喷中应当注意:替喷法只能应用于油层压力高、产量大、堵塞不严重的油层;在替喷过程中要注意观察记录压力、溢出量、返出液性质等;替喷过程中要始终注意安全,替通时出口管线易飞起,对此应特别留意进出口必须连接硬管线并固定牢靠。替通时通常表现为:井口压力逐渐升高,出口排量逐渐增大,返出液中伴有气泡、油花,停泵后仍有溢流,喷势逐渐增大等。

(二)抽汲法

抽汲法是利用专用工具通过降低井筒液柱高度,达到降低井底压力,从而实现诱导油流的目的。

1. 抽汲用的工具

1) 抽子

抽子分阀抽子、无阀抽子、水力式抽子几种。现场最常用的是水力式抽子,其结构如图4-3所示。

当抽子在油管内靠自身质量和加重杆的质量下行时,液体顶开球阀,通过阀座、中心管、排液孔进入抽子上部。当抽子上行时,球阀坐落于阀座上,抽子上的液体重力作用在抽子上,从而产生一定的压力,液体压力通过中心管小孔传到胶皮筒内,使胶皮筒涨大,从而更好地密封油管,抽子在高速上行的过程中,像一只胶皮活塞一样把抽子以上的液体抽出井口;抽子与加重杆之间用关节接头连接。

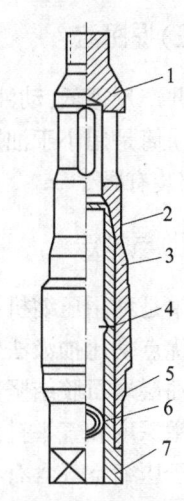

图4-3 水力式抽子结构图
1—阀罩;2—中心管;3—上碗;
4—皮碗;5—下碗;
6—阀球;7—球座

2)加重杆

由于抽汲工具(特别是胶筒)最大外径仅仅小于油管内径3~4mm,下行时具有较大的阻力,为保证抽子顺利下入,常常在抽子以上连接2~4m长的加重杆,加重杆可以是直径32~40mm钢管,钢管内根据加重的需要灌铅;加重杆也可以是圆钢,两端车有螺纹,下端接有关节内接头,加重杆可根据需要的长度自由连接。

3)绳帽

抽汲钢丝绳插入绳帽用灌铅的方法实现两者的连接,后来又发明了枣核式绳帽,使用时钢丝绳通过绳帽,然后分开6股,让绳股穿过带有6个凹槽的枣核芯并旋紧顶杆,枣核芯紧紧地把钢丝绳股卡在绳帽上,实现可靠连接,其结构如图4-4所示。

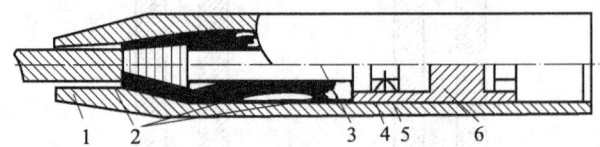

图4-4 枣核式绳帽结构图
1—钢丝绳;2—细铁丝;3—枣核芯;4—枣核式绳帽;5—钢球;6—压帽

4)抽汲绳

目前使用的抽汲绳大多数是直径16mm的钢丝绳。

2.抽汲作业使用的范围和要求

(1)适用于油质不太稠,能使抽子顺利起下的井;

(2)动液面应在1600~1700m以上,供液较充足的地层;

(3)抽汲时要适当控制井底回压,既要解除钻井、固井、射孔等作业对地层造成的伤害,又不能使疏松、易出砂的油层大量出砂。

(三)提捞法

油井产量很低,动液面较深,抽汲效率低的井,可用提捞筒提捞或定深提捞的方法。

提捞筒是用小于油层套管内径15mm的钢管加工而成,上端加工有倒角,在内侧焊有提环,底部装有阀。

(四)气举法

气举是利用压缩机向油管或套管内注入压缩气体,使井中液体从套管或油管中排出。该方法的优点是比抽汲法效率高,可以极大提高试油速度。但由于井内降压速度快,因此它只能适用于油层岩石胶结坚实的砂岩或碳酸盐岩的油井的排液。对于一些胶结疏松的砂岩,要控制好气举深度和气举排液速度,以免因破坏油层结构而出砂。

由于压缩空气含有21%的氧气,若射孔后,井内天然气与氧气充分混合,在一定条件下会发生爆炸,故目前气举排液的应用只限于:

(1)尚未射孔且排液量不大的井(负压射孔前的排液);

(2)解释为非油气层或已知井筒内无天然气的井;

(3)清水循环时无漏失的井。

气举通常分为常规气举排液、多级气举阀气举排液、混气水气举排液、连续油管气举排液、泡沫排液五种方式。

1. 常规气举排液

常规气举排液在井内下入的管柱为光油管管柱,可分为正举与反举。正举是从油管注入高压压缩空气,由套管阀门返出。反举与正举相反,高压气体从套管环形空间进入,液体及液气混合物从油管返出。一般正举时压力变化比较缓慢,而反举压力下降则十分剧烈,有利于解除堵塞,但容易引起油井出砂,如图4-5所示。气举排液时,管线采用耐高压的硬管线。应对管线进行试压检验,试泵压力为最高工作压力的1.5倍。出口管线口应装弯头,并固定牢。压风机应距大罐和井口20m以上。排气管应装消声器、防火网。中途修管线(有刺漏现象)时应停车、关井、慢慢放空。一旦发生井喷,应立即停止气举。

2. 多级气举阀气举排液

多级气举阀气举是根据排液的需要设计多个气举阀管柱进行气举。该方法的特点是:可以不增大设备能力而加深气举的深度;井液柱回压的下降是逐级降低的,在油井与油层之间逐步建立压差,不致破坏油层岩石结构而引起出砂。多级气举阀气举如图4-6所示。

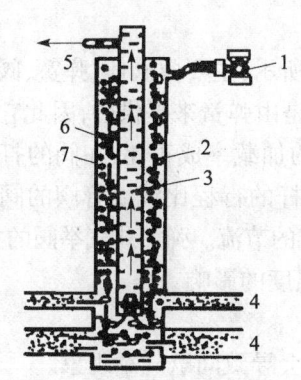
图4-5 常规气举示意图

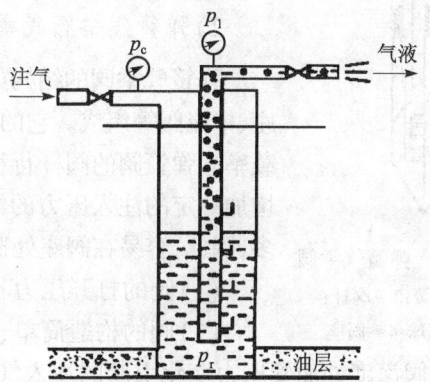
图4-6 多级气举阀气举示意图

1—高压注气泵;2—注入气体;3—混气液体;
4—油层;5—原油出口;6—油管;7—套管

通常管柱上所使用的气举阀的结构不同,施工步骤也不同,下面介绍两种常用的方法。

1) 气举阀气举

目前油田使用的气举阀,由于具有单向过流作用,气体到达下一级阀时,上一级阀不会自动关闭,因此称作"气举孔"较为合适,如图4-7所示。图中阀主体上装有带有气举孔的阀座,阀球在弹簧力的作用下坐在阀座上,并且堵住了气举孔,若油管内压力高于油套环空压力,则气举阀能保持密封;油套环空压力只要稍高于油管压力,气举孔即产生过流。

由于气举阀是一个单流阀,只有当环空压力大于油管内压力时,气举阀才产生过流,因此,气举阀排液只适用于反举。

当环空气体到达第一级气举阀前,由于油管内液体没有混气,环空气压表现为相应油管内的液柱压力;当气柱到达第一级阀后,气体

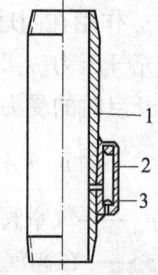
图4-7 气举单流阀示意图

1—油管短节;2—阀体;
3—阀球

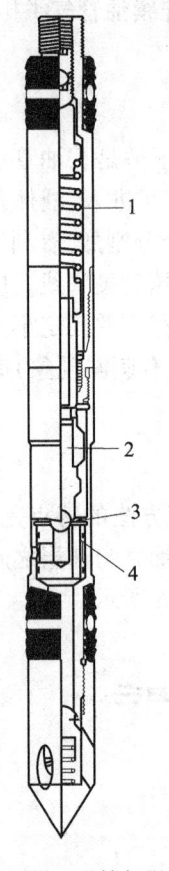

通过阀进入油管,液体被混气,且由于高压气体的膨胀作用把阀以上油管内液体不断举出井筒。由于第一级阀以上的油管内液体不断混气,液体密度极大降低,液柱压力减小,环空气柱迅速增加,风压降低。由于通过阀气流量远小于压风机(或液氮泵车)排量,风压又逐渐增加,直至第二级气举阀被打开,第二级阀以上的油管内液体开始混气,液柱压力进一步降低,直到第三级(或第四级)阀通过气体。这样,油管内最下一级阀通过气体后液柱压力最低,地层流体源源不断地流入井筒并被举至地面。

气举阀排液效果取决于一个合理的管柱结构,也就是各级气举阀的深度和气举孔径的大小。第一级气举阀的深度要考虑气压所能达到深度,就目前的设备能力,一般第一级阀下至 800~900m,气举孔径 1~2mm;最后一级气举阀的下入深度应考虑套管结构和地层的产液状况,一般下入深度 1200~2000m;深井、超深井可下入更深位置,气举孔径以 3~4mm 为宜。下入气举阀之间的间隔距离从上至下应逐渐减小,气举孔尺寸从上至下应逐渐增大。气举阀的下入级数要考虑井深、排液流压、地层性质等因素。

2)弹簧气举阀气举

弹簧气举阀的结构如图 4-8 所示,主要由阀体、弹簧、阀杆、阀头、阀座、单流阀等组成。它的关闭压力是由弹簧来提供的,因此它有较大的加载率。弹簧阀的阀杆行程与弹簧的加载率成正比,在阀的打开压力以上增加一定的注入压力的情况下,阀杆的行程比波纹管阀的阀杆行程小得多,因此,容易在阀座处造成注入气的节流。弹簧式气举阀的主要优点是:

图 4-8 弹簧气举阀
1—弹簧;2—阀杆;
3—阀球;4—阀座

(1)阀的打开压力不受井下温度的影响;
(2)阀的构造简单、耐用;
(3)阀深度处油管压力变化引起的注入气量变化不会导致间歇气举现象。

3)注入压力操作阀气举

注入压力操作气举阀通常也称套压操作阀,是采油常用的气举阀。它是一种由注入气压力作用在波纹管有效面积上使阀打开的气举阀,其工作原理如图 4-9 所示。

注入气压力 p_c 作用在波纹管有效面积 $A_b - A_v$ 上,油管流动压力 p_t 作用在阀球有效面积 A_v 上,当这两个合力大于波纹管内的充气压力 p_{bt} 时,阀球被顶开,注入气通过阀座进入油管。阀开启时的受力平衡方程如下:

$$p_{bt} \cdot A_b = p_c(A_b - A_v) + p_t \cdot A_v \qquad (4-1)$$

式中 p_{bt}——气举阀在井温条件下的波纹管内充气压力,MPa;
p_c——在阀深度处的注气压力,MPa;
p_t——阀深度处的油管流动压力,MPa;
A_b——波纹管的有效面积,mm^2;
A_v——阀孔的有效面积,mm^2。

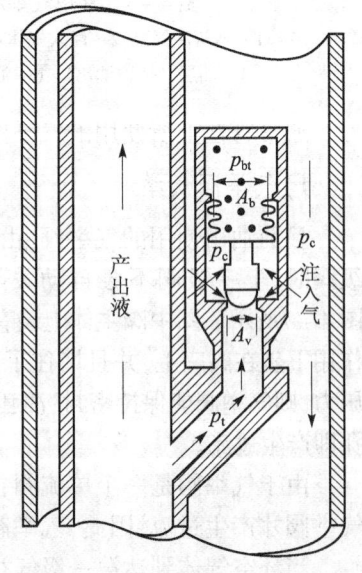

图 4-9 注入压力操作阀工作原理

注入压力操作阀有固定式和投捞式两种,图4-10所示为固定式波纹管型注入压力操作阀结构图,主要由尾堵、气门芯、充气腔室、波纹管、阀杆、阀头、阀座、单流阀、阀体等部分组成。尾堵的作用是保护气门芯;气门芯是向波纹管充气和调整压力的部件;充气腔室和波纹管相通,内充有硅油并设有阻尼孔,起到保护波纹管的作用;波纹管是气举阀的重要部件,是用蒙乃尔(Monel)合金经冷压加工制成,其强度要求能承受14MPa内压,在21~42MPa的外压下不产生物理变形;阀杆采用硬度较高的不锈钢;阀头采用硬质合金钢或碳化钨球;阀座大都采用蒙乃尔钢制成,孔径有1~13mm等数种规格,根据注气量的不同来进行选择;单流阀的作用是停止注气时阻止油管内的液体流入环套空间。

4) 气举阀工作筒

气举阀工作筒分固定式工作筒和投捞式偏心工作筒,这里只介绍固定式工作筒。

固定式工作筒用于安装固定式气举阀,气举阀安装在工作筒外。由油管短节和连接固定式气举的上凸缘(或气举阀囊)、下凸缘接头组成。气举阀固定在两个凸缘之间,并通过下凸缘的气孔与油管连通,其结构如图4-11所示,固定式气举阀工作筒随油井作业时下入井筒,更换气举阀时需起出油管。

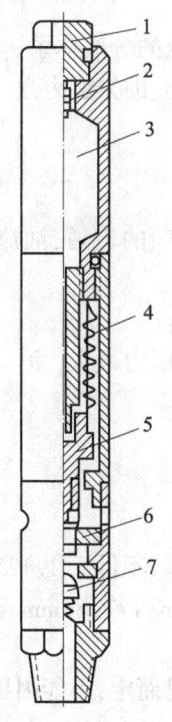
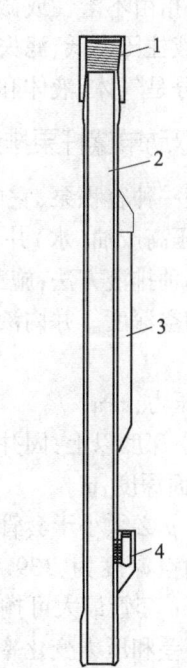

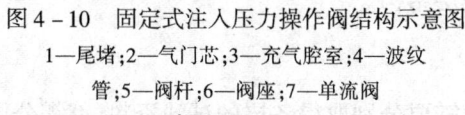

图4-10 固定式注入压力操作阀结构示意图
1—尾堵;2—气门芯;3—充气腔室;4—波纹管;5—阀杆;6—阀座;7—单流阀

图4-11 固定式气举阀工作筒结构示意图
1—油管接箍;2—筒体;3—气举阀囊;4—气举阀连接凸缘

3. 混气水气举排液

混气水气举排液是用气水混合物替出井中的压井液,由于混合物密度小于压井液的密度,因此可降低井里液柱对油层的回压。由于混合物密度可以由控制气体的压力和流量来调节,所以它可以控制井底回压的下降程度。该方法适用于那些既不能用替喷法排液,也不宜于直接用气举法排液的油井。

值得注意的是,混气水在油井射孔后存在着天然气与空气混合容易发生爆炸的危险,使用过程中应注意选井:

(1)适用于油井没有射孔或井内不产生大量天然气的油水井,特别适用于负压射孔前的排液。

(2)已知排液井不产生天然气,只是排液深度不够,可采用混气水排液,在射孔后油井产液性质不明的情况下一般不采用这种方法。混气水排液工艺必须在套管允许的抗外挤强度之内,根据计算的允许深度来控制排液量。其他注意事项同气举排液。

4.连续油管气举排液

连续油管气举是用连续油管车把连续油管下入生产管柱中,然后把连续油管与液氮泵车或制氮车连通,液氮车把低压液氮升至高压,再使其蒸发,从连续油管注入生产管柱中,井中压井液从连续油管和生产管柱的环形空间到达地面。该排液方法的特点是掏空深度大、排液速度快,并且连续油管是从井口逐步向下排液,逐步降低井底回压,减少了对油层的损害。现场采用的排液方式有正举和反举两种。由于氮气与井内天然气不发生化学反应,因此它适用于油井射孔后的排液,特别适用于凝析油气井、气井或预计可能有较大天然气产出的井的排液。

连续油管气举排液用的主要设备有连续油管车、液氮车。

5.泡沫排液

泡沫流体是指由不溶性或微溶性气体分散于液体中所形成的分散体系。由于其独特的结构,使它具有静液柱压力低、滤失量小、携砂性能好、摩阻损失小、助排能力强、对油层损害小等特点,其主要成分是气体、液体和起泡剂。

(五)井口驱动单螺杆泵排液法

单螺杆泵是一种容积泵,它的运动部件少,没有阀件和复杂的流道,油流扰动小,排量均匀,主要用于低压高产油(水)井、稠油井,以及含砂量较高的井。

不管使用哪种排液方法,施工时一定要考虑以下两个问题:

一是安全掏空深度。井内液面降低后,液面处套管受的外压力最大,为:

$$p = \rho g H \tag{4-2}$$

式中 p——外压力,kPa;

ρ——掏空深度以上,固井时套管外钻井液密度,g/cm^3;

H——液面深度,m。

要求外压力 p 必须小于套管的抗外挤强度(抗外挤安全系数不低于1.125)。几种常见套管允许的安全掏空深度为:139.70mm 套管最大可掏空 2200m;177.80mm 套管最大可掏空 1800m;244.48mm 套管最大可掏空 1500m。

二是诱喷压差和压力变化率。要根据地层预测的出砂情况而定,不能因压差大、地层流体的流速高而给地层的剪应力和拉应力过大,破坏地层结构。

四、试油工艺

如果一口试油井中有两个以上的油层,而开发需要分别取得各层的试油资料,就需分层试油。根据试油时所用的工具和材料的不同,可分为水泥塞、桥塞、封隔器等分层试油的方法。

(一)水泥塞分层试油

水泥塞分层试油是从最下层开始,每射开一个油层,就对该层进行试油求取资料。试完之后打水泥塞将该层封死,然后射开第二个油层进行试油。这样逐层上返,一层一层地单独进行试油。水泥塞分层试油又称水泥塞单层试油。进行水泥塞试油时,除试第一层不用打水泥塞外,每上返试一层就必须打一个水泥塞,试完之后还要钻水泥塞。故整个试油工艺过程包括压井、打水泥塞、射孔替喷(或诱喷)、录取各项试油资料、钻水泥塞等步骤。

水泥塞试油是一种比较旧的方法,其缺点是试油速度慢,打水泥塞、钻水泥塞都会对油层造成伤害,除非有某种特殊需要外,目前试油中极少采用。

(二)桥塞分层试油

所谓桥塞分层试油,就是射开油层后,降低井内液柱压力,诱导油(气)流,求取资料,试完后用桥塞将该层封死,再射开另一油层进行试油。它的实质是用桥塞代替水泥塞,其工序与水泥塞试油基本一样。与水泥塞分层试油相比该方法具有以下优点:方法简单、使用方便、缩短作业周期、能减少对油层的污染和井下事故的发生。尤其是随着深部油气层的勘探和开发,多层油气井的增多,在试油过程中,遇到高压油、气、水、漏失层及层间距很小时,桥塞试油更显其优越性。桥塞分为可钻式桥塞和可取式桥塞(或称丢手封隔器),又可根据下入工具的不同分为电缆投送式桥塞和油管投送式桥塞两种。

桥塞可与封隔器配合使用,实现多级分层试油。

(三)封隔器分层试油

在试油井中一次同时射开多个油层,下入封隔器,按照试油的目的和要求,取得各项试油资料的方法称为封隔器分层试油。此方法工艺简单,速度快,成本低,不污染油层。压缩式、扩张式封隔器,如 Y111、Y221、Y421、Y341、K344 等都能用在封隔器分层试油管柱中。按管柱所用封隔器数目的不同,分为单级封隔器和多级封隔器分层试油。

1. 单级封隔器分层试油

单级封隔器分层试油可分为两种情况:

一种是用封隔器代替桥塞,实现分层试油,其原理、工艺与桥塞相似。

一种是下入一级扩张式(如 K344)封隔器,封隔器的下部带有一个滑套、一个堵塞器的工作筒,上部带一个滑套。封隔器坐封后,打开下滑套,对下部油层进行测试,资料录取结束后,投入堵塞器,打开上部滑套,测试上部油层。此管柱适用于地层不易出砂的裸眼自喷井。若将扩张式换成压缩式,就能适用于同时射开两层的井试油。

2. 双级封隔器分层试油

由双级封隔器加一~三级配产器(型号由实际情况而定)及配套工具组成的试油管柱,能将井筒封隔成三个互不相关的区间,如图 4 – 12 所示。求测某一层,则可以用双封隔器卡在该层上、下部位。如果求两层或三层的资料,则用双封隔器分隔成三个层段,先求出三层合试的产液量及油量,然后分别测试。某一层下入压力计求压力恢复曲线的同时,

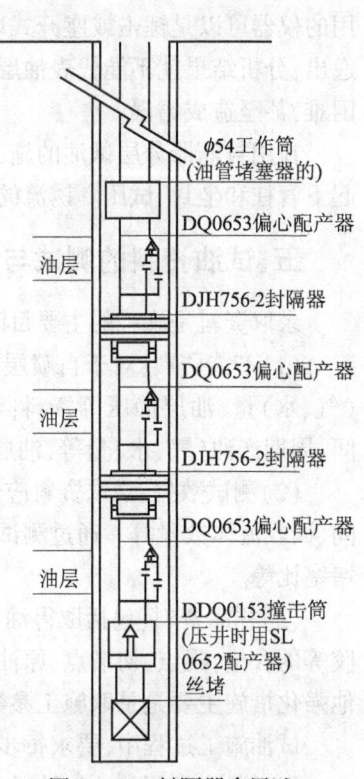

图 4 – 12 封隔器多层试油管柱示意图

对其他一层或两层求产量。或者,对某一层求压力恢复曲线,另一层下入取样器进行取样。或对某两层下入压力计求油层压力,另外一层求产量。如果某一层是出水层,则可以对该层投入带死嘴子的配产器堵住该层,求其他层的产油情况。如果测试中油井不能自喷,则可采用抽汲法求产,或预先在管柱上装一气举阀,气举求产。

3. 多级封隔器分层试油

井内有四个以上的油层需分层试油时,可用多级(三级以上)封隔器,将井筒封隔成需要的互不相关区间。其工艺原理与双级封隔器分层试油相似。需要说明的是,配产器用偏心式,可以不动管柱,通过投捞堵塞器来实现分层测试的目的。资料按以下方法录取:

1)测分层地层压力

为了求取各层原始地层压力(或地层压力),利用投捞工具将压力计脱节器下入各层配产器内(最上一层可以不用脱节器)。用测得的测压卡片可以算出原始地层压力。各层地层压力的测试在同一个时间内进行。此法可测分层压力恢复曲线。

2)测分层产油量

全井总产量在井口测出,分层产量用井下浮子产量计测量。将产量计与堵塞器密封段连接在一起,下入配产器。根据测试卡片,用流量计校正曲线换算出产量。利用自下而上各层的测试卡片,可以得出各层产油量来。

3)分层高压物性取样

要求用小油嘴生产;尽量保持流体具有较高的流动压力,以取得合格的高压物性样品。使用的仪器可以是锤击或座开式取样器。若取样时流动压力低于饱和压力,溶解气会从原油中逸出,分析结果就不能代表油层状态下的实际情况。这样的资料会给储量计算、油田评价带来困难,甚至造成错误。

在用封隔器分层试油的施工中,一定要按封隔器的使用要求通井、配卡距、选择坐封位置、起下管柱和坐封、试压。诱流的强度适当,避免油层出砂卡钻。

五、试油资料的测试与录取

录取资料是施工的主要目的之一,试油施工应取得的基本资料包括:

(1)产能资料:对于自喷层的试油,要录取油嘴直径、油压、套压、油层及流体温度、日产油(气、水)量、油层静压等资料;对于非自喷层,要记录求产深度、恢复时间、求产时间、周期时间、周期产油(气、水)量等,油层静压、温度也都是必不可少的。

(2)测试数据:录取资料应包括封隔器、压力计的下入深度、井温与井下压力曲线、关井时间、回收流体数量等。通过测试,要求出地层的有效渗透率、流动系数、测试半径、异常点距离、堵塞比等。

(3)样品资料:包括取得油(气、水)的相对密度、地面原油和地下原油黏度、原油中硫、蜡、胶等的含量、凝点、初馏点、原油含水及地层中的各种离子含量、总矿化度、pH 值等;压裂或其他强化措施主要是录取施工参数及油层强化处理后的产能。

试油施工过程中,要求每步工序都要记录数据,作为资料保存。

资料录取常用的油气计量的设备及仪表有:分离器、刮板流量计、临界速度流量计、垫圈流量计等。

录取的方法及标准可参考相关书籍及各油田的相关规定。

第二节 试 气

气井的产能是气藏工程分析中的重要参数,当气田(或气藏)投入开发时,就需要对气田(或气藏)的产能进行了解,而对气田(或气藏)产能的了解是通过气井来完成的,因此测试和分析气井的产能具有重要意义。气井的产能是通过现场测试并依据一定的分析理论而获得的,前一过程称为气井的稳定试井,后一过程称为气井的稳定试井分析。试气的过程,就是稳定试井的过程,只是试气是在气井投产以前进行,是完井的最后一道工序。

试井包括回压试井、等时试井、修正等时试井和一点法试井等,其中最常用的是回压试井。稳定试井是改变若干次气井的工作制度,测量在各个不同工作制度下的稳定产量及与之相对应的井底压力,依据相应的稳定试井分析理论,从而确定测试井(或测试层)的产能方程和无阻流量。

气井试气的最大特点是由于地面尚未建设集输管线,为节约资源,测试时间一般都比较短。通常采取测试一个回压下的产量,也就是一般所说的"一点法试井"。试气过程与试油过程相似,但也有区别。

一、试气的地面测试流程

(一)常压气井测试流程

常压气井测试流程是用得最多的一种测试流程。它主要由采气井口、放喷管线、气水分离器、临界速度流量计和放喷出口的燃烧筒组成。

这种测试流程适用于不产水或产少量凝析水的气井。因为临界速度流量计测试要求必须是干气,不能含有水,因此,要安装旋风分离器进行脱水后,才能进行测试。

(二)气水井测试流程

若测试的是气水井,则要应用气水井测试流程。流程基本上同第一种,主要区别在于测试流程中要加重力式分离器。气水井测试流程如图 4 – 13 所示。目前有 4MPa、10MPa 两种类型。井口降压要大一些,分离后的天然气用临界速度流量计测试,水用计量罐计量。

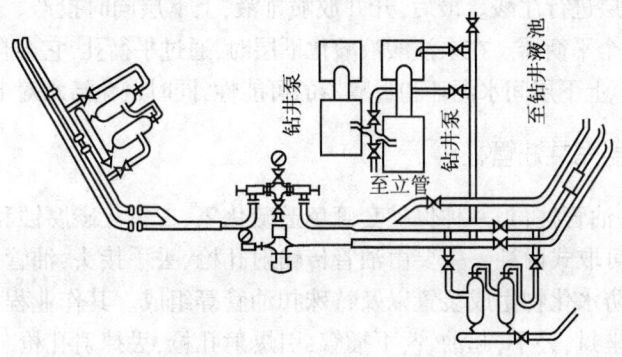

图 4 – 13 气水井测试流程图

(三)高压气井测试流程

高压或超高压气井,测试中井口压力降低较多,大压差会造成管线和分离器结冰,冻坏设备,冻结管线。解决的方法一是采用一套降压保温装置。二是为了使降压不至于太大,采用一种"三级降压保温装置"。通过热水或蒸汽在管线上的热交换,防止测试管线水化物凝结。

二、测试管柱

试气测试管柱完成测试任务后既转为生产管柱。根据完井方式的不同和开发的需要,所用的管柱结构也不同。

(一)替喷管柱

管柱由油管、筛管、油管鞋组成。油管的钢级、尺寸、材质的选择,主要根据井的产量、油管的下深、气液中 H_2S 和 CO_2 等因素确定。替喷管柱下入深度一般都放在气层顶界以上 10~15m。油管鞋上下端的内外侧均需倒角,以方便油管柱的起下和满足油管内今后搞生产测井时仪器的起下。

(二)压裂酸化油管柱

压裂酸化是碳酸盐岩气井投产和增产的重要措施。除大产量气井外,其余气井均要进行压裂酸化才投产。这类油管柱也是使用较普遍的。

油管柱主要由封隔器、水力锚、筛管、油管鞋以及油管组成。封隔器用得最多的是水力压缩式。要求这种油管柱,既能射孔,又能压裂酸化,还能进行生产测井。对于中深井和非含硫气井,比较适用。管柱的缺点之一是不能长久保护套管。封隔器受压差控制,开泵坐封,停泵解封。若天然气含硫化氢和二氧化碳,则油套管均会被腐蚀。另外,换油管柱与工具,必须压井才能进行,会对地层有损害。

(三)分层酸化合采油管柱

如果气田是多产层,则可进行分层开采。一般以同时开采两层较多,其管柱由油管和封隔器、水力锚和转层接头等组成。这种油管柱要求提前射孔。封隔器的类型有机械轨道卡瓦式、液压卡瓦式、水力压缩式。产层上部一般下水力压缩式封隔器,产层下部一般下机械卡瓦式封隔器或液压卡瓦式封隔器。首先投球,启动封隔器和水力锚,对下层进行注酸。其次投球,打开转层器,堵住下层,对上层进行注酸。最后,开井放喷排液,上下层同时投产。这里值得一提的是,在上下层之间应下一个平衡器。在泵注酸液酸化下层时,通过平衡孔,它会自动保持封隔器上下一定的压差,减小压窜上下层间水泥环和封隔器的可能性,同时避免清水对上部产层的损害。

(四)生产封隔器完井油管柱

生产封隔器完井油管柱,是一种保护套管免遭硫化氢、二氧化碳腐蚀和不承受高压的一种油管柱,分永久式和可取式两种。主要由油管传输射孔枪、丢手接头、油管坐放接头、生产封隔器、伸缩器、循环阀、防水化物生成装置以及特殊扣油管等组成。其作业程序是:先下入射孔枪和封隔器的插管座,坐封,丢手,起油管,下插管,引爆射孔枪,丢掉射孔枪。

以上介绍了四种常用管柱,理论上说,凡是用于气井生产的管柱,都能用于试气。

三、试气工艺及施工中注意问题

(一)试气工艺

试气主要是通过放喷的方法,求取产能资料。放喷排净井底积液和冲洗井筒,可考虑较大的生产压差,但对于凝析气藏要避免水化物的产生。防喷管线要平直,切忌急弯,地锚固紧,出口位置应略高。冬天要考虑管线防冻,必要时管线要有排水闸阀,放喷测试结束后可在保证安全的情况下扫线。

应按从小到大或从大到小的油嘴(针芯阀或可调油嘴)顺序放喷试井。井口的压力变化反映了井底流压和地层压力的变化,即意味着流量的变化。试井的最小流量和最大流量应控制在最大关井压力的75%~95%。流量的变化要考虑地层因素,切忌造成出砂、水锥进或舌进。气水同产井,最小产量不能低于气带水所需的最小气量。同时也要防止流量过大,造成井口温度过低,或压差过大生成水化物。应视不同情况进行具体分析,对某一口气井,应根据气层的地质因素、物性、工艺条件,具体确定其测试工作制度。

地面用的仪器和取样工具有临界速度流量计、垫圈流量计、油套压力表、温度计等。其他资料录取需要的仪器和录取方法可参照稳定试井的有关内容。

对凝析气藏一般采用地面取样,这是因为凝析气藏的油管柱中总是既有液体又有气体,液体会附着在油管壁上,因此,采用井下取样很难取到有代表性的样品。对凝析气藏来讲,一般认为复配的分离器样品比井底样品更能代表原始储层流体。

(二)回压控制

回压控制主要是指井口套压的控制。如果井口回压过低,流量计测试的产量就很大,反之亦然。因此,看一口井的产能大小,不能光看测试产能的大小,还要看在多大回压下的产量。回压控制原则如下:

(1)对纯气井测试,套管回压控制应为气井关井套压的80%~90%。

(2)对井水同产井测试,套管回压控制在气井关井压力的60%。

(3)对气井措施前后的测试,为对比处理效果,套压应尽可能控制在同一水平。

(三)稳定时间

测试过程中,计算产量的数值必须取稳定一定时间最后一点的数据。对 $30 \times 10^4 \mathrm{m^3/d}$ 以上大气井,为了减少天然气的浪费,稳定时间可定为4h左右。对$(10~30) \times 10^4 \mathrm{m^3/d}$ 的气井,一般可稳定6h以上。对 $10 \times 10^4 \mathrm{m^3/d}$ 以下的气井,应稳定8h以上。当然,测试稳定时间不是绝对的。但稳定时间太短,往往造成假象,不能真实地反映地层的生产能力。

(四)安全要求

测试管线和设备在测试过程中都处于高压状态,并且管内又是可燃性气体,因此,测试过程中特别要注意安全。一般情况下应注意:

(1)测试管线和设备必须固定可靠,并按有关规定试压合格,地脚螺栓和水泥坑大小必须按有关标准执行。

(2)如果天然气含硫化氢,则放喷测试管线和设备都必须满足防硫化氢的要求,包括材质要求和加工工艺要求。

(3)井口减压节流,往往造成管线结冰。水化物结冰可堵死测试管线、分离器管线,使管线容易焊破,后果非常危险。因此,测试中应安装降压保温装置,防止冰堵。

(4)放喷测试管线口点火须注意安全。一般应用长竿点火,人站在风向上端,否则点火时易发生人身烧伤事故。

思考题

1. 什么是试油？试油的目的和任务什么？试油主要录取的资料是哪几种？
2. 诱导油气流的原理是什么？方法有哪些？各适应什么样的井？
3. 试油地面流程的作用是什么？自喷井试油的地面流程由哪些部件组成？
4. 试油的工艺有哪几种？什么是封隔器分层试油？
5. 什么是试气？如何试气？

第五章 酸处理技术

酸处理技术是油气井增产、水井增注的主要手段之一。利用酸液可以解除生产井和注水井井底附近的污染,清除孔隙或裂缝中的堵塞物质,或者沟通(扩大)地层原有孔隙或裂缝,提高地层渗透率,从而实现增产增注。

酸化按照工艺不同可分为酸洗、基质酸化和压裂酸化(也称酸压)。酸洗是将少量酸液注入井筒内,清除井筒孔眼中酸溶性颗粒和钻屑及结垢等,并疏通射孔孔眼;基质酸化是在低于岩石破裂压力下将酸注入地层,依靠酸液的溶蚀作用恢复或提高井筒附近较大范围内油层的渗透性;酸压(酸化压裂)是在高于岩石破裂压力下将酸注入地层,在地层内形成裂缝,通过酸液对裂缝壁面物质的不均匀溶蚀形成高导流能力的裂缝。

本章主要介绍碳酸盐岩地层的盐酸处理、砂岩油气层的土酸处理、酸处理设计、酸液及添加剂、酸化处理工艺。

第一节 碳酸盐岩地层盐酸处理

碳酸盐岩分布较广,既可生油,又可储油,目前世界上近一半的油气田属碳酸盐岩型。碳酸盐岩地层的主要矿物成分是方解石 $CaCO_3$ 和白云石 $CaMg(CO_3)_2$,其中方解石含量高于50%的称为石灰岩,白云石含量高于50%的称为白云岩。碳酸盐岩的储集空间分为孔隙和裂缝两种类型。根据孔隙和裂缝在地层中的主次关系又可把碳酸盐岩油气层分为三类:孔隙性碳酸盐岩油气层、孔隙—裂缝性碳酸盐岩油气层、裂缝性碳酸盐岩油气层。碳酸盐地层的盐酸处理,主要是解除孔隙、裂缝中的堵塞物质,或扩大沟通油气岩层原有的孔隙和裂缝,提高油气层的渗透性。

一、盐酸与碳酸盐岩的化学反应

碳酸盐岩油气层的酸化常用盐酸,其化学反应如下:

$$2HCl + CaCO_3 = CaCl_2 + H_2O + CO_2\uparrow$$

$$4HCl + CaMg(CO_3)_2 = CaCl_2 + MgCl_2 + 2H_2O + 2CO_2\uparrow$$

盐酸与碳酸盐岩发生反应时,所产生的反应物如氯化钙、氯化镁全部溶于残酸中。二氧化碳气体在油藏压力和温度下,小部分溶解到液体中,大部分呈游离状态的微小气泡,分散在残酸溶液中,有助于残酸溶液从油气层中排出。

盐酸的浓度越高,其溶蚀能力越强,溶解一定体积的碳酸盐岩石所需要的浓酸体积较少,残酸溶液也较少,易于从油气层中排出。在解决了酸化中的腐蚀问题后,使用高浓度盐酸的酸化效果较好。另外,高浓度盐酸活性耗完时间相对较长,酸液渗入油气层的深度也较大,酸化效果较好。盐酸溶蚀碳酸盐岩的过程,就是盐酸被消耗的过程,这一过程进行的快慢可用酸岩反应速度表示。

(一)酸岩反应速度

酸岩反应速度,可用单位时间内酸浓度的降低值表示,常用单位为 $mol/(L \cdot s)$ 或者用单位时间内岩石单位反应面积的溶蚀量来表示,常用单位为 $g/(cm^2 \cdot s)$。酸岩反应速度与酸化效果有密切的关系。

酸岩反应是复相反应,其特点是反应只在酸岩界面上进行,如图5-1所示,其反应过程可看成由以下三个步骤组成:

(1)酸液中的 H^+ 传递到碳酸盐岩表面;
(2)H^+ 在岩面与碳酸盐岩进行反应;
(3)反应生成物 Ca^{2+}、Mg^{2+}、CO_2 气泡离开岩面。

酸液中的 H^+ 在岩面上与碳酸盐岩的反应,称为表面反应。对于石灰岩地层来说,表面反应速度非常快,几乎是 H^+ 一接触岩面,立刻就完成反应。H^+ 在岩面上反应后,就在接近岩面的液层里堆积起生成物 Ca^{2+}、Mg^{2+} 和 CO_2 气泡。岩面附近这一堆积生成物的微薄液层,称为扩散边界层,该边界层与溶液内部的性质不同。溶液内部,在垂直于岩面的方向上,没有离子浓度差,而边界层内部,在垂直于岩面的方向上存在离子浓度差,如图5-2所示。

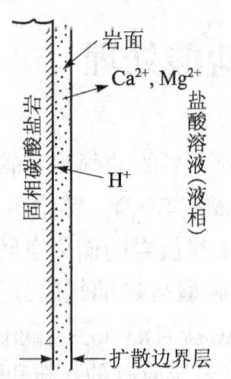
图5-1 酸岩反应系统示意图

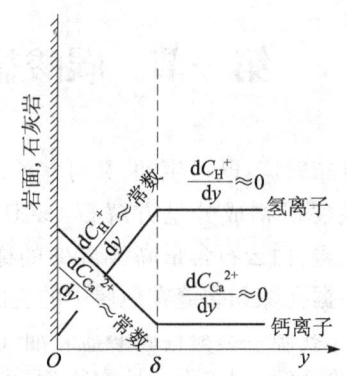
图5-2 扩散边界层的浓度分布图

由于在边界层内存在着上述的离子浓度差,反应物和生成物就会在各自的离子浓度梯度作用下,向相反的方向传递。这种由于离子浓度差而产生的离子移动,称为离子的扩散作用。在离子交换过程中,除了上述扩散作用以外,还会有因密度差异而产生的自然对流作用。总之,酸液中的 H^+ 是通过对流和扩散两种方式,透过边界层传递到岩面的。

(二)传质速度

在酸岩反应中,H^+ 透过边界层达到岩面的速度,称为 H^+ 的传质速度。H^+ 的传质速度比 H^+ 在岩面上的表面反应速度慢得多。盐酸与碳酸盐岩反应时,H^+ 的传质速度、H^+ 在岩面上的反应速度和生成物离开岩面的速度,均对整个过程的反应速度有影响,但是起决定作用的是

其中较慢的 H^+ 的传质速度。传质速度不但受静力条件下诸因素的影响,而且与流动条件有密切关系。在流动条件下酸岩反应时(此时 H^+ 的传递包括扩散传质和对流传质),因 H^+ 传质速度增快,酸岩反应也加快。在其他条件相同时,流速越大,边界层厚度越小,反应速度就越快。

二、影响酸处理效果的因素

延缓盐酸在地层中的反应速度是酸化工作中的重要课题。为此,需要研究影响盐酸与碳酸盐岩反应速度的因素。

(一)酸岩复相反应速度表达式

酸岩复相反应速度主要取决于 H^+ 的传质速度,所以,可以用表示离子传质速度的菲克定律,导出表示酸岩反应速度和扩散边界层内离子浓度梯度的关系式:

$$-\frac{\partial c}{\partial t} = KC^n = D_{H^+} \cdot \frac{S}{V} \cdot \frac{\partial c}{\partial y} \qquad (5-1)$$

式中　　C——瞬间反应酸浓度,mol/L;

$-\frac{\partial c}{\partial t}$——酸岩瞬间的反应速度,mol/(L·s);

n——反应级数;

K——比例系数,称为反应速度常数,$(mol/L)^{1-n}/s$;

$\frac{\partial c}{\partial y}$——边界层内,垂直于岩面方向的酸液浓度梯度,mol/(L·cm);

$\frac{S}{V}$——岩石反应表面积与酸液体积之比,简称面容比,cm^2/cm^3;

D_{H^+}——H^+ 传质系数,cm^2/s。

式(5-1)表明,酸岩反应速度与酸岩系统的面容比、H^+ 的传质系数和垂直于边界层方向的酸浓度梯度有关,凡是影响这些参数的因素都会影响酸岩反应速度。

(二)影响酸岩复相反应速度的因素分析

酸液与岩石的反应是一个多相反应,影响酸岩复相反应速度的因素有以下六个方面。

1. 面容比

面容比是指单位体积酸液与所接触的岩石表面积之比。当其他条件不变时,面容比越大,单位体积酸液中的 H^+ 传递到岩石表面的数量就越多,反应速度也就越快。对渗透性低的孔隙性地层,面容比很大,酸处理时,挤入地层的酸液与岩石孔隙的接触面积很大,酸液类似于铺盖在岩石表面上,酸岩反应速度接近于表面反应速度,酸液几乎为瞬时反应完毕,活性酸深入地层的距离仅几十厘米就变成残酸,影响酸化效果。酸压时,由于压成裂缝的面容比小,酸岩反应速度相对变慢,活性酸深入地层的距离可增加到十几米。因此,裂缝压得越宽,酸处理的增产效果越显著。

2. 酸液的流速

酸岩的反应速度随酸液流动速度的增加而加快,这是因为随着酸液流速的增加,酸液的流动可能会由层流变为紊流,从而导致 H^+ 的传质速度显著增加,反应速度也相应增加。但是,随着酸液流速的增加,酸岩反应速度增加的倍数小于流速增加的倍数,即酸液来不及反应完已经流入地层深处,因此,提高注酸排量可以增加活性酸的有效作用范围。

3. 酸液的类型

不同类型的酸液,其离解程度相差很大,离解的 H^+ 数量也相差很大,如盐酸在 18℃、0.1 当量浓度条件下,离解度为 29%,而在相同条件下醋酸的离解度仅为 1.3%,因此反应速度也不同。

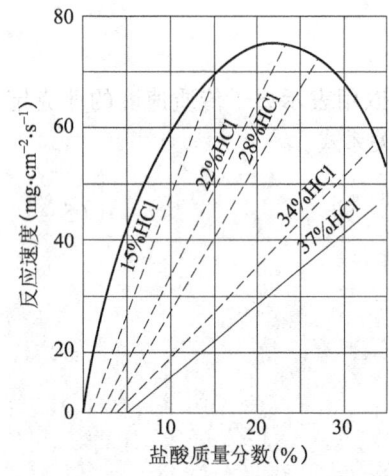

图 5-3 盐酸质量分数对反应速度的影响

4. 盐酸的质量分数

盐酸质量分数(浓度)对反应速度的影响如图 5-3 所示。图中实线表示各种质量分数的新鲜酸液的初始反应速度,如 15% 的新鲜酸液初始反应速度为 $69mg/(cm^2 \cdot s)$,28% 的新鲜酸液初始反应速度为 $72mg/(cm^2 \cdot s)$。由新鲜酸液反应曲线(实线)可以看到:盐酸质量分数在 24%~25% 之前,随盐酸质量分数的增加,反应速度也增加;超过这个范围后,随盐酸质量分数的增加,反应速度反而降低,这是由于 HCl 的电离度下降幅度超过 HCl 分子数目增加的幅度所造成的,因此在酸化处理时常使用高质量分数的盐酸。

图中虚线表示已反应的酸液(余酸)从初始质量分数降到某质量分数时反应速度的变化规律,如 28% 的盐酸的初始反应速度为 $72mg/(cm^2 \cdot s)$;质量分数变成 15% 时,其反应速度为 $38mg/(cm^2 \cdot s)$,远低于 15% 新鲜酸液的反应速度。而且从图中可以看到,相同质量分数条件下,初始盐酸质量分数越大,余酸的反应速度越慢,因此浓酸的反应时间长,有效作用范围比稀酸大。以上规律可以用同离子效应来解释,当新鲜酸液变为余酸时,由于在酸液中已存在大量的生成物,使酸溶液中的 Ca^{2+} 及 Cl^- 的浓度增加,从而使盐酸的离解度降低,H^+ 浓度变低,反应速度下降。

浓盐酸的初始反应速度虽然较快,但其活性耗完时间与低质量分数盐酸相比相对较长(如在相同条件下,28% 的盐酸活性耗完时间将比 15% 的盐酸高一倍以上),浓盐酸活性耗完前穿入地层的深度相对远些,酸化增产效果比较好。

5. 温度

温度升高,H^+ 的热运动加剧,H^+ 的传质速度加快,酸岩反应的速度也会随之加快。因此,对高温深井处理应采取冷却措施,注酸液前,要先注冷却液。

6. 压力

低压条件下(3MPa 以下),压力升高,反应速度下降明显,压力对反应速度的影响显著;但压力超过 6MPa 时,压力对反应速度的影响可以忽略不计。因此,油、气层酸化可不考虑压力对反应速度的影响。

此外,岩石的化学组分、物理化学性质、酸液黏度等都影响盐酸的反应速度。

通过以上分析可知,影响酸岩反应速度的因素十分复杂。为此,延缓酸岩反应速度的途径也就各式各样,如降低面容比、采用高浓度盐酸和多组分酸、井底冷却降温、提高注酸排量、使用稠化酸液等均是现场采用的工艺措施,有利于提高酸化的效果。

第二节 酸及添加剂

酸及添加剂的合理使用,对酸处理增产效果起着重要作用。随着酸化工艺的发展,国内外现场使用的酸液种类和添加剂类型越来越多,本节仅介绍几种较常用的酸及添加剂的性能和作用。

一、常用酸及性能

油气层的酸化主要是用盐酸、氢氟酸,有时也用甲酸、乙酸、多组分酸(盐酸与甲酸或醋酸等的混合酸液),为了延缓酸的反应速度,有时也采用乳化酸、稠化酸、泡沫酸等。

(一)盐酸

盐酸是一种强酸,分子式HCl,对皮肤和黏膜有刺激,若不慎接触,应及时用清水冲洗,以免灼伤皮肤。酸化用的盐酸一般使用工业盐酸(也称商品盐酸)。工业盐酸浓度为31%~34%,其规格列于表5-1中。

表5-1 工业盐酸标准

品质	指标(质量分数)	品质	指标(质量分数)
氯化氢含量	≥31.0%	硫酸含量	≤0.07%
铁含量	≤0.01%	砷含量	≤0.00002%

纯盐酸是无色透明的液体,当含有$FeCl_3$等杂质时,略带黄色,有刺激性臭味。盐酸是一种强酸,它与许多金属、金属氧化物、盐类和碱类都能发生化学反应。由于盐酸对碳酸盐岩的溶蚀力强,反应生成的氯化钙、氯化镁盐类能全部溶解于残酸中,不会产生沉淀;酸压时对裂缝壁面的不均匀溶蚀程度高,裂缝导流能力大;加之成本较低。因此,目前大多数酸处理措施仍使用盐酸,特别是使用28%左右的高质量分数盐酸。

盐酸主要适用于碳酸盐地层及含碳酸盐成分较高的砂岩油层的酸处理。其主要缺点是盐酸与石灰岩反应速度快,特别是高温深井,由于地层温度高,盐酸与地层作用太快,因而处理不到地层深部;此外,盐酸会使金属坑蚀成许多麻点状斑痕,腐蚀严重。H_2S含量较高的井,盐酸处理容易引起钢材的氢脆断裂。

盐酸相对密度与质量分数(浓度)的关系,是配制酸液时常用的数据。盐酸的相对密度随质量分数的增加而增加,常温下其相对密度与质量分数的关系如图5-4所示。

现场上常用相对密度计测出所配制酸液的相对密度,按图5-4确定出盐酸的浓或采用下列经验公式近似计算:

$$\rho_{HCl} = \frac{C_{HCl}}{2} + 1 \tag{5-2}$$

式中 ρ_{HCl}——盐酸密度,g/cm³;
　　　C_{HCl}——盐酸质量分数(浓度),以小数表示。

例如 15% HCl,其密度为 $\rho_{HCl} = 0.15 \div 2 + 1 = 1.075(g/cm^3)$。

密度为 1.155g/cm³ 的盐酸,其浓度为 $C = (1.155 - 1) \times 2 = 0.31 = 31\%$。

盐酸溶液的黏度随质量分数的增加而增加,随温度升高而降低。图 5-5 所示为 25℃(298K)时盐酸溶液黏度与质量分数的关系曲线。

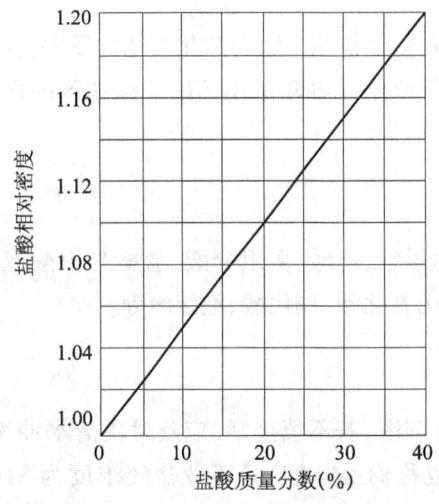

图 5-4　盐酸相对密度与质量分数的关系　　图 5-5　盐酸黏度与质量分数的关系

当盐酸的浓度和用量确定后,可按式(5-3)计算配制该盐酸溶液所需的工业盐酸的数量及清水用量:

$$V_{HCl} = \frac{V_t \cdot \rho'_{HCl} \cdot C'_{HCl}}{\rho_{HCl} \cdot C_{HCl}} \tag{5-3}$$

式中　V_t——需配稀酸的总体积,m³;
　　　ρ'_{HCl}——稀酸的密度,t/m³;
　　　C'_{HCl}——稀酸的质量分数(浓度),%;
　　　ρ_{HCl}——工业盐酸的密度,t/m³;
　　　C_{HCl}——工业盐酸的质量分数(浓度),%;
　　　V_{HCl}——所需商品浓酸的体积,m³。

或者

$$m = \frac{V_t \cdot \rho'_{HCl} \cdot C'_{HCl}}{C_{HCl}} \tag{5-4}$$

式中　m——所需商品浓酸的质量,kg。

配制稀酸液所需的清水量(包括添加剂)为:

$$V_{H_2O} = V_t - V_{HCl} \tag{5-5}$$

式中　V_{H_2O}——清水量(包括添加剂),m³。

(二)氢氟酸

氢氟酸为氟化氢的水溶液,分子式 HF。氟化氢是一种无色透明、有恶臭的有毒气体,常压下在19.5℃时会液化。工业用氢氟酸质量浓度为40%，密度为1.11~1.13g/cm³。氢氟酸是中强酸，能灼伤皮肤和指甲的有毒液体，使用时应特别小心，若不慎被灼伤，应迅速用冷水长时间冲洗，然后盖上浸有20%氧化镁(MgO)悬浮体的甘油纱布。

氢氟酸能和硅酸盐反应，生成气态的四氟化硅。因此不能装于玻璃瓶或陶瓷容器中，日常保存于塑料容器或铅桶中，并注意通风、避光。

氢氟酸通常都是与盐酸混合使用，主要用于解除泥质、黏土和钻井液等造成的堵塞及进行砂岩油层的酸处理。

(三)甲酸和乙酸

甲酸又名蚁酸，分子式HCOOH，无色透明液体，易溶于水，熔点8.4℃。酸性弱于盐酸但强于醋酸，其蒸气有强烈腐蚀性，有毒，密度为1.2178t/m³。我国工业甲酸的质量分数在90%以上，用作酸液时，质量分数通常为8%~10%，浓度过高，会产生甲酸钙沉淀。

乙酸又名醋酸、冰醋酸，分子式CH_3COOH(简写为HAC)，无色透明液体，极易溶于水，熔点为16.6℃。醋酸蒸气有较强烈的腐蚀性，且有毒，密度为1.049t/m³。工业乙酸的质量分数为98%以上，用醋酸作酸液时，醋酸质量分数都小于15%；玻璃瓶或铝桶密封保存，17~32℃下置阴凉通风处。因为乙酸在低温时会凝成像冰一样的固态，故俗称冰醋酸。

甲酸和乙酸都是有机弱酸，它们在水中只有一小部分离解为氢离子和羧酸根离子，即离解常数很低(甲酸离解常数为$2.1×10^{-4}$，乙酸离解常数为$1.8×10^{-5}$，而盐酸接近于无穷大)，它们的反应速度比同质量分数的盐酸要慢几倍到十几倍。所以，只有在高温深井中，盐酸液的缓速和缓蚀问题无法解决时，才使用它们酸化碳酸盐岩层。甲酸比乙酸的溶蚀能力强，售价便宜，如果使用，最好用甲酸。

(四)多组分酸

所谓多组分酸，就是一种或几种有机酸与盐酸的混合物。使用多组分酸的目的是缓速，增加酸化深度。

酸岩反应速度依氢离子浓度而定。因此当盐酸中混掺有离解常数小的有机酸(甲酸、乙酸、氯乙酸等)时，溶液中的氢离子数主要由盐酸的氢离子数决定。根据同离子效应，这将极大降低有机酸的电离程度，因此当盐酸活性耗完前，甲酸或乙酸等有机酸几乎不离解，只有当盐酸活性耗完后，有机酸才离解并起到溶蚀作用。所以，盐酸在井壁附近起溶蚀作用，有机酸在地层较远处起溶蚀作用，混合酸液的反应时间近似等于盐酸和有机酸反应时间之和，因此可以得到较大的有效酸化处理范围。

现场使用的一种多组分酸，它是用盐酸加入质量分数为75%~80%的脂肪酸，这种酸液对金属腐蚀性更小，适用于碳酸盐岩层深井高温酸化。

(五)乳化酸

乳化酸是油和酸的乳化分散体系，油为连续相，酸为分散相的乳液，即油包酸乳液。油相比例范围为10%~50%，可以是原油、柴油、煤油等，盐酸浓度范围为15%~31%，添加剂有缓蚀剂、乳化剂、乳液稳定剂等。

油酸乳状液：在地面条件下稳定(不易破乳)，在地层条件下不稳定(能破乳)。所以，乳化剂的选择及其用量、油酸体积比例，应根据当地的具体条件，通过实验方法确定。目前国内外乳化剂的用量一般为 0.1%~1% 不等;油酸体积比为 1:9~1:1 不等。

由于是油将酸包裹,在进入地层后,油膜阻碍酸液不直接与岩石接触,随着地层温度变化和受机械力影响,或乳化剂在岩石壁面上的吸附,油膜被破坏,酸液与岩石反应。乳化酸具有黏度高、滤失小、作用距离远的特点,特别适用于酸压时形成宽且长的裂缝。

油酸乳化液除了缓速作用外,由于在油酸乳化液的稳定期间内,酸液并不与井下金属设备直接接触,因而可很好地解决防腐问题。现场在配制油酸乳时,为了保险,一般仍在酸液中加入适量的缓蚀剂。

油酸乳化液作为高温深井的缓速缓蚀酸,在国内外都被采用。它存在的主要问题是摩阻较大,从而使施工注入排量受到限制。为此,施工时可用"水环"法降低油管摩阻,以提高排量。

(六)稠化酸

稠化酸是在盐酸中加入增稠剂(或称胶凝剂、增稠剂),使酸液黏度增加。这样降低了氢离子向岩石壁面的传质速度;同时,由于胶凝剂的网状分子结构,束缚了氢离子的活动,从而起到了缓速的作用。

酸液的增稠剂有含有半乳甘露聚糖的天然高分子聚合物,如瓜尔胶、刺梧桐树胶等,以及工业合成的高分子聚合物,如聚丙烯酰胺、纤维素衍生物等。

国外实用的稠化酸中,聚合物与酸液的质量比约为 1:10~1:125。用该方法配成的稠化酸的黏度为 50~500mPa·s,加入的聚合物越多,黏度越高。

通过试验可以确定按不同比例配成的稠化酸的稳定性和时间与温度之间的关系。因此可选择恰当的比例预先配置,然后在一定温度和确信不会破胶的时间内,运往井场挤入地层,稠化酸在地层温度条件下,经过一定时间,即自动破胶,便于返排。

由于目前的这些增稠剂只能在低温下(338K)使用,在地层温度较高时,它们会很快在酸液中降解,从而使稠化酸变稀,此外,增稠剂的处理成本较高,所以目前已较少采用。

(七)泡沫酸

适用于水敏性油气层、低渗透率碳酸盐岩油气层的泡沫酸发展得很快。

泡沫酸是用少量泡沫剂将气体(一般用氮气)分散于酸液中所制成。气体的体积含量(泡沫干度)约占 65%~85%,酸液量为 15%~35%。表面活性剂的含量为酸液体积的 0.5%~1.0%。表面活性剂要与缓蚀剂有较好的配伍性。在天然裂缝发育的地层里,常以稠化水为其前置液以减少酸液的滤失。

泡沫酸在酸压中由于滤失量低而相对增加了酸液的溶蚀能力。泡沫酸的排液能力大,减少了对油气层的损害,再加上它的黏度高,在排液中可携带出对导流能力有害的微粒。由于泡沫酸在降低黏土不利影响方面有一定的作用,因此得到了广泛应用。

二、酸液的添加剂

酸处理时要在酸液中加入某些化学物质,以改善酸液性能和防止酸液在油气层中产生有害影响,这些物质统称为添加剂。常用的添加剂种类有缓蚀剂、表面活性剂、铁离子稳定剂、缓速剂,有时还加入增黏剂、减阻剂、暂堵剂、破乳剂及防膨剂等。

(一)缓蚀剂

酸液对金属都有腐蚀作用,特别是高浓度盐酸,它能严重缩短设备及管件的使用寿命,有时造成断裂事故,导致施工失败。酸对钢材的腐蚀用腐蚀速度表示,常用单位为 $g/(m^2·h)$。盐酸对钢材的腐蚀主要是在金属表面形成局部电池,进行电化学腐蚀,把金属表面坑蚀成麻点状斑痕。温度越高,酸液浓度越大,腐蚀速度越快;同时,优质钢比碳素钢腐蚀严重,有硫化氢存在时,盐酸的腐蚀会加剧钢材的氢脆断裂。

在酸液中必须添加性能符合要求的缓蚀剂,尤其是高温、深井,以及含硫化氢气体的井,缓蚀剂尤为重要。目前常用的有机类缓蚀剂有:

1. 醛类

醛类主要是甲醛,分子式 HCHO,工业甲醛又称福尔马林,是含甲醛为 40% 的水溶液。它既可用于盐酸酸化,也可用于土酸酸化,有效使用温度 80℃。近年甲醛已很少作为缓蚀剂使用:一是当井温超过 80℃后缓蚀效果差;二是在含硫化氢气体的井中,甲醛与硫化氢反应生成沉淀物而损害储层;三是与含有酰胺基团的酸液降阻剂、增黏剂联合使用时会出现交联现象致使施工失败。

2. 吡啶类

国内常用的牌号 7701、7623、7812 等均属此类,一般适用温度低于 200℃,多数在 90~120℃,不能满足高温深井施工。在美国,用吡啶(或喹啉)等杂环化合物与卤代烷反应制得的缓蚀剂,在 200℃ 以上高温井中使用效果较好。

3. 炔醇类

与吡啶类一样,炔醇类缓蚀剂也应用广泛,它性能稳定,尤其适用于高温条件。以乙炔醇、丙炔醇较为常用,如美国的 A-130,A-170,我国的 CTl-2,7801 等。

(二)表面活性剂

表面活性剂是指那些少量存在就能极大降低表面张力的物质。在酸中加入表面活性剂,可防止和减少在地层中形成油水乳化液,便于残酸液的排出。一般较多地采用阴离子型和非离子型表面活性剂,如阴离子型的烷基碘酸钠(AS)、烷基苯磺酸钠(ABS)和非离子型聚氧乙烯辛基苯酚醚(OP)等,常用量为 0.1% ~1%。如证实油层酸化时油层内确有乳化物生成,则可于酸中加入破乳剂,如有机胺盐类、季铵盐类或聚氧乙烯烷基酚类活性剂。

(三)铁离子稳定剂

酸处理油气井过程中,酸液与金属设备及井下管柱接触,能够溶解铁垢和腐蚀铁金属,使酸液含铁量增多。

$$2HCl + Fe \Longrightarrow Fe^{2+} + 2Cl^- + H_2 \uparrow$$

$$6HCl + Fe_2O_3 \Longrightarrow 2Fe^{3+} + 6Cl^- + 3H_2O$$

此外,油层本身或多或少含有二价铁和三价铁的氧化物,酸液进入地层以后,盐酸和这些氧化铁反应,也会生成铁离子。

$$2HCl + FeO =\!=\!= Fe^{2+} + 2Cl^- + H_2O$$

因此在酸液中存在二价或三价铁离子,它们在酸液中能否沉淀取决于 pH 值和 $FeCl_2$ 及 $FeCl_3$ 的质量分数。当含 $FeCl_3$ 的质量分数大于 0.6 及 pH 大于 1.86 时,Fe^{3+} 会水解生成凝胶状沉淀;当含 $FeCl_2$ 质量分数大于 0.6 及 pH 大于 6.84 时,Fe^{2+} 也会水解生成凝胶状沉淀。

$$Fe^{3+} + 3H_2O =\!=\!= Fe(OH)_3 \downarrow + 3H^+$$

$$Fe^{2+} + 2H_2O =\!=\!= Fe(OH)_2 \downarrow + 2H^+$$

为防止氢氧化铁沉淀,避免发生地层堵塞现象而加入的某些化学物质,称为稳定剂。常用的稳定剂有醋酸、柠檬酸,有时用乙二胺四醋酸(EDTA)等。

值得注意的是稳定剂本身对地层也有潜在的污染,一般来说,只有当明显表明酸化过程中有 Fe_2O_3 沉淀时,才使用这些物质。

(四)缓速剂

在酸液中添加缓速剂,可以改变岩石表面的润湿性,降低酸岩的反应速度,增加酸液的作用距离。也就是说缓速剂在岩石表面形成一层油膜,使岩石变为油润湿,从而降低了酸与岩石的反应速度;另外,缓速剂中的有效物质可捕获酸液中的质子氢,降低氢离子的传质速率,从而达到延缓酸岩反应速度的目的。常用的如十二胺、十四胺、脂肪酸酰胺等。

(五)增黏剂与减阻剂

高黏度酸液能够延缓酸岩反应速度,增大活性酸的有效作用范围。常用的增黏剂为部分水解聚丙烯酰胺、羟乙基纤维素和瓜尔胶等,一般能在150℃内使盐酸增黏几毫帕·秒至十几毫帕·秒,长时间内保持良好的黏温性能。

在酸压施工中,要求以最大排量掺入酸液,而地面泵压不允许超过某一规定值挤入前置液或酸液,就需要降低工作液的沿程摩阻,方法之一就是在其中加入减阻剂。凡溶于某一工作液能降低其在管路中的沿程摩阻的化学物质就称为减阻剂,如水解烯聚丙烯酰胺、瓜尔胶、纤维素等,可使稠化酸摩阻降到和水的一样甚至更低。

(六)暂堵剂

在进行分层酸化或选择性酸化时,将暂堵剂加入酸液中,暂时堵住处理层段,可以使继续泵注的酸液进入未处理的低渗透层段起溶蚀作用。

暂堵剂的种类很多,如遇酸膨胀的聚合物和油溶性树脂粉粒等,暂堵效果都很好。常用的膨胀性聚合物有:聚乙烯、聚甲醛、聚丙烯酰胺、爪胶加硅胶粉及其聚合物等。暂时堵塞剂也可作为酸压时的降滤剂,减少酸液沿裂缝壁面的滤失量,一般降滤效能比暂时堵塞的效能好。

(七)破乳剂

由于乳化液黏度高(2Pa·s 以上),流动性差,不仅妨碍酸化作业后残酸的返排,而且容易造成井筒地区的乳堵。为防止乳化现象和已生成的乳化液破乳,在酸液中加入防乳破乳剂,通过防乳破乳剂的高表面活性,降低残酸的表面张力及与原油等地层流体的界面张力,达到防乳破乳的目的。

防乳破乳剂多为表面活性物质,有阳离子型,如有机胺和季铵盐;阴离子型,如烷基苯磺酸盐、磷酸酯;非离子型,如 EO-PO 嵌段共聚物、脂肪醇、聚氧乙烯醚、烷基酚聚氧乙烯醚。

(八)防膨剂

防膨剂又称黏土稳定剂。在酸化作业时,水敏性强的黏土矿物(蒙脱石、绿泥石)与酸液接触就会膨胀,进而分散、运移,降低地层的渗透率,并堵塞井眼通道。酸液中加入防膨剂,可防止地层中黏土矿物的膨胀和运移。

常用的防膨剂有 $TDCl_5$、NH_4Cl、$CaCl_2$、KCl 等。

第三节 砂岩油气层的土酸处理

一、砂岩地层土酸处理原理

砂岩油气层骨架由硅酸盐颗粒、石英、长石、燧石及云母构成,骨架是原先沉积的砂粒,在原生孔隙空间沉淀的次生矿物是颗粒胶结物及自生黏土,这意味着岩石初期形成后,黏土即沉淀于孔隙空间,这些新沉淀的黏土以孔隙镶嵌或孔隙充填形式出现。

从砂岩矿物组成和溶解度可以看到,对砂岩地层仅仅使用盐酸是达不到处理目的的,一般都用盐酸和氢氟酸混合的土酸作为处理液,盐酸的作用除了溶解碳酸盐类矿物,使氢氟酸进入地层深处外,还可以使酸液保持一定的 pH 值,不至于产生沉淀物,其酸化原理如下:

(1)氢氟酸与硅酸盐类以及碳酸盐类反应时,其生成物中有气态物质和可溶性物质,也会生成不溶于残酸液的沉淀,其反应如下:

$$2HF + CaCO_3 =\!\!=\!\!= CaF_2 \downarrow + CO_2 \uparrow + H_2O$$

$$16HF + CaAl_2Si_2O_8 =\!\!=\!\!= CaF_2 \downarrow + 2AlF_3 + 2SiF_4 \uparrow + 8H_2O$$

在上述反应中生成的 CaF_2,当酸液浓度高时,处于溶解状态;当酸液浓度降低后,即会沉淀。酸液中包含有 HCl 时,依靠 HCl 将酸液维持在较低的 pH 值,以提高 CaF_2 的溶解度。

氢氟酸与石英的反应如下:

$$6HF + SiO_2 =\!\!=\!\!= H_2SiF_6 + 2H_2O$$

反应生成的氟硅酸(H_2SiF_6)在水中可解离为 H^+ 和 SiF_6^{2-},而后者又能和地层水中的 Ca^{2+}、Na^+、K^+、NH_4^+ 等离子相结合,生成的 $CaSiF_6$、$(NH_4)_2SiF_6$ 易溶于水,而 Na_2SiF_6 及 K_2SiF_6 均为不溶物质,会堵塞地层。因此在酸处理过程中,应先将地层水顶替走,避免与氢氟酸接触,处理时一般用盐酸作为预冲洗液来实现这一目的。

(2)氢氟酸与砂岩中各种成分的反应速度各不相同。氢氟酸与碳酸盐的反应速度最快,其次是硅酸盐(黏土),最慢是石英。因此当氢氟酸进入砂岩油气层后,大部分氢氟酸首先消耗在与碳酸盐的反应上,这不仅浪费了大量价格昂贵的氢氟酸,并且妨碍了它与泥质成分的反应。但是盐酸和碳酸盐的反应速度比氢氟酸与碳酸盐的反应速度还要快,因此土酸中的盐酸成分可先把碳酸盐类溶解掉,从而能充分发挥氢氟酸溶蚀黏土和石英成分的作用。

总之,依靠土酸液中的盐酸成分溶蚀碳酸盐类物质,并维持酸液在较低的 pH 值,依靠氢氟酸成分溶蚀泥质成分和部分石英颗粒,从而达到清除井壁的泥饼及地层中的黏土堵塞,恢复和增加近井地带渗透率的目的。

二、土酸液浓度及用量

(一)土酸液浓度

由于油气层岩石的成分和性质各不相同,实际处理时,所用酸量、土酸液的成分也不同,主要是依岩石成分和性质而定。实践表明,由10%~15%的HCl及3%~8%的HF混合成的土酸足以溶解不同成分的砂岩地层以及堵塞物。

确定土酸浓度,实际上是确定土酸中盐酸和氢氟酸的浓度。它们取决于地层的泥质及碳酸岩的含量和砂岩的胶结程度等。当处理碳酸岩含量少,泥质含量较高且胶结致密的砂岩时,宜用低浓度(10%左右)的盐酸和高浓度(8%左右)的氢氟酸混合成的土酸;当处理碳酸盐含量较高、泥质含量较低且胶结疏松的砂岩时,最好用高浓度(15%左右)的盐酸和低浓度(3%左右)的氢氟酸混合成的土酸处理。

施工时土酸中盐酸浓度和氢氟酸浓度之比称为土酸配比。例如,配比为7:6的土酸,表示土酸中的盐酸浓度7%,氢氟酸浓度6%。

土酸液的用量,基本上是地区性的经验数据。如我国华北某油田,通常用量为每米油层厚度$0.6 \sim 1.7 m^3$。对于低渗透、浅堵塞取下限,对于高渗透、堵塞范围大的取上限。

有些油田配制的土酸,氢氟酸浓度超过盐酸浓度(如6%HF+3%HCl),现场常称这种土酸溶液为逆土酸。

土酸的用量和氢氟酸的浓度都应有所控制,若用量过多,氢氟酸浓度过大(超过8%)时,一则氢氟酸价格昂贵,二则由于大量溶解胶结物,有可能使砂粒脱落,破坏砂岩的结构,引起地层出砂。

(二)土酸液用量

酸液的浓度是由酸液配方确定的,酸液配方是经过室内试验,包括溶蚀试验、配伍试验、缓蚀试验、岩心伤害试验等得到的。

酸液用量是根据处理半径、油层厚度和油层有效孔隙度来确定,其计算公式为:

$$V = \pi(R^2 - r^2)h\varphi \tag{5-6}$$

式中 V——酸液用量,m^3;

R——酸化半径,m;

r——钻头半径,m;

h——油层厚度,m;

φ——油层有效孔隙度,%。

r, h, ϕ从井史资料中均可查得,需要确定的是酸处理半径R,而R应大于伤害污染半径,多数油田是根据实践经验确定的。

土酸溶液的用量及浓度确定后,在配制土酸时,所需商品浓度的盐酸和氢氟酸及清水的用量,可按下述计算公式确定:

$$m_{HF} = \frac{V \cdot \rho \cdot C'_{HF}}{C_{HF}} \tag{5-7}$$

$$m_{HCl} = \frac{V \cdot \rho \cdot C'_{HCl}}{C_{HCl}} \tag{5-8}$$

$$V_{H_2O} = V - \frac{m_{HCl}}{\rho_{HCl}} - \frac{m_{HF}}{\rho_{HF}} \tag{5-9}$$

式中 m_{HF}——土酸中商品氢氟酸的用量,t;

m_{HCl}——土酸中商品盐酸的用量,t;

C_{HF}——商品氢氟酸的质量分数(浓度),%;

C_{HCl}——商品盐酸的质量分数(浓度),%;

V——酸液用量,m³;

ρ——所配制土酸液的密度,t/m³;

C'_{HF}——土酸中氢氟酸的质量分数(浓度),%;

C'_{HCl}——土酸中盐酸的质量分数(浓度),%;

V_{H_2O}——清水用量,m³;

ρ_{HCl}——商品盐酸的密度,t/m³;

ρ_{HF}——商品氢氟酸的密度,t/m³。

V,m_{HCl} 和 m_{HF} 从计算得出,ρ_{HCl} 和 ρ_{HF} 可从表5-2和表5-3查出。

表5-2 盐酸浓度与密度对照表(15℃)

酸浓度(%)	密度(g/cm³)	酸浓度(%)	密度(g/cm³)	酸浓度(%)	密度(g/cm³)	酸浓度(%)	密度(g/cm³)
3	1.015	12	1.060	21	1.105	30	1.150
4	1.020	13	1.065	22	1.110	31	1.155
5	1.025	14	1.070	23	1.115	32	1.160
6	1.030	15	1.075	24	1.120	33	1.165
7	1.035	16	1.080	25	1.125	34	1.170
8	1.040	17	1.085	26	1.130	35	1.175
9	1.045	18	1.090	27	1.135	36	1.180
10	1.050	19	1.095	28	1.140	37	1.185
11	1.055	20	1.100	29	1.145		

注:1t/m³=1g/cm³。

表5-3 氢氟酸浓度与密度对照表

酸浓度(%)	密度(g/cm³)	酸浓度(%)	密度(g/cm³)	酸浓度(%)	密度(g/cm³)	酸浓度(%)	密度(g/cm³)
2	1.005	10	1.036	18	1.064	30	1.102
4	1.013	12	1.043	20	1.070	34	1.114
6	1.021	14	1.050	24	1.084	40	1.128
8	1.028	16	1.057				

三、土酸液处理工序

施工中土酸液以低于地层破裂压力的压力被挤入地层。土酸处理施工工艺基本上与盐酸

处理相同,所不同的是应首先进行盐酸预处理,其步骤为:

(1)用12%~15%的盐酸进行预处理,溶解地层中的碳酸盐类并顶走地层水。

(2)挤入土酸液,其中盐酸进一步溶解碳酸盐类并保持酸液在较低的pH值水平上,氢氟酸溶解泥质成分和部分石英颗粒。

(3)最后挤入足量的清水或油作为后置液,将井内管柱中的酸液替入地层。

为了防止地层黏土水化膨胀,在挤注土酸和后置液之间加上挤防膨剂溶液的步骤,称为"土酸防膨增注酸化"。有时在挤注土酸和后置液之间加上挤互溶剂的步骤,以利于地层岩石的水湿和酸化后微粒的排除,此工艺称为"互溶剂土酸酸化"。

应注意的是:土酸用量一般不宜超过预处理时的盐酸用量,反应时间一般不超过3~4h;当地层温度高时,可缩短为1~3h。目前国外认为1h以内排液较好。

第四节　酸化工艺技术

酸化是油水井增产增注的重要措施,其施工工艺简单、成本低,因此得到广泛应用。多年的不断探索使酸化处理得到了完善和发展,形成了不同的工艺类型。

一、酸化工艺选井、选层

一般地说,为了能够得到较好的处理效果,在选井、选层方面应考虑以下几点:

(1)应优先选择在钻井过程中油气显示好,而试油效果差的井层。

(2)应优先选择邻井高产而本井低产的井层。

(3)对于产层多的井,应优先选择低渗透层进行分层酸化。

(4)对于生产时间较长的多产层井,应暂堵开采程度高、地层压力已衰减的层位,选择酸化处理开采程度低的层位。

(5)靠近油气或油水边界的井,或存在气水夹层的井,应慎重对待。一般只进行常规酸化,不宜进行酸压。

(6)对套管破裂变形、管外串槽等井况不适宜酸处理的井,应先进行修复,待井况改善后再酸化处理。

二、常见酸化工艺技术

油层酸化按照工艺不同可分为酸洗、基质酸化和压裂酸化(也称酸压),此外,还有分层酸化、深部酸化和闭合酸化等。

(一)酸洗

酸洗是用酸液清除井筒表面或炮眼上沉积的酸溶性垢物。通过酸洗,可以减少原油进入套管内的阻力,降低注入井的注入压力。酸洗的方法可采用浸泡或冲洗两种方式。

酸洗一般作为酸化或压裂一口井前的预处理措施,可起到疏通射孔孔眼,清除井壁脏物及井下管柱铁锈,防止将井筒脏物挤入地层,降低压裂井地层岩石破裂压力的作用。

(二)基质酸化

基质酸化也称常规酸化或解堵酸化,基质酸化是在低于地层破裂压力条件下泵注酸液,酸液通过岩石的基质孔缝,溶解溶蚀处理层的酸溶性物质,解除近井地带的污染和堵塞。

碳酸岩盐以15%~28%的盐酸加入添加剂组成的酸液体系进行处理。通过酸液直接溶解钙质堵塞物和碳酸盐岩钙质胶结类岩石,解除堵塞,疏通油气流通道,从而达到恢复或提高地层的渗透能力,提高油气井产量或提高注水井注入量的目的。

砂岩以预处理液、处理液处理,预处理液采用15%的盐酸液,作用是驱替地层水,与碳酸盐反应,隔离氢氟酸,降低pH值,防止产生氟硅酸钠沉淀和氟化钙沉淀;处理液为土酸,土酸中的氢氟酸能够溶蚀黏土(硅酸盐)、钻井液颗粒和泥饼、石英、长石等。

(三)酸压

酸压是碳酸盐岩油藏一种有效的油层改造措施,普通酸压通常是以足够大的压力将酸液挤入地层,将地层压开或扩大已有的天然裂缝。由于地层的非均质性以及裂缝壁面的不平整性,当酸液沿裂缝流动时,对裂缝壁面形成不均匀的溶蚀,产生许多酸蚀沟槽,当裂缝闭合后这些酸蚀沟槽仍保留下来,成为油气流通道,从而达到增产目的。

前置液酸压用高黏液体(如油包水乳状液、冻胶液)作为前置压裂液。由于其黏度高,滤失量小,可形成较宽、较长的裂缝。正因为它比直接用酸液作为前置液所形成的动态裂缝宽得多,所以极大地减少了裂缝的面容比,从而降低酸液的反应速度,增大酸的有效作用距离。与此同时,由于前置液预先冷却了地层,岩石温度下降,也能起缓蚀作用。

当酸液进入充填了高黏度液体的裂缝时,由于两种液体的黏度相差很悬殊,黏度很小的酸液不会均匀地把高黏液顶替走,而是在高黏液体中形成指进现象,如图5-6所示;这样,进入裂缝的酸液大约只与裂缝30%~60%的表面接触。由于减少了接触表面积,一方面降低了漏失量,另一方面又减缓了酸液反应速度。因此,"填塞酸压"能用较少的酸量造成较长的有效裂缝。

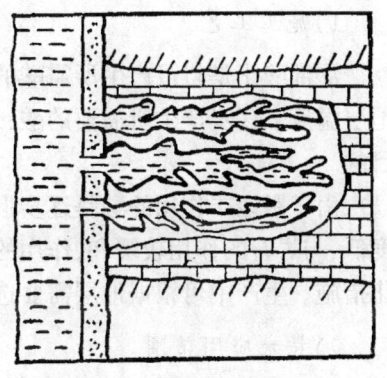

图5-6 酸液指进示意图

常用的前置液有改性瓜胶、改性田菁、魔芋胶等,用量一般为注入总液量的1/3~1/2。酸液多用浓度为15%~28%的盐酸,用量一般为酸蚀裂缝体积的2~3倍。前置液除与普通盐酸进行搭配使用外,还可与降阻酸、胶凝酸、乳化酸或泡沫酸进行搭配使用。同时,还可以进行前置液、酸液多级交替注入,以上各种液体搭配和注入方式具有各自的特点和应用范围,可根据具体情况选择。

(四)分层酸化

分层酸化技术是针对纵向多产层井或有特殊要求的井的一种酸化施工工艺。

1. 封隔器分层酸化

通过井下工具组合,对纵向多产层井或有特殊要求的井,用封隔器可以实施封上酸下、封下酸上、封上下酸中间的各种施工工艺。特点是分层可靠性高,但当处理层段间距太小时,不能采用封隔器分层。

2. 堵球分层酸化

通过地面高压管汇上连接的投球器投送堵塞球,酸液携带堵塞球入井,根据井中各射孔段吸液压力的差异,堵塞球对吸液能力强的层段封堵,酸化吸液弱或不吸液的射孔井段。根据要求可选择数次投球分层,适合层间距离小的井。

3. 化学暂堵分层酸化

利用化学暂堵剂(油溶性或水溶性)暂时封堵相对高渗透层,使酸液集中作用于低渗透层,酸后通过产油或注水,化学暂堵剂(油溶性或水溶性)溶解,自动释放对高渗透层的封堵。化学暂堵分层酸化适用于多产层产液或吸水差异大的井,尤其在改善注水井吸水剖面上效果较好,但由于化学暂堵剂颗粒粒径较小,不适于裂缝型或特高渗透率地层。

(五)深部酸化

1. 自生酸酸化工艺技术

自生酸亦称再生酸,是生成盐酸、氢氟酸等多种自生酸方法的总称,也是国内外常用的酸化技术之一。酸液中同样要加入适量与地层相配伍的多种添加剂,以改善酸液性能,获得更好的酸化效果。

1)施工工艺

深部酸化是将可产生所需酸的组分及相应的添加剂同时或交替泵入井内,使之在井筒或地层温度下逐步产生所需要的酸,逐步与地层矿物进行化学反应,解除堵塞,达到增产、增注的目的。

由于跟地层作用的酸是逐步形成的,所以酸的浓度一般都较低,因而对设备及管柱腐蚀速度低,与岩石的作用较缓和,作用的时间和距离较长,可起到深度酸化作用,因而是一项深度酸化措施。生产中可根据地层需要选择适宜的生酸组成,以获得预期的酸化效果。

2)技术应用范围

深部酸化处理工艺既可用于砂岩酸处理,也可用于碳酸盐地层的酸处理。施工中除顺序多次交替注入生酸组分的工艺外,其余均类同于土酸或盐酸酸化的施工工艺。该项技术是一种在油层内部生成 HF(或 HCl)延迟反应的酸化系统,可用于解除深部油层的黏土损害,因此,穿透深度大,有效期长,酸化效果好。

2. 氟硼酸酸化工艺技术

氟硼酸酸化工艺是由氟硼酸(又称黏土酸)与相应添加剂组成的酸化液。适用于水敏性砂岩地层的酸处理。因 HBP_4 缓慢水解生成 HF,因而可起到深度酸化作用。其特点是酸岩反应速度慢,酸穿距离远,有较好地稳定黏土的作用。但是,它不适用高温地层的酸化,氟硼酸价格贵,大面积推广应用受到限制。

(六)闭合酸化

闭合酸化是以低于地层破裂压力,将酸液注入闭合或部分闭合的裂缝中,由于碳酸盐岩在岩石表面分布的不均匀性,酸岩的反应速度存在较大差异,在碳酸盐岩集中处,裂缝被酸液刻蚀成不规则且深度大的沟槽,获得高导流能力,其他未被刻蚀的裂缝面,则能够支撑裂缝。闭合酸化通常在酸压后进行。

三、酸化现场施工

(一)施工前准备

按酸化施工设计任务书要求,做好酸化施工前的准备工作,一般包括:
(1)使井口采油树各阀门齐全、无刺漏,井场和道路畅通;
(2)按设计要求完成管柱,洗好井;
(3)备好材料,配好各种用液;
(4)准备好酸化车及其他车辆、施工管汇等。

(二)酸化施工步骤

(1)按施工设计,将分层酸化管柱(图5-7)下至预定位置,装好井口(视频5-1)。
(2)将车辆、酸化设备根据井场情况合理布置好,并用管线连接起来(图5-8),关死井口,对地面管线试压,试压压力是工作压力的1.5倍。

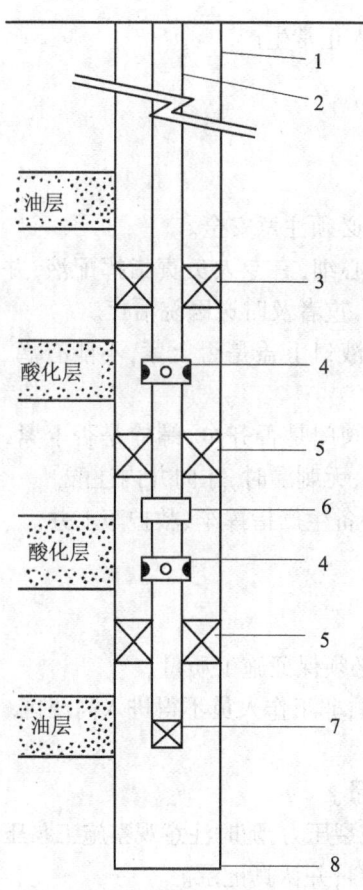

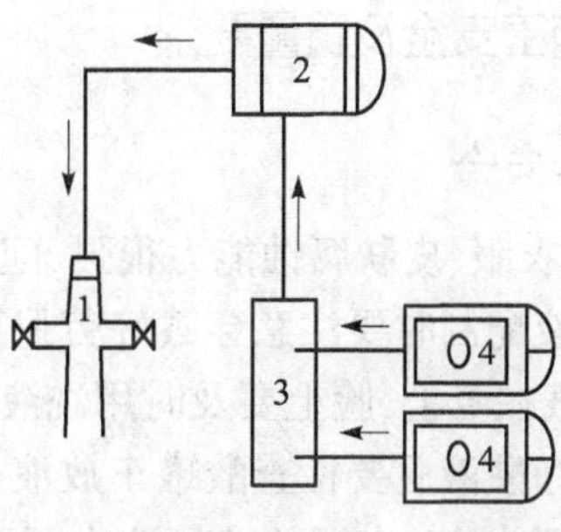

图5-8 酸化现场施工平面示意图
1—井口;2—泵车;3—酸池;4—酸罐车

视频5-1 酸化解堵

图5-7 分层酸化管柱
1—套管;2—油管;3—封隔器(带滑套);
4—节流器(带滑套);5—封隔器;6—滑套
短节;7—丝堵;8—人工井底

(3)配制酸液。酸液的配制可以根据设备或实际需要,采取下述两种方法进行:
①配酸站配制酸液,整个过程是机械操作,密闭作业,既安全又能保证质量。

②井场配制酸液,将盐酸及添加剂运到现场,按配制次序摆放好,先在配酸池中加入定量的清水,并加入防腐剂搅拌均匀;再向酸池内倒入所需数量的盐酸,搅拌均匀后测定密度,使其达到预定的标准;然后加入稳定剂和表面活性剂,再次循环 10~15min 即可向井内挤注。

(4)打开井口总阀门,向井内挤注酸液,泵压控制在油层初始吸收压力与破裂压力之间。排量大小依油层吸收能力大小而变化,迅速安全地将所需酸液全部挤入。

(5)替挤 1.2 倍地面管线与井下管柱总容积的清水。

(6)投球加液压,将滑套憋下,封死管柱第一层节流器,打开第二层节流器,照上述方法酸化第二层。

(7)关井反应,反应时间由酸化目的而定。现场经验表明,在完成酸处理之后于 1h 之内开始投产是最好的。

(8)排出反应物。自喷井可选用比正常生产时较大一些的油嘴排液,抽油井可用强烈抽吸排液。一般排出液体总量应为挤入酸液总量的 4~5 倍,或测出 pH 值达到 7~8 即可。排液时,应录取油、气、水产量,压力,含砂量,油气比,资料和取样。

(9)清理井底,冲洗井筒并起出酸化管柱。

(10)按照设计要求,组配并下入完井管柱,投入正常生产。

(三)施工安全及质量要求

1. 施工安全

酸液对衣服、皮肤腐蚀能力很强,配液、施工时必须注意安全。

(1)酸液配制时要注意穿戴好劳保用品,胆大心细,有专人负责指挥配液,并提前备好洗液,一旦酸溅在身上、脸上要及时用洗液、清水冲洗,重者及时送医院治疗。

(2)配好酸液后要检查酸罐车放液口阀门,入液口上盖是否上紧,不能有滴、漏现象。车上应标有危险标记,在运往井场途中要注意安全。

(3)施工队上井后,在施工前要认真检查井口阀门是否齐全,螺栓是否上紧,待井口合格后才能进行施工。施工时首先进行井口、管线试压、无刺漏时,才向井内注酸。

(4)当对酸量大、新工艺井进行酸化施工时,要备生产指挥车、救护车上井。

(5)严格按设计进行施工。

2. 质量要求

酸化施工的好坏,直接关系到酸后效果,因此必须保证施工质量。

(1)酸化施工前进行交底,明确分工,统一指挥;非工作人员不得进入高压区。

(2)严格按设计要求,进行酸化施工。

(3)保证施工中酸液不刺漏,一定打够设计液量。

(4)对基质酸化施工泵压,一定不能超过地层破裂压力,随时注意观察施工泵压、排量变化。

(5)取全、取准施工压力、排量、施工时间等资料,并认真记录。

(四)施工后期管理

酸化施工后对油气水井的管理好坏,关系到酸化施工的效果,一般采取的管理措施有:

(1)对油气井酸化施工后按设计要求关井之后,及时开井。若能自喷,则装油嘴排液求产;一般当残酸降至 0.1% 浓度时,自喷井原油进站生产,非自喷井起出酸化管柱下泵转抽投入生产。不能自喷就要及时排液,防止二次沉淀是酸化成功的关键。在油气井生产过程中要认真记录油压、套压、油气日产量等数据,定时测油井动液面等。

(2)对具备排液条件的注水井,在酸化施工后按设计要求及时排残酸,当残酸降至0.1%时恢复注水;不具备排液条件的注水井及时恢复注水,将残酸挤入地层深部。在注水期间认真记录泵压、套压、油压、日注水量、注入水水质等数据,定时测吸水指示曲线、吸水剖面等。酸化施工后按配注要求要平稳注水,注入速度不能太大,否则易造成地层速敏,影响酸化效果;注入水质要符合注水水质标准,延长酸化后的注水井有效期。否则,随注水时间增长,注水量增多,将会再次堵塞注水井地层,使酸化失败。

四、酸处理井的排液

酸化施工结束后,停留在地层中的残酸水由于其活性已基本消失,不能继续溶蚀岩石,而且随着pH值增高,原来不会沉淀的金属离子相继产生金属氢氧化物沉淀。为了防止生成沉淀堵塞地层孔隙,影响酸处理效果,一般说来应缩短反应时间,限定残酸水的剩余浓度在某值以上,将残酸尽可能快速地排出。为此,应在酸化前做好排液和投产的准备工作,施工结束后立即进行排液。

目前常用的人工排液法可分为两大类:一类是以降低液柱高度或密度的抽汲、气举法;另一类是以助喷为主的增注液体二氧化碳或液氮法。

(一)放喷、抽汲与气举排液

1. 放喷

油气井如果位于裂缝发育地带,往往一经解堵或沟通裂缝后,一开井就可连续自喷。对于这类井,应本着既要尽快排净残酸,又要少消耗能量的原则,选择合适的油嘴(由大到小),适当控制回压进行放喷。

2. 抽汲

抽汲就是不断排出井内液体,从而降低井内液柱高度,亦即降低井筒中液柱的回压,促使残酸流入井底的方法。伴随残酸流入井底的地层流体数量增多后,井筒内液柱混气程度将逐渐增高,密度亦相应下降。在这种情况下,通过多次抽汲、激动和诱导,有时可将油、气井诱喷。若诱喷成功,则可自喷排液,否则应继续进行抽汲。

3. 气举

气举排液就是用高压压风机将高压压缩气体从环形空间注入井内,压迫套管液面下降,当液面下降到油管管鞋时,气体进入油管,使液柱混气并喷至地面。如果井较深,液柱回压超过压风机的最大工作压力时,压缩气体则不能通过油管管鞋进入油管。此时,可采用气举阀以完成深井酸化气举排液作业。气举的主要问题是:需要有高压压风机或高压天然气源,另外这种方法要控制得当,否则由于产生较大的压力波动,对疏松地层容易引起出砂。

(二)增注液态CO_2及氮气、助排剂

1. 增注液态CO_2及氮气

为了提高排液能力,可将液氮或液体CO_2同酸液混合挤入地层,由于温度不断升高(超过

31℃),而施工后的压力不断下降,液氮或液化 CO_2 就会气化。排液时,气态 N_2 或 CO_2 的体积不断膨胀,这种膨胀力将不断携带和推挤流体,对排净残酸十分有利,往往无须抽汲即可排净残酸。同时 CO_2 还有缓速等多种效能,在现场施工中可见到较好的效果。

2. 助排剂

返排直接关系到酸化的效果,尤其对低渗透或低能量气井,加入助排剂的酸液可降低酸液(残酸液)的表面张力,同时增大接触角,使地层毛细管压力降低,保证残酸液的顺利返排。作为助排剂的表面活性剂有阴离子型,如烷基苯磺酸盐、醇醚硫酸盐等;非离子型,如脂肪酸聚氧乙烯醚、烷基酚聚氧乙烯醚、聚醚等;阴—非离子型表面活性剂复配物;含阳离子型氟表面活性剂;烃类表面活性剂。

◆◆ **思考题** ◆◆

1. 酸处理的目的和作用是什么?按照工艺可分为哪些方法?
2. 简述盐酸处理的原理,并说明 H^+ 传质速度的决定因素有哪些?
3. 酸岩反应速度的影响因素是什么?
4. 延缓酸岩反应速度的途径有哪些?
5. 酸化设计时,要取哪些油气水井基本数据?
6. 什么是基质酸化?基质酸化设计的工作程序有哪些?
7. 简述利用图解法求酸压有效作用距离的步骤。
8. 何谓土酸?土酸处理原理和适用条件有哪些?
9. 砂岩地层土酸处理时,为什么不能单独用氢氟酸处理?
10. 什么是土酸?简述土酸处理的原理,并说明土酸处理的适用条件。
11. 油层酸处理常用的酸液有哪些?这些酸液各有什么特性?
12. 什么是酸液添加剂?常用的添加剂种类有哪些?各自的作用是什么?
13. 怎样进行盐酸处理时的酸液用量与添加剂用量计算?
14. 多组分酸的作用机理是什么?
15. 什么是表面活性剂?常用表面活性剂有哪些?其作用是什么?
16. 怎样选择酸化井层?
17. 简述酸化工艺技术,并分析各自的工艺特点。
18. 什么是酸洗、基质酸化和压裂酸化?
19. 酸化井施工后,主要的管理措施有哪些?
20. 简述酸化作业的施工步骤。
21. 画出酸化现场施工平面示意图、分层酸化管柱图。
22. 酸化作业后为什么要进行排液?常用的排液方法有哪几种?

第六章 水力压裂技术

水力压裂是利用地面高压泵组,将高黏液体以极大超过地层吸收能力的排量注入井中,在井底憋起高压,当此压力大于井壁附近的地应力和地层岩石抗张强度时,在井底附近地层产生裂缝。继续注入带有支撑剂的携砂液,裂缝向前延伸并填以支撑剂,关井后裂缝闭合在支撑剂上,从而在井底附近地层内形成具有一定几何尺寸和导流能力的填砂裂缝,使井达到增产增注的目的。

水力压裂增产增注的原理主要是降低了井底附近地层中流体的渗流阻力并改变了流体的渗流状态,使原来的径向流动改变为油层流向裂缝近似性的单向流动和裂缝与井筒间的单向流动,消除了径向节流损失,极大降低了能量消耗。因而油气井产量或注水井注入量就会大幅度提高。

第一节 压 裂 液

压裂液是水力压裂改造油气层过程中的工作液,起着传递压力、形成和延伸裂缝、携带支撑剂的作用。压裂液是压裂施工液的总称,影响压裂施工成败的诸因素中,压裂液性能的好坏是其中的主要因素之一。这是因为压裂施工的每个环节都与压裂液的类型和性能有关。

压裂液是一个总称,根据压裂过程中注入井内的压裂液在不同施工阶段的任务可分为:

(1)清孔液:5% HCl 和 0.2% 左右的表面活性剂水溶液与堵球配合,疏通压裂井段射孔孔眼。

(2)前垫液:对水敏、结垢或含蜡量高的地层进行压裂时,需要提前泵注黏土稳定剂、除垢剂或清蜡剂;若这些添加剂与基液及其他添加剂不配伍,或者量少而又必须保证作业浓度时,则需要单独提前泵注;同时在高温、深井地层,这段液体还可起到降低地层温度的作用。

(3)前置液:它的作用是破裂地层并造成一定几何尺寸的裂缝以备后面的携砂液进入。在温度较高的地层里,还可起一定的降温作用。有时为了提高前置液的工作效率,在前置液中还加入一定量的细砂以堵塞地层中的微隙,减少液体的滤失。

(4)携砂液:它起到将支撑剂带入裂缝中并将支撑剂填在裂缝内预定位置上的作用。在压裂液的总量中,这部分比例很大。携砂液和其他压裂液一样,有造缝及冷却地层的作用。携砂液由于需要携带密度很高的支撑剂,所以必须使用交联的压裂液(如冻胶等)。

(5)顶替液:中间顶替液用来将携砂液送到预定位置,并有预防砂卡的作用;最后顶替液是注完携砂液后将井筒中全部携砂液顶替到裂缝中,以提高携砂液效率和防止井筒沉砂。

一、压裂液的性能要求

根据压裂不同阶段对液体性能的要求,压裂液在一次施工中可能使用几种性能不同的液体,其中还加有不同添加剂。对于占总液量绝大多数的前置液及携砂液,都应具备一定的造缝能力并使裂缝壁面及填砂裂缝有足够的导流能力。所以,为了获得好的水力压裂效果对压裂液的性能要求为:

(1)滤失少。这是造长缝、宽缝的重要条件。压裂液的滤失性主要取决于它的黏度与造壁性。黏度高则滤失少。在压裂液中添加防滤失剂,能改善造壁性,极大减少滤失量。

(2)悬砂能力强。压裂液的悬砂能力主要取决于黏度。

(3)摩阻低。压裂液在管道中的摩阻越小,则在设备功率一定的条件下,用于造缝的有效功率也就越大。摩阻过高会导致井口施工压力过高,从而降低排量甚至限制压裂施工。

(4)稳定性。压裂液应具备热稳定性,不能由于温度的升高而使黏度有较大的降低。液体还应有抗机械剪切的稳定性,不因流速的增加而发生大幅度降解。

(5)配伍性。压裂液进入油层后与各种岩石矿物及流体相接触,不应产生不利于油气渗流的物理—化学反应。

(6)低残渣。要尽量降低压裂液中水不溶物数量以免降低油气层和填砂裂缝的渗透率。

(7)易返排。施工结束后大部分注入液体应能返排出井外,以减少压裂液的损害。

(8)货源广、便于配制、价钱便宜。大型压裂,压裂液是压裂施工费用中的主要组成部分。速溶连续配制工艺,极大方便了施工,减少了对液罐及场地的要求。

二、压裂液的类型

目前常用的压裂液有水基、酸基、油基压裂液、乳状及泡沫压裂液等,具有黏度高、摩阻低及悬砂能力好等优点的水基冻胶压裂液,已成为矿场主要使用的压裂液。

(一)水基压裂液

水基压裂液是用水溶胀性聚合物经交链剂交链后形成的冻胶。常用的成胶剂有植物胶、纤维素衍生物以及合成聚合物;交链剂(交联剂)有硼酸盐和钛、锆等有机金属盐等。在施工结束后,为了使冻胶破胶还需要加入破胶剂,常用的破胶剂有过硫酸铵、高锰酸钾和酶等。

1. 活性水压裂液

在水溶液中加入表面活性剂的低黏压裂液,称为活性水压裂液。此压裂液配制简单、成本低廉、黏度低、滤失量大、携砂能力弱,适用于浅井低砂量、低砂比小型解堵压裂和煤层气井压裂。

2. 稠化水压裂液

以稠化剂及表面活性剂配制的黏稠水溶液,称为稠化水压裂液,或者说稠化了的活性水压裂液,比活性水压裂液黏度有所提高,携砂能力稍强,降滤失性能略好,主要用于低温(小于60℃)、浅井(小于1000m)和低砂比(小于15%)的小型压裂。

3. 水基冻胶压裂液

水基冻胶用交联剂将溶于水的稠化剂高分子进行不完全交联,使具有线性结构的高分子水溶液变成线型和网状体型结构混存的高分子水冻胶,称为水基冻胶压裂液,其主要添加剂有稠化剂和交联剂。

(1)稠化剂是水基冻胶压裂液的主体,用以提高水溶液黏度、降低液体滤失、悬浮和携带支撑剂,常用的稠化剂有植物胶、纤维素及合成聚合物等。

(2)交联剂是能与聚合物线型大分子链形成新的化学键,使其连接成网状体型结构的化学剂,聚合物水溶液因交联作用形成水冻胶。交联剂的选用由聚合物可交联的官能团和聚合物水溶液的 pH 值决定。

(二)油基压裂液

对水敏性地层,使用水基压裂液会导致地层黏土膨胀而影响压裂效果,可使用油基压裂液。由于矿场原油或炼厂黏性成品油悬砂能力差,性能达不到要求,因此多用稠化油作为压裂液,基液为原油、汽油、柴油、煤油或凝析油,稠化剂为脂肪酸皂,矿场最高砂比可达 30%(体积比)。稠化油压裂液遇地层水后自动破胶,所以无须加入破胶剂。

油基压裂液适用于水敏性地层,其特点是:

(1)避免水敏地层由于水敏引起的水基压裂液伤害;

(2)稠化油压裂液遇地层水自动破乳;

(3)易燃且成本高;

(4)摩阻高于延迟交联水基压裂液体系;

(5)高温条件下温度稳定性不及延迟交联水基压裂液体系;

(6)技术和质量控制要求高。

油基压裂液适用于低压、偏油润湿、强水敏地层,在压裂作业中所占比重较低。如果这种性质的储层含有重油和沥青质或某些石蜡成分而不宜用水基压裂液时,也不能用轻质油压裂,则应选用含芳香族组分的原油,直接用于压裂,或用作配制稠化油压裂液的基液。

(三)泡沫压裂液

泡沫压裂液是用于低压低渗油气层改造的新型压裂液,其最大特点是易于返排、滤失少以及摩阻低等。基液多用淡水、盐水、聚合物水溶液;气相为二氧化碳、氮气、天然气;发泡剂用非离子型活性剂。泡沫干度为 65% ~ 85%。

1. 泡沫压裂液的特点

(1)摩阻损失小(比清水低 40% ~ 60%);

(2)泡沫液滤失系数低、液体滤失量小、浸入深度浅、返排速度快、对地层伤害小;

(3)泡沫液视黏度高,携砂和悬砂性能好,压裂液效率高,在相同液量下裂缝穿透深度大;

(4)温度稳定性差;

(5)难以适应高砂比要求。

泡沫压裂液尤其适用于低渗、低压、水敏性油气藏。

2. 泡沫压裂液的不利因素

(1)由于井筒气—液柱的压降低,压裂过程中需要较高的注入压力,因而对深度大于 2000m 以上的油气层,实施泡沫压裂是困难的。

(2)使用泡沫压裂液的砂比不能过高,在需要注入高砂比情况下,可先用泡沫压裂液将低砂比的支撑剂带入,然后再泵入可携带高砂比支撑剂的常规压裂液。

泡沫压裂液的黏度稳定性取决于泡沫干度(泡沫质量),即气体体积与泡沫液总体积之比,典型值为 70%~80%。

(四)乳化压裂液

乳化压裂液为一种液体分散于另一种不相混溶的液体中形成的多相分散体系。以液珠形式存在的一相称为分散相(或称内相、不连续相),连成一片的另一相称为分散介质(或称外相、连续相)。用作压裂液的乳状液中,一相是水或盐水溶液、聚合物稠化水溶液、水冻胶液、酸液以及醇液;另一相则是油,如本井原油、成品油、凝析油或液化石油气。体系中加入了易在两相接口上吸附或富集的表面活性剂,有利于形成稳定的乳状液。乳化压裂液的特点是:

(1)乳化作用使体系具有一定的黏度,黏度大小因乳化材料和所加入的比例不同而差异较大,施工中,油水比波动影响砂比的稳定;

(2)滤失量低,液体效率高,对地层渗透率伤害小;

(3)乳状液摩阻一般高于水或油;

(4)乳状液用油量低于油基液,因而成本较低。

乳化压裂液适用于水敏、低压地层。其他应用的压裂液还有聚合物乳状液、酸基压裂液和醇基压裂液等,它们都有各自的适用条件和特点,但在矿场上应用很少。

第二节 支 撑 剂

支撑剂的性能好坏直接影响着压裂效果。填砂裂缝的导流能力是评价压裂效果的重要指标。填砂裂缝的导流能力是在油层条件下,填砂裂缝渗透率与裂缝宽度的乘积,导流能力也称为导流率。

一、支撑剂的性能要求

(1)粒径均匀,密度小。支撑剂的分选不好,小粒径的支撑剂会运移到大粒径砂所形成的孔隙中,堵塞渗流通道,影响填砂裂缝导流能力,所以对支撑剂的粒径大小和分选程度有一定的要求。

(2)强度大,破碎率小。支撑剂的强度是其性能的重要指标。水力压裂结束后,裂缝的闭合压力作用于裂缝中的支撑剂上,当支撑剂强度比缝壁面地层岩石的强度大时,支撑剂有可能嵌入地层里;缝壁面地层岩石比支撑剂强度大,且闭合压力又大于支撑剂强度时,支撑剂易被压碎,这两种情况都会导致裂缝闭合或渗透率很低。

(3)圆球度高。支撑剂的圆度表示颗粒棱角的相对锐度,球度是指砂粒与球形相近的程度。圆球度不好的支撑剂其填砂裂缝的渗透率差且棱角易破碎,粉碎形成的小颗粒会堵塞孔隙。

(4)杂质含量少。

(5)来源广,价格廉。

二、支撑剂的类型

为了适应各种不同地层以及不同井深压裂的需要,人们开发了许多种类的支撑剂。常用的有天然石英砂、人造陶粒、树脂砂等。

(一)天然石英砂

石英砂多产于沙漠、河滩或沿海地带,如国内的兰州砂、承德砂、内蒙砂等。天然石英砂的主要化学成分是氧化硅,同时伴有少量的氧化铝、氧化铁、氧化钾、氧化钠及氧化钙与氧化镁。

天然石英砂的矿物组分以石英为主。石英含量(质量分数)是衡量石英砂质量的重要指标,就石英砂的微观结构而言,石英可分为单晶石英与复晶石英两种晶体结构。在天然石英砂的石英含量中,单晶石英颗粒的质量分数越大,则该种石英砂的抗压强度越高。一般石英砂的密度为 $2.65g/cm^3$ 左右,承压 $20\sim34MPa$。

(二)人造陶粒

人造陶粒主要由铝矾土(氧化铝)烧结或喷吹而成,它具有较高的抗压强度,一般划分为中等强度和高强度两种陶粒支撑剂。中等强度陶粒支撑剂是由铝矾土或铝质陶土制造的,密度为 $2.7\sim3.3g/cm^3$,其组分为氧化铝或铝质,质量分数为 $46\%\sim77\%$,硅质含量为 $12\%\sim55\%$,还有不到 10% 的其他氧化物。最终晶相分析表明,低铝材料的组成大部分为莫来石,以及少量的方石英,颜色大多呈灰色,承压 $55\sim80MPa$。高强度陶粒支撑剂由铝矾土或氧化锆等材料制成,密度约为 $3.4g/cm^3$ 或更高,其化学组成为:氧化铝 $85\%\sim90\%$,氧化硅 $3\%\sim6\%$,氧化铁 $4\%\sim7\%$,硅酸氧化锆、氧化钛 $3\%\sim4\%$。高含量的铝硅物料使这种支撑剂比中等强度支撑剂具有更大的密度,物料经热处理后,主要晶相是刚玉,但也存在少量的莫来石晶相或玻璃晶相,颜色呈黑色,承压 $100MPa$。

(三)树脂砂

树脂砂是将树脂薄膜包裹到石英砂的表面上,经热固处理制成。它的视密度在 $2.55g/cm^3$ 左右,略低于石英砂。在低应力下,树脂砂的性能与石英砂相近,但在高应力下,树脂砂的性能则远远优于石英砂。中等强度低密度或高密度的树脂砂能耐受 $55\sim69MPa$ 的闭合压力,它适应了低强度天然砂与高强度铝土支撑剂之间的强度要求,再加上它的相对密度比较低,便于携砂与铺砂,因此被称为第二代的人造支撑剂。由于树脂砂具有一定的强度与价格便宜的优点,代替了烧结铝土支撑剂 50% 的用量。树脂砂可分为固化砂与预固化砂两种。固化砂在地层温度下固结,这对防止压后吐砂及防止地层吐砂有一定的效果。预固化砂在地面上已形成完好的树脂薄膜包裹的砂子,像一般加砂一样,随携砂液体进入裂缝。这种包层砂子的优点是:

(1)树脂薄膜包裹起来的砂子,增加了砂粒间的接触面积,从而提高抵抗闭合压力的能力。

(2)树脂薄膜可将压碎了的砂粒小块、粉砂包裹起来,减少了微粒的运移与堵塞孔道的机会,从而改善了导流能力。

(3)树脂包层砂总的体积密度比上述中等强度与高强度人造支撑剂要低许多,因此便于悬浮,降低了对携砂液的要求。

三、支撑剂的选择

支撑剂的选择是根据地层的岩性、作业井的深浅、压裂液和设备的性能而定。在地层岩性松软、中深井或地层压力不大的情况下,选用韧性支撑剂较好。因为地层和支撑剂都有一定形变性,即使上覆压力增加,支撑剂也不易破碎,所以裂缝导流能力较大。当地层压力大时,支撑剂变形到一定程度,裂缝闭合,所以在坚硬地层的深井中,不能用韧性的支撑剂,而要用硬脆性支撑剂,否则达不到预期目的。支撑剂选择的基本要求为:

(1)根据油层性质和埋藏深度经室内试验确定能满足压裂增产效果的石英砂粒径及浓度。一般在低闭合压力下,浅层可选用大颗粒支撑剂;在高闭合压力下,选用粒径较小的支撑剂;裂缝面积上高浓度的支撑剂比低浓度的支撑剂有较高的导流能力。

(2)根据实际需求量选货源广又符合要求的砂产地,做到经济实用,来源充足。

(3)为了改善导流能力,即使在闭合压力不高的情况下,对疏松地层也要考虑加砂方式,不同加砂方式要选择不同的支撑剂。

泵入裂缝内的支撑剂能否支撑裂缝并取得较好的导流能力,取决于岩层的强度和支撑剂材料的抗压强度。如果在比较高的上覆岩层压力的作用下,岩石的硬度高而支撑剂材料硬度低,支撑剂就可能被压碎,减低裂缝的导流能力并堵塞油流通道;相反,若油层岩石的硬度低而支撑剂的硬度高,支撑剂就可能嵌入裂缝壁,减低压裂效果。同时,正确使用支撑剂也将降低压裂成本。因此,如何依据井深和油层岩石特性等条件正确选用支撑剂是压裂工艺的重要问题之一。

第三节 压裂现场施工

一、压裂作业工序

(一)压裂施工

在压裂施工过程中应严格按照压裂设计和施工操作规程进行。一般压裂施工工艺过程如下:

(1)井筒准备:通井、刮管、洗井。
(2)用防膨液替满井筒。
(3)下入压裂管柱。
(4)装好压裂井口。
(5)接好地面管汇,开泵试压,试泵压力一般高出施工限压 1~2MPa。
(6)施工:挤入前置液—携砂液+压裂砂—顶替液。
(7)关井(一般 2~8h)。
(8)开井放喷,停喷后立即排液。

(二)压裂现场技术要求

1. 设备摆放

设备摆放时应安排好混砂车与管汇车、管汇车与压裂泵车、压裂泵车与井口的距离。液氮车应对称摆放,仪表车应放置在能看到井口、视野开阔的地点。

2. 高低压管汇

(1)低压管汇安装:

①每个压裂罐应有两个出口,接两根胶管入混砂车吸入泵管汇。
②混砂车排出泵管汇到管汇车至少接三根专用胶管。
③管汇车到压裂泵车的上水管线必须用缠有钢丝的胶管,并尽可能减少弯曲(彩图6-1)。

彩图6-1 压裂施工管汇

(2)高压管汇安装:
①管汇车到压裂泵车的高压管线应接成平行四边形。
②对于488.9mm的高压管线,由井口到管汇车的连接顺序为:井口、投球器、压力传感器、放空三通、单流阀、管汇车接成"Z"字形。
③所有高低压管汇的活接头均应清洗干净,敷机油,戴好并砸紧。

3.压裂泵车排空及地面高压管汇试压

(1)压裂泵车循环的排空液应返回混砂罐。
(2)采用静试压方法试压。
(3)对于试压指标,设计施工压力小于70MPa,增加6MPa试压;设计施工压力大于70MPa时,按设计要求执行。

4.疏通炮眼(清孔)

(1)携球液的性能、数量应按设计要求准备。
(2)按设计要求进行清孔,注意压力变化,及时分析清孔效果。
(3)顶替完携球液后,停泵15~20min,等球下沉。

5.测试压裂

(1)应进行一次以上瞬时停泵。
(2)测压力降落时间应为泵注时间两倍以上。

6.压裂施工

(1)泵前垫液。应将与压裂液冻胶不相溶的防膨剂、防蜡剂、除氧剂等添加剂在此阶段注入。
(2)泵预前置液。应采用能降低裂缝端部的流动阻力,同时能进行降温的不交联原胶。
(3)泵前置液。应采用能为携砂液预造缝,并能观察裂缝延伸状况的冻胶压裂液。
(4)泵携砂液:
①按设计要求,用选择好的混砂车加砂模式进行阶段加砂。
②用仪表车监控仪、密度计监控携砂液砂比、密度,及时调整加砂速度,定期对携砂液进行取样监控。
③注意支撑剂输送时的压力变化,若裂缝脱砂砂堵,应及时停泵处理。
(5)加砂阶段故障处理:
①加砂阶段发现交联剂或原胶中任一种液体不足时,均不能继续加砂施工,应提前顶替。
②加砂阶段裂缝脱砂砂堵时若要继续加砂,则应立即开井放喷一个顶替量,将裂缝中浓砂团反冲开后停止放喷,重新再泵前置液、携砂液,将设计砂量加完。重新泵入的前置液作为隔离液,不计入携砂液总量。
③对于易发生裂缝脱砂砂堵的地区,应多做几次测试压裂,核实该区压裂液综合滤失系数,及时调整压裂设计。

(6)泵顶替液：

①当携砂液密度降到压裂液本身密度时，开始计顶替液。顶替不能过量。

②顶替阶段正是最后阶段携砂液进入裂缝阶段，要特别精心观察高砂比段能否顺利进入裂缝。

7. 记录压裂后压力降落

(1)开始记录压力降落，10~15min 以前应加密记录。

(2)测压力降落时间应为泵注时间的两倍以上。

二、施工工序的质量要求

1. 压前对作业队准备工作的要求

(1)下入规定直径的油管带相应直径的通井规通井至人工井底。

(2)下入封隔器的压裂井应下规定直径的油管并带刮管器，在坐封位置的上下20m内反复刮管三次。

(3)用当地净化水洗井一周以上至清洁，并用防膨液替满井筒。

(4)按设计要求装上相应型号的压裂井口，用四道绷绳固定在地锚上，同时要装上校验过的油压表和套压表。

2. 施工过程的质量控制

(1)接好地面管汇，套管要接压力传感器以备监测套管压力，在设计规定压力下，走泵试压5min 不刺不漏方可进行下面的施工。

(2)压裂施工应完全遵照施工设计程序表进行，施工人员应调节好交联比。

(3)井口阀门应由专人负责，施工过程中一旦有压力超过限制压力，指挥施工人员应及时停止施工，防止出现事故。

三、施工注意事项

(1)下井管柱必须认真检查、丈量准确，油管必须是 N80 及以上钢级油管，变换接头强度要求合格，螺纹涂密封脂上紧，保证不刺不漏不断脱，封隔器避开套管接箍位置。

(2)所有接触压裂液的容器必须清洁，无杂物。

(3)施工时控制好交联比，保证压裂液满足施工要求。

(4)压后要求及时排液，避免二次污染。

四、资料录取要求

施工期间及时准确录取以下资料：

(1)施工时间；

(2)压裂方式；

(3)层位、井段、厚度；

(4)管柱结构及深度；

(5)压裂液名称及性能；

(6)泵压；

(7)排量；

(8)液量(前置液、携砂液、顶替液);
(9)混砂比;
(10)支撑剂名称及规范;
(11)实际加砂量;
(12)投球名称、直径、数量及方式;
(13)关井时间及压力变化;
(14)排液方式、排出总液量(油、水)及含砂比。

五、应急预案

(1)施工过程中一旦发生井口刺漏,要立即停止施工,待井筒完全泄压后方可进行整改;
(2)施工过程中如果套管压力突然上升,要立即停止施工,并大排量进行反洗井,根据现场情况确定下步措施。

六、施工安全要求

1. 施工操作要求

(1)施工前开分工、安全大会,各工作岗位分工明确,听从统一指挥;
(2)施工现场排空、放喷管线用30MPa试压合格的无弯头管线,井口必须固定;
(3)压裂施工中井口阀门由专人负责开关,高压区内严禁随意走动,严禁带压进行整改作业;
(4)施工现场要设立明显的标志,避免无关人员进入作业区,作业区域严禁烟火,严禁抽烟,不准携带易燃易爆物品进入施工现场。

2. 对井口的控制

为了确保对井的控制能够永远维持,井口至少要装两个阀,在主井口阀上面应安装一个压裂阀或主阀,如果一个阀门损坏不能控制压力,可以迅速关闭另一个阀门去控制井,最好有一个带法兰的主井口阀接到套管头部,而不是使用螺纹连接,如果需要使用螺纹连接,则需对螺纹的磨损情况和特有的锥体进行严格检查。

3. 对可燃液体的预防措施

在选择油基液体作为压裂液以前,要对它的挥发性进行测试。如果油的雷德蒸气压力小于1,API重力小于50°,开口杯内的闪蒸点为10°F,那么则需重点考虑泵注安全。然而,即使考虑了泵注安全,当泵注油基液体时,仍需遵守几条额外的安全规则。

易燃液体的储罐应进行隔离并放在距离井口至少50m远的地方。如果泵入期间发生问题,这种放置方法有助于减少井口着火的可能性。所有的软管都应用软管罩加以封闭,以防止由车辆发动机溅射出的油。还要注意要确保现场没有烟火,最好的办法是当人们到现场的时候,检查所有人员是否携带火柴和打火机,以防止他们不经意的点火。

最后,在现场需要准备防火设备,并时刻准备灭火,用这些方法就可在发生大型火灾以前将火扑灭。

4. 对泡沫液体的预防措施

N_2和CO_2是泡沫压裂液常用的气体。在液体返排时间,它们提供有效的能量加速返排。

N_2 和 CO_2 的使用也可能发生危险，由于在返排期间，液体从管线内流出，气体会迅速膨胀，这种能量的迅速释放必须要加以控制，以免降低返排放率，并保证人员安全，服务公司推荐了包括泡沫压裂液的返排程序。

另一个经常发生的可能危险是窒息，N_2 和 CO_2 可能集中在地势较低的区域，挤走能呼吸的空气，不要让人员进入这些区域，任何时候，人员都需处于上风区域。在返排期间只需一个人接近井口，使用远程操作的阀门可增加安全性。

七、压后返排

（一）压裂后油井管理

(1) 要及时测压裂后井温剖面曲线及压裂后砂面。

(2) 开井时间应不少于压裂液破胶时间。除设计要求强制裂缝闭合外，均应等裂缝闭合后再开井放喷。

(3) 开井放喷停喷后，要及时连续返排压裂液。

(4) 压裂井投产应单独计量，应及时调整油井工作制度，充分挖掘压裂后油井的生产潜力。

(5) 压裂后应测压力恢复曲线（选井进行），并对比压裂前、后的效果。

（二）压裂施工后的质量控制

压后应按设计规定的时间进行开井排液，既不能提前，也不能延后，提前排液交联的压裂没有完全破胶，会带出入井的支撑剂。延后排液会使破胶化水后的液体在地层内停留时间过长，造成污染。

返排的液体一定要排放到规定的池子内。

（三）环保要求

(1) 现场备液时尽量减少压裂液外溢，减少对井场的污染。添加化工品后，不能将盛装化工品的桶倒放，以免残余化工品外流。

(2) 施工结束后，剩余残液由压裂队负责收回，按指定方式、指定地点排放。施工车辆废机油要用容器回收，施工结束后对井场作业区域进行全面清理。

(3) 压裂液返排时，试油队在井场预先备好土池子，控制排放，不得污染周围地面环境。

◆◆ 思考题 ◆◆

1. 说明油层压裂的目的和作用。
2. 述油层压裂的基本原理。
3. 什么是压裂液？什么是支撑剂？压裂液和支撑剂在压裂施工中各起什么作用？
4. 在压裂施工中，压裂液应具备怎样的性能？
5. 目前现场常用的压裂液类型及特点有哪些？选择压裂液的依据是什么？
6. 在压裂施工中，支撑剂应具备哪些性能？
7. 常用的支撑剂有哪些？其性能特点分别是什么？

第七章 检泵作业

第一节 检泵的原因及分类

从地层中开采石油的方法可以分为两大类:一类是利用地层本身的能量来举升原油,称为自喷采油法;另一类是由于地层本身能量不足,必须人为地用机械设备给井内液体补充能量,才能将原油举升到地面,称为人工举升采油法或机械采油法。

目前全球油井生产中,超过90%的油井采用机械采油的方法进行生产,机械采油根据采油泵结构不同分为有杆泵采油和无杆泵采油。其中,有杆泵一般指利用抽油杆上下往复运动驱动的柱塞式抽油泵。有杆泵采油具有结构简单、适应性强和寿命长的特点,是目前国内外应用最广泛的机械采油方式。无杆泵包括水力活塞泵、水力射流泵和电动潜油泵。

抽油泵,无论是有杆泵还是无杆泵,在井下工作过程中,受到磨损及砂、蜡、气、水等的腐蚀侵害,会使泵的部件受到损害,甚至发生漏失或蜡卡、抽油杆断脱等故障,使油井减产甚至停止生产。因此,必须及时检修、更换泵及其配套装置处理故障,以维护抽油井的正常生产,称为检换泵,简称检泵。抽油泵及其配套工具由于受各种不利因素(如砂、水、气的侵害等)造成井生产效率下降或停产,或者由于生产条件的变化调整生产参数,把这种消除故障或者调整生产参数而进行的作业称为检泵。

一、检泵的原因

导致抽油井检泵的原因很多,具体来说,造成油井检泵的原因主要分为以下几个方面:

(1)油管结蜡检泵。按照抽油井结蜡规律,生产一段时间后就进行检泵,以防止发生蜡卡,一般情况下油井结蜡规律的变化不大,所以油井结蜡检泵周期是比较稳定的。

(2)由于泵漏,使油井产量下降或达不到正常产量要求时,为了提高泵效,防止漏失而进行检泵。

(3)当油井动液面、产量发生突然变化时,为了查明原因,采取恰当措施,需要进行探冲砂与冲砂等工作而进行检泵。

(4)当抽油泵工作失灵,游动阀或固定阀被砂、蜡或其他脏物卡住,影响泵正常工作,就必须进行检泵。

(5)当井下抽油杆发生拉断或脱扣,要进行检泵处理。

(6)为了提高泵的产液量或改变泵的直径,需要进行换泵。

(7)为了改变油井工作制度,需要加深或上提泵挂深度、改变泵径等,需要进行检泵。

(8)当发生了井下落物事故或套管出现了故障等,需要上大修作业时,要进行检泵。

总之,促使检泵的原因很多,有时是由于某项原因造成检泵,有时是几种原因同时发生而迫使检泵。

二、检泵的分类

按照检泵原因和目的的不同,油井检泵分为计划检泵和躺井检泵两类。

所谓计划检泵,指按预定时间或生产到一定限度进行检泵和加深泵、换泵。计划检泵的井,可以根据抽油井的生产规律条件摸索出的检泵时间,也称检泵周期,即两次检泵中间这段时间。影响检泵周期的原因很多,如产量、油层压力、温度、出气、出水情况、原油性质、腐蚀程度、出砂结蜡、结盐、结垢情况、油井管理制度,以及前次检泵质量,都直接影响下次检泵的长短。不同的油田,不同的油井,检泵周期不同。

所谓躺井检泵,也称无计划检泵,是在抽油机正常生产过程中或者未到计划检泵日期,由于井下泵的部件突然发生故障或油井由于某种原因突然变化造成停产,而被迫进行检泵。躺井检泵具有突发性。

第二节 抽油机有杆泵检泵

一、抽油机采油装置组成

抽油机采油装置主要由抽油机、抽油泵和抽油杆组成,简称"三抽"设备,如图7-1所示。

(一)抽油机

抽油机作为三抽设备的主要设备之一,是有杆泵采油的地面动力设备。

抽油机按传动方式分为机械式传动抽油机和液压式传动抽油机两类;按结构分为游梁式抽油机和无游梁式抽油机两类。游梁式抽油机按结构的不同分为常规型抽油机、前置型抽油机、异形抽油机。

游梁式抽油机最主要的特点就是有一个能绕支架轴承上下摆动的游梁,是目前石油矿场普遍使用并占主导地位的抽油机。游梁式抽油机的基本特点是结构简单,制造容易,维修方便,特别是可以长期在油田全天候运转,使用可靠。因此,虽然存在驴头悬点运动的加速度较大,平衡效果较差、效率较低,在长冲程时体积较大和笨重等缺点,但仍然是目前应用最广泛的抽油机。下面以游梁式抽油机为例进行介绍。

1. 结构

游梁式抽油机有许多类型,但大都是在常规游梁式抽油机的基础上加以改进的,所以组成基本相同或类似,主要包括动力设备、减速装置、曲柄—游梁—连杆机构和辅助装置四部分。

(1)动力设备:抽油机的动力机是抽油机系统的动力装置。目前石油矿场使用的抽油机动力设备主要是电动机和内燃机(柴油机、天然气发动机)两种,其中应用最多的是电动机,并以三相异步封闭式鼠笼型电动机为主。

(2)减速装置:包括减速箱和大、小皮带轮。

结构原理:减速装置减速包括皮带减速和减速箱减速。皮带减速是由转速与皮带轮的直

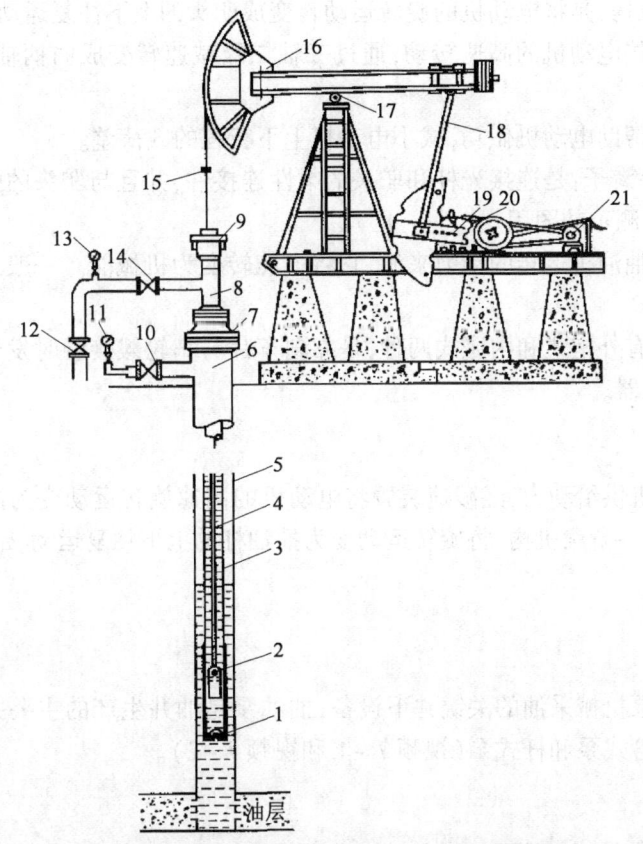

图 7-1 游梁式抽油机—深井泵采油装置图
1—固定阀;2—活塞;3—油管;4—抽油杆;5—套管;6—套管三通;7—法兰盘;8—油管三通;
9—光杆密封器;10—套管阀门;11—套压表;12—回压阀门;13—回压表;14—生产阀门;
15—悬绳器;16—驴头;17—中轴承;18—连杆;19—曲柄;20—减速器;21—电动机

径比决定的,转速与皮带轮的直径比成反比,即皮带轮直径比越大,转速越低;反之,则相反。

减速箱减速采用的是三轴两级减速。输入轴一端装有大皮带轮,另一端装有刹车轮,输出轴两端装有曲柄,输入轴装有两个小齿轮,带动中间轴上的两个大齿轮,转速变低。同时中间轴上的大齿轮转速与小齿轮相同,这两个小齿轮又带动输出轴上的两个大齿轮,转速进一步降低,并带动曲柄做低速转动。

减速装置的作用是将电动机的高速旋转运动变成曲柄的低速旋转运动。

(3)游梁—连杆—曲柄机构:又称四连杆机构,是以游梁支点和曲柄轴中心的连线作固定杆,以曲柄、连杆和游梁后臂为三个活动杆所构成的平面四连杆机构。其作用是将曲柄的低速旋转运动变为抽油杆的上下往复直线运动。

(4)辅助设备:作用是将抽油机连接成一体,实现抽油机的协调运转。

2.抽油机主要部件的作用

(1)驴头:将游梁前端的往复圆弧运动变为抽油杆柱的垂直直线往复运动,同时可保证抽油时光杆始终对准井口中心,承担井下各种载荷的作用。

(2)游梁:装在支架轴承上,前端安装驴头承受井下载荷,后端连接横梁、连杆、曲柄。游梁绕支架轴承上下摆动来传递动力。

(3)曲柄连杆机构:是将电动机的旋转运动转变成驴头的上下往复运动。

(4)减速箱:是将电动机的高速转动,通过三轴二级减速转变成曲柄轴的低速转动,同时支撑平衡块。

(5)平衡块:是帮助电动机做功,减小电动机上下行程的载荷差。

(6)悬绳器和毛辫子:是连接光杆和驴头的柔性连接件,并且与驴头的弧面保持相切的方向,还可安装动力仪测示功图用。

(7)电动机:是抽油机运转的动力来源,它将电能转变为机械能。一般采用感应式三相交流电动机。

(8)刹车装置:有外抱式和内胀式两种,是靠刹车片与车轮毂接触时发生摩擦而起到制动作用,所以也称制动器。

3. 工作原理

抽油机由电动机供给动力,经减速装置将电动机的高速旋转运动变为曲柄的低速旋转运动,并由曲柄—连杆—游梁机构,将旋转运动变为抽油杆的上下往复运动,带动深井泵工作,抽油出井。

(二)抽油泵

抽油泵是有杆泵机械采油的关键井下设备,抽油泵是油井生产的主要井下设备之一。抽油泵按结构可分为管式泵和杆式泵(视频7-1和视频7-2)。

1. 管式泵

管式泵又称油管泵,由工作筒、活塞、固定阀、游动阀四部分组成,如图7-2(a)所示。与杆式泵相比具有结构简单、成本低、排量大、检泵工作量大等特点,适用于供液能力强,产量较高的浅、中深油井。

2. 杆式泵

杆式泵由内外两个工作筒、活塞、固定阀、游动阀组成,如图7-2(b)所示。外筒上装有锥体座及卡簧。内筒上端有圆锥体,下端有固定阀。杆式泵具有检泵方便、结构复杂、造价高、排量小的特点,适用于液面较低,产量小的油井。目前,由于杆式泵结构复杂、造价高且不能满足大排量提液的需求,故应用较少。

视频7-1 普通管式抽油泵

视频7-2 普通杆式抽油泵

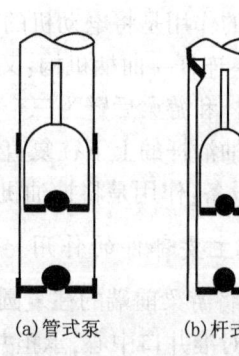
(a)管式泵 (b)杆式泵

图7-2 泵结构图

(三)抽油杆

抽油杆是将抽油机的动力和运动传递给抽油泵进行抽吸的部件,可分为光杆、抽油杆、加重杆,其中抽油杆的结构如图7-3所示。

1. 光杆

光杆是抽油杆上部一根特殊的抽油杆,主要用于连接驴头毛辫子与井下抽油杆,由井口密封盒密封,并将地面往复动力传递给井下抽油杆。

2. 抽油杆

抽油杆是两端加粗并车制螺纹的实心或空心杆,用于连接光杆与抽油泵,并将地面动力传递给抽油泵。抽油杆按材质分为钢制抽油杆、增强塑料抽油杆、玻璃纤维抽油杆;按结构分为实心轴杆、空心抽油杆;按强度分为普通抽油杆和超高强度抽油杆。

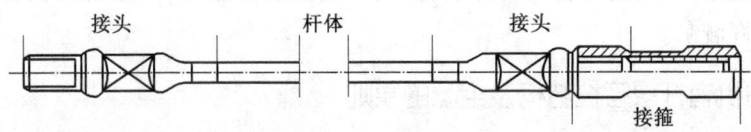

图7-3 抽油杆结构图

(四)配套工具

1. 泄油器

泄油器是针对国内绝大多数管式泵的固定阀不可捞,为了在油井作业施工时将泵管柱内液体泄至井内,改善井口操作条件,减少井场污染,同时提高井内液面,在一定程度上避免井喷的一种器具。目前,国内泄油器种类繁多,按操作方式分类,分为液压式和机械式两大类。

1) 液压式泄油器

液压式泄油器属于一次性开启类型,使用时一旦误操作,就必须起出管柱,而且憋压值随机性很大,不易掌握。目前液压式泄油器分为爆破式和憋压式两种。

(1)爆破式泄油器。在泄油器上安装一个金属爆破片,当内外压差达到极限强度时,爆破片爆破,将油管内液体泄入井内。

(2)憋压式泄油器。在泄油器外壳装一个用定位销钉固定的密封套,油管内憋压时形成泄油器内外压差,此压差作用在两个"O"形圈环形面积上的力剪断销钉,泄油器即打开泄油。

2) 机械式泄油器

目前各油田都在研制抽油杆控制的泄油器,但都属于滑套式,其基本结构有三种:一是卡簧式;二是锁球式;三是凸轮式。卡簧式应用较多,而锁球式和凸轮式因时间长了容易失灵,目前使用不多。

2. 油管锚

随着石油工业的发展,一些埋藏深、低渗透的油田不断投入开发。有杆泵采油的举升高度不断加大,油管柱和抽油杆越来越长,受力状况日趋复杂。用油管锚将油管下端固定,则可以消除油管变形,减少冲程损失。

目前现场使用的油管锚基本分为机械式油管锚和液力式油管锚两大类。机械式油管锚按锚定方式分为张力式、压缩式和旋转式三种,液力式油管锚按锚定方式分为压差式和憋压式两种。

3. 抽油杆脱接器

抽油杆脱接器是一种用在抽油泵直径大于泵上油管直径的油井上,使抽油杆与柱塞在井下脱开和连接的工具。一般都是利用卡簧爪、卡子或锁爪和锁紧滑套等机构将抽油杆与柱塞实现脱接。常用的有 ZTJ 型自锁式脱接器、双卡脱接器、爪式脱接器和 TJQ-Ⅲ型脱接器。

原理:脱接器组装好后接在活塞拉杆上,随泵和油管下入井内。外接头是由上接头、销钉、脱接器接头、连杆组成,装好后接在下井的第一根抽油杆下端,在井下连杆外接头进入卡簧,就将活塞抓住,活塞与抽油杆连接为一整体。起抽油杆时,压帽上行至泄油器遇阻,打开泄油器,但压帽不能通过泄油器,此时将销钉剪断,上接头随抽油杆起出,其余部件留在滑杆上随泵起出。抽油中允许碰泵。

(五)抽油机有杆泵管柱结构及组配的原则

1. 管柱结构

以 $\phi 44$mm 泵为例,其常规管柱结构自内而外、自下而上依次是:

(1)$\phi 44$mm 活塞 + 组合抽油杆 + $\phi 38$mm 光杆。

(2)$\phi 89$mm 喇叭口 + $\phi 73$mm 平式油管 + $\phi 44$mm 泵(带泄油器) + $\phi 73$mm 油管 + $\phi 89$mm 油管。

2. 组配原则

管柱组配时首先要准确计算下泵深度,然后合理地组配抽油杆和油管,选择合格的抽油杆、油管和深井泵等。

(1)组配管柱。按照要求组装连接好下井管柱,从各部尺寸可以计算出抽油井管柱各部分的下井深度。

①泵挂深度 = 油补距 + 油管挂短接 + 泵以上油管总长 + 泄油器长 + 泵长。

②尾管深度 = 油补距 + 油补距 + 油管挂短接 + 泵以上油管总长 + 泄油器长 + 泵长 + 其他工具长 + 尾管长。

③抽油杆和油管组装。驴头处于下死点时,光杆伸入油管头法兰以上 + 抽油杆总长 + 其他连接工具长 + 活塞长 + 防冲距 = 油管挂短接长 + 油管总长 + 泄油器长 + 泵长。

(2)对管柱的要求。作业施工时将抽油杆和油管排放整齐,支点应得当,以免压弯,内外清洁,螺纹完好无损。运送泵体时防止砸撞及剧烈振动,以防泵体损坏及泵的衬套(指管式泵)振乱等。管柱下井时,应详细检查各部件完好状况及其规范尺寸,对不符合设计要求或质量不合格者,一律不准下井。

(3)管柱调配的原则。

光油管井(自喷、抽油)管柱底部必须装喇叭口。

卡封井封隔器必须避开套管接箍卡在夹层的中部,上部如需装筛管,配产器时必须接在一起以防封隔器上沉砂。封隔器、油管、尾管、丝堵等连接时,必须在外螺纹上涂密封脂用管钳上紧,认真检查,保证密封良好。

夹层小于2m的井必须在井口累计油管螺纹的扣余量:$\phi73\times5.5$mm油管(平式)的一扣长度为2.54mm,$\phi73\times5.5$mm外加厚油管的一扣长度为3.01mm。座封前后必须用电测验封,保证卡封准确。

①油管抗拉强度调配。加厚或大直径油管,高强度油管原则上集中配检管柱的上部,不得混掺下井;油管短接,大小头螺纹一致,不得用非API标准螺纹的接头强行与其配合。

②管柱协调匹配。管柱规范必须匹配,下入A型接箍的25mm抽油杆与3in油管长度要匹配。管柱与管内下井工具必须匹配,下井油管及工具必须保证管内工具的顺利通过。

③管柱杆柱结构的组合必须满足直径下小上大,严禁混下。

二、抽油机有杆泵型号及表示方法

抽油泵型号的表示方法如图7-4所示。

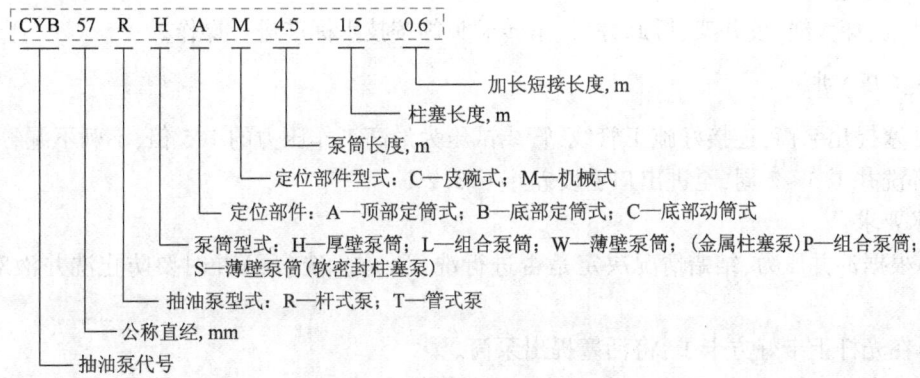

图7-4 抽油泵型号表示方法

标记示例:公称直径为70mm,泵筒长度为4.5m,厚壁整筒泵,金属柱塞长1.2m,有一节0.6m长的加长短节的管式泵标记如下:

$$CYB70TH4.5-1.2-0.6$$

三、抽油泵检泵施工

(一)施工准备

1. 资料准备

(1)完井数据:完钻日期、井深、人工井底、套管规格(包括外径、壁厚、下深度)、油套补距;射孔井段、层位及射孔枪型;砂岩厚度、有效厚度、饱和压力和原始压力。

(2)油井生产参数:包括静压、流压;产液量、产油量、气油比、含水率;油嘴、油压及套压。

2. 井场勘查

井场勘查包括井位、井场、电源、采油树、地面管路流程、电缆走向、进井场道路、工农关系。

3. 设备及工具、用料用液准备

(1)设备准备:提升设备包括井架、天车、游动滑车、通井机或修井机;循环设备包括循环池、灌液池、水龙头、水龙带等;井控设备包括与地层压力相匹配的防喷器、防喷管线、压井管线等。

(2)工具、用料用液准备:工具包括冲砂笔尖、刮削器、通井规等;用料包括符合设计要求的油管、抽油杆、抽油泵;用液包括体积为井筒容积1.5~2倍的修井液,其密度、黏度应符合设计要求。

(二)抽油泵井检泵施工工序及技术要求

检泵作业施工工序主要包括搬上、洗(压)井、起抽油杆、起原井管柱、探冲砂、通井、套管刮削、下完井管柱、下抽油杆、试抽交井。

1. 搬上

与甲方履行交接井手续,全套设备搬上就位,验收合格后方可开工。
技术要求:
立井架、穿大绳、校井架、拆卸井口、吊转驴头等按技术标准进行操作。

2. 洗(压)井

将活塞提出泵筒,连接好施工管线,管线试压为最高工作压力的1.5倍,不刺不漏,用修井液反循环洗井1.5~2周,至进出口密度差小于0.2%。
技术要求:
(1)根据油井压力、结蜡情况决定是否进行洗(压)井,洗(压)井时要防止洗井液对地层的污染。
(2)在光杆上卡好方卡子,将活塞提出泵筒。
(3)洗井用液量不低于井筒容积的1.5~2倍,对于稠油井及含蜡量高的井水温不低于60℃。

3. 起抽油杆

试提光杆无卡阻,起出抽油杆,带出活塞。
技术要求:
(1)抽油杆桥要求使用4根油管搭成,起出的抽油杆在杆桥上每10根1组排放整齐,抽油杆悬空端长度不得大于1.0m,抽油杆距地面高度不得小于0.5m。
(2)上提抽油杆柱遇阻时,不能盲目硬拔,应查清原因制定措施后再进行处理。

4. 起原井管柱

拆井口,安装防喷器,试压合格。试提悬挂器无卡阻,起出井内油管带出泵及相关工具。
技术要求:
(1)防喷器试压应符合标准要求。
(2)油管桥至少使用3根油管搭成,起出的油管在管桥上每10根1组排放整齐,油管悬空端长度不得大于1.5m,油管距地面高度不得小于0.3m。

5. 探冲砂

管柱组合应符合设计要求,如自下而上为:笔尖+油管,实探砂面无砂起出,有砂则冲砂至人工井底或设计深度。

技术要求:

(1)当油管或下井工具下至距油层上界30m时,下放速度应小于或等于5m/min,以悬重下降10~20kN时为遇砂面,连探三次平均深度为砂面深度。

(2)冲砂时排量不小于500L/min,冲到位后应充分洗井至出口含砂量小于0.2%,停泵上提管柱至原砂面以上30m,沉砂4h后复探砂面,连探3次,误差小于0.5m为合格。

6. 通井

管柱组合应符合设计要求,如自下而上为:通井规+安全接头+油管,通井至人工井底或设计深度。

技术要求:

(1)通井时要平稳操作,下管柱速度控制为10~20m/min,下到距离设计位置或人工井底100m时下放速度不得超过5~10m/min。当通到人工井底悬重下降10~20kN时,重复两次,测得人工井底深度误差小于0.5m。

(2)通井至人工井底上提管柱2m,用修井液充分洗井至出口机械杂质含量小于0.2%。

7. 套管刮削

管柱组合应符合设计要求,如自下而上为:套管刮削器+安全接头+油管,刮削至人工井底或设计深度。

技术要求:

(1)下管柱要平稳,要控制下放速度小于或等于30m/min,下到距设计要求刮削井段以上50m时,下放管柱的速度控制为小于或等于10m/min。在设计刮削井段以上2m开泵循环,循环正常后,反复多次刮削,直到管柱下放时悬重正常为止。

(2)刮削至人工井底,用修井液充分洗井至出口机械杂质含量小于0.2%。

8. 下完井管柱

管柱组合应符合设计要求,如自下而上为:丝堵+尾管+筛管+尾管+泵+泄油器+油管+悬挂器。

技术要求:

(1)下井油管、工具均应检测合格,精确丈量确保下入深度与设计一致。

(2)下井油管螺纹必须清洗干净后涂密封脂,并按规定扭矩上紧。

9. 下抽油杆

管柱组合应符合设计要求,如自下而上为:活塞+抽油杆+光杆。

技术要求:

(1)抽油杆需按相应力矩上紧。

(2)活塞坐进泵筒后,光杆伸入顶丝法兰以下长度不小于防冲距与最大冲程长度之和,光杆在防喷盒平面以上长度应在1.2~1.5m之间。

10. 试抽交井

试抽合格后与甲方履行交接井手续交井。

技术要求:

试抽憋压3MPa,稳压15min,压降小于0.3MPa为合格,憋压不合格者应查找原因。

第三节 地面驱动螺杆泵检泵

一、螺杆泵结构

以地面驱动井下单螺杆泵采油系统为例,如图7-5所示。

螺杆泵根据传动形式不同,可分为皮带传动和直接传动两种形式。皮带传动是电动机、皮带传动轮、减速器等均置于地面采油井口装置上面。当驱动装置工作时,带动抽油杆和转子旋转,将油举升到地面;直接传动是将电动机轴立起来,通过行星减速器与抽油杆光杆直接连接,驱动抽油杆旋转(视频7-3)。

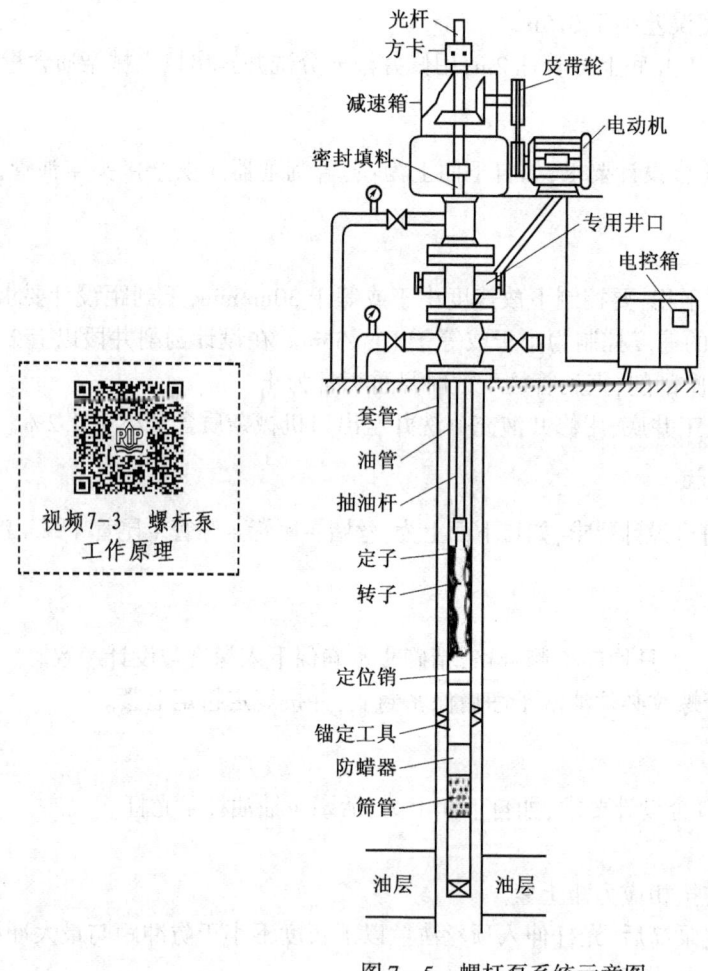

图7-5 螺杆泵系统示意图

(一)螺杆泵系统组成

螺杆泵系统包括地面驱动部分、井下螺杆泵部分、电控部分、配套工具及其他井下管柱等五部分。

1. 地面驱动部分

地面驱动部分包括减速箱、皮带传动、电动机、密封填料盒、支撑架、方卡子等。

地面驱动装置是螺杆泵采油系统的主要地面设备,是把动力传递给井下螺杆泵转子,实现抽汲原油的机械装置。按变速形式可分为无级调速和分级调速两种。

(1)减速箱:主要作用是传递动力并实现一级转速。它将电动机的动力由输入轴通过齿轮传递到输出轴,输出轴连接光杆,由光杆通过抽油杆将动力传递到井下螺杆泵转子。减速箱除了具有传递动力的作用外,还将抽油杆的轴向负荷传递到采油树上。

(2)电动机:螺杆泵的动力源,将电能转化为机械能,多采用防爆型三相异步电动机。

(3)密封盒:主要作用是密封井口,防止井液流出。

(4)方卡子:主要作用是将减速箱输出轴与光杆连接起来。

2. 井下螺杆泵部分

井下螺杆泵部分主要由抽油杆、接头、转子、导向头和油管、接箍、定子、尾管等组成。

3. 电控部分

电控部分包括电控箱、电缆等。电控箱是螺杆泵井的控制部分,控制电动机的启、停。该装置能自动显示、记录螺杆泵井正常生产时的电流、累计运行时间等,有过载、欠载保护功能,确保生产井的正常生产。

4. 配套工具部分

配套工具部分包括防脱工具、防蜡器、泵与套管锚定装置、泄油阀、封隔器等。

5. 其他井下管柱

其他井下管柱包括常规及简易井口装置、专用井口、内螺纹及外螺纹油管、实心及空心抽油杆、抽油杆扶正器、油管扶正器、抽油杆防倒转装置、油管防脱装置、防抽空装置等。

(1)专用井口:简化了采油树,使用、维修、保养方便,同时增加了井口强度,减少了地面驱动装置的振动,起到保护光杆和更换密封盒时密封井口的作用。

(2)特殊光杆:强度大,防断裂,光洁度高,有利于井口密封。

(3)抽油杆扶正器:避免或减缓抽油杆与油管的磨损。

(4)油管扶正器:减小油管柱振动和磨损。

(5)抽油杆防倒转装置:防止抽油杆倒扣。

(6)油管防脱装置:防止油管脱落。

(7)防抽空装置:安装井口流量式或压力式抽空保护装置可有效避免因地层供液能力不足造成的螺杆泵损坏。

6. 地面驱动螺杆泵的工作原理

地面驱动螺杆泵采油系统由电动机提供动力,通过皮带、皮带轮的减速,带动输入轴转动,通过角齿与盆齿的啮合,变成输出轴的旋转运动,再通过光杆卡箍使光杆转动,从而带动抽油杆、转子旋转。转子与定子配合,形成一系列互相独立的封闭空腔,工作过程中,转子转动,形成的空腔携带液体从吸入端运动到排出端,空腔的连续运动就在排出口形成连续的液流,达到抽汲液体的目的。

这种采油方法简便,不需泄油装置。同时可在生产过程中测量动液面,使用费用也较低,是较理想的采油方法之一。

地面驱动分为电动机、柴油机、液力等方式。地面驱动螺杆泵一般适用于井深小于1000m的井。

(二)螺杆泵地面驱动头

驱动头是地面的一个主要减速装置,它将动力源的高转速降低到适合螺杆泵及抽油杆的转速,一般为150~500r/min,目前应用的驱动头的结构形式主要有偏置式、一体式、平衡式三种,如图7-6所示。

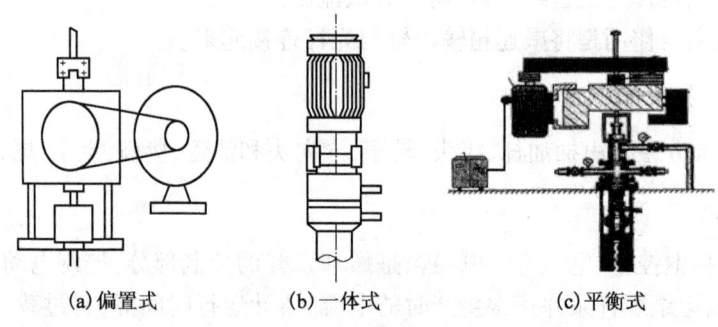

图7-6 螺杆泵地面驱动头的结构形式

(1)偏置式:电动机呈卧式或立式,动力机的旋转运动通过皮带轮第一级减速传给减速箱,减速箱体内部有一对伞齿轮,将绕水平轴线的旋转变为绕垂直轴线的旋转。箱体与井口法兰连接,钢圈密封,光杆用密封填料盒密封。偏置式驱动装置的特点是重量轻,体积小,不需用平衡装置。

(2)一体式:电动机呈立式,输出轴端连接一摆线针轮减速器,减速器下端直接与井口连接,这种装置对中性能最好,不存在偏心,实现动、静平衡,且体积小、重量轻、操作方便,缺点是调参困难,光杆动密封可靠性能差。

(3)平衡式:这种形式的驱动头的电动机呈立式,动力机的旋转运动通过一对皮带轮第一级减速将动力传给减速箱,减速箱内有一对直齿轮,再次减速。箱体内两根轴呈平行分布,整体占据空间较大,需在电动机对侧放一平衡块,以便调整重心对准井口。驱动头与井口法兰连接,钢圈密封,光杆转动,密封填料动密封封住光杆。这种装置体积大,重量大,移动不方便,但稳定性好,目前应用较多。

(三)光杆连接方式

驱动装置通过光杆与抽油杆杆柱相连接,光杆表面较光滑,上端穿过驱动头的轴套孔,通过方卡子与轴套连接;下端与抽油杆柱上端的螺纹连接。驱动装置下部安装密封填料盒,密封住旋转的光杆。抽油杆柱负荷通过光杆传递给驱动装置,负荷由井口承受。这种光杆主要传递动力,称为动力光杆。

(四)动力源

常用动力源有电动机、柴油机、拖拉机、液压马达等。

(1)电动机通过皮带轮将动力传至驱动装置,操作简便,易于管理,是应用最广泛的一种。

(2)柴油机通过皮带将动力传给驱动装置,这种方式可用在无电网地区,但相应增加部分管理费用,在国内有些油田采用。

(3)拖拉机尾部连接一变速箱,通过十字轴将动力传给驱动装置,这种方式比较适宜不设置电网、管网,是低产油田开采的较理想方式。

(4)液压传动提供动力适用于低产油田间歇采油。

(五)防反转机构

螺杆泵在运转一段时间后,井下抽油杆柱积累了一部分能量;另外,由于杆管环空内与油套环空内液面的高度差造成螺杆泵像液压马达那样反转。在地面驱动螺杆泵井停机时,抽油杆柱将高速反转,如果不加以限制,由于惯性作用会造成抽油杆柱脱扣,所以必须在地面驱动螺杆泵驱动装置上设计防反转机构,设计时应参考抽油杆柱所能承受的最大扭矩。

(六)井下泵

井下泵包括定子和转子,其结构如图7-7所示。定子是由丁腈橡胶衬套浇铸黏接在钢体外套内形成的。衬套的内表面是双螺旋曲面,它与螺杆泵转子相配合。

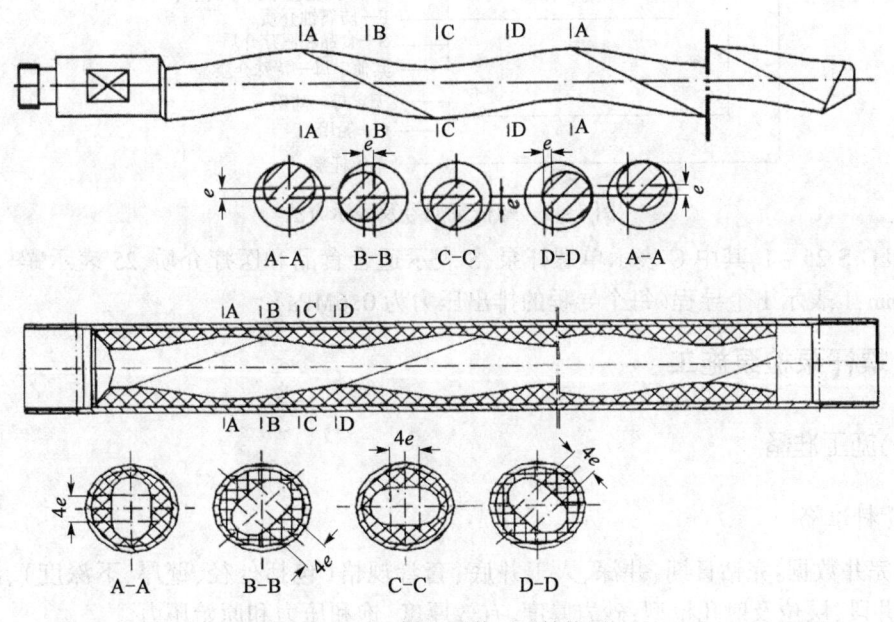

图7-7 螺杆泵井下泵结构图

一个转子就是一个横截面为圆形的长螺旋体,由高强度钢精工制作,表面镀铬,具有很好的抗磨性。螺杆泵单级举升扬程一般不超过70m水柱,即单级最大工作压力不超过0.7MPa。单级工作压差主要是靠定子、转子间的过盈来实现的。过盈越大,单级工作压差越大,转子扭矩越大。过盈越小,单级工作压差越小。所以螺杆泵定子、转子间的过盈应选合理值。过盈量的确定必须在掌握了定子橡胶物性之后。

(七)井下配套工具

1. 防转锚

防转锚用于保证定子、转子间相对运动的实现,它位于螺杆泵定子的下端,与定子连接。

当油管受正转力矩时,防转锚的牙块伸出,与套管咬死,阻止油管正转;当油管受到反转力矩时,防转锚牙块缩回,与套管松开,油管反转。在螺杆泵正常运转抽油时,转子正转,由于摩擦力,使定子受到一个正转力矩,有了防转锚,阻止油管正转,保证定子、转子间相对运动的实现。

2. 扶正器

扶正器包括油管扶正器和抽油杆柱扶正器。油管扶正器主要是防止螺杆泵振动,抽油杆柱扶正器防止抽油杆柱磨损油管,使抽油杆在油管内居中,减少杆、管间的磨损。

二、螺杆泵型号及表示方法

螺杆泵型号及表示方法如图 7-8 所示。

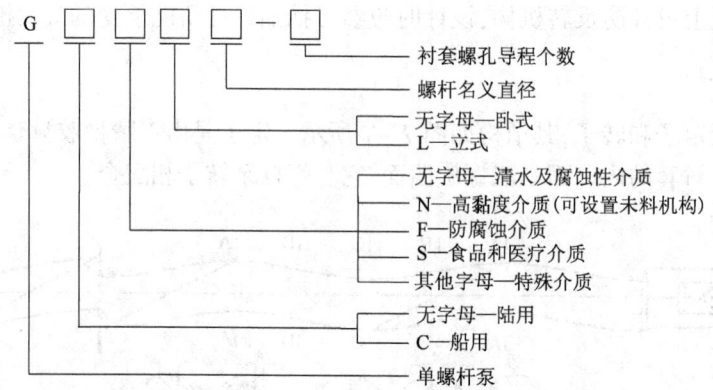

图 7-8 螺杆泵型号及表示方法

例如 C S 25 1,其中 G 表示单螺杆泵,S 表示适合食品和医疗介质,25 表示螺杆名义直径是 25mm,1 表示 1 个导程(每个导程的排出压力为 0.6MPa)。

三、螺杆泵检泵施工

(一)施工准备

1. 资料准备

(1)完井数据:完钻日期、井深、人工井底、套管规格(包括外径、壁厚、下深度)、油、套补距;射孔井段、层位及射孔枪型;砂岩厚度、有效厚度、饱和压力和原始压力。

(2)油井生产参数:包括静压、流压;产液量、产油量、气油比、含水率;油嘴、油压及套压。

2. 井场勘查

井场勘查包括井位、井场、电源、采油树、地面管路流程、电缆走向、进井场道路、工农关系。

3. 设备及工具、用料用液准备

(1)设备准备:提升设备包括井架、天车、游动滑车、通井机或修井机;循环设备包括循环池、灌液池、水龙头、水龙带等;井控设备包括与地层压力相匹配的防喷器、防喷管线、压井管线等。

(2)工具、用料用液准备:工具包括冲砂笔尖、刮削器、通井规等;用料用液准备:符合设计要求的油管、抽油杆、螺杆泵,体积为井筒容积 1.5~2 倍的修井液,其密度、黏度应符合设计要求。

(二)检泵施工工序及技术要求

检泵作业施工工序主要包括搬上、洗(压)井、起抽油杆、起原井管柱、探冲砂、通井、套管刮削、下完井管柱、下抽油杆、试运转交井。

1. 搬上

与甲方履行交接井手续,全套设备搬上就位,验收合格后方可开工。

技术要求:

立井架、穿大绳、校井架、拆卸井口等按技术标准进行操作。

2. 洗(压)井

连接好施工管线,管线试压为最高工作压力的 1.5 倍,不刺不漏,用修井液反循环洗井 1.5~2 周,至进出口密度差小于 0.2%。

技术要求:

(1)根据油井压力、结蜡情况决定是否进行洗(压)井,洗(压)井时要防止洗井液对地层的污染。

(2)洗井用液量不低于井筒容积的 1.5~2 倍。

3. 起抽油杆

起出抽油杆,带出转子。

技术要求:

(1)抽油杆桥要求使用 4 根油管搭成,起出的抽油杆在杆桥上每 10 根 1 组排放整齐,抽油杆悬空端长度不得大于 1.0m,抽油杆距地面高度不得小于 0.5m。

(2)检查抽油杆及转子磨损、腐蚀情况,进行描述,做好记录。

4. 起原井管柱

拆井口,安装防喷器,试压合格。起出井内油管带出泵及相关工具。

技术要求:

(1)防喷器试压应符合标准要求。

(2)油管桥至少使用 3 根油管搭成,起出的油管在管桥上每 10 根 1 组排放整齐,油管悬空端长度不得大于 1.5m,油管距地面高度不得小于 0.3m。

5. 探冲砂

管柱组合应符合设计要求,如自下而上为:笔尖 + 油管,实探砂面无砂起出,有砂则冲砂至人工井底或设计深度。

技术要求:

(1)当油管或下井工具下至距油层上界 30m 时,下放速度应小于或等于 5m/min,以悬重下降 10~20kN 时为遇砂面,连探 3 次平均深度为砂面深度。

(2)冲砂时排量不小于 500L/min,冲到位后应充分洗井至出口含砂量小于 0.2%,停泵上提管柱至原砂面以上 30m,沉砂 4h 后复探砂面,连探 3 次,误差小于 0.5m 为合格。

6. 通井

管柱组合应符合设计要求,如自下而上为:通井规 + 安全接头 + 油管,通井至人工井底或设计深度。

技术要求:

(1)通井时要平稳操作,下管柱速度控制为 10~20m/min,下到距离设计位置或人工井底 100m 时下放速度不得超过 5~10m/min。当通到人工井底悬重下降 10~20kN 时,重复两次,测得人工井底深度误差小于 0.5m。

(2)通井至人工井底上提管柱 2m,用修井液充分洗井至出口机械杂质含量小于 0.2%。

7. 套管刮削

管柱组合应符合设计要求,如自下而上为:套管刮削器 + 安全接头 + 油管,刮削至人工井底或设计深度。

技术要求:

(1)下管柱要平稳,要控制下放速度小于或等于 30m/min,下到距设计要求刮削井段以上 50m 时,下放管柱的速度控制为小于或等于 10m/min。在设计刮削井段以上 2m 开泵循环,循环正常后,反复多次刮削,直到管柱下放时悬重正常为止。

(2)刮削至人工井底,用修井液充分洗井至出口机械杂质含量小于 0.2%。

8. 下完井管柱

管柱组合应符合设计要求,如自下而上为:丝堵 + 筛管 + 油管防脱器 + 定位销 + 螺杆泵 + 油管 + 扶正器 + 悬挂器。

技术要求:

(1)如坐支撑卡瓦时,上提管柱 800mm 左右,缓慢下放油管,坐卡位置(油管头上平面与套管法兰平面距离)控制在 10~20mm,如果坐封尺寸不合适,可反复几次,直至达到要求。用钢丝绳压下油管挂,上紧顶丝。

(2)如锚定工具是用水力释放时,连接好油管挂,上提管柱至设计要求高度,连接好打压释放线,打压至锚定工具设计压力,坐封后,用钢丝绳压下油管挂,上紧顶丝。

(3)下井油管、工具均应检测合格,精确丈量确保下入深度与设计一致。

(4)下井油管螺纹必须清洗干净后涂密封脂,并按规定扭矩上紧。

9. 下抽油杆

管柱组合应符合设计要求,如自下而上为:转子 + 抽油杆 + 光杆。

技术要求:

(1)转子涂黄油后连接在第一根完整的抽油杆上,下放抽油杆,当转子进入定子时,从地面看到抽油杆转动,当转子碰到定子限位销时,指重表指针随之慢慢下降,这时上提抽油杆,装井口装置。再慢慢下放抽油杆,当转子两次碰到定位销时,按要求上提防冲距,使转子和限位销有一定距离。

(2)抽油杆需按相应力矩上紧。

(3)在转子碰到限位销后,不得转动抽油杆,以防扭坏抽油杆或泵。

10. 试运转交井

试运转合格后与甲方履行交接井手续交井。

技术要求:

(1)安转专用井口,加齿轮油、密封填料,调节电动机正反转,确保光杆为顺时针转动。

(2)启动设备,井口返液正常,井口憋压 5MPa,稳压 15min,压降小于 0.3MPa 为合格。

第四节 电潜泵检泵

一、电潜泵结构

电潜泵全称电动潜油离心泵,简称电泵,是将电动机和泵一起下入油井内液面以下进行抽油的井下举升设备。电潜泵是井下工作的多级离心泵,同油管一起下入井内,地面电源通过变压器、控制屏和潜油电缆将电能输送给井下潜油电动机,使电动机带动多级离心泵旋转,将电能转换为机械能,把油井中的井液举升到地面。在油田生产中,特别是在高含水期,大部分原油是靠电潜泵生产出来的。电潜泵在非自喷高产井或高含水井的举升技术中起着重要的作用。

电潜泵采油系统主要由地面部分、中间部分和井下部分组成,如图7-9所示。地面部分包括变压器、控制屏、接线盒和特殊井口装置等;中间部分主要有油管和潜油电缆;井下部分主要有多级离心泵、油气分离器、潜油电动机和保护器(视频7-4)。

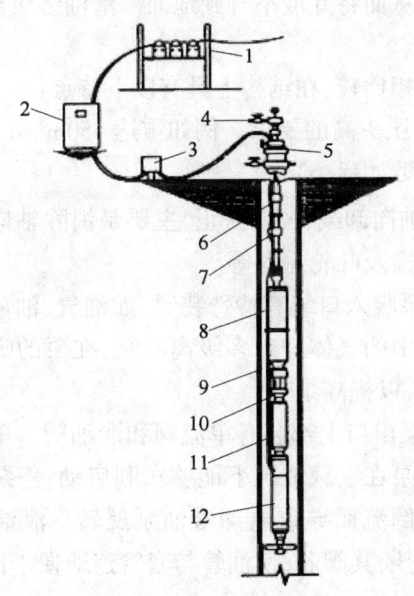

视频7-4 电潜泵

图7-9 电潜泵采油系统示意图
1—变压器;2—控制屏;3—接线盒;4—出油干线;5—井口;6—泄油阀;
7—单流阀;8—多级离心泵;9—潜油电缆;10—分离器;11—保护器;
12—潜油电动机

电潜泵供电流程:地面电源→变压器→控制屏→潜油电缆→潜油电动机。
电潜泵抽油工作流程:分离器→多级离心泵→单流阀→泄油阀→井口→出油干线。

(一)潜油电动机

潜油电动机是机组的动力设备,是将地面输入的电能转化为机械能,进而带动多级离心泵高速旋转;它位于井内机组最下端,其主要结构和工作原理与常用的异步电动机相同,是一种

两极、三相鼠笼式异步感应电动机。为了适应油井条件,潜油电动机应具有以下特点:

(1)廓尺寸细长:由于潜油电动机受到油井套管内径尺寸的限制,但还要满足负荷能力的需要,必须细长才能实现,长度随着其功率的大小而变,最短几米,最长的有十几米。

(2)转子和定子分节,转轴为空心;润滑油循环系统比较特殊。

(3)启动转矩大:在15r(约0.3s)可以满载下全速启动。

(4)转动惯量小。

(5)绝缘等级高。

(6)附带保护器装置及油浴冷却,保证潜油电动机的严格密封。

(二)多级离心泵

1. 泵的结构

潜油多级离心泵的工作原理同地面离心泵一样,当充满在叶轮流道内的液体在离心力作用下从叶轮中心沿叶片间的流道甩向叶轮四周时,液体受叶片的作用,使压力和速度同时增加,并经导轮的流道被引向次一级叶轮。这样,逐级流过所有的叶轮和导轮,进一步使液体的压能增加,逐级叠加后就获得一定的扬程,从而将井液举升到地面。潜油多级离心泵的结构如图7-10所示。

潜油多级离心泵和普通的地面离心泵相比较,在结构上具有以下特点:

(1)直径小,级数多,长度大,主要满足压头高的要求。例如雷达550m^3/d泵,扬程(压头)1000 m的多级离心泵有五节394级,总长度为18.63m。

(2)轴向卸载,径向扶正,主要是消除轴向力而引起的泵轴弯或偏摆及叶轮振动等。

(3)泵吸入口装有特殊装置,如油气、油砂分离器。为了防止井液中的气体进入多级离心泵,在泵的吸入口处装有油气分离器,以提高泵效。

(4)泵出口上部装有单流阀和泄油阀。单流阀用来保证电动潜油泵在空载情况下能够顺利启动;停泵时可以防止油管内液体倒流而导致电动潜油泵反转。泄油阀在修井作业起泵时,剪断其阀芯,使油管与套管连通便于作业。

2. 泵的工作特性

每种类型的电泵都有各自的特性曲线,它是生产厂家以纯水作为流体介质,通过实验绘制的排量与扬程、功率和泵效随排量的变化关系曲线,如图7-11所示。

有了电泵的特性曲线,就可计算出不同排量下,离心泵的有效功率和效率,即可做出$Q-\eta$曲线。由离心泵的特性曲线可以看出:泵的排量随压头增大而减小;泵轴的输入功率随排量的增大而增大。当排出阀门关闭时,泵的排量为零,此时泵轴的功率一般要比额定功率小得多。因此,在开泵时,为减小电动机的启动负荷,应该把排出阀门关闭。在

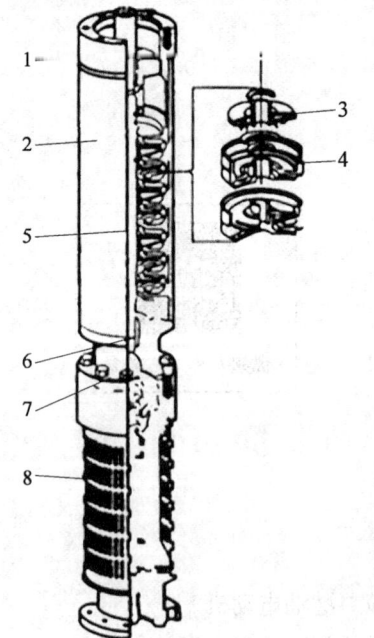

图7-10 潜油多级离心泵结构示意图
1—上接头;2—壳体;3—叶轮;
4—导轮;5—转轴;6—轴套;
7—下接头;8—泵吸入口

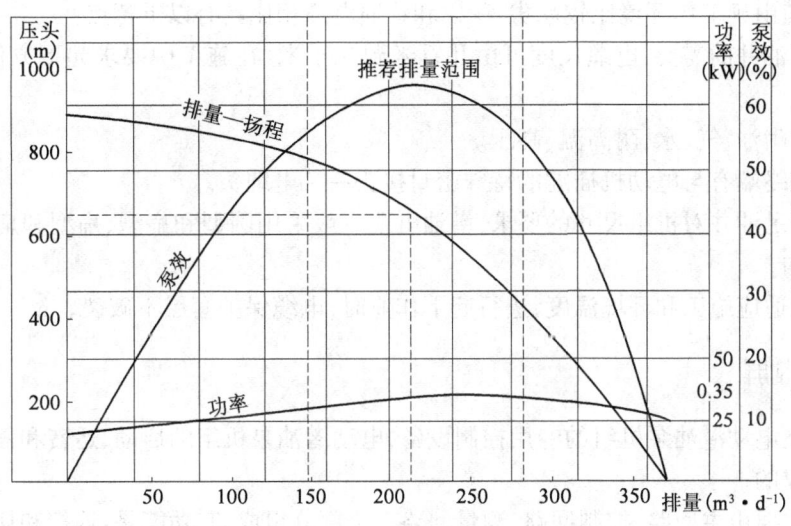

图 7-11 潜油离心泵的特性曲线

离心泵特性曲线上有一个最高效率点,称为额定工作点,该点的排量和压头值即为铭牌上给出的性能指标。在最高效率点附近有一排量范围,其效率随排量的变化而降低很多,这一排量范围称为最佳排量范围。离心泵在工作时要尽可能在额定工作点附近,且必须在最佳排量范围内工作,这样才能使离心泵的工作特性达到最好。

(三)保护器

保护器是利用井液与电动机油密度间的差异,以防止井液进入电动机造成短路而烧毁电动机的装置。它主要是通过隔离腔连接井液与电动机油来完成这一功能。

保护器有四种基本功能:

(1)保护器通过连接外壳和传动轴,把泵和电动机连接起来。

(2)保护器装有止推轴承,以吸收泵轴的轴向推力。

(3)隔离井液与电动机油,同时使井筒—电动机的压力保持平衡。

(4)允许电动机运行时温度升高所造成的电动机油热膨胀以及停机后电动机油的收缩。

目前国内外在电潜泵机组中,所使用的保护器种类很多,但从其原理来看,使用比较普遍的有三种,即连通式、沉淀式和胶囊式。

(四)油气分离器

油气分离器安装在泵的液体吸入口处,当混气流体进入多级离心泵之前,先通过分离器,把自由气体分离出来,以防止和减少气体进泵,保证电潜泵具有良好的工作特性,使多级离心泵能够正常工作。常用的分离器有沉降式分离器和旋转(离心)式分离器两种。

(五)潜油电缆

潜油电缆作为从地面向井下机组传输电力的介质,从外形上看,可分为圆电缆和扁电缆两种,主要由导体(三芯独根铜线或三芯多股铜绞线)、绝缘层、护套层,并用钢带铠装而组成,其中扁电缆分为大扁电缆和小扁电缆两种。

潜油电缆由于工作环境比较恶劣,所以和普通电缆相比具有以下特点:

(1)根据油井的需要,电缆长度可由几百米到几千米,在施工中要求起下方便,而且不易损坏。

(2)要求耐油、气、水,耐高温、高压。

(3)电缆终端有与电动机插配的特殊密封接头——电缆头。

(4)为满足油井对机组尺寸的要求,潜油电缆一般采用圆型和扁型、扁型和扁型连接在一起的复合结构。

(5)要能适应施工和环境温度,进行起下作业时,电缆保护套层不破裂。

(六)控制屏

控制屏是电动潜油泵机组的专用控制设备,电动潜油泵机组的启动、运转和停机都是依靠控制屏来完成的。

控制屏主要由主回路、控制回路、测量回路三个部分组成,其功能是:连接和切断供电电源与负载之间的电路;通过电流记录仪,把机组在井下的运行状态反映出来;通过电压表检测机组的运行电压和控制电压;有识别负载短路和超负荷来完成机组的超载保护停机功能;借助中心控制器,能完成机组的欠载保护停机;能按预定的程序实现自动延时启动;通过选择开关,可以完成机组的手动、自动两种启动方式;通过指示灯可以显示机组的运行、欠载停机、过载停机三种状态。

(七)接线盒

接线盒用来连接地面与井下电缆,具有方便测量机组参数和调整三相电源相序(电动机正反转)的功能;还可以防止井下天然气沿电缆内层进入控制屏而引起的危险。

电动潜油泵井工作原理:地面控制屏把符合标准电压要求的电能,通过接线盒及电缆输给井下潜油电动机,潜油电动机再把电能转换成高速旋转机械能传递给多级离心泵,从而使经油气分离器进入多级离心泵内的液体被加压举升到地面;与此同时井底压力(流压)降低,油层液进而流入井底。

二、电动潜油离心泵型号、参数及工作特性

(一)电动潜油泵型号及参数

电动潜油泵机组型号通常由下列代号表示,如图7-12所示。

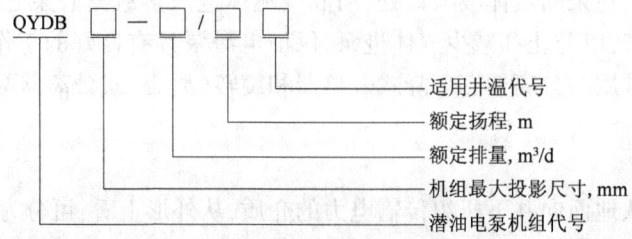

图7-12 电动潜油泵的型号与参数

电动潜油泵主要参数为:

排量——电动潜油泵的最大额定排量,立方米/日(m^3/d);

扬程——电动潜油泵机组打水时的最大扬程,米(m);

功率——潜油电动机输出额定功率,千瓦(kW);

效率——排量效率,油井实际产液量与额定排量之比,%。

适用油井温度分为 $50^\circ C(D)$,$90^\circ C(A)$,$120^\circ C(E)$,$150^\circ C(F)$。

实例:QYDB119-200/1000E 表示额定扬程 1000m,额定排量 $200m^3/d$,适用油井温度 $120^\circ C$ 的 119mm 电动潜油离心泵机组。

(二)电动潜油泵机组保护

电动潜油泵井由于其下泵投入费用以及检泵施工费用都比较高,所以对井下机组的保护是相当重要的。电动潜油泵井井下机组保护可分为地面保护和井下保护两大部分。

1. 地面保护

(1)电源电路保护,有电压、相序、短路、延时保护等。

(2)载荷整流值保护,有过载、欠载电流保护。

2. 井下保护

有单流阀、扶正器、潜油电动机保护器等。

电动潜油泵井井下机组的地面保护都集中在控制屏上,所以要对机组运行电流的过载、欠载保护值的设定,首先要掌握控制屏的组成,由前面的学习可知:电动潜油泵井的控制屏一般都是由三个回路组成的,即主回路、控制回路、测量回路,其功能分别是:

(1)主回路:电路元器件直接与电源变压器(900~1100V 变压)相连,由隔离闸刀来实现接通和断开,电路控制开关是真空交流接触器。

(2)控制回路:电路是由控制电压调整开关、控制电流自动开关、控制方式选择开关等元器件组成,由于它们不直接与电源连接,所以又称二次控制回路,还有中间继电器、压敏电阻、整流电路等几个小部分。

(3)测量回路:电路由电流互感器、电压互感器、电流记录仪、电压电流表等组成,通过这些仪表可对井下机组运行状况及电压与二次回路配合对整个机组运行进行自动控制。

(三)电动潜油泵适用范围

电动潜油泵适用于油层温度低、供液充足、不出砂、不结垢、气量少、原油物性好的井。

油井含气量大,会降低泵效,严重时会造成气锁排不出液体,损坏泵的叶轮和导轮。为了减少气体影响,可在吸入口处安装油气分离器,并保证在一定的沉没度下生产。原油黏度大,会降低泵的扬程,减少泵的排量,使泵效降低。

三、潜油电泵检泵施工

(一)施工准备

1. 资料准备

(1)完井数据:完钻日期、井深、人工井底、套管规格(包括外径、壁厚、下深度)、油、套补距;射孔井段、层位及射孔枪型;砂岩厚度、有效厚度、饱和压力和原始压力。

(2)油井生产参数:包括静压、流压;产液量、产油量、气油比、含水率、油嘴、油压及套压。

2．井场勘查

井场勘查包括井位、井场、电源、采油树、地面管路流程、电缆走向、进井场道路、工农关系。

3．设备及工具、用料用液准备

(1)设备准备:提升设备包括井架、天车、游动滑车、通井机或修井机;循环设备包括循环池、灌液池、水龙头、水龙带等;井控设备包括与地层压力相匹配的防喷器、防喷管线、压井管线等。

(2)工具、用料用液准备:工具包括冲砂笔尖、刮削器、通井规等;用料用液准备:符合设计要求的油管、抽油杆,体积为井筒容积1.5~2倍的修井液,其密度、黏度应符合设计要求。

(3)电潜泵井专用设备及工具:潜油电泵机组、电缆滚筒支架、电缆卡子、电缆保护装置、电动机吊卡(带吊链)、泵吊卡(带吊链)、拉紧钳、锁紧钳、注油泵、小吊钩、导向滑轮、井口支座、电缆卡子剪刀等。

(二)检泵施工工序及技术要求

检泵作业施工工序主要包括搬上、洗(压)井、起原井管柱、探冲砂、通井、套管刮削、下完井管柱、试运转交井。

1．搬上

与甲方履行交接井手续,全套设备搬上就位,验收合格后方可开工。

技术要求:

立井架、穿大绳、校井架、拆卸井口等按技术标准进行操作。

2．洗(压)井

连接好施工管线,管线试压为最高工作压力的1.5倍,不刺不漏,用修井液反循环洗井1.5~2周,至进出口密度差小于0.2%。

技术要求:

(1)根据油井压力、结蜡情况决定是否进行洗(压)井,洗(压)井时要防止洗井液对地层的污染。

(2)洗井用液量不低于井筒容积的1.5~2倍。

3．起原井管柱

拆井口,安装防喷器,试压合格。试提电泵专用悬挂器无卡阻,起出井内油管带出电泵机组及相关工具。

技术要求:

(1)防喷器试压应符合标准要求。

(2)油管桥至少使用3根油管搭成,起出的油管在管桥上每10根1组排放整齐,油管悬空端长度不得大于1.5m,油管距地面高度不得小于0.3m。

(3)往电缆滚筒上缠电缆时,应用橡皮锤排电缆;缠完电缆应将电缆头牢固地绑扎在滚筒上。

(4)拆卸电缆头时应保证井液、水、杂质不进入电动机引线头和电缆头内;在电缆和电动机分开后,应分别测量电动机和电缆的绝缘电阻、直流电阻;测量完毕应及时给电缆头和电动机引线口带上护盖。

4. 探冲砂

管柱组合应符合设计要求,如自下而上为:笔尖+油管,实探砂面无砂起出,有砂则冲砂至人工井底或设计深度。

技术要求:

(1)当油管或下井工具下至距油层上界30m时,下放速度应小于或等于5m/min,以悬重下降10~20kN时为遇砂面,连探3次平均深度为砂面深度。

(2)冲砂时排量不小于500L/min,冲到位后应充分洗井至出口含砂量小于0.2%,停泵上提管柱至原砂面以上30m,沉砂4h后复探砂面,连探3次,误差小于0.5m为合格。

5. 通井

管柱组合应符合设计要求,如自下而上为:通井规+安全接头+油管,通井至人工井底或设计深度。

技术要求:

(1)通井时要平稳操作,下管柱速度控制为10~20m/min,下到距离设计位置或人工井底100m时下放速度不得超过5~10m/min。当通到人工井底悬重下降10~20kN时,重复两次,测得人工井底深度误差小于0.5m。

(2)通井至人工井底上提管柱2m,用修井液充分洗井至出口机械杂质含量小于0.2%。

6. 套管刮削

管柱组合应符合设计要求,如自下而上为:套管刮削器+安全接头+油管,刮削至人工井底或设计深度。

技术要求:

(1)下管柱要平稳,要控制下放速度小于或等于30m/min,下到距设计要求刮削井段以上50m时,下放管柱的速度控制为小于或等于10m/min。在设计刮削井段以上2m开泵循环,循环正常后,反复多次刮削,直到管柱下放时悬重正常为止。

(2)刮削至人工井底,用修井液充分洗井至出口机械杂质含量小于0.2%。

7. 下完井管柱

管柱组合应符合设计要求,如自下而上为:电泵机组(潜油电动机+保护器+分离器+潜油电泵)+油管+单向阀+油管+泄油阀+油管+电泵专用悬挂器。

技术要求:

(1)下井的机组各部件、油管和下井工具必须保持清洁。

(2)电缆下井过程中,作业机起车、停车和运行操作必须平稳;必须有专人管理电缆滚筒。

(3)下井油管、工具均应检测合格,精确丈量确保下入深度与设计一致。

(4)下井油管螺纹必须清洗干净后涂密封脂,并按规定扭矩上紧。

(5)潜油电泵井必须使用单流阀和泄油阀。

8. 试运转交井

试运转合格后与甲方履行交接井手续交井。

技术要求：

(1) 对单向阀以上油管试压 10MPa，稳压 30min，压降小于 0.5MPa 为合格。

(2) 安装井口时必须有专人指挥，不得碰、挤电缆。四通锥面、法兰钢圈槽、悬挂器锥面必须擦净并涂黄油。坐好井口后，井口保证不刺不漏。

(3) 电泵井口流程必须按双翼生产方式设计和安装。

第五节　水力活塞泵检泵

水力活塞泵是一种液压传动的无杆抽油设备，其井下部分主要由液马达、抽油泵和滑阀控制机构组成。动力液由地面加压后，经油管或专用动力液管柱传至井下，通过滑阀控制机构不断改变供给液马达的液体流向来驱动液马达做往复运动，从而带动抽油泵进行抽油。水力活塞泵采油一般是在一些特殊井上应用，如深井（油层地质较复杂的）、斜井等。

一、水力活塞泵结构

水力活塞泵抽油系统如图 7-13 所示，是由许多不同的机械或设备联合成的一个整体。整个系统由两大部分组成，即水力活塞泵油井装置以及地面流程。水力活塞泵抽油井装置包括：水力活塞泵井下机组、井下管柱结构和井口；地面流程包括：地面高压泵机组、高压控制管汇、动力液处理装置和计量装置与地面管线。

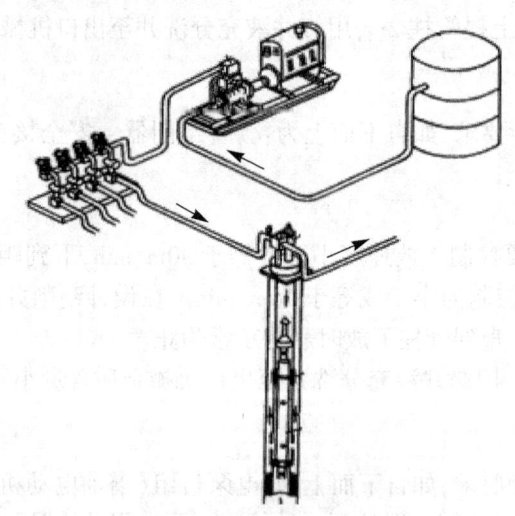

图 7-13　水力活塞泵抽油系统

水力活塞泵抽油系统类型较多，水力活塞泵对油层深度、含蜡、稠油、斜井及水平井具有较强的适应性，其主要缺点是机组结构复杂，加工精度要求高，动力液用原油，计量困难。一般按以下条件进行分类：

(1) 按系统井数分为：单井流程系统、多井集中泵站系统、大型集中泵站系统。

(2) 按动力液循环分为：闭式循环方式、开式循环方式。

(3) 按动力液性质分为：原油动力液、水基动力液。

(4) 按井下泵的安装方式分类，如图 7-14 所示。

固定式安装：整个泵随油管下入井内，优点是泵径大、排量大，缺点是起泵必须起油管。

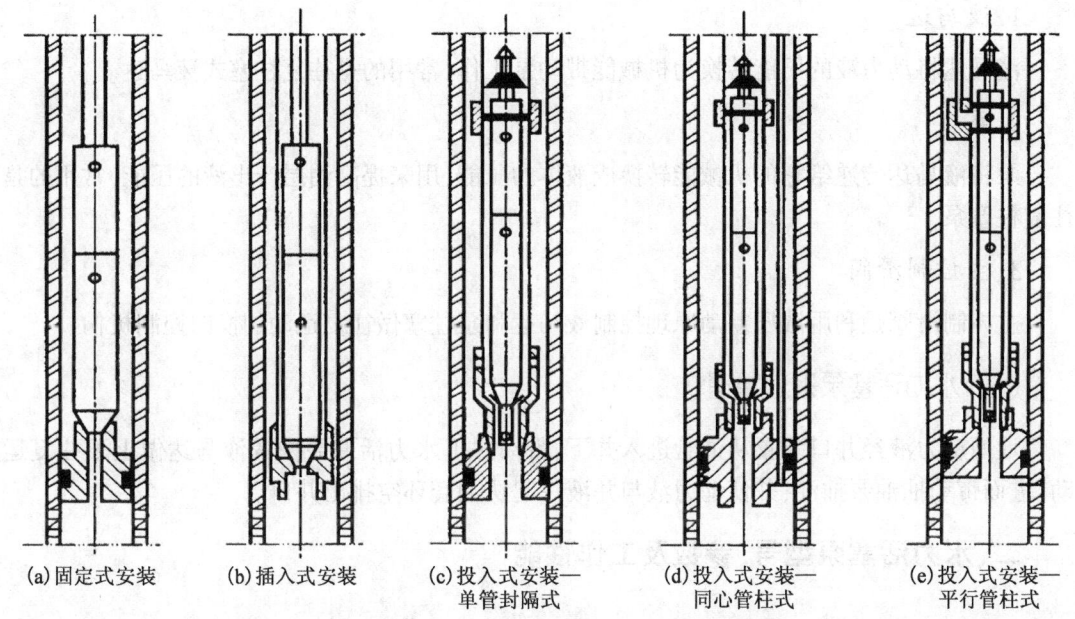

(a)固定式安装　(b)插入式安装　(c)投入式安装—单管封隔式　(d)投入式安装—同心管柱式　(e)投入式安装—平行管柱式

图7-14　水力活塞泵装置类型

插入式安装:泵工作筒随大直径油管下入井内,而沉没泵机组则用小直径油管下入,插到泵工作筒内。

投入式安装:分为单管封隔式和平行管柱式,泵工作筒随油管下至井底,沉没泵机组则从油管中投入,使用液力下泵和起泵,优点是起下泵方便,缺点是泵径受到限制,排量较小。

(一)水力活塞泵采油装置

1. 井口装置

以常规采油树为主,并具备防喷、便于投捞(捕捉器),正循环(油管进液套管出液)可投入泵工作,反循环可起泵检修等功能。

2. 井下机组及管柱

由于机组是水力机械换向控制的,其主要结构由液马达(换向阀活塞等)、抽油泵(活塞、排、吸阀)投捞装置组成。由于泵是水力往复式的,其工作时使整体管柱都有动量,所以必须有井下固定装置——封隔器管柱来配合,一是稳定机械性能,二是保证套管排液(采油)。一般水力活塞泵井下管柱有机械卡瓦(固定式)和整体支撑(下到井底支柱式)两种。

(二)水力活塞泵井下机组

水力活塞泵井下机组主要由液马达、泵和主控滑阀三部分组成,如图7-15所示。

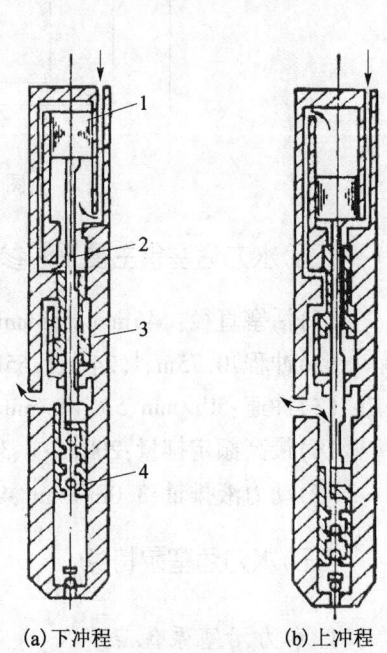

(a)下冲程　(b)上冲程

图7-15　液马达工作原理
1—液马达活塞;2—活塞杆;3—主控阀滑;4—水力活塞泵活塞

1. 液马达

液马达将动力液的压能转换为机械能带动泵工作,常用的是往复柱塞式液马达。

2. 泵

泵将液马达传递给它的机械能转换成液体的压能,用来提高油层产出液的压能,常用的是往复柱塞泵。

3. 主控制滑阀

主控制滑阀是利用液压差动原理控制液马达和泵柱塞做往复运动的换向控制机构。

(三)水力活塞泵采油原理

地面动力液经井口装置从油管进入井下,带动井下水力活塞泵中的液马达做上下往复运动,进而带动抽油泵抽油;并使动力液与井液一起从油套环空排出井口。

二、水力活塞泵型号、参数及工作性能

(一)水力活塞泵规格型号

水力活塞泵的规格型号如图7-16所示。

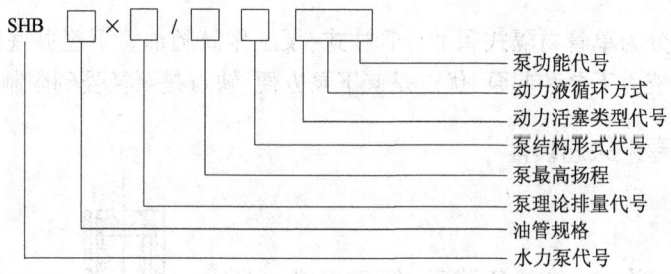

图7-16 水力活塞泵的规格型号

(二)水力活塞泵主要采油参数

(1)活塞直径:$\phi 45mm$、$\phi 58mm$、$\phi 35mm$;

(2)冲程:0.75m、1.24m、1.65m;

(3)冲速:50r/min、53.40r/min;

(4)最高额定排量:200m^3/d、300m^3/d、500m^3/d;

(5)动力液排量:3.0m^3/min、4.92m^3/min、11.11m^3/min。

(三)水力活塞泵特点

1. 水力活塞泵优点

(1)井下泵泵效高,总效率达40%~60%。

(2)扬程高,泵挂深度和产量的适应范围比较大,在直径139.7mm套管内使用,可达30~500m^3/d。

(3)液力起、下泵方便,检换泵时可不上作业机,节约作业费用。

(4)适用于斜井、弯曲井。

(5)适用于单井或多井。

(6)动力液可添加破乳剂、降黏剂等,并可系统加热,方便实现高黏、高凝油伴热开采。

(7)便于进行自动化管理。

(8)井口装置简单,适用于海上平台和丛式井以及地理环境恶劣地区。

(9)排量大,并可实现无级调速(日常控制方式)——井口控制动力液排量和调节动力液压力。

2. 水力活塞泵缺点

(1)油套环空不能向其他正常机采井那样进行测试(动液面、流压、静压等)。

(2)产液量、含水生产数据误差大——产液量是间接计算的(井实际产量 = 混合液 – 动力液),化验含水影响更大。

(3)水力泵抽油的换向机构在井下,检修时必须起出。

(4)水力泵抽油的地面设备较为复杂。

(5)动力液若用黏度较高的原油时,由于泵压高,动力损失增大。为了降低动力损失,用清水作动力液,在水中需加入少量特种润滑剂、防腐剂,这样增加了吨油成本。

(6)采用开式动力液循环方式,当油田到高含水期开采时,会增加地面油、水处理量。

(四)水力活塞泵选井原则与条件

水力活塞泵主要应用于出砂量少的井,井液含砂一般应低于0.02%,最大杂质粒径小于15μm,原油黏度1000mPa·s以内(地面温度50℃时)。这类井动力液可采用本井原油,经加热后使其黏度降低,一般规律为温升10℃,黏度降低40%~50%。水力泵对抽汲高凝油、稠油的井须安装加热器。某些井采出的原油,经加热降黏,能达到动力液指标要求的可回用,有些井的原油经加热仍达不到动力液指标,则需要另找动力液来源。

三、水力活塞泵检泵施工

(一)施工准备

1. 资料准备

(1)完井数据:完钻日期、井深、人工井底、套管规格(包括外径、壁厚、下深度)、油、套补距,射孔井段、层位及射孔枪型,砂岩厚度、有效厚度、饱和压力和原始压力。

(2)油井生产参数:包括静压、流压、产液量、产油量、气油比、含水率、油嘴、油压及套压。

2. 井场勘查

井场勘查包括井位、井场、电源、采油树、地面管路流程、电缆走向、进井场道路、工农关系。

3. 设备及工具、用料用液准备

(1)设备准备:提升设备包括井架、天车、游动滑车、通井机或修井机;循环设备包括循环池、灌液池、水龙头、水龙带等;井控设备包括与地层压力相匹配的防喷器、防喷管线、压井管线等。

(2)工具、用料用液准备:工具包括冲砂笔尖、刮削器、通井规等;用料用液准备包括符合设计要求的油管、水利活塞泵机组;体积为井筒容积1.5~2倍的修井液,其密度、黏度应符合设计要求。

(二)检泵施工工序及技术要求

检泵作业施工工序主要包括搬上、起泵、洗(压)井、起原井管柱、探冲砂、通井、套管刮削、下完井管柱、投泵、试运转交井。

1. 搬上

与甲方履行交接井手续,全套设备搬上就位,验收合格后方可开工。

技术要求:

立井架、穿大绳、校井架、拆卸井口等按技术标准进行操作。

2. 起泵

在防喷管上安装捕捉器,连接反循环施工管线,使动力液由套管进油管出,依靠动力液压力起出泵。

技术要求:

(1)逐渐加大排量观察井口动力液压力变化情况,如出现动力液压力迅速下降的现象,表明沉没泵机组已离开泵座,起泵时,动力液压力一般不超过10MPa。

(2)在起泵的整个过程中,要有专人控制调节流量,保持压力平稳。

(3)当听到沉没泵机组撞击捕捉器声响而被捕捉后,打开生产阀门,关闭清蜡阀门和起泵控制阀。然后打开放空阀,将放喷管内油排尽后,吊下防喷管并取出泵。

3. 洗(压)井

连接好施工管线,管线试压为最高工作压力的1.5倍,不刺不漏,用修井液反循环洗井1.5~2周,至进出口密度差小于0.2%。

技术要求:

(1)根据油井压力、结蜡情况决定是否进行洗(压)井,洗(压)井时要防止洗井液对地层的污染。

(2)洗井用液量不低于井筒容积的1.5~2倍。

4. 起原井管柱

拆井口,安装防喷器,试压合格。起出井内油管带出封隔器及相关工具。

技术要求:

(1)防喷器试压应符合标准要求。

(2)油管桥至少使用3根油管搭成,起出的油管在管桥上每10根1组排放整齐,油管悬空端长度不得大于1.5m,油管距地面高度不得小于0.3m。

(3)解封时最大上提拉力不应超过设备安全负荷。

5. 探冲砂

管柱组合应符合设计要求,如自下而上为:笔尖+油管,实探砂面无砂起出,有砂则冲砂至人工井底或设计深度。

技术要求：

(1)当油管或下井工具下至距油层上界30m时，下放速度应小于或等于5m/min，以悬重下降10~20kN时为遇砂面，连探3次平均深度为砂面深度。

(2)冲砂时排量不小于500L/min，冲到位后应充分洗井至出口含砂量小于0.2%，停泵上提管柱至原砂面以上30m，沉砂4h后复探砂面，连探3次，误差小于0.5m为合格。

6. 通井

管柱组合应符合设计要求，如自下而上为：通井规+安全接头+油管，通井至人工井底或设计深度。

技术要求：

(1)通井时要平稳操作，下管柱速度控制为10~20m/min，下到距离设计位置或人工井底100m时下放速度不得超过5~10m/min。当通到人工井底悬重下降10~20kN时，重复两次，测得人工井底深度误差小于0.5m。

(2)通井至人工井底上提管柱2m，用修井液充分洗井至出口机械杂质含量小于0.2%。

7. 套管刮削

管柱组合应符合设计要求，如自下而上为：套管刮削器+安全接头+油管，刮削至人工井底或设计深度。

技术要求：

(1)下管柱要平稳，要控制下放速度小于或等于30m/min，下到距设计要求刮削井段以上50m时，下放管柱的速度控制为小于或等于10m/min。在设计刮削井段以上2m开泵循环，循环正常后，反复多次刮削，直到管柱下放时悬重正常为止。

(2)刮削至人工井底，用修井液充分洗井至出口机械杂质含量小于0.2%。

8. 下完井管柱

管柱组合应符合设计要求，如自下而上为：丝堵+尾管+筛管+单向阀+封隔器+水力活塞工作筒+油管+悬挂器。

技术要求：

(1)下井油管、工具均应检测合格，精确丈量确保下入深度与设计一致。

(2)下井油管螺纹必须清洗干净后涂密封脂，并按规定扭矩上紧。

(3)坐封方式、坐封载荷严格按所使用的封隔器说明书要求进行。封隔器坐封应避开套管接箍位置。

(4)验封压力15MPa，压降小于0.5MPa，合格。

9. 投泵

装井口，用动力液正循环充分洗井后将泵机组装入防喷管内，安装捕捉器，逆时针旋转捕捉器吊钩，锁住打捞头。缓慢打开动力液阀门，顺时针旋转捕捉器吊钩，缓慢释放泵机组。

技术要求：

(1)检查井口各部件，应无机械损伤，阀门灵活、关闭可靠，各密封面(包括油管挂、钢圈槽、钢圈)应完好无损。

(2)对油管管柱验封。向井下投堵塞器，以25MPa压力进行验封，经10min压降小于0.5MPa为合格。

(3)当沉没泵机组进入工作筒坐定后,地面高压泵的压力很快上升,上升到一定值后,压力表指针开始有规律地摆动,证明水力活塞泵机组已开始工作。此时,要及时调整好流量控制阀,调整冲次。

10. 试运转交井

试运转合格后与甲方履行交接井手续交井。

技术要求：

试运转各参数均应达到甲方要求。

◆◆ 思考题 ◆◆

1. 什么是检泵？检泵的原因包括哪些？简述检泵的分类。
2. 简述抽油机采油装置的组成。
3. 简述抽油机有杆泵型号及表示方法
4. 简述螺杆泵型号及表示方法。
5. 简述螺杆泵型号及表示方法。
6. 简述电潜泵的结构。
7. 简述电动潜油泵型号及参数。
8. 简述水力活塞泵的结构。
9. 简述水力活塞泵型号、参数及工作性能。

第八章 查封窜工艺技术

第一节 油水井窜通

由于地质构造、固井质量、射孔因素、油水井管理不当和修井作业等原因造成套管外水泥环破裂、水泥环与套管失去密封胶结或裂缝沟通不同层,导致套管与水泥环之间、水泥环与地层之间或地层之间相互窜通,称为油水井窜通。

一、窜通的类型及原因

油水井窜通的类型有两种:一种是地层窜通,是指地层内部的层与层之间的互相窜通;另一种是管外窜通,是指套管与水泥环、水泥环内部或水泥环与地层之间的窜通。窜通的类型不同,窜通原因也存在一定差异。

地层窜通的原因主要有以下四个方面:
(1)地层天然裂缝造成层与层之间窜通。
(2)构造运动或地震导致地层升降、断裂发生错位。
(3)压裂改造中措施不当,沟通或压窜了本井的其他地层。
(4)放喷或井底生产压差过大,油井大量出砂,造成地层结构破坏。

管外窜通形成的原因主要有以下五个方面:
(1)固井质量差引起窜通。
(2)射孔设计或射孔施工,如孔眼密度、射孔振动太大等,造成靠近套管壁外的水泥环破裂,形成窜通。
(3)油水井日常管理措施不当而造成地层坍塌,形成窜通,如注水井洗井时形成的倒流或井喷、正常注水时的倒泵压差过大、采油压差过大等均会引起地层出砂和坍塌,造成窜通。
(4)分层作业引起窜通,如分层酸化或分层压裂时,由于施工时压差过大而将管外地层憋窜,特别是在夹层较薄时,憋窜的可能性更大。
(5)由于套管腐蚀或破坏,使之失去了密闭作用,从而造成未射孔的套管所封隔的高压水(油、气)层与其他层窜通。

地层窜通常见于油水井生产初始阶段或实施压裂等增产增注措施后,管外窜通则可能出现在油水井生产的任何阶段,生产时间越长,出现的机会越大。

二、窜通的危害

无论哪种油水井窜通类型,都严重影响着油水井的正常生产,导致油井产量迅速递减,生

产成本大幅度增加。窜通的危害具体表现在以下六个方面:
(1)不能对多油层进行分层开采。
(2)使油水井正常生产受到严重影响。
(3)影响油田开发速度。
(4)减小油田最终采收率。
(5)降低油水井的使用寿命。
(6)给修井作业和管理造成麻烦,影响油田开发效益。

当发现油水井窜通时,需利用各种方法检查窜通的位置、类型,采取适当的封窜工艺,解决这一生产中的实际问题,以恢复油水井的正常生产。

第二节 查 窜 工 艺

油水井查窜的方法主要有声幅测井查窜、放射性同位素查窜、封隔器查窜、桥塞查窜、MFE仪器测试负压法查窜、井温测井、SBT等多种方法。窜通的类型及原因不同,查窜的方法也不同。

一、声幅测井查窜

当进行声幅测井时,由声源振动发出声波,声波在套管中传播速度大于其他介质中的传播速度。而声波幅度的衰减与水泥环的密度、套管和水泥环、水泥环和地层的胶结程度有关,声波幅度的衰减反比于套管的壁厚,正比于水泥环的密度,即套管壁越薄水泥环越致密,声波幅度的衰减就越大。根据这一原理,通过声幅测井就可以检查套管外水泥环的固结情况及水泥上返高度等情况。从声幅曲线测井示意图 8-1 中可以看出:当水泥环完好时,声幅曲线呈低幅度;反之,水泥环胶结差,声幅曲线呈高幅度。

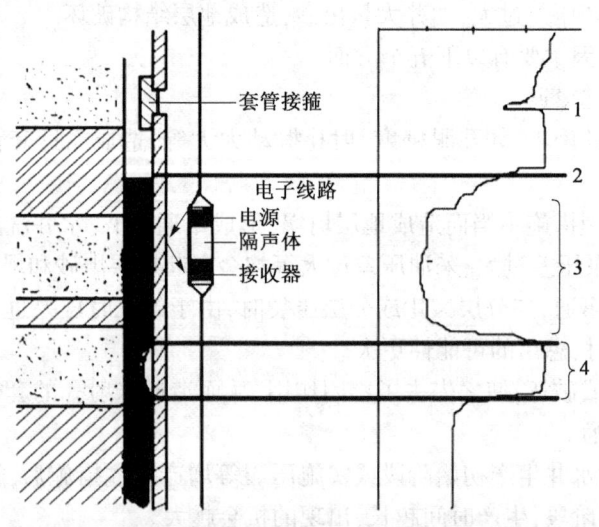

图 8-1 声幅测井法示意图
1—接箍显示;2—曲线半幅点(水泥界面);3—固井质量良好井段;
4—固井质量不好井段

在声幅测井解释时,根据声幅曲线的高低,可将管外水泥胶结的情况分成好、较好、差、无水泥胶结四个等级。一般情况下,水泥固结程度好的井,声幅曲线的幅度低;反之,水泥固结程度差的井,声幅曲线的幅度高;在接箍处固结差,其幅度异常低;在水泥面处,有高幅度到低幅度的突变。因此,根据声幅曲线,可以判断水泥胶结的好坏,而水泥胶结的好坏是油水井窜通的主要原因之一,水泥固结程度好的井,窜通的可能性小,否则窜通的可能性就大。

通过实践应用,声幅测井查窜是比较成功的,但是只能提供第一界面(水泥环与管壁之间)窜通的资料,如果第二界面,即水泥环与井壁之间,封固不好而形成窜通,用声幅测井就难于判断。因而,通常现场应用的是以声幅测井为主的组合查窜法,其中包括声幅与封隔器、声幅与同位素的组合查窜等方法。

目前,用声波时差、声波变密度等测井方法,可检查第二界面窜槽情况。声幅测井查窜的施工步骤包括:

(1)起出原井管柱。
(2)用直径和长度均大于测井仪的通井规通井至待测井段以下30m。
(3)若套管变形、破损或井下有落物,应先进行处理,以保证声幅测井仪起下畅通。
(4)用井筒容积1.5~2倍的修井液洗井。
(5)声幅测井。
(6)资料解释,确定窜槽位置。

二、放射性同位素查窜

放射性同位素查窜是指向地层内挤入放射性的液体,用人为的方法提高窜通井段伽马射线强度,然后测得放射性曲线,并将所测得的曲线与油井的自然放射性曲线进行对比,排除影响因素,即可鉴别地层的窜通情况,如图8-2所示。

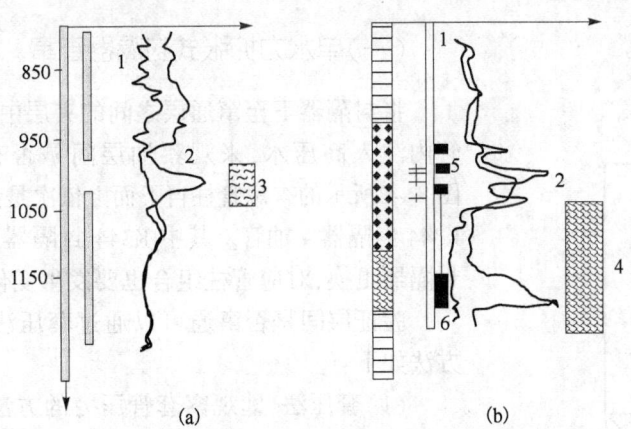

图8-2 放射性同位素测套管破裂及管外串流
1—注同位素前的曲线;2—注同位素后的曲线;3—套管破裂位置;
4—管外串通段;5—含油层;6—出水层

根据查窜目的和查窜层段的长短,查窜方式可分为全井施工和下管柱分层段进行两种。全井施工,就是把活性液替入射孔层段,加压挤入地层和窜通层段进行查窜,一般情况下,射孔层段较少,窜通较单一,常用此方式。下管柱分层段进行施工,就是用封隔器将射孔层段隔开,通过油管堵塞器对射孔层段进行查窜,一般情况下,射孔层段较多,窜通较为复杂不易判断,用此方式进行施工效果显著。

放射性同位素查窜的施工步骤包括：

(1)收集资料编写施工设计,首先要收集井史数据、生产情况、射孔层段、地层系数、井身结构等资料及有关内容,根据施工目的决定施工方式及使用同位素名称、强度、浓度,计算配制活性液等。

(2)按设计要求配制活性液,并保证安全运到施工现场。与此同时,施工作业队必须进行压井、冲砂、通井等前期准备工作。

(3)测自然伽马曲线,首先将油管下到施工井段以下20m充分洗井,待井洗至稳定后进行测井或起出油管测井。

(4)下查窜管柱,下封隔器至欲测井段的夹层中部将射孔层段隔开,根据查窜目的可在其上下连接节流器、堵塞器等井下工具,尾管底部可接球座,球座必须在欲测井段以下。常用封隔器为水力扩张式封隔器。

(5)替挤活性液,用查窜管柱将活性液挤入欲测层段,关井扩压,使地层充分吸附放射性同位素离子,地层压力传递平衡。反循环洗井,洗出井筒或管柱内的同位素污物。

(6)测放射性同位素曲线,用查窜管柱即可在油管内测量,同时压井后也可起管柱测量。

(7)分析对比所得资料,通过对比,如层间放射性强度有明显增加,则说明有窜通。

三、封隔器查窜

封隔器查窜就是将封隔器下入欲测井内设计的预定位置,用以封隔开可能窜通井段与其他油层,然后根据所测得的资料来分析判断窜通情况的方法。

现场常使用的找窜方法,根据找窜情况确定封隔器的数量,可分为单水力扩张式封隔器查窜和双水力扩张式封隔器查窜两种。由于找窜的方法不同,其具体施工步骤也有所不同。下面对不同找窜方法的原理及施工步骤进行阐述。

(一)单水力扩张式封隔器查窜

将封隔器下至窜通层之间的夹层中部,坐封,然后从油管内注入高压水,来观察油层间是否有窜通的现象。如图8-3所示的查窜管柱自下而上依次是:单流阀+节流器+K344封隔器+油管。其中K344封隔器可以用Y221、Y211封隔器更换,对应管柱组合也要发生变化。

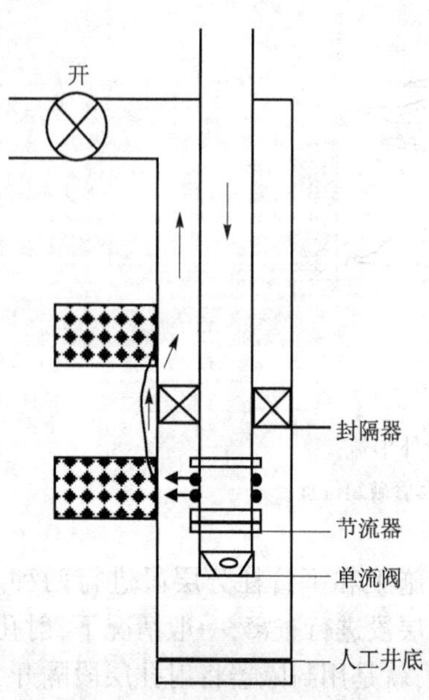

验证层间是否窜通可以通过套压法和套溢法实现,其方法如下:

(1)套压法:即观察套管压力的方法,采用高—低—高或低—高—低方式观察注水压力,同时观察套管压力变化。若套管压力随油管压力变化而变化,则说明油层之间有窜通现象;反之,则说明无窜通现象。

(2)套溢法:是观察套管溢流量的方法。变换注入压力,同时观察和计量套管溢流量。若套管溢流量随注入压力的变化而变化,则说明此两油层有窜通现象;反之,则无窜通。

由于单水力封隔器查窜利用封隔器阻隔了的油管和套管压力直接连通,窜通层重新建立了一条连通通道,因此需

图8-3 单水力扩张式封隔器查窜示意图

要窜通的两个层都射孔生产,否则无法利用该方法验证窜通。

单水力封隔器查窜的施工包括:

1. 洗压井

根据地层压力和井的基础资料计算压井液密度和用量。压井过程中注意观察井口泵压、进出口排量和压井液相对密度变化,做到压井既不致发生溢流、井喷,又不致造成井漏、压死油层。

2. 起管柱

拆井口,安装好与井口压力等级相配套的井口防喷器,并试压。试提油管悬挂器,待大钩载荷正常后方可进行正常起管柱作业。

3. 探砂面、冲砂

下冲砂管柱,管柱自下而上依次是:冲砂笔尖 + 油管,探砂面,若有砂,则冲砂至人工井底。

4. 通井

下通井管柱,管柱自下而上依次是:通井规 + 安全接头 + 油管,通至人工井底,大排量反循环洗井洗至进出口液性一致,起出通井管柱。

5. 刮削

下套管刮削管柱,管柱自下而上依次是:套管刮削器 + 安全接头 + 油管,下至被水泥返高以下 50m,按照二分法推算的封隔器预计坐封位置反复刮削 3 ~ 5 次,大排量反循环洗井洗至进出口液性一致,起出刮削管柱。

6. 查窜

(1)下单封隔器查窜管柱,以 K344 封隔器查窜管柱为例,管柱自下而上依次为:球座 + 节流器 + K344 封隔器 + 油管。将管柱下至设计要求的验封位置,装井口。

(2)接水泥车进出口管线,地面管线试压值为工作压力的 1.2 ~ 1.5 倍,5min 无渗漏为合格。

(3)正循环洗井,待出口返出清水后投球,按照 K344 封隔器坐封压力要求打压,使 K344 封隔器坐封。

(4)验封,正憋压 10MPa,时间为 10 ~ 30min,无返出量(溢流量)或套压无变化为合格。

(5)泄压,调整管柱至查窜位置,重复步骤(3)和(4)。

(6)验窜,分别在 8MPa、10MPa、8MPa 三个压力点各正注 10 ~ 30min,观察记录套管压力或溢流量变化。若套管压力变化大于 0.5MPa 或溢流量差值大于 10L/min,则初步认为窜槽。

(7)泄压,将封隔器上提至射孔井段以上坐封,再次验证封隔器的密封性,从而确认查窜数据的可靠性。

(8)清水反洗井 2 周,将球洗出,起出查窜管柱,结束查窜施工。

(二)双水力扩张式封隔器查窜

多油层查窜,当查窜的油层下部还有其他层时,为了防止下部层的干扰,如下部有漏失层,可以采用双水力扩张式封隔器查窜,即在第一组封隔器的下部再接一组封隔器,两组封隔器卡在窜通层下部层位射孔段的两端。如图 8 - 4 所示的查窜管柱自下而上依次是:单流阀 K344

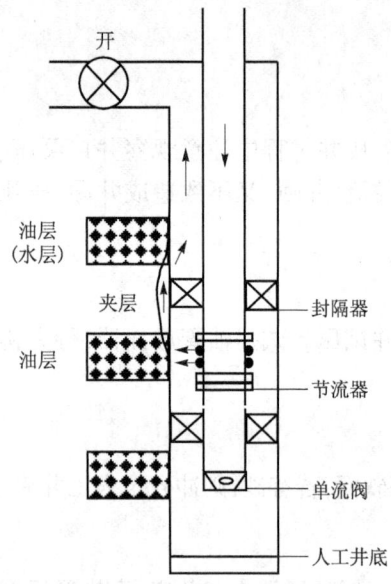

图 8-4 双水力扩张式封隔器
查窜示意图

封隔器+节流器+K344 封隔器+油管。

验证窜通的方法与单水力封隔器验窜的方法类似,将查窜管柱下入设计的预定位置,可用套压法或套溢法进行观察判断窜通情况。

双水力封隔器查窜的施工步骤与单水力封隔器类似,这里不再赘述。

(三)不同井况下封隔器查窜的方法

封隔器查窜,无论是单水力封隔器查窜还是双水力封隔器查窜,根据欲查窜的层位情况又可划分为低压井查窜、高压井查窜、漏失层查窜三种方法。

1. 低压井查窜

用不压井、不放喷的井口装置将封隔器下至预定位置,油管及套管装压力表。查窜时,从油管内泵入高压液体,并观察套管压力是否随着油管压力而变化。如套管压力随着油管压力变化,且封隔器经验证完好,则证明管外是窜通的;反之,套压不随油压变化而变化,则证明被验证层位无窜通。

2. 高压井查窜

将封隔器下至预定位置后,先测量井的溢流量,再循环洗井、投球;当油管内压力起来后,测定套管返出液量。如返出液量小于或等于溢流量时,则证明管外不窜;如返出量大于溢流量,将封隔器提至射孔段上,验证封隔器的密封性。如封隔器是密封的,则说明地层是窜通的。查窜时应仔细观察排量、泵压、进出口水量等变化情况。并将这些数据详细记录在报表上。

3. 漏失井查窜

漏失层查窜,由于漏失使得液体无法构成循环,可以将水力扩张式封隔器下至预定位置坐封后,采用油管泵入液体,套管测动液面的方式;也可采用套管打液,油管内下压力计测压的方法进行查窜。

四、桥塞查窜

桥塞查窜是将桥塞下至欲查窜井段夹层中部,利用入井机具,将桥塞坐封。然后丢手,起出丢手接头,此时桥塞的自锁胶筒在上下卡瓦的作用下仍处在压缩状态保持密封,然后将插管接头插入桥塞内腔,在允许压力范围内进行试挤验窜,通过套溢法和套压法来判断桥塞上下两层之间是否窜通,如图 8-5 所示。

现场使用桥塞查窜的方法有丢手封隔器查窜、可钻桥塞查窜、电缆式可钻桥塞查窜三种,其共同特点是:操作简便,封堵深度准确,可靠性和安全性强,丢手桥塞还

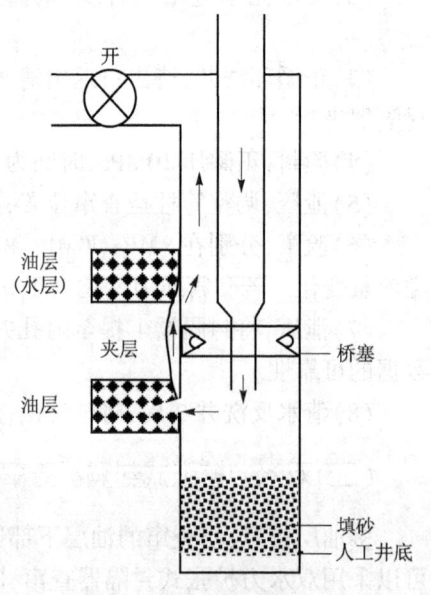

图 8-5 桥塞查窜示意图

可重复使用。桥塞查窜适用范围广泛,特别适用于深井和夹层较薄的窜通井。

桥塞查窜的施工步骤包括:

(1)起出井内原管柱,若井内留有异物必须进行打捞和清理。

(2)洗井,保证井筒壁干净无杂物。

(3)通井,通井工具必须等于或大于桥塞的外型尺寸,通井深度须在欲查窜层位以下。若套管变形必须进行整形修复,保证通井工具畅通无阻。

(4)测套管接箍,准确调整桥塞位置。电缆桥塞入井时,磁性定位器可随桥塞一同入井进行跟踪定位。

(5)将认真检查过的桥塞及入井机具与查窜管柱或电缆连接好,平稳下入井内预定深度。

(6)确定桥塞位置无误,坐封桥塞,并验证其坐封效果。电缆桥塞坐封丢手后,提出电缆。

(7)试挤验窜,收集有关资料进行分析对比,判断层间是否窜通。电缆桥塞须下挤注工具总成,插入桥塞内腔进行试挤验窜。

五、MFE 仪器测试负压法查窜

MFE 仪器测试负压法查窜是应用 U 形管的工作原理,在测试压差(测试压差$A_p = p_{套环} - p_{套内} = 0.0098 \times$环空压井液密度值$\times$测试阀深度$- 0.0098 \times$垫水密度值$\times$垫水高度)的作用下,环空内液体通过上部工程段进入套管外与水泥环出现的通道流到下部射孔段的孔眼,最后进入测试工具内,求取窜通量和压力资料;然后经过综合分析与对比来判断套管外发生窜槽与否。

现场施工方法是将 MFE 测试仪器下至验窜层之间,封隔器坐封,延时后测试阀打开,观察套管环空液面是否下降。如果环空液面下降,地面迅速补充同性能的压井液,关井测压,灌液满至井口。解封封隔器起出测试工具,进行压力卡片解释。以 MFE 测试仪器为例,其测试管柱结构自下而上为:外压力计 + 带槽尾管 + Y221(PT)封隔器 + 安全接头 + 震击器 + 内压力计 + 锁紧接头 + MFE 测试仪器 + 钻铤 + 循环接头 + 钻杆至井口(PT 指可用于测试的封隔器)。

负压法查窜施工步骤包括:

(1)补孔:补射工程段,射开厚度为 0.5~1m,孔密为 16 孔/m。

(2)通井、刮壁。选择符合要求的通井规和套管刮削器;通井、刮壁至找窜下部射孔段底界以下 50m;然后反循环洗井 1.5~2 周。

(3)下 MFE 测试仪器,Y221(PT)封隔器深度在上部工程段顶界以上 15~20m 的位置。加入液垫的高度要符合设计要求,环空液面须在井口。

(4)加压坐封、开井,观察套管环垂液面有无变化,如环空液面没有下降,说明 PT 封隔器及测试管柱密封;否则应起出检查,重新下验窜管柱。

(5)解封,调整管柱使 Y221(PT)封隔器深度在验窜层之间,但应避开套管接箍的位置。

(6)再次加压坐封、开井,观察环空液面有无变化,如液面下降,要求准确计量灌入套管环空的液量;关井测压。一般采用一开、一关为宜,开井与关井的时间要根据现场具体情况确定;一开一关结束,转入下道工序。

(7)解封封隔器。提 Y221(PT)封隔器至上部工程段顶界以上 15~20m,坐封前环空要灌液满至井口,然后重新坐封、开井,观察套管环空液面有无变化。如液面没有下降,则说明 Y221(PT)封隔器及测试管柱密封良好,否则要重新验窜。

(8)起出测试工具,解释压力卡片。

(9)对测试压力卡片解释结果与现场灌液量(窜通量)的数据以及声幅测井资料等进行综合分析,最后确认套管外窜槽与否。

六、井温测井查窜

井温测井可以测出在井身剖面上随深度变化的温度、温度梯度及热异常位置。目前该方法主要应用在以下两个方面:一是确定水泥面位置,二是检查水泥窜槽。

井温测井由井下温度计和电子线路组成,采用接触式测量法。生产测井中常用的有普通井温仪、纵向微差井温仪和径向微差井温仪三种类型。井下温度计目前主要有电阻温度计、PN结温度计和热电偶温度计三种。温度测井仪多采用电阻温度计,原因是电阻温度计精确度高,而且测量范围大,其作用原理是利用导体的电阻温度变化特性。电阻温度计采用桥式电路,利用热敏电阻与普通电阻构成电桥,当遇热时,热敏电阻值发生改变,破坏电桥的平衡,输出一个电信号,从而可以间接地测出温度的变化,如图8-6所示。

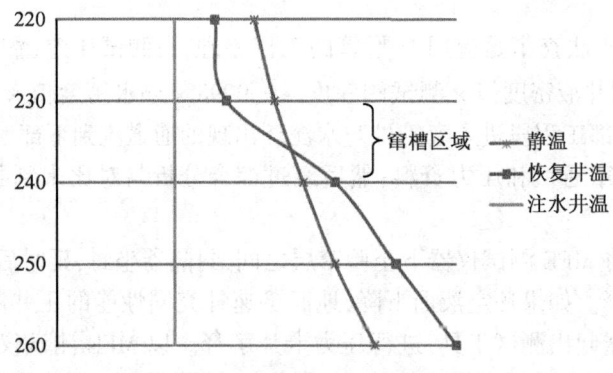

图8-6 井温测井确定窜槽位置示意图

井温测井可以判断水泥窜槽,由于窜流的流体和原有的地层温度不同,从而造成井温曲线记录的异常,据此可判断水泥窜槽现象。

由于井温曲线受诸多因素的影响较大,因而在解释时应充分认识其井眼环境,排除干扰以提高解释的准确度。

第三节 封窜工艺

通过查窜方法确定窜通层后,下一步需要对窜通层进行封堵。不同情况采用的工艺不同,常用的封窜方法有循环法封窜、挤入法封窜、循环挤入法封窜和填料水泥浆法封窜。

一、循环法封窜

循环法封窜的工作原理就是将水泥浆以循环的方式,在不憋压力的情况下替入窜通井段,使水泥浆凝固,以达到封窜的目的。对窜通时间不长,窜通量不大的管外窜通井,可采用循环法封窜。优点是对油层的污染比较小,一般不会产生封窜后堵死全部射孔段的问题;缺点是要求两层均射孔生产,水泥浆及添加剂的量必须非常精确,否则会使水泥浆进入环空或提前凝固,造成封隔器卡。

循环法封窜根据封窜管柱的连接方法和所用工具的不同,可分为单水力扩张式封隔器封窜和双水力扩张式封隔器封窜两种方法。

(一)单水力扩张式封隔器封窜

采用这种方法进行封窜时,封窜前只露出夹层以下一至两个小段,其他层段采用人工填砂或注悬空水泥塞的方法掩盖,封隔器应坐封在夹层上,并且井口部分最好采用自封封井器或闸板防喷器来密封,这样有利于封窜工作的顺利进行,如图8-7所示。

(二)双水力扩张式封隔器封窜

采用两个水力扩张式封隔器中间加节流器管柱下入井内,下封隔器应坐封在窜通层以下紧靠窜通层的夹层上,上封隔器坐封在已窜通的夹层上。在封堵时水泥浆由两级封隔器中间的节流器流出,由窜通的下部油层进入窜通部位,如图8-8所示。其优点是可以不填砂或注悬空水泥塞,可以不留水泥塞或少留水泥塞;缺点是下入井内的封隔器多,遇到卡钻时难以处理。

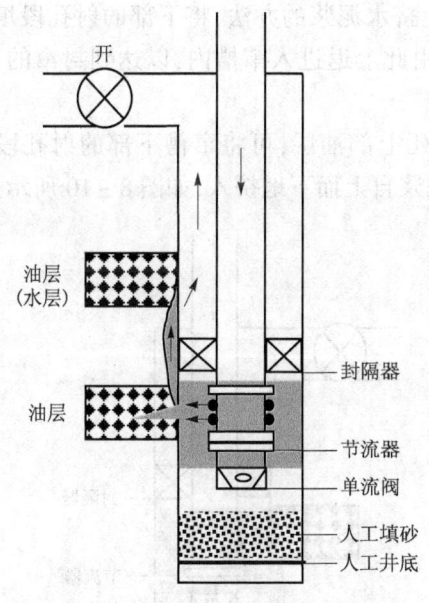

图8-7 单水力扩张式封隔器循环法封窜示意图

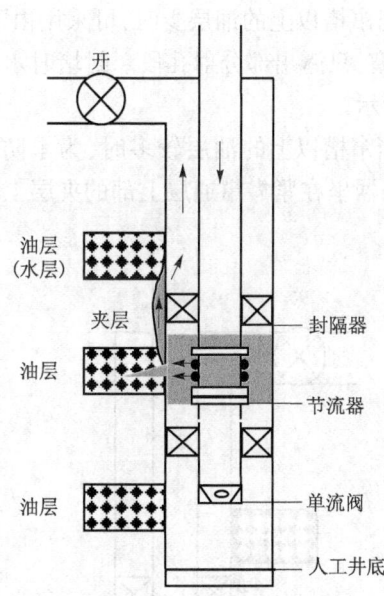

图8-8 双水力扩张式封隔器循环法封窜示意图

循环法封窜的施工步骤包括:

(1)下封窜管柱,使封隔器坐于施工设计要求的夹层位置。

(2)冲洗窜槽,洗至流出液体不夹带大量泥砂,且泵压平稳时为止。

(3)泵入与设计性能和数量要求相符合的水泥浆。

(4)替液至节流器以上10~20m处,并略待水泥浆稠化,稠化时间随水泥、水泥浆的性质、井深位置、井下温度、添加剂的性质和数量而定。

(5)解封封隔器上提管柱,管柱提至射孔井段以上,然后反洗井,洗出多余的水泥浆,洗井液量最少是井筒容积的1.5~2倍。

(6) 起出 20～40m 管柱,关井候凝 48h。

(7) 试压,检验封堵情况。

二、挤入法封窜

挤入法封窜的工作原理就是在压力允许的范围内,让水泥浆通过封窜管柱进入井内,使水泥浆充满所有窜槽部位,使窜通层充分吸附水泥浆,以达到封窜的目的。当遇到井壁坍塌,窜槽体积大,其形状不规则,且堆有大量岩块时,采用此方法封窜比较可靠,能堵住复杂的窜槽。其缺点是在封窜过程中会有大量的水泥浆进入地层,容易堵塞油流通道,造成污染油层的恶果。

根据井况的不同,挤入法封窜可以分为封隔器法封窜、油管封窜、桥塞封窜三种方法。

(一)封隔器法封窜

封隔器法封窜封窜管柱自下而上由单流阀、球座、节流器、水力扩张式封隔器和油管组成。封隔器下入位置应根据层段的不同而有所选择,以避免水泥浆污染其他油层,具体选择的方法是:

(1) 当窜槽以上的油层少时,可采用由下而上挤水泥浆的办法,将下部的射孔段填砂或注悬空水泥塞,只露出部分射孔段。封堵时水泥浆由此上返进入窜槽内,以达到封窜的目的,如图 8-9 所示。

(2) 当窜槽以上的油层较多时,为了防止挤死上部油层,可将窜槽下部的射孔段填砂掩盖,将封隔器坐在紧靠窜通层上部的夹层上,水泥浆自上而下地挤入,如图 8-10 所示。

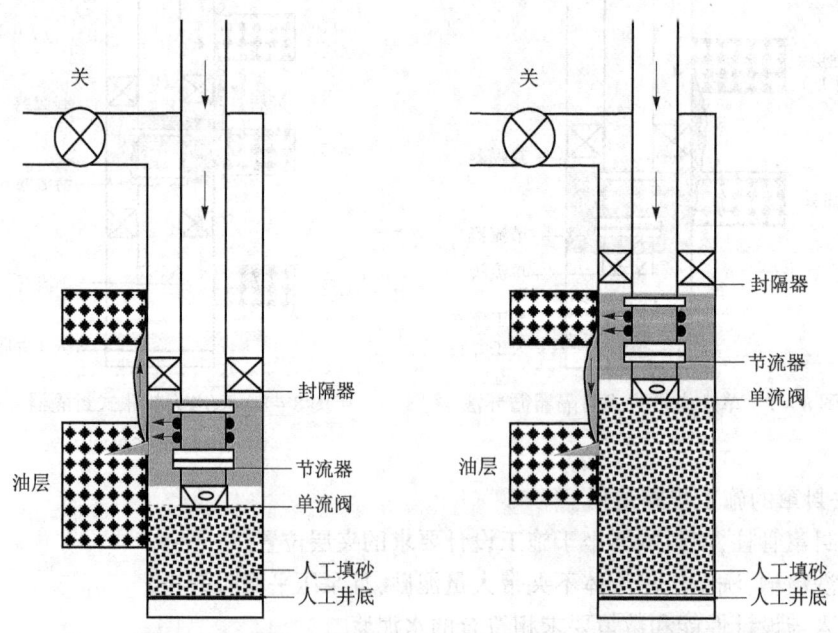

图 8-9 单水力扩张式封隔器挤入法封窜示意图(一)　　图 8-10 单水力扩张式封隔器挤入法封窜示意图(二)

封隔器挤水泥浆的施工步骤包括:

(1) 将封隔器下至预定的夹层上,其下部接节流器、单流器及球座。

(2)反洗井至水清。

(3)投球,试挤清水至泵压平稳。

(4)挤入水泥浆。

(5)用清水将水泥浆替至节流器以上10~20m处。

(6)根据水泥浆性能、添加剂数量及井下温度决定静止时间,等候压力扩散和水泥浆稠化。

(7)上提封隔器至射孔井段以上。

(8)反洗井至水清。

(9)上提1~2根油管,关井候凝24~48h。

(10)钻水泥塞验窜。

(二)油管封窜

当窜槽复杂或套管破损不易下封隔器时,可采用此方法进行封窜。用此方法封窜时,将欲封夹层以下射孔段用填砂或注悬空水泥塞的办法全部掩盖,油管下至射孔井段以上30~50m,水泥浆自管内注入,当水泥浆快出管柱时(一般控制在100m左右),关套管阀门将水泥浆挤入窜槽。挤完水泥后,正反替清水至射孔段处,关油、套管阀门,憋压候凝,如图8-11所示。

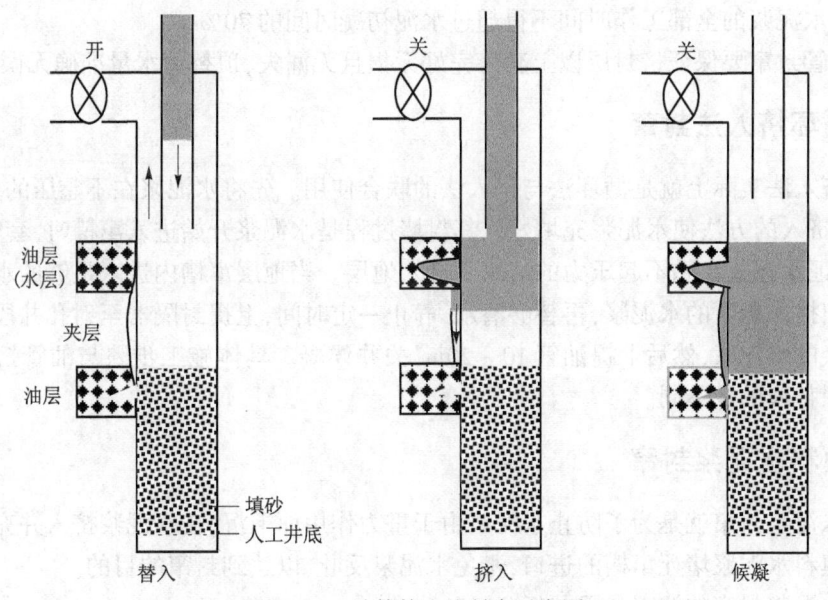

图8-11 油管挤入法封窜示意图

油管挤入法的施工步骤包括:

(1)下挤灰管柱,管柱自下而上依次是球座+油管,管柱下至预定位置后反洗井至水清,投球,管柱试压,试压合格后,将球洗出。

(2)注灰,将按设计要求配置好的水泥浆注入管柱。

(3)替灰,用清水将水泥浆替至球座上方100m处。

(4)挤灰,关闭套管阀门,用清水将水泥浆挤到窜通位置,稳压15MPa,30min压降不超过0.5MPa为合格。

(5)根据水泥浆性能、添加剂数量及井下温度决定静止时间,等候压力扩散和水泥浆稠化。

(6)上提管柱至封堵层上界以上100m,带压关井候凝48h。

(7)钻水泥塞验窜。

(三)桥塞封窜

当封窜井较深,夹层较薄时,为提高封堵准确性,缩短工期可采用此方法进行封窜。其封窜管柱结构与查窜结构相同,在确定层间窜通后进行试挤。根据窜通量的大小和挤注压力的高低,将定量的水泥浆由管柱内挤入(根据试挤压力的高低,挤注水泥浆的方法可分为直接挤注和先替后挤两种),正替清水至下部射孔段处,然后上提管柱至上部射孔段以上 20~30m 处反洗井,洗至水清为止。提出挤封管柱,关井候凝。

(四)注意问题

挤入法封窜应注意的问题:

(1)挤封管柱靠近封隔器或桥塞上部应接安全接头,以便下部结构遇卡后可以倒开上部管柱。

(2)挤水泥浆时,如泵压明显上升无法正常施工,应及时停止挤注,替清水将水泥浆替出管柱或建立循环反洗井,避免油管堵塞、卡钻等井下事故的发生。

(3)挤水泥浆时,必须确保一切设备正常运转,同时须有备用水泥车才可施工。

(4)挤水泥浆的全部工作时间不得超过水泥初凝时间的 70%。

(5)油管封窜要保证挤封层以上套管完好无损且无漏失,顶替清水量准确无误。

三、循环挤入法封窜

循环挤入法实际上就是循环法与挤入法的联合使用。先将水泥浆在不憋压的方式下进入窜槽,再用挤入的方法使水泥浆充填好。其封堵过程是水泥浆开始进入窜槽时,套管阀门是打开的,以保证水泥浆在憋不起压力的情况下进入地层。当地层窜槽内进入足够的水泥浆后,关闭套管阀门挤入剩下的水泥浆,再替够清水,静止一定时间,上提封隔器至射孔井段以上,反洗井冲去多余的水泥浆,然后上提油管 10~20m,关井候凝。具体施工步骤与油管挤入法类似,区别在于顶替液的量不同。

四、填料水泥浆封窜

填料水泥浆封窜就是为了防止水泥浆由于重力作用而下沉,在水泥浆挤入并充满窜槽后,接着挤入填料水泥浆堵死窜槽的进口,避免水泥浆反吐,以达到封窜的目的。

填料水泥浆封窜的施工步骤包括:

(1)根据该井的电测曲线(微井径或射孔质量检查图),定出窜槽的进出口位置及封隔器的位置。进口段应选取渗透性不好的薄油层或误射孔井段。如上述条件不具备时则补孔 0.5m 作为进口。

(2)下入双级封隔器管柱。

(3)验证窜槽。用试挤的方法进一步核实资料,同时检查管柱。

(4)配水泥浆及填料水泥浆,其填料可根据窜通量的大小来选定。

(5)封挤窜槽。首先向井内连续泵入胶质水泥浆作为前隔离液,将油与水隔开;再挤入普通水泥浆及填料水泥浆(有时再挤入胶质水泥浆作后垫);替清水使水泥浆自下而上进入窜槽井段,直到填料水泥浆填堵窜槽进口并有明显升压时停泵。清水的替入量等于井内油管与地面管线容积之和。

(6)提封隔器,使尾管球坐在窜槽顶部以上。
(7)关井候凝48h。

第四节 验 窜

油水井窜通在通过封窜处理后,其效果的好坏必须经验窜来检验。通过验窜收集必要的相关数据和资料进行分析对比,来判断封窜效果。

一、验窜的方法和类型

根据油水井窜通的两种形式(套管外窜通和地层窜通),现场常用的验窜方式主要有声幅测井验窜和封隔器验窜两种类型,其工作原理和施工方法与相应的查窜方式基本相同。声幅测井验窜就是在整个封窜工序完成后,测得声幅曲线图,若声幅曲线幅度小,说明水泥环完好,封窜效果好;反之,封窜效果差。根据水泥环胶结的好坏,声幅曲线解释把井分为优质井、合格井和不合格井。封隔器验窜又可分为单封隔器验窜和双封隔器验窜,就是应用套溢法和套压法对封窜效果进行检验和判断,其具体方法可参考套溢法和套压法的具体内容。同样,验窜的两种方式也可进行组合,以便收集更为详细的资料,做出准确判断。

二、验窜的施工步骤

验窜施工步骤与查窜施工步骤相同,可参考查窜的施工步骤。

三、验窜的质量要求和验窜标准

验窜的质量要求和验窜标准如下:
(1)施工管柱结构及封隔器位置与完成深度应符合设计要求。
(2)验窜的管柱和封隔器应密封完好。
(3)验窜试挤时的注入量、返出量或套压变化量,计量应准确。
(4)验窜时在正常生产压差下,即在泵压 8MPa~10MPa~8MPa 或 10MPa~5MPa~10MPa 三个压力点下,注入清水 10~30min,观察记录套管压力或套管溢流量的变化,无溢流量或无溢流量变化及管压无变化为封窜合格。
(5)验窜应收集的有关资料有:验窜管柱下入深度及封隔器位置,验证层位及井段,加压值、注入量、反出量或管压变化值,油管及封隔器试漏情况。

◆ 思考题 ◆

1. 简述油水井窜通的原因和危害。
2. 简述声幅测井查窜、放射性同位素查窜、封隔器查窜、桥塞查窜、MFE 仪器测试负压法查窜、井温测井、SBT 等的工作原理及施工步骤。
3. 简述循环法封窜、挤入法封窜、循环挤入法封窜、填料水泥浆封窜的工作原理及施工步骤。
4. 简述验窜的施工步骤。

第九章 解卡打捞工艺技术

第一节 卡钻类型、原因及预防措施

卡钻是指油水井在生产或作业过程中,由于操作不当或某种原因造成的井下管柱或井下工具在井下被卡住,按正常方式不能上提起出的一种井下事故。由于卡钻事故,使油水井的生产不能正常进行,严重时还会使油水井报废,给油田的生产和经济造成重大损失。因而如何预防并及时妥善处理卡钻事故,对维护油田生产和提高作业水平是非常重要的。

根据现场卡钻事故的结果分析,卡钻的类型可分为:砂卡、蜡卡、封隔器卡、水泥卡、小件落物卡、水垢卡、钢丝卡、套管卡等。根据卡钻事故发生的过程又可分为以下三类:

(1)油水井生产过程中造成的生产管柱或工具被卡,如砂卡、蜡卡、水垢卡、套管卡等。

(2)井下作业施工过程中造成的卡钻,如落物卡、水泥(凝固)卡、砂卡、套管卡等。

(3)井下下入了设计不当或制造质量差的井下工具造成的卡钻,如封隔器不能正常解封造成的卡钻、下入工具自动散落等。

一、砂卡

在油水井生产和作业过程中,由于地层砂或工程用砂埋住部分管柱,使管柱不能上提或下放,这种现象称为砂卡。砂卡的特征一般为管柱用正常悬重提不动、放不下、转不动。

(一)砂卡的原因

(1)在油井生产过程中,由于地层疏松或生产压差过大,油层中的砂子随油流进入油套管环空后逐渐沉淀造成砂埋一部分管柱形成砂卡。

(2)冲砂作业时,容易造成砂卡的几种情况如下:

①由于排量不足,冲砂液携砂能力差,不能将砂子洗出或完全洗出井外造成砂卡。

②施工中由于液量不足或冲砂进尺太快,接单根时间过长,因故不能连续施工,都会造成砂子下沉埋住管柱而卡钻。

③冲砂管柱穿孔,从上部短路,一旦砂子冲起,但由于油管短路无法洗出,造成砂卡。

④套管破裂漏失,导致实际液流上升速度下降,形成砂子堆积,造成砂卡。

(3)压裂施工中,由于管柱深度不合适,砂比大,压裂液不合格及压裂后放压太猛也会造成砂卡。

(4)在填砂作业时,由于砂比太大,未持续活动管柱,或由于层间矛盾突出,填砂后,砂子不沉,在探砂面时,容易造成砂卡。

(二)砂卡的预防措施

(1)对出砂较严重的生产井,要尽早采取防砂措施,或及时进行冲砂处理,防止砂卡。

(2)生产管柱下入深度要适当。

(3)注水井放压或放溢流要控制,特别是套管放压。

(4)冲砂施工:

①接单根前要充分循环,水泥车要保持一定排量,换单根操作速度要快,开泵循环正常后,方可再下放管柱。

②对长井段(指砂段长度大于100m)冲砂时,每冲下50~60m要彻底洗井一周待砂子返出后再继续冲砂,冲至设计深度后要彻底循环洗井。待砂子返出后,再停泵起管柱。

③带大直径工具探砂面,且加压不得超过10kN,严禁用大直径工具冲砂。

④冲砂过程中应注意中途不可停泵,以免被冲起的砂下沉将冲砂管卡住或堵死。

⑤泵发生故障须停泵处理时,应提管柱至原始砂面50m以上,并反复活动,有条件时可转动管柱。

⑥若提升设备发生故障,不能起下管柱时,必须保持正常循环。

⑦在深井或大直径套管内冲砂时,可采用正、反冲砂法或泡沫冲砂等工艺。

(5)打捞作业施工前要彻底冲洗鱼顶,特别是捞桥塞或封隔器时必须在砂子全部返出地面后才能进行打捞,捞获后要边冲洗边上提,待活动解卡达到负荷正常后再停泵。

(6)填砂施工:

①探入工井底或设计位置后充分洗井再上提油管至预计砂面200m,防止洗井不彻底,填砂时形成砂桥,甚至造成砂卡管柱。

②填砂结束后,继续往油管内灌水不少于油管内容积后,活动沉砂8~14h。

③探砂面时,若超过预计砂面20m未探着砂面,应立即起管至安全位置,分析原因,或继续沉砂,直到探砂面合格。若经2次填砂后,仍然探不着砂面的,说明井下层间矛盾突出,砂子在井内不沉,应冲出井内砂子,和有关部门结合,变更方案,改注灰或打桥塞。

(7)压裂施工时,应注意:

①光管压裂管鞋应下至油层上界100m以上。

②加砂时注意砂比不能过大。

③卡封压裂时,顶替量应计量准确,充分把携砂液顶入地层。

④压完放喷时,井口应安装油嘴控制放出液量和压力,严禁高压下无嘴放喷,防止放压过快,砂子吐出,造成压裂管柱砂卡。

二、水泥卡

作业施工过程中,由于人为原因或工程原因导致管柱或井下工具被水泥固封在井中,称为水泥卡。

(一)水泥卡的原因

(1)打完水泥塞后,没有及时上提油管至预定水泥塞面以上进行反洗井或洗井不干净,致使油管与套管环隙多余水泥浆凝固而卡钻。

(2)挤注法打水泥塞时没有检查上部套管的破损,使水泥浆上行至套管破损位置返出,造成卡钻。

(3)挤注水泥时间过长或催凝剂用量过大,或者是水泥不合格,出现闪凝,使水泥浆在施工过程中凝固。

(4)井下温度过高,对水泥又未加处理,或井下遇到高压盐水层,使水泥浆性能变坏,以致早期凝固。

(5)打水泥塞时,由于计算错误或发生设备故障造成油管或封隔器被固在井中。

(6)注水泥塞时油管穿孔,造成洗井短路,使灰浆固住油管,俗称"插旗杆"。

(7)油层上部套管漏失现场不清楚,而注水泥塞时又封堵高压水层,按照常规注水泥施工时,很容易灰塞上移固住油管。

(8)不动管调剖时,由于油管穿孔或操作不当,也可造成调剖剂固管柱,和水泥固管柱一样,需要大修。

(9)候凝时间短,或由于水泥的触变性,探灰面后,来不及提出管柱,水泥浆凝固造成管柱固卡。

(二)水泥卡的预防措施

(1)注水泥塞前,要进行水泥化验,确定水泥合格和初凝时间。

(2)对有溢流的井注水泥塞时,一定要压井,保证井没有溢流再注水泥塞。

(3)打完水泥塞后要及时、准确上提油管至预计水泥塞面以上,进行反洗井,确保冲洗干净后,继续上提管柱至上部射开的油层顶界100m或漏点以上100m处,关井候凝。

(4)挤注法注水泥塞前,一定要对上部套管试压合格,否则改卡封挤注水泥。

(5)挤注水泥时要确保水泥浆在规定时间内尽快挤入,必要时加入一定量的缓凝剂。

(6)井下温度较高,或可能遇到高压盐水层时,必须充分洗井,降温脱气,一定要确保注水泥过程中不发生其他事故。万一发生其他事故,而又不能及时处理时,要立即上提油管,防止油管被固住。

(7)施工过程中保证设备运转正常,若提升设备发生故障,不能马上修好,应立即反洗井,洗出井内水泥浆;若洗井泵车发生故障,应立即上提管柱至关井候凝位置,待泵车修好后,冲至设计灰面,然后上提管柱,再关井候凝。

三、小件落物卡

在修井施工中,因操作失误或检查不细,致使一些手工具(管钳、牙板、扳手等)、辅助工具(大钳牙块、液压钳牙块、气动卡瓦牙块)、井口螺栓等掉入井内造成卡钻,称为小件落物卡。

(一)落物卡的原因

(1)起下钻时,由于井口未装防落物保护装置会造成小件落物落井而卡钻。

(2)由于施工人员责任心不强,不严格按操作规程施工,如起钻挂单吊环、下钻顿井口、背钳未打好管柱脱扣等均会造成井下落物。

(3)由于油管或钻杆制造或修复质量问题,在井下断裂而落井。

(4)由于入井工具质量差,强度低,下井时间长,以及在正常施工时也可能造成井下落物或在井内自行散落,造成卡钻。

(二)井下落物卡钻预防措施

(1)加强工作人员的责任心,严格执行交接班制度,起下时所有工具、部件要详细检查,并做好记录。

(2)下入大直径工具前,必须用相应的通井规通井,检查套管完好情况。避免盲目下入大直径工具而发生卡钻事故。

(3)下井工具要完好,并丈量规范,绘制工具草图。避免因入井工具在井下时间长、或工具损坏和部件散落而造成井下落物。

(4)下井管柱各部分要上紧。避免因管柱松脱造成的井下落物卡钻。

(5)起下作业施工时。井口应装自封封井器,井口操作台上不得摆放与起下作业无关的小物件,避免因操作不慎造成小物件落井卡钻。

四、套管卡

由于地质原因、生产原因或施工原因等导致套管发生变形、错断等,使得井下管柱被卡,称为套管卡。

(一)套管卡的原因

(1)对井下套管情况不清楚,错误地把管柱、工具下在套管损坏处。

(2)油水井在生产过程中,由于泥岩膨胀、盐膏层位移、井壁坍塌等造成套管变形或损坏而将井下管柱卡在井内。

(3)由于构造运动或地震等原因造成套管错断、损坏,发生卡钻。

(4)在井下作业及增产措施施工中,操作或技术措施不当也会造成套管损坏而卡钻。

(5)未按设计下入大直径工具,也容易在套管内卡钻。

(二)套管卡的预防措施

(1)测井或分层作业等下入大直径工具前,必须处理井筒,用合适的通井规通井,通井时严格按通井操作规程施工。

(2)起下钻时,如有卡钻或遇阻现象,要下铅模打印探明情况,必要时,对可疑点进行侧面打印。

(3)如套管有损坏,必须将其修好后,方可再进行其他作业。

(4)处理井筒时,必须彻底洗井,若遇阻后,不能及时洗井,应该上提管柱至遇阻位置100m以上,必要时活动管柱,防止井筒脏物下沉卡钻。

五、水垢卡

注水井长期注水后在井内形成大量结垢,从而使井内管柱不能正常起出的现象称为水垢卡。

(一)水垢卡的原因

(1)注水水质不合格,含氧等化学成分及杂质过高。

(2)注水管柱长期生产未及时更换,管柱穿孔腐蚀严重。

(3)洗井不及时或未按规定洗井,使井筒积杂越来越多。

(二)水垢卡的预防措施

(1)注入水的水质要经过化验,其含氧等化学成分及杂质必须达到规定标准,严禁注入不合格的未经处理的污水。

(2)对注水管柱要定期检管更换。

(3)对地面注水管网定期除垢,对注水末端增加精细过滤装置,防止结垢物进入井筒。

(4)对结垢较为严重的井实施除垢。

第二节　解卡工艺技术

一、卡点的测取

卡点深度是指井下落物被卡部位最上部的深度。卡点的测定就是对这一深度的测定。卡点是处理井下事故应掌握的重要参数之一,制定措施选择解卡方法均应以卡点为依据。测定卡点深度的意义主要体现在以下几个方面:

(1)可以确定大修施工中管柱倒扣时的悬重,即确定管柱的中和点。施工中能准确地从卡点处倒开,减少打捞次数。

(2)可以确定管柱切割的准确位置,能保证切割时在卡点上部 1~2m 处切断。

(3)判断套管损坏的准确位置,有利于对套管损坏部位进行修复。

(4)判断管柱被卡类型,有利于事故的处理。

目前测卡点常用的方法有计算法和测卡仪测卡法两种。

(一)计算法

1. 理论计算法

根据管柱受拉后弹性伸长的原理,测取拉力与伸长的对应值,即可算出卡点的位置,其公式为:

$$H = \frac{EF\lambda}{P} \tag{9-1}$$

式中　H——卡点深度,m;

　　　E——钢材弹性系数,$2.1 \times 10^6 kN/cm^2$;

　　　P——上提拉力平均值,kN;

　　　F——被卡钻柱截面积,cm^2;

　　　λ——油管平均伸长,cm。

在拉伸测试中,有三个方面的问题应注意,否则将会影响测卡计算的准确性。指重表必须灵活、准确,丈量尽可能使误差最小,井内液体对拉伸值无影响。

测卡时上提管柱,使其上提比卡钻前的悬重多几吨,记下这时的拉力 P_1,并且在管柱上做记号 λ_1。然后再用较大的力上提(一般增大 10~20t),同样记下拉力 P_2,相应管柱上的记号

为 λ_2。两次上提力量的差 (P_1-P_2) 是上提拉力,两次上提时在管柱上的记号 $(\lambda_1\lambda_2)$ 之间的距离就是管柱的弹性伸长量。

为了准确计算,可用不同大小的拉力多提几次,测出几个伸长量,然后取拉力和伸长量的平均值进行计算。

2. 经验计算法

根据经验公式计算,其公式为:

$$H = K \cdot \lambda / P \tag{9-2}$$

式中　H——卡点深度,m;

　　　λ——油管平均伸长,cm;

　　　P——油管平均拉伸拉力,kN;

　　　K——计算系数,常见数据可由表 9-1 查出。

表 9-1　各种类型管类计算系数一览表

管类	外径(mm)	壁厚(mm)	K	管类	外径(mm)	壁厚(mm)	K
钻杆	73	9	3800	油管	73	5.5	2450
油管	60	5	1800	油管	89	6.5	3750

(二)测卡仪测卡法

测卡仪测卡点,是将测卡仪下入井内,测取卡点位置的方法。它提高了打捞解卡的成功率并缩短了施工时间,测得卡点直观准确可靠。

测卡仪主要由电缆接头、磁性定位器、加重杆、滑动接头、振荡器、上弹簧轴、传感器、下弹簧轴、底部短节等组成,如图 9-1 所示。

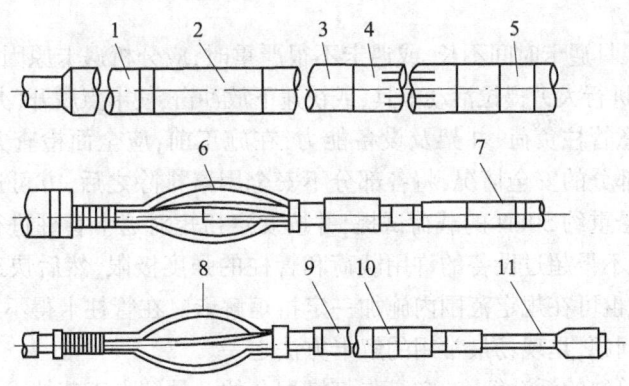

图 9-1　测卡仪结构图

1—电缆接头;2—磁性定位器;3—加重杆;4—滑动接头;5—振荡器;
6—上弹簧轴;7—传感器;8—下弹簧轴;9—底部短节;10—爆炸短节;
11—爆炸杆

测卡仪的工作原理为:井下各种工艺管柱被卡阻,由于其材质不同,在受到弹性极限范围内的拉、扭时,应变与应力成一定的线性关系,被卡管柱在卡点以上的部位受力时,应符合这种关系。卡点以下部分,因为力传递不到而无应变,而卡点则位于无应变到有应变的显著变化部位,测卡仪则能精确地测出 2.54×10^{-3} mm 的应变值,二次仪表能准确地接收、放大并显示在地面仪表上,从而测出卡点。

测卡仪通过天车、井口滑轮,经井口短方钻杆下入被卡管柱至遇阻位置,在不同的上提力或不同的扭矩下,或在一定的上提力和综合作用下,管柱卡阻位置的应力应变被传感器接收放大,经二次仪表反映在地面仪表上,即可直接读到卡点深度位置。

测卡仪能够准确地在 $\phi60\sim\phi298$ mm 的各种管内测卡。

测卡仪的操作步骤主要包括以下几个方面:

(1)调试地面仪表,将地面仪表读数调到 100,然后将指针拨归零。

(2)用试提法计算卡点大约位置,然后确定测卡管柱的 3 次上提力。

(3)仪器入井至遇阻后缓慢上提,同时按确定的上提力分别上提管柱,则可测出卡点深度。

(4)也可在仪器缓慢上提时,分别施加扭转力,在 3 次不同的管柱扭转力下,可测得管柱卡点深度。

(5)测卡仪弹簧外径应合适,加重杆数量应适当,使仪器能顺利起下,以利测试。

测卡仪使用过程中的注意事项包括:

(1)被测管柱的内壁一定要干净,不得有泥饼、硬蜡等,以免影响测试精度。

(2)测试仪弹簧外径必须合适,以保证仪器正常工作。

(3)所用加重杆的质量要适当,要求既能保证仪器顺利起下,又能保证仪器处于自由状态,以利于顺利测试。

二、砂卡解卡

砂卡是最常见的卡钻之一,常见的解除砂卡的方法主要有:活动解卡、憋压循环解卡、悬吊解卡、冲管解卡、震击解卡、倒扣(松扣)与切割解卡等方法,下面分别介绍。

(一)活动解卡

当井下管柱或工具遇卡时间不长,或遇卡不很严重时,应分析遇卡原因,根据井架及设备允许负荷条件,对管柱进行大力提拉活动卡具,或快速下放冲击,使卡点脱开(井底有口袋才行)。

活动解卡要注意管柱负荷、井架及设备能力,在施工前,应全面检查井架、地矛、设备、绷绳、滑轮、大绳等各部分的安全情况,将各部分不安全因素排除之后,方可进行施工,不能盲目蛮干。先用大于原悬重约 50kN 的载荷试提,并按规定扭矩对遇卡管柱进行紧扣后,再缓慢上提达到最大载荷,但不得超过设备的许用载荷和管柱的强度极限,然后快速下放,利用管柱伸长后的收缩力解卡,也可在规定范围内施加一定扭矩解卡。在管柱卡得不死的情况下,利用此法可解决管柱卡的问题,是现场最常用的解卡方法之一。

活动解卡不是单纯的活动解卡,它是与打捞配合的一种解卡工艺技术,活动解卡是为了起出被卡井内管柱,但解卡不成功时往往把管柱拔断或拔脱,这就需要下入工具打捞,打捞成功后,继续活动解卡,这样往复进行,直至解卡成功。

活动解卡的技术要求如下:

(1)活动解卡前,首先检查地矛、绷绳、法兰及绳卡松紧程度,检查大绳是否断丝,检查拉力计是否灵活好用,检查吊卡、吊环等游动系统是否老化。

(2)记录活动解卡上提最大负荷。

(3)记录活动解卡管柱伸长量。

(4)活动解卡 30min 要暂停一会,避免管柱长期活动疲劳和设备长期处于高速运转状态产生高温。

(5)活动解卡在原管柱拔断脱落后,并施以成功的打捞后仍然继续进行,而此时应用强度更高的钻杆,将解卡负荷适当增加,以使被卡管柱不断捞出,直至全井被卡管柱全部解卡捞出。

(6)每次解卡拔断或脱扣后,应记录鱼顶情况及鱼顶预计深度,并选择正确的打捞工具,继续解卡打捞。

(二)憋压循环解卡

出现砂卡后,应尽早争取时间开泵循环。如循环不起来,可用憋压的方法,如能憋开,则卡钻即可解除,同时上下活动管柱。

憋压循环技术要求如下:

(1)管线连接处一定上紧不允许有任何泄漏。
(2)上下活动负荷在井架允许的范围之内。
(3)憋压应根据管柱情况定,最高泵压不允许超过管柱安全承压的 80%。
(4)水龙带应拴保险绳,操作人员要在安全地带,以防管柱断脱伤人。
(5)停泵后若压力不降,稳定 30min,压力仍不下降,应停止憋压,改用其他方法解卡。

(三)悬吊解卡

确定砂卡后,活动解卡无效,可考虑悬吊解卡法,这是处理砂卡事故经常用的一种方法。在井口给管柱一合适拉力,在较长的时间内使被卡管柱慢慢拔出,而逐步解卡。在这种施工过程中,应时刻观察指重表上悬重的变化,如悬重缓慢下降,则说明管柱正在上移,应继续补充拉力,直至解卡。在观察指重表变化时要记录真实变化数值,必须排除指重表等因漏失而产生的假象。为了消除假象,可以在井口做出方入标志,如指重表下降,方入有所减少则说明蠕动在进行,可继续提高拉力;反之两者不能统一,则说明是指重表管线漏失下降的假象,应具体分析后,方可进行施工作业。

悬吊解卡的技术要求如下:

(1)悬重负荷在钻柱和井架允许的范围之内。
(2)在悬吊过程中,每隔 30min 观察指重表上悬重的变化。
(3)发现悬重下降将负荷提至初始悬重负荷。
(4)在井口做出方入标志,如指重表下降,方入有所减少则说明蠕动在进行。
(5)若 3~5h 悬吊,方入无减少,悬重不下降,则停止悬吊,改用其他方法解卡。

(四)冲管解卡

冲管解卡是借助小直径的冲管在油管内进行循环冲洗,以解除砂堵砂卡,是行之有效的方法之一,适用于填砂卡、冲砂卡以及压裂砂卡等比较明确的砂卡井。最下面的冲管要有切口,用于冲击砂堵和防止憋泵。冲管直径的选择与油管直径有关。$\phi 62mm(2\frac{1}{2}in)$ 油管内用 $\phi 40m(1\frac{1}{2}in)$ 或 $\phi 35mm(1\frac{1}{4}in)$ 冲管,如带有 $\phi 50mm$ 小口时,则用 $\phi 25mm$ 冲管。设计冲管时,必须考虑冲管直径与油管内径的配合及冲管自身的抗拉强度。在浅井内,可下入同一直径的冲管,而在深井中,根据计算,选择复合冲管程序,如 $\phi 62mm(2\frac{1}{2}in)$ 油管内可选用 $\phi 25mm$、$\phi 35mm$ 及 $\phi 40mm$ 的冲管组合成多级冲管来进行冲砂,或同一直径上部用抗拉强度大的高强度冲管,以保证冲砂中冲管不断。当管下至距砂面5~10m处时,即开泵冲洗,排量一般为12~15m³/h。冲管冲出油管鞋4~5m后停止加深,应做长时间的冲洗,使油管外围的砂堵慢慢掉下来而被冲出地面。这样,可避免冲管加深后砂子突然垮下来而卡住或挤断冲管。

在实际操作中,使用连续油管作业车冲洗能起到事半功倍的效果,同时也可以边冲洗边活动解卡,对解除砂卡油管行之有效。

实行冲管时一定注意泵压变化和下放速度,当冲下50m后,应循环洗井并活动冲管,防止冲管下放过快而卡钻,待砂子返出地面后再继续冲砂。

冲管解卡的技术要求如下:

(1)冲管进入鱼腔内注意录取泵压。
(2)冲洗过程中不允许中途停泵。
(3)每冲下10m上提下放反复2~3次。
(4)冲洗下钻速度50m/h。

(五)震击解卡

在卡点附近造成一定频率的震击,有助于被卡管柱和工具的解卡。常用的震击器类工具有上击器、下击器、加速器等。

上击器接在安全接头上面,是采用液压工作原理实现上击的。上击器操作开始时,应先小范围活动钻具,以检验震击器工作情况,步骤为:

(1)下放钻具到指重表读数小于正常下放悬重100kN左右,使上击器关闭。震击器关闭过程,可在指重表上显示出来,指针会出现一段静止或回摆,说明上击器已经闭合。

(2)上提钻具,一般比正常上提钻具的悬重多提200~300kN,刹住刹把,观察上击器震击瞬间,指重表指针摆动,钻台上可感到震动。

(3)确定上击器能正常工作后,重复以上两步动作,使震击器反复震击,直到解除事故。在需要长时间震击时,应该每连续震击半小时,停止震击10min,以使震击器中液压油冷却。

震击器震击效果,在操作方面主要是由上提拉力决定的。上提拉力虽受多方面因素的影响,但在定向井中主要考虑上提、下放钻具存在的摩擦阻力。上提震击和下放关闭时应去掉这部分阻力,正确地确定提放吨数。

下击器与上击器相反,产生下击的作用。下击器接在钻具的下部,安全接头之上。下击器通常是在处理键槽卡钻或上提遇阻卡时使用,效果较好。使用下击器时,先上提钻杆,使下击器的壳体也向上移动,再突然下放,使下击器的壳体击到下面的接头,产生一种震击力量,把受卡部分震松。

下击器的操作可按下面的步骤进行:

(1)一般情况下,下击器在井下总是处于"打开"的位置,需要下击时,司钻下放钻具,除去摩擦阻力外,压在下击器上的钻压要大于事先调节的震击吨位,然后刹住刹把,观察下击器工作,下击器震击瞬间,指重表的指针摆动,井口可感到震动。

(2)需要再次下击时,首先要使下击器重新打开,即上提钻具,直到指重表上所显示的悬重证明下击器已打开。下击器直接连接在下部组合的顶部,通过过渡接头,与加重杆相连。在大直径井眼中的塔式钻具中,震击器上部有时也加有几根直径小于震击器外径的钻铤。

从要求上讲,正常钻进的钻具中,随钻震击器所安装的位置,应在钻具的中和点以上,使震击器处于拉伸状态,保持随钻震击器在正常钻进时处于打开的位置。但在定向井中,加有相当数量的加重钻杆代替部分钻铤,一般是把随钻震击器加在加重杆以下,防止震击器以上钻具遇卡,出现虽有震击器而无法工作的情况。在打捞钻具中,考虑震击器位置,应注意两个方面,一是震击器要尽量靠近鱼顶,二是震击器上部应有足够重量的钻铤。

震击解卡施工方法及技术要求:
(1)根据分析判断落物卡钻类型,正确选择震击器类型。
(2)调节震击器工作拉力,使其达到最佳工作状态。
(3)记录每次震击后的效果及上提拉力,发现启动拉力过小时,可适当调节震击拉力。
(4)每连续震击半小时,停止10min,以使设备及震击器中液压油冷却。
(5)在定向井中使用震击器时,要考虑上提、下放钻具存在的摩擦阻力。
(6)注意井架、绷绳、地锚的巡回检查。

(六)倒扣(松扣)与切割解卡

1. 倒扣

找出卡点准确位置后,上部不卡的管柱,为了保证其完好,节约修井周期,通常进行倒扣作业,把卡点以上管柱倒扣起出,然后再进行打捞。倒扣是打捞落井管柱不能解卡时常用的一种手段。如果落鱼顶部被砂所埋,应先进行冲砂作业,将砂清除之后,再进行倒扣。常用倒扣工具有反扣钻杆配合相应的反扣打捞工具(如公母锥、打捞矛、安全接头等)和倒扣器配合倒扣打捞工具(如倒扣捞筒、倒扣捞矛、倒扣安全接头等)。

倒扣器是一种变向传动装置,其主要功能是将钻杆的右旋转动(正扭矩)变成遇卡管柱的左旋转动(反扭矩),使遇卡管柱的连接螺纹松扣。由于这种变向装置没有专门的抓捞机构,因此必须同特殊形式的打捞筒、打捞矛、公锥或母锥等工具联合使用,以便倒扣和打捞。由此可见,倒扣器就其所要完成的作业而言,是一种组合型打捞工具,使用倒扣器,理论上来说可以不用反扣钻杆即可完成倒扣施工。

施工方法及技术要求为:
(1)根据套管内径选择合适的倒扣器,并检查钢球尺寸。
(2)根据落鱼尺寸选择打捞工具,配好倒扣管柱(自下而上为:左旋螺纹打捞工具+左旋螺纹安全接头+左旋螺纹下击器+倒扣器+右旋螺纹钻杆)。
(3)当倒扣管柱下至鱼顶深度以上2m时,停止下放管柱,记录指重表悬重。
(4)接正循环管线开泵洗井,待洗井正常后下放管柱,并缓慢反转倒扣管柱入鱼。
(5)待指重表负荷下降10~20kN时,停止下放。停泵,在井口记下第一个记号。
(6)上提倒扣管柱,当指重表悬重大于入鱼前悬重20~30kN时,停止上提,记下第二记号(此时抓住落鱼,拉开下击器)。
(7)继续增加上提负荷,上提负荷大小视倒扣器管柱长度而定,但不得超过说明书规定的负荷。
(8)在保持上提负荷的前提下,慢慢正转工具管柱(使翼板锚定)。
(9)继续正转管柱倒扣,当发现倒扣管柱转速加快,扭矩减小,说明倒扣作业完成。
(10)反转倒扣管柱(锚定翼板收拢),起出倒扣管柱。

2. 爆炸松扣

爆炸松扣是在测准卡点之后,为保证倒扣时一次性从卡点处倒开,用爆炸的方法使卡点处钻具螺纹松动倒扣,然后起出卡点以上管柱,以便对卡点以下的管柱进行处理。

所选择的炸药、导火索、药量必须适当,药量过大会损坏甚至炸裂钻具,过小可能松不开扣,用药量根据实践而定。

爆炸松扣的简单操作及技术要求:

(1)测卡后,先将管柱上紧,将测卡仪的爆炸杆对正卡点以上管柱的第一个接箍处。

(2)按330m转动四分之三圈的经验数据反向旋转管柱(大直径的钻杆或套管,一般每320m转二分之一圈;卡点距地面较近时,转的圈数减少一点)。

(3)用高电压(440V)、低电流(1.5A)的直流电源引爆,倒扣解卡。

(4)爆炸松扣成功的典型显示:从仪器上看出断路、扭矩表读数下降、井口钻具及卡瓦振动。点火后,立即上提测卡仪约为30m,静止5~10min后,再起仪器,防止仪器、加重杆外壳快速冷却淬火折断,卡住甚至切断仪器。先慢速活动上提,待摩擦力正常后,再逐渐提高速度。

3. 切割

对于被卡的管类落物或需要修理的套管,用其他方法难于处理时,常采用切割的方法处理,所使用的切割工具有机械式、聚能式和化学喷射式几类。

1)机械内割刀

机械内割刀是从管子内孔任何部位进行井下切割的切割工具,它可以在落鱼管柱任意部位进行切割。机械内割刀的优点是可以在井下任意更换切割位置,并可以自由脱卡,操作方便可靠,其技术参数见表9-2。

表9-2 机械式内割刀技术规范

规格型号		JNGD73	JNGD89	JNGD101	JNGD140	JNGD168
外形尺寸(mm)		φ55×584	φ83×600	φ90×784	φ101×956	φ138×1208
接头螺纹代号		40.3mm平式油管扣	40.3mm平式油管扣	NC26	NC26,NC31	NC31,3301
使用规范及性能参数	切割范围(mm)	62~57	70~78	97~105	107~115	158~137
	坐卡范围(mm)	65~54.5	81~67	108~92	118~104	158~137
	切割转数(r/min)	50~40	30~20	20~10	20~10	20~10
	进给量(mm)	1.2~2.0	1.5~3.0	1.5~3.0	1.5~3.0	1.5~3.0
	钻压(kN)	3	4	5	5	7
	更换件后扩大的切割范围(mm/in)		101(3½)油管	114(4½)套管	139,146(5½,5¾)套管	177.8(7)套管

机械内割刀切割原理:当钻具正转后,因工具下端的锚定机构中摩擦块紧贴套管,具有一定的摩擦力。转动管柱,滑车块与滑车套相对运动;推动卡瓦牙上行胀开,咬住套管完成坐卡锚定。继续转动并下放管柱,刀片沿刀枕下行,刀片前端开始切割管柱。随着不断地下放,刀片旋转切割,切割深度不断增加,直至完成切割。上提管柱,芯轴上行,带动刀枕,刀片回收,同时锚定卡瓦收回,即可起出切割管柱。

使用内割刀的技术要求为:

(1)钻具配合:

鱼顶在井口时,找箍器+内割刀+下击器+钻杆。

鱼顶在井下时,找箍器+内割刀+下击器+小钻杆+打捞矛+扶正器+钻杆。
(2)钻压,5kN。
(3)转速,20~40r/min。
(4)排量,停泵切割或小排量切割。
(5)切割成功后,钻压减少,转速变轻,井口有振动感觉时,停止切割。
(6)起出切割管柱,选择合适工具打捞以下管柱。

2)机械外割刀

外割刀分机械式与水力式两种,无论哪一种都是从落鱼外壁进行切割的工具。机械外割刀是依靠引鞋引入落鱼之后,上提钻具使其与落鱼接实,后再转动转盘,推出割刀将落鱼割断。为防止外割刀套入鱼顶之后碰断刀片,设计了刀片扶正弹簧,改进了"承转轴承",增加了卡簧定位的安全性。

外割刀是从落鱼内腔无法爆炸或内割时而选择的一种解决卡钻的方法,其技术要求为:
(1)钻具配合,外割刀+套铣管+钻杆。
(2)钻压,提断剪切销钉后无须加压,由主弹簧自动给压。
(3)转速,20~40r/min。
(4)排量,停泵切割或小排量切割。
(5)切割成功后,转速变轻,井口有振动感觉时,停止切割。
(6)起出切割管柱钻具配合。

3)聚能割刀

聚能割刀的原理是当火药引爆后,在高温、高压作用下,高压气流喷出,将管子割断。聚能割刀由聚能器和定位器组成,其上为加重杆,采用直径为10mm的单芯电缆。使用此割刀,割下的油管口径比原外径大2mm,当油管质量不好时,尽量不采用此割刀。

聚能割刀是通过电缆下入的一种切割工具,要求管子内径畅通,方可实施。聚能切割注意事项及技术要求为:
(1)按所切割管子内径、壁厚、材质选择相应的切割弹。
(2)连接电缆、加重杆、磁定位仪等工具。
(3)电缆由天车通过地滑轮,经井口防喷管入井。
(4)电雷管与切割弹连接紧凑,电雷管应绝缘。地面电源在下井工具未到位时不得接通。
(5)工具在磁定位仪校深无误后,接通地面电源,井口及周围30m内人员撤离。
(6)通电引爆雷管、切割弹,数秒钟后井口、地面可听到爆炸声,或可看到井口压井液上涌(不装防喷管时),5min后断电。
(7)引爆开始30min后可起出电缆及其他工具。
(8)如出现哑炮,应由专人负责处理。
(9)聚能切割目前已是成熟技术,其切割弹已系列化,使用时必须按要求操作。
(10)雷管与切割弹必须分开保管、分开运输,现场组装。

4)化学喷射割刀

化学喷射割刀的原理与聚能割刀相同,但介质不是炸药,而是利用在高温高压下喷出的氢氟酸液体进行割管,其结构是由绳帽、磁定位器、加重杆、燃烧室、活塞、卡瓦机构、惰性气体室、液氢室及喷射头组成。此割刀器切割的管柱口整齐光滑,割口外径较原管外径只大 1.6mm,对下一步打捞作业影响很小。

化学喷射割刀的燃烧室内装有固体燃料,当引燃后,其高压气体推动活塞使三个爪向外扩张,并与管壁接触,起扶正固定作用。高压气体推动活塞的同时,气体经活塞中孔眼推动惰性气室内的氟气,使氟气下行将垫片压破,氟气与液氢室内的液氢化合,形成压力为 7MPa,温度为 815℃的高温、高压气体,将紫铜垫击穿,再经过聚能室向小孔喷出将管柱割断。

因化学喷射切割属高危险、剧毒品,配合施工用的炸药,也是危险品,在施工中易出现中途引爆、哑炮等危险事故。所以,该项工具系列引进数量很少。目前油田已极少应用,掌握基本原理即可。

4. 套铣筒套(磨)铣

套铣就是在以上解卡无效或无明显作用后常采取的最后有效的方法。所谓最后有效法就是将以上解卡的措施方法都用了,但仍无解卡作用而不得不采用套铣这种破坏性解卡方法,但这种方法往往实用有效。套铣就是在取出卡点以上管柱后,采用套铣筒等硬性工具对被卡落鱼进行套铣、清除掉被卡落鱼与套管环空的砂子,然后打捞出落物。这种方法虽然较慢,但行之有效,可以套一根捞一根,也可使用连续套铣筒,一次套铣多根并打捞多根,但风险大,要求井况好。若套铣不顺利,可采用套磨结合的方式,处理被卡落鱼。

三、水泥卡解卡

水泥卡的解卡方法可参照砂卡的测卡和解卡方法,不同的是水泥固卡解卡,比砂卡解卡复杂,因为水泥固卡管柱,无论是套铣或磨铣均比砂卡强度高,主要是采用套铣倒扣、套铣、磨铣结合工艺,特别是井斜或拐点处,固卡管柱靠边,在套铣、磨铣时困难,造成修井工期延长,操作不当,还容易开窗或卡钻。

水泥卡钻的处理可分为两种情况:一种是能够开泵循环的,另一种是油管套管均被水泥固死的,无法建立循环。对可开泵循环的,可用浓度为 12%的盐酸进行循环,破坏水泥环进行解卡,如果水泥固卡较少,通过酸洗加活动解卡,一般能够解开。若固卡油管较多,虽然有循环,但也不能顺利解卡时,以及不能开泵循环的,则采用以下两种办法解卡。

(1)倒扣套铣法。首先测卡点,先将油管倒至被卡的水泥面,然后用套铣筒铣去油、套管环形空间的水泥环,倒扣起出被套铣的油管。重复用套一根、倒一根的办法,将被卡管柱全部起出。注意套铣筒的长度要长于被套油管,一般在套铣筒上部或下部加打捞工具,这样可以达到一次套铣同时打捞的目的。

(2)磨铣法。当套管内径小或被卡管柱直径较小、不规则,并且较短时,可用磨鞋将被卡管柱连同水泥环磨掉。施工时,首先将水泥面以上油管设法取出,然后用平底磨鞋或凹底磨鞋磨去管柱和水泥环。

磨铣时磨鞋上部应接扶正器和沉淀杯。磨铣一段时间后,可用磁铁打捞器或反循环打捞篮捞净碎铁屑,然后再继续磨铣,直至达到设计要求。

四、落物卡解卡

落物卡的解卡方法参照砂卡的测卡和解卡方法,不同的是落物卡的原因分析清楚后,相对砂卡较好解卡,在实际操作中,由于小件落物造成的卡钻,多使用活动解卡和震击解卡,若活动震击无效,则采用测卡点倒出卡点以上管柱,再采用套铣筒套铣、倒扣解卡或磨铣措施。

解除落物卡钻切忌大力上提以防卡死或损坏套管,一般处理的方法如下:

(1)首先分析判断是何落物造成卡钻,查看井口螺栓、井口工具是否缺少,液压钳配件(如钳牙、牙包、螺栓等)是否丢失等,根据起下状况认真分析后,采取相应的措施。

(2)根据落物形状大小及材质,考虑把落物拨正后能否从环空落下去或能否靠管柱提放、转动将其挤碎。如果可能的话可慢慢提放、转动管柱,将落物拨正落到井底或将其挤碎,达到解卡的目的。

(3)如果被卡管柱下面有较大工具(如封隔器等),落物任何角度都无法通过环空,并且落物材质坚硬不易挤碎,轻提慢放转动管柱也无效,可测算卡点深度,将卡点以上管柱倒出。再根据落物形状大小,选择合适的工具(如强磁打捞器、一把抓等),将落物捞出,如捞不出可选择尺寸合适的套铣筒将其套掉,再捞出落井管柱。

(4)如落物不深并且不大(如钳牙、螺栓等),可采用悬浮力较强的洗井液大排量正洗井,同时上提管柱,直到把落物洗出井外后使管柱解卡。

五、套管卡解卡

套管变形卡由于套管变形处卡有落物,制约了下入井内的解卡工具,致使较砂卡解卡更为复杂,所以,应用砂卡解卡方法测定卡点后,先把套管变形点以上管柱倒扣捞出,对套管变形处首先应用小直径工具打开通道,然后应用套管整形技术,把套管变形整好,下入合适工具捞出套管变形点以下全部管柱。

套管卡的具体处理方法是先将卡点以上的管柱起出,其方法可采取倒扣、下割刀切割或爆炸切割;然后探视、分析套管损坏的类型和程度,可以通过打铅印、测井径、电视测井等方法来完成;根据探视结果制定切合实际的整形修复处理方案,具体如下:

(1)一般变形不严重的井,可采取机械整形(胀管器、滚子整形器等)或爆炸整形的方法将套管修复好达到解卡目的。

(2)如变形严重,以上方法不能使用,可下铣锥或领眼高效磨鞋,进行磨铣打开通道解卡,如此种方法对套管造成损伤或套管破裂,可通过套管补贴进行补救。

(3)对套管变形严重的,无法打通道,则封井上返或侧钻。

总之,解卡在现场作业和大修施工时经常遇到,解卡可以是一道单独工序,但更多的解卡是配合打捞进行的,所以,在解卡之前,应该做到:

(1)分析卡钻的类型和原因,制定详细的解卡方案和安全措施。

(2)解卡过程中要确保油、水层不受污染与破坏。

(3)不损坏井身结构(套环与水泥环)。

(4)处理事故过程中必须使事故越处理越容易,而不能越处理越复杂。

第三节 打捞作业

在油水井生产或作业过程中,由于各种原因常引起井下落物和井下工具遇卡。井下落物在很大程度上影响着油水井的正常生产,严重时可造成停产,需要针对不同类型的井下落物,选用相应的打捞工具,捞出井下落物,恢复油水井正常生产。

一、井下落物的危害

(1)堵塞油层,影响油水井正常生产。
(2)缩短沉砂口袋,增加油井维修次数。
(3)妨碍增产措施的进行。
(4)易造成卡管柱事故。
(5)造成油水井侧钻甚至报废。

二、打捞作业分类

捞出井下落物的作业过程称打捞作业。可以从不同角度对打捞作业的性质进行分类。

(一)按落物种类进行划分

根据井下落物的种类可将打捞作业分成四类:
(1)管类落物打捞,如油管、钻杆、抽油泵、电动潜油泵、封隔器、射孔枪、管类工具等。
(2)杆类落物打捞,如(断脱的)抽油杆、测试仪器、加重杆等。
(3)绳类落物打捞,如录井钢丝、电缆等。
(4)小件落物打捞,如铅锤、刮蜡片、压力计、取样器和阀球、牙轮、钳牙、螺栓等。

(二)按打捞作业的难易程度划分

现场上按照工程处理难易程度进行分类,可分为简单打捞和复杂打捞两种。这种划分方法便于施工准备和制定施工措施。
(1)简单打捞:凡掉入井内的管类、封隔器和绳类等,没有卡钻遇阻等复杂情况,一般作业队的设备及技术力量能够解除的故障,不需要采用转盘倒扣、套铣、磨铣等工艺的作业。在采油、注水、修井过程中掉入井内的铅锤、刮蜡片、压力计、钢丝和钢丝绳等,或在修井过程中没有按操作规程施工,造成的修井工具、管类、绳类掉入井中,或钻具(管柱)、封隔器被卡断落在井内,用简单提拉、震击解卡可以解除的,均属于简单打捞。
(2)复杂打捞:凡掉入井内或卡在井内的管类、封隔器和绳类等,一般作业队设备及技术力量无法处理,须使用倒扣、套铣、钻磨及爆炸措施处理才能恢复正常生产的作业过程。

三、井下落物打捞

(一)打捞的基本原则

打捞井下落物时要遵循以下原则:
(1)打捞过程中要确保油、水、气层不受二次污染与破坏。
(2)不损坏井身结构(套管与水泥环)。
(3)处理事故过程中必须使事故越处理越容易,而不能越处理越复杂。

(二)打捞施工操作规程与要求

(1)全面检查提升系统,加固井架绷绳。

(2)检查打捞工具及钻具的规范、强度,绘示意图,记录齐全。
(3)采用合理的钻具组合,做到能捞能放,能进能返,有预防再度发生事故的措施。
(4)井下情况清楚后钻具才可下井。
(5)打捞前应将鱼头冲洗干净。
(6)修整鱼头或套铣时,磨鞋外围不能焊硬质合金,不能损伤套管。
(7)在预计位置探不着鱼头或提前遇阻,达不到位置不能硬压强下,应分析原因处理。
(8)套铣被卡油管柱时,铣管长度仅限一个单根,停泵前应充分洗井。
(9)打捞施工中除必要工作人员外,其余人员应离开操作台。
(10)捞上落物后应试提再上起,不能超负荷硬提猛拔。
(11)提钻上起应平稳操作,不能敲打钻杆。
(12)每打捞一次上来都要总结一次经验教训进一步判断井下情况,确定下步打捞工具与措施,直至全部打捞结束。
(13)套管内打捞钢丝绳时,打捞工具上部应带一个圆盘,防止钢丝缠到上部卡死打捞钻具。
(14)自喷井用钢丝绳打捞井下落物时,应在井口装防喷盒与防喷管。

(三)井下落物的处理方法

(1)捞出落物:下各种打捞工具将落物整体或分段捞出。
(2)磨铣落物:下磨铣工具把落物磨铣掉。

四、打捞工具

打捞类工具是油水井大修施工中应用最广泛,使用次数最多,应用品种、规格最全的专用工具。打捞类工具品种、规格较多,按井内落物类型分类,可将打捞工具分成管类打捞工具、杆类打捞工具、绳缆类打捞工具、测井仪器类打捞工具、小物件类打捞工具五大类。若按工具结构特点分类,则可分成锥类、矛类、筒类、钩类、篮类、其他类等六大类。

在长期的打捞实践中,根据不同类型的井下落物,设计出了许多相应的打捞工具,主要有以下几类:

(1)管类落物打捞工具。常用的管类落物打捞工具有公锥、母锥、滑块卡瓦打捞矛、接箍捞矛、可退式打捞矛、可退式打捞筒、开窗打捞筒等。
(2)杆类落物打捞工具。常用的杆类落物打捞工具有抽油杆打捞筒、组合式抽油杆打捞筒、活页式捞筒、三球打捞器、摆动式打捞器、测试井仪器打捞筒等。
(3)绳类落物打捞工具。常用的绳类落物打捞工具有内钩、外钩、内外组合钩、老虎嘴等。
(4)小件落物打捞工具。常用的小件落物打捞工具有一把抓、反循环打捞篮、磁力打捞器等。
(5)辅助打捞工具。常用的辅助打捞工具有铅模、各种磨铣工具(平底磨鞋、凹底磨鞋、领眼磨鞋、梨形磨鞋、柱形磨鞋、内铣鞋、外齿铣鞋、裙边鞋、套铣鞋等)、各种震击器(上击器、下击器、加速器和地面下击器等)、安全接头和各种井下切割工具等。

(一)公锥

公锥是修井过程中常用的打捞工具之一。它是一节通心的圆锥体,上端有外螺纹或内螺纹，下端是特制打捞的外螺纹，如图9-2所示。公锥主要用于打捞有内孔而畅通的各种圆柱落物的落鱼，如钻杆、油管及其他管类落物。当鱼顶是破裂管类或油管外螺纹时，不宜使用公锥，以免胀破鱼顶，造成事故复杂化（视频9-1）。

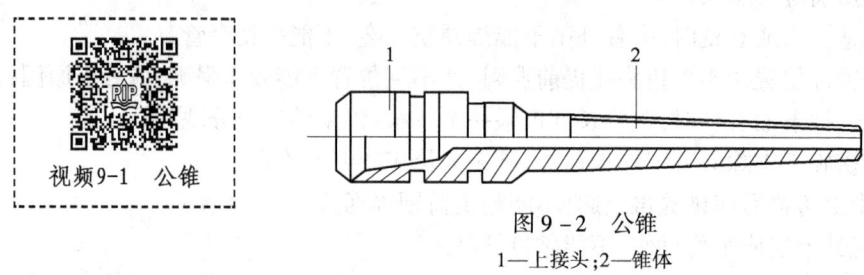

图9-2 公锥
1—上接头；2—锥体

公锥的种类很多，按打捞过程中用途不同分为正扣公锥和反扣公锥。正扣公锥用于直接打捞井下落物，而反扣公锥则用于倒扣。正、反扣公锥规范完全一样，只是接头螺纹扣及打捞扣分为右旋和左旋。

在套管与落物环形空间不大的井打捞时，可采用单独的公锥打捞，又称不带引鞋公锥，而在较大内径套管打捞时，由于套管和落物的环形空间较大，打捞时应采用引鞋公锥。

1. 工作原理

公锥进入打捞鱼腔之后，加适当钻压旋转钻具吃入落物内壁进行造扣，当其能承受一定的拉力或扭矩时，可采用上提或倒扣的方法将落物全部或部分捞出。

2. 操作方法

（1）公锥与钻杆之间应加安全接头，以备必要时推出安全接头以上的管柱。

（2）当公锥离鱼顶上部1~2m时，开泵冲洗鱼顶。同时在转盘面上画一基准线，为是否打捞上落物提供依据，然后再逐步加深管柱，并观察泵压的变化。

（3）如泵压突然上升，指重表悬重下降，说明公锥进入鱼腔，可以造扣打捞。

（4）如果总的悬重继续下降而泵压无变化，说明公锥插入鱼顶的外壁，及油管与套管的环形空间，应上提钻具，然后转动钻具，重对鱼腔，直至悬重与泵压均有明显的变化，说明公锥进入鱼腔，才能加压造扣，并进行打捞。

打捞时，加压一般在10kN左右，缓慢转动钻柱一周，刹住转盘，松开观察转盘是否回退。若转盘回退半圈，说明造扣只造了半圈，并观察钻压有无变化。并再造扣3~4圈，若指重表（或拉力表）悬重有明显变化，再下放钻柱，保持10kN再钻压造扣8~10圈，即可起钻，结束打捞。

（5）打捞鱼腔畅通，泵压无显著的变化的应加扶正器或带引鞋对准鱼腔，防止造扣失误。

3. 注意事项及要求

（1）打捞时，操作要平稳，严禁防溜钻、顿钻，以免损坏鱼顶或损坏打捞螺纹。

（2）且不可在落鱼的外壁与套管内壁的环形空间造扣，以免造成事故。

（3）公锥上面应紧接安全接头。

（4）任何情况下，不得人力造扣。

(二)母锥

母锥是一节锻造的圆柱钢管,上端加工有内螺纹,下端在内管壁上有锥度的打捞内螺纹,如图9-3所示。使用母锥打捞时,也存在扶正器的问题,解决的方法,一是母锥下面带引鞋,二是在母锥的外缘车有螺纹,便于连接大直径的引鞋工具,在大直径套管内打捞常用这种方法(视频9-2)。

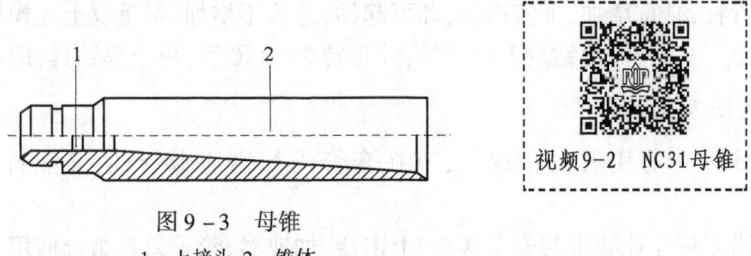

图9-3 母锥
1—上接头;2—锥体

使用母锥打捞的方法与公锥打捞基本相同,不同的是母锥打捞断裂管比较薄,或不规则的管子,以及油管、钻杆的本体。母锥也有正、反扣之分,使用时需要进行选择。

(三)可退捞矛

可退捞矛是一种从落鱼内部打捞的工具,由于它的结构坚固,能承受强烈的冲击和拉伸应力,如图9-4所示。卡瓦与鱼顶咬合的面积较大,故被打捞的落鱼表面不会受到伤害,更不会使落鱼变形,使用可靠性强,与公锥、母锥相比较,其优点是易于打捞,不损坏鱼顶,捞后卡钻可退出打捞矛,可以缩短处理事故的时间,打捞结构简单,操作方便,打捞、释放灵活准确。可退捞矛适用于完好的鱼顶、接箍或其他鱼顶完整、强度较高的落鱼(视频9-3)。

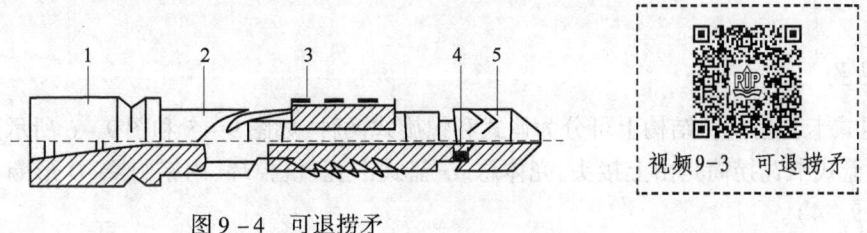

图9-4 可退捞矛
1—上接头;2—心轴;3—圆形卡瓦牙;4—释放环;5—引鞋

可退捞矛虽然可以自由退出,但其打捞螺纹及锥面螺纹与钻具接头扣型相反,其卡瓦反扣有自动退出的效应,故不能在打捞中进行倒扣作业。

1. 工作原理

下钻打捞,当工具进入鱼腔时,圆形卡瓦被压缩,产生一定的胀力,使卡瓦紧贴落物的内壁。上提时,芯轴、卡瓦的锯齿形螺纹相互吻合、卡瓦产生径向力,从而咬合住落鱼实现打捞。一旦上提遇卡,无法捞出,可下击芯轴,就能使圆形卡瓦与芯轴脱开,再正转钻具2~3圈,圆卡瓦与芯轴产生相对位移,直至圆卡瓦与释放环上端接触为止。上提管柱,即可退出捞矛。

2. 操作方法

(1)根据落鱼内径的尺寸,合理选择适当的可退捞矛。

(2)检查工具,使卡瓦轴向窜动量符合规定要求,手转卡瓦使之靠近释放环,工具处于释放状态。

(3)接好钻具下至鱼顶2m左右,开泵循环并缓慢下放钻具探鱼顶。

(4)探引鱼顶后,试提打捞管柱并记录悬重。

(5)当捞矛引入鱼腔,悬重下降时,反转钻柱1~2圈,芯轴对圆形卡瓦产生径向推动,使芯轴上行,卡瓦卡住落鱼。

(6)上提管柱,悬重增加,证实捞获,即可起钻,悬重不增加,可重复上述操作直至捞获。

(7)须退出工具时,可用钻具下击芯轴,并正转2~3圈后,再上提钻具,即可退出工具。

3. 适用范围及用途

(1)可退捞矛带有引鞋的情况下,可在套管内打捞遇卡管柱,又能打捞自由状态的管柱。

(2)可退捞矛按作业要求与安全接头、上击器、加速器、管子刀具组合使用。

4. 注意事项及要求

捞矛进入鱼腔要平稳,不能超负荷使用,用后及时清洗、检查和保养。

(四)可退式卡瓦捞筒

可退式卡瓦捞筒是从落鱼的外面进行打捞的工具,结构简单,坚定可靠,使用方便,能承受较高的拉伸、扭转、冲击而不致损坏的打捞工具和落鱼。

打捞筒配备有多种规格的附件,以适应打捞复杂情况下的落鱼,是专门从事故井中打捞折断或掉在井里的油管、钻杆、钻铤及其他落鱼的工具。打捞筒外部件不变,而内部件必须根据落鱼鱼顶尺寸选择,先确定卡瓦,每件卡瓦可打捞范围为3mm,根据卡瓦在选择密封件等。

1. 结构

可退式卡瓦捞筒从结构上可分为篮式和螺旋式两种,如图9-5和图9-6所示。

(1)篮式卡瓦捞筒是由上接头、壳体总成、篮式卡瓦、铣控环、内密封圈、O形圈、引鞋等组成(视频9-4)。

视频9-4 篮式卡瓦捞筒

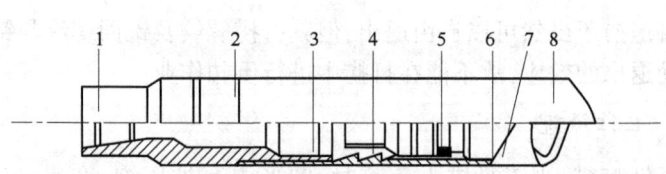

图9-5 篮式卡瓦捞筒
1—上接头;2—壳体总成;3—篮式卡瓦;4—铣控环;
5—内密封圈;6—O形圈;7—引鞋

(2)螺旋式卡瓦捞筒是由上接头、壳体总成、密封圈、螺旋卡瓦、铣控环和引鞋组成。

2. 工作原理

当可退式卡瓦捞筒捞获落鱼时,上提钻具,卡瓦外的螺旋锯齿形锥面与筒体内产生相应位

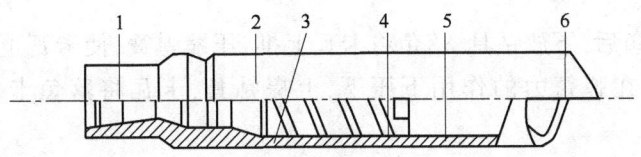

图 9-6 螺旋式卡瓦捞筒
1—上接头;2—壳体总成;3—密封圈;4—螺旋卡瓦;5—铣控环;6—引鞋

移,而将落鱼抓住捞出。

3. 操作方法

(1)选择适合尺寸的工具,检查卡瓦灵活好用,键槽合格。
(2)接工具下钻至鱼顶以上 1~2m,开泵冲洗,观察泵压及悬重。
(3)缓慢加压至鱼顶,边正转边下放,使落鱼引入,同时观察悬重、放入的变化。
(4)慢试提,若悬重增大,捞获,上提。若悬重一直升至允许最大负荷时,而解卡无效应停起,将捞筒退出。
(5)如果捞筒钻具中有下击器,可下击钻具,无下击器,可根据钻具的重量加压下击,然后,一边正转,一边上提即可退出捞筒。

4. 适用范围及用途

蓝式卡瓦捞筒是一种从管子外部进下打捞的工具,可打捞不同尺寸的油管、钻杆和套管等鱼顶为圆形的落鱼,并可与震击器配合使用。

5. 注意事项及要求

(1)在使用可退式卡瓦打捞筒修整鱼顶时,加压不应过大。
(2)因捞筒内有密封圈,当落鱼进入捞筒循环洗井液时,应注意泵压的变化,防止憋泵。
(3)因工具外径较大,井内必须清洁,防止沉砂卡钻。
(4)若被捞管柱未卡钻,可直接下打捞筒打捞。若遇卡严重,可配合震击器类工具使用。

(五)卡瓦捞筒

1. 结构

卡瓦捞筒由上接头、筒体、弹簧、卡瓦座、卡瓦、引鞋等组成,如图 9-7 和视频 9-5 所示。

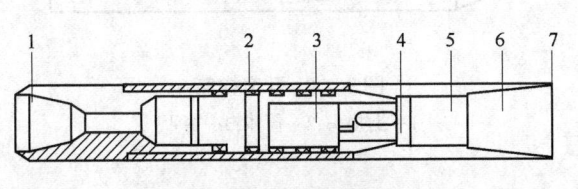

图 9-7 卡瓦捞筒
1—上接头;2—垫环;3—弹簧;4—卡瓦座;
5—键;6—卡瓦;7—筒体

视频 9-5 卡瓦捞筒

2. 工作原理

当引鞋引入落鱼后,下放钻具,落鱼将卡瓦上推,压缩弹簧,使卡瓦上行并逐渐分开,落鱼进入卡瓦。卡瓦在弹簧力的作用下压下,上提钻具,卡瓦将落鱼卡住,上提钻具即可捞出。

3. 操作方法

(1) 地面检查卡瓦的尺寸,用卡尺测量卡瓦结合后的椭圆长轴尺寸,其长轴对应的尺寸应小于鱼顶外径 1~2mm,并压缩卡瓦,观察是否具有弹簧压缩力。

(2) 绘制草图。

(3) 接好工具,下至鱼顶以上 1~2m 处,开泵循环。

(4) 缓慢下放钻具,观察指重表及泵压的变化。若指重表轻微跳动后逐渐下降,泵压也有变化,说明已引入落鱼,可缓慢试提,悬重增加,捞获后即可起钻。若指重表变化不明显,可旋转钻具重复打捞。当需要倒扣时,上提至倒扣负荷进行倒扣作业,注意卡瓦捞筒传递扭矩的键多数是在筒体上开窗焊接的,其强度较低,不能承受较大的扭矩。

4. 适用范围及用途

卡瓦捞筒是一种不可退的外捞工具,更换各种卡瓦牙,可以打捞各种管、杆落鱼,还可以在遇卡后实施倒扣作业。

5. 注意事项及要求

(1) 由于该工具不能退出,因此只适用于打捞未卡的落鱼。

(2) 工具下井前应带安全接头。

(六) 开窗捞筒

1. 结构

开窗捞筒是由筒体与上接头两部分焊接而成或由螺纹连接而成。上接头有与钻杆连接的钻杆扣,下端与筒体焊接。筒体上开 1~3 排梯形窗口,在同一排的窗口上有 3~4 个梯形窗舌,如图 9-8 所示,其向内弯曲,变形后窗舌内径小于落鱼最小外径(视频 9-6)。

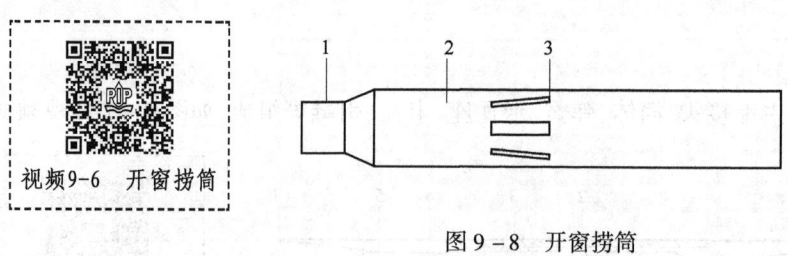

视频9-6 开窗捞筒

图 9-8 开窗捞筒
1—上接头;2—筒体;3—窗舌

2. 工作原理

落物引入筒体并顶入窗舌时,窗舌外胀,它的反弹力紧紧抓住鱼顶,窗舌牢固卡住台阶部位将落物捞住。

3.操作方法

(1)检查工具螺纹及焊接的强度,测量窗舌的尺寸与闭合后最小内径与落鱼外径配合情况。

(2)下钻至鱼顶以上 2~3m 开泵冲洗,缓慢下放钻具,观察指重表的变化,并记录好碰鱼放入,引导筒体入鱼。

(3)继续下放钻具,使落鱼进入工具筒体内腔(视落鱼具体情况,可以稍加钻压或不加钻压)。若落物较短,井较深,放入及悬重的变化难以判断时,可在一次打捞后,将钻柱提起 1~2m 再转动管柱下放,重复数次,即可起钻。

(4)在打捞中应注意观察指重表或拉力表的反应,在进行第二次时无碰鱼反应,可再进行一次打捞,若仍无反应,说明第一次已经捞上落鱼,即可停泵起钻。

(5)起钻要平稳,不可顿、击钻柱,防止掉落事故。

4.适用范围及用途

开窗捞筒是一种用来打捞长度较短的管状、柱状落物或具有台阶落物的工具,如带接箍的油管短节、筛管、测井仪、加重杆等,也可以在工具底部开一把抓齿形组合使用。

5.注意事项及要求

捞住各种落鱼后,起钻时操作要平稳,切勿顿钻与敲击管柱,以免将落鱼震落,再次掉入井内。

(七)接箍捞矛

1.结构

接箍捞矛由上接头、锁紧螺母、导向销钉、胀管轴、分瓣卡瓦、冲砂管等组成,如图 9-9 和视频 9-7 所示。

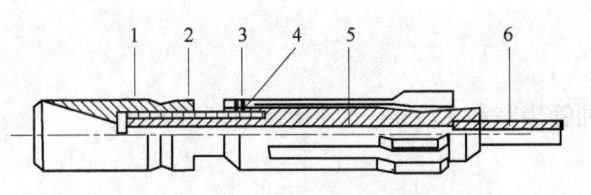

图 9-9 接箍捞矛结构示意图
1—上接头;2—锁紧螺母;3—导向销钉;4—卡瓦;
5—芯轴;6—冲砂管

上接头上部为油管螺纹或钻杆螺纹,用以连接打捞管柱。下部的细牙螺纹与芯轴相连,并用一个锁紧螺母压紧,以防螺纹松动。芯轴下端的锥体,其锥度与卡瓦的内面锥面一致。芯轴中部有一个导向槽,拧紧在卡瓦的导向槽的下部圆柱头部就在此槽中。卡瓦下端的外表面加工有与被打捞接箍螺纹一致的尖牙,纵向开 4~6 个窄槽。为了便于引进落鱼,芯轴下端头部做成球台形,卡瓦下端倒圆成 30°锥角。工具从上至下有水眼。为了加强冲洗鱼顶的力量,芯轴水眼最下端有时安装一个冲砂管。

2.技术范围

接箍捞矛的技术规范见表 9-3。

表9-3 接箍捞矛技术规范

序号	规格型号	外形尺寸（mm）	接头螺纹	落鱼规格(in)	需用应力(kN)	井眼规格(in)
1	JKLM38	φ38×260	¾in 抽油杆纹接箍螺纹	⅝in、¾in 抽油杆接箍	70	3⅜in TBG
2	JKLM38	φ46×265	1in 抽油杆纹接箍螺纹	⅝in、1in 抽油杆接箍	90	2⅝in TBG
3	JKLM38	φ85×300	2in 油管接箍	2in 油管接箍	350	4½in 套管
4	JKLM38	φ95×380	2½in 油管接箍	2½in 油管接箍	550	5in、5½in 套管
5	JKLM38	φ112×480	3in 油管接箍	3in 油管接箍	700	5½in 套管
6	JKLM38	φ126×550	3½in 油管接箍	3½in 油管接箍	700	6⅝in 以上套管
7	JKLM38	φ140×600	4in 油管接箍	4in 油管接箍	850	6⅝in 以上套管

3. 工作原理

接箍捞矛实际上是一种内外螺纹的对扣捞矛。接箍捞矛的卡瓦纵向开了若干槽，当工具卡瓦下端的锥角引入被捞的接箍时，卡瓦上行，或压缩弹簧，或抵住接头，迫使卡瓦内缩，卡瓦上的牙尖滑动，实现卡瓦下端的外螺纹与接箍的内螺纹的对扣。然后上提钻具，芯轴与卡瓦内外的锥面贴合，产生径向胀力，阻止对扣后的脱扣，从而实现了打捞。

4. 操作方法

(1) 根据鱼顶接箍的规格，选择捞矛及卡瓦。
(2) 将接箍捞矛紧接在管柱的下端，下入井内。
(3) 下至鱼顶以上1~2m时，开泵冲洗鱼顶，待循环正常后停泵，引入。
(4) 当悬重下降，停止下放，慢慢试提，若悬重增加，则捞获。
(5) 起钻捞出落鱼。

5. 适用范围及用途

专门打捞鱼顶为φ88.9mm 油管接箍和φ73mm 油管接箍的打捞工具。

6. 注意事项及要求

(1) 被捞的接箍必须完好。
(2) 若解卡无效，需退出工具时，上提管柱反转即可退出。
(3) 打捞时，工具的上部应接安全接头。

(八) 滑块捞矛

1. 结构

滑块捞矛由上接头、矛杆、卡瓦、锁块及螺钉组成，如图9-10所示。为了加大提拉负荷，将捞矛杆与接头做成一体，为冲洗鱼顶，捞矛杆从上至下有水眼(视频9-8)。

2. 技术规范

滑块捞矛的技术规范见表9-4。

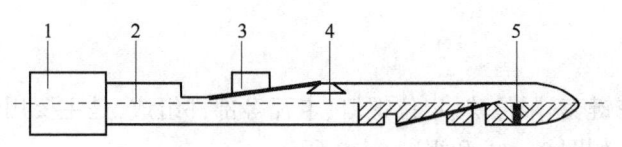

视频9-8 滑块捞矛

图9-10 滑块捞矛
1—上接头；2—矛杆；3—卡瓦；4—锁块；5—螺钉

表9-4 滑块捞矛技术规范

序号	规格型号	外径(mm)	接头螺纹	使用规范及性能参数		工具长度分挡
				打捞内径(mm)	许用拉力(kN)	
1	HLM-D(S)48	73	2 3/8TBG	38	251	550mm、650mm、750mm、800mm、1000mm、1200mm、1500mm、1800mm、2000mm
2	HLM-D(S)60	86	NC26	42~53.8	496	
3	HLM-D(S)73	105	NC31	52.6~64	781	
4	HLM-D(S)89	105	NC31	64.1~77.9	1093	
5	HLM-D(S)102	105	NC31	77.6~92.1	1147	
6	HLM-D(S)114	121	NC38	90~102.5	2246	
7	HLM-D(S)127	121	NC38	103~117.8	2746	
8	HLM-D(S)140	135	NC38	115.7~129.3	3854	
9	HLM-D(S)168	165	NC38	138.3~156.3	5384	
10	HLM-D(S)178	175	NC38	152.3~168.1	5928	

注：D—单滑块，S—双滑块。

3．工作原理

当滑块捞矛的矛杆与卡瓦引入鱼腔以后，卡瓦靠自重下滑，打捞尺寸逐渐增大，直至与鱼腔内壁接触为止。上提捞矛杆时，斜面向上运动产生的径向分力，迫使卡瓦牙吃入落物内壁，抓住落物而捞获。

4．操作方法

（1）地面检查捞矛杆尺寸及卡瓦下滑情况，同时在卡瓦滑道上涂抹机油，使之滑动。

（2）下钻至鱼顶，记录好钻柱的悬重与方入，开泵循环冲洗。

（3）下放钻柱引入鱼腔，检查碰鱼、入鱼方入及悬重的变化。

（4）慢慢试提，若悬重增加，则捞获。

（5）若倒扣作业，将悬重提至设计倒扣负荷，再增加10~20kN，方可倒扣作业。

5．适用范围及用途

适应打捞带接箍的钻杆、油管等具有内孔的落物。

6．注意事项及要求

（1）当落鱼管柱悬重较大时，并且鱼顶为油管外螺纹或管柱遇卡时，可在滑块捞矛加接合适尺寸的引鞋，从外部包着鱼顶，防止打捞时，卡瓦牙胀裂或撕裂鱼顶。

（2）滑块捞矛下井前，应在滑块捞矛的上部紧接安全接头。

(九)倒扣捞矛

1. 结构

倒扣捞矛由上接头、矛杆、花键套、限位块、定位螺钉、卡瓦等部件组成,是主要用于打捞、倒扣,又能释放落鱼的打捞工具,如图9－11和视频9－9所示。

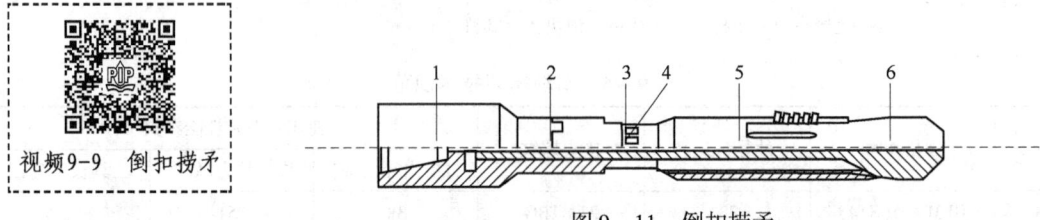

图9－11 倒扣捞矛
1—上接头;2—花键套;3—限位块;4—定位销钉;5—卡瓦;6—矛杆

2. 工作原理

倒扣捞矛靠两个零件在斜面或锥面上相对移动胀紧或松开落鱼,靠键和键槽传递力矩,或正转倒扣。倒扣捞矛在抓捞和倒扣作业中,主要的动作规程如下:当外径稍大于落鱼通径的卡瓦牙接触落鱼时,卡瓦牙与矛杆开始产生相对滑动,卡瓦从矛杆锥面脱开,矛杆继续下行,连接套顶住卡瓦牙的上端面,迫使卡瓦牙缩进落鱼内,若停止下放,此时卡瓦牙对落鱼内腔有外胀力,紧紧贴近落鱼内壁,而后上提钻具,矛杆上行,矛杆与卡瓦牙锥面吻合,随着上提力的增加,卡瓦牙被胀开,外胀力使得卡瓦牙的三角形牙吃入落鱼内腔,继续上提即可实现打捞。

如果此时在钻具上施加扭矩,那么扭矩通过上接头的牙嵌、连接套上的内花键、矛杆上的键把扭矩传给卡瓦牙乃至落鱼,即实现倒扣。

若在井中需要退出落鱼,必须下击矛杆,使卡瓦牙与锥面脱开,然后正转钻柱使矛杆转动,卡瓦牙下端倒角斜面进入锥面键的夹角中,此时卡瓦牙上部筒体内壁的四分之一弧形孔的侧面与矛杆上的限位键接触,限定了卡瓦牙与矛杆的相对位置,即可退出落鱼。

3. 操作方法

(1)检查工具卡瓦牙的尺寸是否符合所打捞油管和钻杆的尺寸。
(2)上紧各部件的连接螺纹,下入井内。
(3)离鱼顶1~2m停止下放,记录悬重,开泵循环冲洗鱼顶,待循环稳定后停泵。
(4)在慢慢左旋的同时下放钻具,待悬重下降时,停止下放及旋转。
(5)上提至设计的倒扣负荷,倒扣。
(6)释放落鱼时,可用钻具下击,然后,右旋$\frac{1}{2}$~$\frac{1}{4}$圈,上提钻具即可退出。

4. 使用范围及用途

可以打捞带接箍管类落鱼,又可以释放退出。

5. 注意事项及要求

(1)打捞时要缓慢下放,严禁猛顿,确保卡瓦牙完好入鱼。
(2)解卡、起钻、倒扣时,不得超过许用范围。

(十)抽油杆捞筒

1. 结构

抽油杆捞筒是专门打捞断脱在油管和套管内的抽油杆的一种工具,如图9-12和图9-13所示。

抽油杆捞筒从性能上可分为可退式和不可退式两种,从结构上可分为篮式、螺旋式和锥面式多种。无论哪一种形式的抽油杆捞筒,其夹紧落物的机理都是靠锥面内缩产生的夹紧力抓住落井的抽油杆,抽油杆打捞筒基本上由上接头、筒体、内套、弹簧、卡瓦组成(视频9-10)。

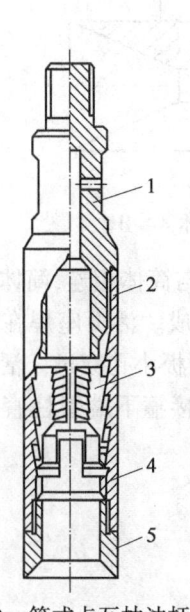

图9-12 篮式卡瓦抽油杆打捞筒
1—上接头;2—筒体;3—篮式卡瓦;
4—控制环;5—引鞋

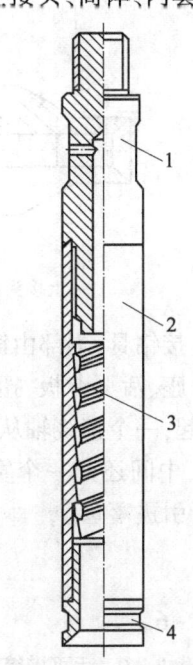

9-13 螺旋卡瓦式抽油杆打捞筒
1—上接头;2—筒体;3—螺旋卡瓦;
4—引鞋

视频9-10 不可退抽油杆捞筒

2. 技术规范

抽油杆捞筒的技术规范见表9-5。

表9-5 抽油杆捞筒技术规范

规格型号	外形尺寸 (直径×长度, mm)	接头螺纹	打捞尺寸 (mm)	许用提力 负荷(kN)	工作井眼名义 尺寸(in)	备注
CLT01-TA	$D \times 650$	$\phi 16mm$抽油杆	15~16.7	420	套管	D为根据套管 内径尺寸所确 定的引鞋尺寸
CLT02-TA	$D \times 650$	$\phi 19mm$抽油杆	18~19.7	420	套管	
CLT03-TA	$D \times 650$	$\phi 22mm$抽油杆	21~22.7	420	套管	
CLT04-TA	$D \times 650$	$\phi 25mm$抽油杆	24~25.7	420	套管	
CLT01-TB	55×350	$\phi 16mm$抽油杆	15~16.7	350	$\phi 73m$油管	—
CLT02-TB	55×350	$\phi 19mm$抽油杆	18~19.7	350	$\phi 73m$油管	—
CLT03-TB	55×350	$\phi 22mm$抽油杆	21~22.7	350	$\phi 73m$油管	—
CLT04-TB	55×350	$\phi 25mm$抽油杆	24~25.7	350	$\phi 73m$油管	—

(十一)活页打捞筒

活页打捞筒又称活门式捞筒,用来在大直径的环形空间打捞鱼顶带台肩或接箍的小直径杆类落物,如完整的抽油杆、带台肩和带凸缘的井下仪器等。

1. 结构

活页打捞筒由上接头、活页总成、筒体等组成,主要用于在大的环形空间里打捞鱼顶为台阶或接箍的小直径杆类落物,如图9-14和视频9-11所示。

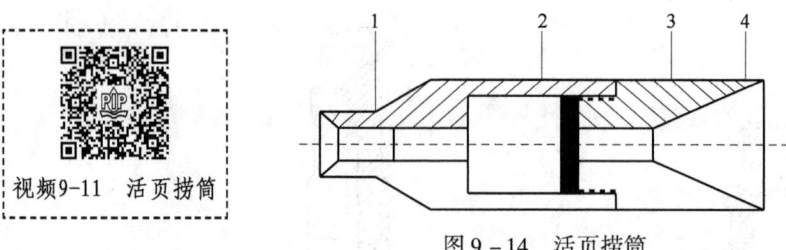

图9-14 活页捞筒
1—上接头;2—活页总成;3—筒体;4—引鞋

接头上部为钻杆或油管螺纹连接钻具,下部由筒形细牙内螺纹与筒体相连,筒体的上端面上安装活页总成。活页总成由活页座、活页卡板、扭力弹簧、销轴组成。活页座焊在筒体上端面,与活页卡板上的凸缘插装在一起,一个销绕轴从活页座和活页卡板小孔穿过。活页卡板被扭力弹簧在筒体上端面,除凸缘外,中间还开一个宽度稍大于落鱼接箍下端管柱直径的长形口,筒体的下端为锥形喇叭口,便于引进落鱼。

2. 技术规范

活页打捞筒的技术规范见表9-6。

表9-6 活页捞筒技术规范

序号	规格型号	外形尺寸(mm)	接头螺纹代号	使用性能及参数			备注
				接箍(mm)	抽油杆(in)	工作井眼(in)	
1	HYLT16	$\phi 95 \times 500$	NC26	38	$5/8$	$4 \sim 4\frac{1}{2}$	可换筒体
2	HYLT19	$\phi 105 \times 500$	NC31	42	$3/4$	$5 \sim 5\frac{1}{2}$	可换筒体
3	HYLT22	$\phi 114 \times 500$	NC31	46	$7/8$	$5\frac{1}{2}$	可换筒体
4	HYLT25	$\phi 140 \times 500$	NC31	55	1	$6\frac{5}{8}$	可换筒体
5	HYLT25	$\phi 148 \times 500$	NC31	55	1	7	—

3. 工作原理

鱼顶为杆类接箍的落鱼引入筒体后,顶开活页卡板,并有活页卡板绕销轴转动。当抽油杆接箍通过活页卡板后,在扭力弹簧的作用下活页卡板自动恢复原位,卡住抽油杆接箍台阶以下部位,上提工具,接箍卡在活页卡板上,从而捞获。

4. 操作方法

(1)地面检查各部位连接螺纹,逐一连接上紧,检查活页卡板灵活好用,且在弹簧的作用下可自动复位,开口尺寸与落鱼尺寸相吻合,最好做现场试验。

(2)下钻至鱼顶以上1~2m,开泵冲洗,慢转慢放使落鱼引入,同时观察指重表或拉力表的变化。若有轻微的变化,即停放上提钻具,当悬重增加,说明捞获。若无显示,重复打捞直至捞获。

5. 适用范围及用途

带引鞋的情况下,可以在不同的套管内打捞各种不同外形尺寸的抽油杆及相应的带有台阶的杆类落物。

6. 注意事项及要求

在套管内用此工具打捞抽油杆时,抽油杆容易受压弯曲变形,使打捞失败(未捞获或捞获后拔断),增加二次打捞的难度,故在打捞操作中,切不可猛放重压,必须慢放轻压,多次打捞的方法操作。

(十二)三球打捞器

三球打捞器是专门用来在套管内打捞抽油杆接箍或抽油杆加厚台肩部位的打捞工具(视频9-12)。

1. 结构

三球打捞器由筒体、钢球、引鞋等零件组成,如图9-15所示。它是一种在套管内打捞有接箍的抽油杆或有台阶部位杆类落物的打捞工具(视频9-12)。

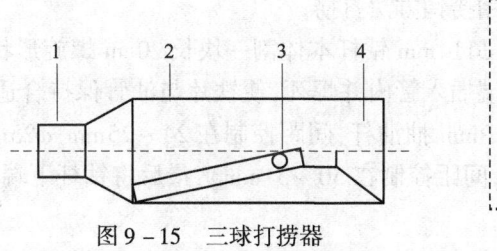

图9-15 三球打捞器
1—上接头;2—筒体;3—钢球;4—引鞋

视频9-12 三球打捞器

2. 技术规范

三球打捞器的技术规范见表9-7。

表9-7 三球打捞器技术规范

序号	规格型号	外形尺寸(mm)	接头螺纹	使用规范及性能参数	
				落物规范	工作井眼(in)
1	SQ95-01	95×305	2⅜in TBG	⅝in、¾in 抽油杆台肩接箍	4½
2	SQ95-02	95×305	2⅜in TBG	⅞in、1in 抽油杆台肩接箍	4½
3	SQ102-01	102×305	2⅜in TBG	⅝in、¾in 抽油杆台肩接箍	5
4	SQ102-02	102×305	2⅜in TBG	⅞in、1in 抽油杆台肩接箍	5
5	SQ114-01	114×305	2⅜in TBG	⅝in、¾in 抽油杆台肩接箍	5½
6	SQ114-02	114×305	2⅜in TBG	⅞in、1in 抽油杆台肩接箍	5½
7	SQ140	140×320	3½in TBG,4in TBG	⅝in、¾in、1in 抽油杆台肩及接箍	6⅝
8	SQ150	150×320	3½in TBG,4in TBG		7

3. 工作原理

三球打捞器依靠三个球在斜孔中的位置变化,来改变三个球公共内切圆直径的大小,实现打捞。下钻引入鱼顶时,鱼顶上顶推动三个球沿着斜孔上升,内切圆的直径逐渐增大,接箍通过以后,三个球由于自重回落,停靠在抽油杆的本体上,上提钻具,抽油杆的接箍直径较大无法通过而压在三个球上,随上提负荷增大,给落物以径向的夹紧力,从而夹住落物。

4. 操作方法

(1)将三球打捞器接在管柱最下端,下入井内。

(2)待鱼顶通过后,缓慢上提,若悬重增加,说明已捞获。

(3)起钻捞出。

(4)带引鞋的情况下,可以在不同的套管内打捞各种不同外形尺寸的抽油杆及相应的带有台阶的杆类落物。

5. 注意事项及要求

(1)三球打捞器入井前,必须通井。

(2)入井前要认真检查工具的外径尺寸、三球的活动情况,并涂机油润滑。

(十三)捞钩

抽油杆在套管内弯曲时,可采用捞钩方法打捞。

捞钩的结构比较简单,它是由 $\phi 114mm$ 钻杆本体割一块长 20cm 螺旋形状的铁片,在油管下端相对称的两边割缝,将割片一端插入管内并焊死,使铁片与油管保持合适的间距($\phi 16mm$ 抽油杆,间距控制在 21~22mm;$\phi 19mm$ 抽油杆,间距控制在 24~25mm;$\phi 25mm$ 抽油杆,间距控制在 27~28mm;$\phi 25mm$ 抽油杆,间距控制在 30~31mm),最后将钻杆下端割成斜切口的引鞋,如图 9-16 所示。

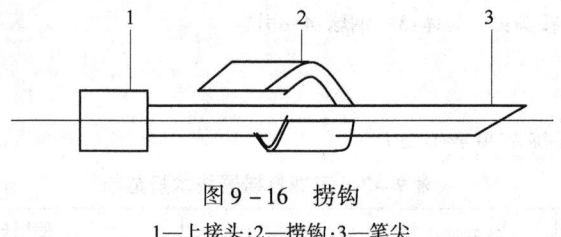

图 9-16 捞钩
1—上接头;2—捞钩;3—笔尖

打捞时,将捞钩下过第二根抽油杆接箍的上接头,转 1~2 圈使之进入钩内,则割片便卡住接头,即可捞上,起钻时悬重没有增加,证明没有捞上。可用人力旋转下放进行打捞。打捞时,将捞钩下过第二根抽油杆接箍的上接头,再转动管柱 2~3 圈,即可起打捞管柱。

(十四)内台阶套铣筒

1. 结构

内台阶套铣筒由上接头、筒体、变径套铣头组成,如图 9-17 所示。

2. 工作原理

内台阶套铣筒的工作原理就是将弯曲打盘的抽油杆在钻压的作用下,将抽油杆套进挤入

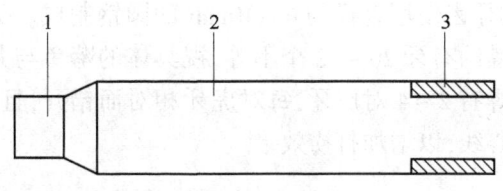

图 9-17 内台阶套铣筒
1—上接头;2—筒体;3—变径套铣头

变径套铣筒内,再依靠抽油杆的刚性和弹性回弹,使之卡在套铣头与套铣筒的变径处,从而在套铣同时,实现打捞的目的。

3. 操作方法

(1)管柱组合:方钻杆+φ73mm钻杆+安全接头+内台阶套铣筒(根据套管内径进行选择,一般小于套管内径6~8mm)。

(2)将打捞套铣管柱下至弯曲打盘的抽油杆鱼顶以上3~5m,开泵循环正常后,缓慢下放打捞管柱,至钻压零点时,量好放入,并在方钻杆上打好记号。

(3)套铣加压一般控制在5~15kN,转速控制在20~60r/min,每套铣5~8圈观察反转一次,套铣出现反转即停(或进尺小于2m停)。

(4)再加压100kN停泵后,要缓慢上提,悬重增至20kN时即停,倒扣(反转10~15圈)后,在缓慢上提,起出打捞管柱。

4. 注意事项及要求

(1)内台阶套铣筒打捞弯曲打盘的抽油杆不宜过长,一般在3~4m为宜。

(2)套铣头的内径小于套铣筒内径4~6mm,套铣头必须焊接牢固,套铣时钻压要控制在5~15kN,最大不得超过20kN。

(3)加压打捞时必须停止转动,防止内台阶套铣筒扭曲变形造成卡钻事故。

(4)本类型的打捞井,杜绝开窗捞筒强行套铣打捞,若使用开窗套铣筒套铣打捞时,则采用试套试捞的方法,以保证安全无事故。

(5)要均匀起钻,若遇卡,可采用上提下放的解卡方法。

(十五)老虎嘴

老虎嘴是一种有内、外捞钩结合的变种工具,具有结构简单,加工容易,打捞范围广,效率较高的特点。可以打捞井下各种悬浮物和碎块胶皮、密封填料、电缆包皮及录井钢丝、电缆、刮蜡片和其他短节、接箍等落物。

1. 结构

老虎嘴由上接头、嘴腔、唇齿、虎牙和牙腔组成的,如图9-18所示。

老虎嘴是一种比较简单的打捞工具,它可以打捞螺丝、油管短节、接箍、管皮,甚至可以打捞钢丝绳及抽油杆。

老虎嘴是用壁厚为腔8~10mm的无缝钢管用氧焊割成,按形状可分为嘴腔、唇齿和虎牙三部分,

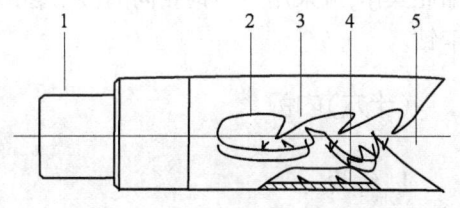

图 9-18 老虎嘴
1—上接头;2—嘴腔;3—唇齿;4—虎牙;5—虎腔

嘴腔呈半圆形。老虎嘴的牙齿使用直径为 6~10mm 的圆钢制成。头部为锥形。唇齿均匀地焊接在嘴腔上,每个老虎嘴约有牙 20~22 个不等,视具体的落鱼与井况而定。嘴腔上按先短后长的顺序焊着唇钩,并焊有 2~4 对虎牙,每对虎牙相对而错开,且从上至下逐渐加宽,最上部 1~2 排的牙应超过中心线,以增加打捞效果。

2. 技术规范

老虎嘴的技术规范见表 9-8。

表 9-8 老虎嘴技术规范

序号	规格型号	外形尺寸(mm)	接头代号	使用规范及性能参数	
				嘴腔数	虎牙对数
1	HZ92	φ92×650	NC26	2	2
2	HZ100	φ100×650	2⅞in RE	2	2
3	HZ114	φ114×700	NC31	3	3
4	HZ140	φ140×750	NC38	3	3
5	HZ148	φ148×890	NG40	4	4

3. 工作原理

(1)捞钩的作用。当井下的绳类落物进入虎口后,既能被嘴腔上的虎牙钩住,又能被腔内的唇钩钩上,在双唇钩的作用下,将落物牢牢地钩住,加上虎牙的相互交错,更增加了钩捞效果。

(2)卡取作用。当短小落物进入虎口后,各方向的唇钩与唇钩接触,在钻压的作用下,落鱼进入嘴腔,并将唇齿向外扩张,在唇齿本身弹性力的作用下,唇钩将落鱼卡住而捞获。

(3)筛网的作用。各种胶皮碎块、密封填料碎段以及电缆包皮等落物通过反洗井将其冲入嘴腔,依靠多级唇钩的阻挡与捞钩作用将其打捞出井。

4. 操作方法

(1)下井前,认真检查唇齿的强度和嘴腔的弹性。长度及咬合度是否合适,焊缝是否牢固安全,并绘制草图备查。

(2)老虎嘴下至鱼顶的上部 1~2m 时,开泵循环,将鱼顶冲洗干净后停泵。如落物为各种胶皮,可进行反洗井,洗井中可以提放管柱,使井底液体产生紊流搅动,将各碎块胶皮冲入嘴腔之内。

(3)将管柱下放至鱼顶,施加不超过 10kN 的钻压,再上提,旋转管柱 30°~120°下放打捞。如此操作,应采用与外钩相同的慢下轻压,逐级加深,多次打捞的方法,以避免形成钢丝活塞而卡钻。

(十六)内钩

1. 结构

内钩由上接头、钩子和筒身等组成,是一种专门在套管内打捞各种绳类、缆类的打捞工具,如图 9-19 和视频 9-13 所示。

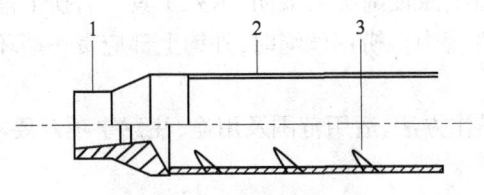

图9-19 内钩结构示意图
1—上接头；2—筒身；3—钩子

2. 工作原理

内钩的工作原理就是将内钩插入绳类和其他落物内，上提钻具时，钩齿钩住落物而带至地面。

3. 操作方法

(1)地面检查螺纹是否完好，各焊点是否牢固无损，钩尖是否合适。

(2)工具下井之前应根据井内落物的具体情况初步估算出鱼顶深度。当工具距鱼顶以上50m时，即应该缓慢下放钻具，从上到下逐步提放打捞，每次打捞后正转5~6圈，进行试探打捞，注意观察指重表或拉力表的悬重变化。若指重表或拉力表有遇阻显示，指重表或拉力表的悬重有下降显示，应立即停止下放，上提钻具观察悬重有无增加。如果悬重无任何变化，可以加深5~10m，继续打捞，如此逐步加深管柱打捞，直至钻压增加5kN左右为止，即起钻将落鱼捞出。

4. 适用范围及用途

内钩适用于从套管或油管内部打捞各种绳类及其他落物，如钢丝绳、电缆、录井钢丝、刮蜡片等。

5. 注意事项及要求

(1)在打捞时，自鱼顶50m以上开始慢下，微压多提，多次打捞。

(2)为了防止形成"钢丝活塞"而造成工具卡钻。应在内钩接头的上部，连接较大直径的防卡接头或在接头与钩身处增加防卡托盘。

(3)有时为了特殊打捞，可以除掉内钩的一支钩身，作偏心捞钩使用，可以收到良好的效果。

(4)工具下井前，上部应接安全接头。

(十七)外钩

1. 结构

外钩主要由上接头、防卡引帽、钩身和钩子等组成，是一种专门在套管内打捞各种绳类、缆类的打捞工具，如图9-20所示。

2. 工作原理

用外钩打捞落物时，与内钩操作基本相同，只是转动时轻轻转

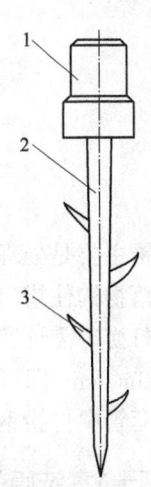

图9-20 外钩结构示意图
1—上接头；2—钩身；
3—钩尖

动,便于钩住落物。切勿将钩身插入过深,致使绳类堆成团,卡死工具。若捞上落物后,应试提并且在试提过程中不能下放钻具。在套管中打捞钢丝绳时,外钩上部应带一挡环,防止钢丝绳缠绕外钩上部而造成卡钻。

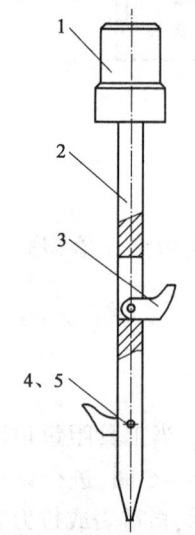

图9-21 活齿型外钩结构示意图
1—上接头;2—钩身;3—钩尖;
4—轴销;5—扭簧

外钩的操作方法、适用范围及用途、注意事项及要求与内钩基本相同。

(十八)活齿外钩

活齿外钩主要由上接头、钩身、凸轮钩轴销与扭簧组成。接头两端有螺纹与钻柱和钩身连接。钩身下部有长形方槽,并钻有轴销孔,以便安装凸轮钩与销子弹簧等零件。它的特点是凸轮钩可以在方槽内绕轴销自由转动,凸轮钩尖部分可以全部转入方槽之内,形成最小尺寸与钩身相同(即打捞时最小尺寸)。打捞时,当凸轮钩穿过落鱼内孔之后,依靠扭簧弹力将凸轮钩弹出,将落鱼捞获。由于轴销与凸轮钩受尺寸限制,强度较低,不能提拉较大负荷,因而只能用于打捞深井泵衬套或其他有内孔的小件落物。活齿型外钩结构如图9-21所示。

用活齿外钩打捞落物时,与内钩、外钩操作基本相同,只是转动时轻轻转动,便于插进并钩住落物。切勿将钩身插入过深,致使绳类堆成团,卡死工具。若捞上落物后,应试提并且在试提过程中不能下放钻具。在套管中打捞钢丝绳时,外钩上部应带一挡环,防止钢丝绳缠绕外钩上部而造成卡钻。

(十九)钻锥

钻锥是由上接头、防卡托盘、锥身、螺旋钩、引锥组成,如图9-22所示。钻锥螺旋钩的直径应大于钻锥锥身直径1~2mm,以利于螺旋钩钩住绳类落物。

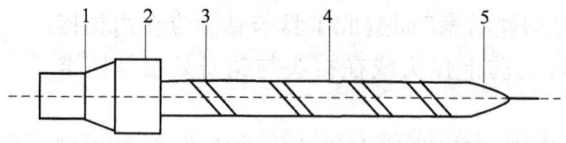

图9-22 钻锥结构示意图
1—上接头;2—防卡托盘;3—螺旋钩;4—锥身;5—引锥

钻锥主要是处理电缆已成死砣的事故井,就是将死砣绳类落物钻出一个孔眼,利用螺旋钩将绳类落物钩住捞出。

在打捞时需证实,绳类落物确实已成死砣,在钻锥打捞时,钻压一般控制在30kN,排量控制在0.3m³/min即可。

在套管中打捞钢丝绳时,外钩上部应带一挡环,防止钢丝绳缠绕螺旋钩上部而造成卡钻。

(二十)套铣筒削尖公锥

1. 结构

套铣筒削尖公锥由上接头、套铣筒、削尖公锥和套铣头组成,如图9-23所示。

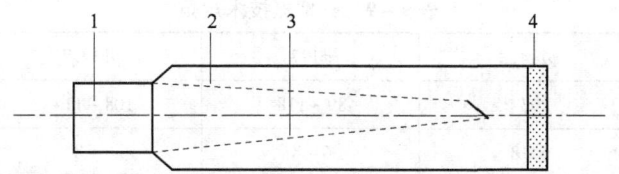

图 9-23 套铣筒削尖公锥结构示意图
1—上接头；2—套铣筒；3—削尖公锥；4—套铣头

2. 工作原理

套铣筒削尖公锥主要用于打捞不易长段破丝,外钩很难挂住或缠绕住,有时捞住很难提出,内钩和外钩很难引入的情况。故将公锥焊在套铣筒内,在套铣筒的上面焊有碳化钨的耐磨的套铣头,在钻压的作用下套铣,将电缆、钢丝或钢丝绳挤入公锥与套铣筒夹缝中,靠公锥旋转实现破丝缠绕的目的,将落井的绳落物捞出。

3. 操作方法

(1) 将焊制可靠的套铣筒削尖公锥接在 φ73mm 钻杆下下入井内。

(2) 当遇阻悬重下降 5kN 左右时,上提管柱 1~3m,转速控制在 10~20r/min,下放加压 5~20kN,每进尺 30~50kN 试上提一次钻具,每转 5~8 圈破一次反劲。

(3) 若试提证实捞上后,应缓慢上起,悬重恢复正常后,再均匀慢速起钻。

(4) 当接箍提离井口 10cm 时(目的是防止捞获的绳类落物重新落井),井口操作人员要严格按施工工艺要求进行施工,顺利将捞出落物提离井口。

4. 注意事项及要求

(1) 采用工具的外径 + 绳类落物的直径之和要大于套管的内径,以防止打捞工程中绳类落物上窜缠住钻杆,造成卡钻事故。

(2) 根据不同的绳类及同类绳类不同的状态选择打捞工具和改进打捞工具。

(3) 打捞起钻的过程中,要均匀起钻,严防顿钻和溜钻的现象发生。

(二十一) 一把抓

一把抓是一种结构简单,加工容易的常见打捞工具,用于打捞落井的单独小物件,如钢球、钳牙、钻头牙轮等。

1. 结构

一把抓由上接头、管体、牙齿组成,筒身一般采用低碳薄皮管,上接头有与钻柱相连接的母螺纹,如图 9-24 所示。为了保证上接头与筒身的连接强度,除采用插入台阶焊接之外,还采用筒身钻孔与接头塞焊方法。

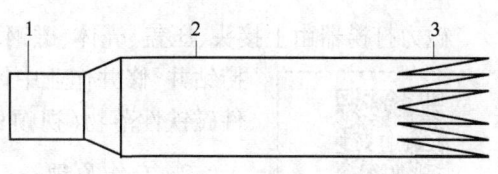

图 9-24 一把抓结构示意图
1—上接头；2—管体；3—牙齿

筒身的下端加工成锥形抓齿。根据打捞的对象不同,其形状与数量也各不相同。

2. 技术规范

一把抓的技术规范见表 9-9。

表 9-9 一把抓技术规范

套管尺寸(mm)	φ114.3	φ127	φ139.7	φ177.8
外径(mm)	95	89~118	108~114	146~152
齿数(个)	6~8	6~8	6~8	8~10

3. 工作原理

一把抓下至井底后,将井底的落鱼罩在抓齿之内或抓齿缝隙之间,依靠钻柱重量所产生的压力,将各抓齿压弯变形,再使钻柱转动,将已压弯变形的抓齿按其旋转方向形成螺旋状齿形,落鱼被抱紧或卡死而捞获。

由于一把抓是靠抓齿弯曲变形原理捞获落鱼的,所以在齿的设计上应充分考虑落鱼的几何形状:

(1)落鱼的几何形状为球形或类似球形,且尺寸较大时,抓齿可以设计得粗短一些,齿数也可少一些。

(2)落鱼的几何形状为细长物,如螺栓、扳手、测井仪器等,抓齿可设计得细长一些,齿数也较多一些。这种结构方案,除可将落物抱于筒内,还可以利用抓齿窄间隙卡取剩余落物。

4. 操作方法

(1)一把抓下至井底1~2m后,开泵循环洗井,将落鱼上部的沉砂冲净后停泵。

(2)下放钻柱,当指重表(或拉力表)略有显示时,核对井底方入。下放管柱,加压20~30kN,再转动管柱3~4圈(井深时可增加1~2圈),待指重表(或拉力表)的悬重恢复后,再加压10kN左右,转动钻柱5~7圈。以上操作完毕后,将钻柱提离井底,转动钻柱使其离开旋转的位置,再下放加压20~30kN,将变形的抓齿顿死,即可起钻。

5. 注意事项及要求

(1)一把抓的齿形应根据落物的种类选择或设计,若选择不当会造成打捞失败,材料选择低碳钢,以保证抓齿的弯曲性能。

(2)提钻应尽量轻提慢放。不许敲击钻柱,以免卡取不牢,落鱼重新落于井中。

(二十二)磁力打捞器

1. 结构

磁力打捞器由上接头、压盖、壳体、磁钢、芯铁、隔磁套、铣磨鞋、引鞋组成。它主要用于打捞钻井、修井作业中掉入井里的钻头、牙轮、轴、卡瓦牙、钳牙、手锤等小件磁铁性落物(视频9-14)。

视频9-14 磁力打捞器

2. 工作原理

磁铁打捞器由两个同心圆形的壳体引鞋和铁芯组成。两极磁通路之间无磁铁材料区域,使铁芯、引鞋最下端有很高的磁场强度,由于磁铁是同心的,一次磁力线是辐射状,并集中于靠近打捞器下端的中心处,可把小块铁磁性落物磁化吸附在磁极中心,这种结构形式的磁力打捞器,即使吸住的大落物位于芯铁、引鞋之间的空间,也不会切断磁通路,还可以吸附一些与其相接触的小型落物,实现打捞的目的。

3. 操作方法

(1) 根据井径及落物特点,选择合适的引鞋及打捞器。
(2) 将打捞器上紧再让打捞钻柱上下井。
(3) 当磁力打捞器下至距落物鱼顶 3~5m 时,开泵循环冲洗井底。
(4) 待井底冲洗干净后,在保持循环的情况下,缓慢下放钻具,接触落物,此时的钻压不得超过 10kN。然后上提管柱 0.5~1m,转动打捞器。再重复上述动作确认落物被吸,上提停泵,起钻。

4. 适应范围及用途

适用于 ϕ108~121mm 井眼内,用于打捞在钻井、修井作业中掉入井里小件铁磁性落物。

5. 注意事项及要求

(1) 磁铁打捞器入井前,必须用木板或胶皮同其他铁磁性设备隔离。
(2) 取下护磁板及吸附住的落物时,操作者的施力方向应与工具中心线垂直。
(3) 操作者不准持铁磁性工具接近磁力打捞器的底部。
(4) 运输、装卸规程中避免剧烈振动和摔碰。

(二十三)反循环打捞篮

1. 结构

反循环打捞篮由上接头、筒体、篮筐总成、引鞋等组成。它是主要用于打捞钢球、钳牙、炮弹垫子、井口螺母、胶皮碎片等井下小件落物的一种工具(视频9-15)。

2. 工作原理

反循环打捞篮是依靠大排量、高压力的反洗井液冲击井底,使落物悬浮推动开篮爪,捞篮爪绕销轴转动竖起,篮筐开口加大,落物进入筒体,然后篮爪恢复原位,阻止了进入筒体的落物出筐,实现打捞。

视频9-15 反循环打捞篮

3. 技术规范

反循环打捞篮的技术规范见表9-10。

表 9-10 反循环打捞篮技术规范

序号	型号	工具尺寸(mm)	接头扣型	使用规范及性能参数	
				落物最大直径(mm)	井眼尺(in)
1	FLL_{01}	$\phi90 \times 940$	NC26	55	4½
2	FLL_{02}	$\phi100 \times 1150$	NC26	65	5
3	FLL_{03}	$\phi110 \times 1153$	NC31	73	5½
4	FLL_{04}	$\phi115 \times 1153$	NC31	80	5¾
5	FLL_{05}	$\phi140 \times 1155$	NC38	105	6⅝
6	FLL_{06}	$\phi147 \times 1161$	NC38	110	7

4. 操作方法

(1) 检查各个零件,尤其篮筐总成是否完好灵活,可用手指或工具轻顶篮爪,观察是否可以自由旋转,回位是否灵活。

(2) 将工具接在钻具上,下至落物鱼顶以上 3~5m 开泵反洗井。

(3) 循环正常后,再缓慢下放钻具,边冲边放。当工具遇阻或泵压升高时,可以上提钻具 0.5~1m,并做好放入记号。

(4) 以较快的速度下放钻具,在离井底 0.3m 左右时突然刹车,使工具快速下行,造成井底液流紊流,迫使落物进入筒体,以增加打捞效果。

5. 适用范围及用途

在 φ139.7mm 套管中打捞落物的最大外径小于 75mm 的小件落物。

6. 注意事项及要求

(1) 反洗井排量必须要大,能够将落物冲起(可通过实验室验证)。

(2) 使用此类工具时,井口必须有能保证反循环的封井器设备。

(二十四) 钢丝打捞筒

钢丝打捞筒是一种专门用于打捞各种小直径、重量轻、没有卡阻的落井仪器以及小件落物的工具。

1. 结构

钢丝打捞筒由上接头、筒身、钢丝等组成,如图 9-25 所示。上接头有螺纹与钻具及筒体相连,筒体内腔安装有钢丝环,各环上的径向方向穿有直径 1~1.5mm 钢丝若干,作为卡取落物之用,筒体的最下端连接引鞋,引鞋除引导落物进入打捞器内的功能外,还起到压紧钢丝环的作用。

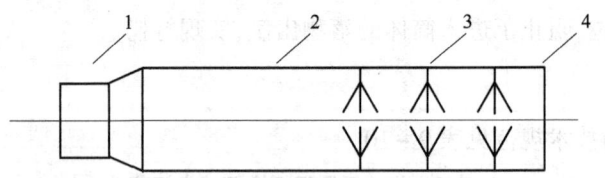

图 9-25 钢丝打捞筒结构示意图
1—上接头;2—筒身;3—钢丝;4—引鞋

2. 工作原理

当落井的小物件,如测试仪、卡瓦牙等物件,通过引鞋进入筒体后,在钻压的作用下,小物件分开钢丝上行,由于多段钢丝的弹力造成的摩擦力,将落物卡住,起钻即可将落物捞出。

3. 技术规范

钢丝打捞筒的技术规范见表 9-11。

表 9-11　钢丝打捞筒技术规范

序号	型号规格	外形尺寸(mm)	接头螺纹	井眼尺寸(in)
1	CYLQ92	$\phi 92 \times L$	NC26	4in 油管,4½in 套管
2	CYLQ100	$\phi 100 \times L$	2⅞in REG	5in 套管
3	CYLQ114	$\phi 114 \times L$	NC31	5½in 套管
4	CYLQ140	$\phi 140 \times L$	NC31	6⅝in 套管
5	CYLQ148	$\phi 148 \times L$	NC40	7in 套管

4. 操作方法

(1)地面检查钢丝打捞筒,各钢丝是否完好,有无损坏,并绘制草图留查。

(2)将工具下至鱼顶以上2~3m,开泵循环冲洗鱼顶,然后缓慢旋转井下管柱,下放时必须留心观察指重表的变化,如有较大的变化,应立即停止旋转与下放管柱,再上提管柱。

(3)将钻柱旋转90°后再按上述方法操作一次,如此可数次转动管柱下放打捞。

(4)停泵,再下放钻具至井底一次即可起钻。

5. 注意事项及要求

(1)洗井液必须清洁,应在泵上水管及方钻杆入口处(或水龙带入口处)安装过滤器,以防止污物将工具的水眼堵死。

(2)下放钻柱时不能快放重压,防止将较长的落物压弯,造成下一步打捞困难。

(3)起钻时必须轻提慢放,严禁猛顿或敲击钻具,以防止落物重新掉入井内。

思考题

1. 什么是卡钻?简述卡钻的分类。
2. 简述砂卡的原因。
3. 简述卡点的计算方法。
4. 简述打捞作业的分类。
5. 简述滑块捞矛的结构及工作原理。
6. 简述可退捞矛的结构及工作原理。

第十章 防砂工艺技术

第一节 油气井出砂机理及危害

油井出砂是困扰油井正常生产的因素之一。油井出砂能造成泵、油管、气锚、套管等井下工具和设备的磨损,严重时还有可能造成油井停产,甚至报废。所以油井的防砂工作就放在了油井生产的重要位置,从而延长井下工具和设备的使用寿命,降低采油成本。

一、油井出砂的原因

油井出砂是指地层中的松散砂粒在生产压差的驱动下,随产出液流向井底。一部分被产出液携带至井口;一部分直接沉积或由于密度差的作用重新沉淀到井底,而造成井底积砂。造成油井出砂的主要原因是砂岩油层地质因素和开采因素。

(一)砂岩油层地质因素

油层岩石的性质及单井控制范围内目的层的应力分布状态是造成油井出砂的先天性主要原因,主要包括以下四个方面。

1. 油层岩石的地应力分布状态

油层岩石处在一个复杂的地应力场中,由于构造地质运动和人为因素(钻井及各种油层改造措施),使得目的层中的应力分布状态更加复杂。应力场的不均衡分布是造成岩石结构破坏的一个主要因素。

构造地质运动可在地层中形成断层、裂缝以及过大的地层倾角。因此产生地层中局部应力过大,可以破坏岩石的原始结构,使岩石的强度降低甚至破坏,而形成油井出砂的"砂源"。

钻井过程破坏了地层应力场的局部平衡状态,造成井壁岩石的应力集中。在整个采油过程中,井壁岩石都将保持最大的应力值,所以,井壁及近井地带的岩石在相同条件下将首先发生破坏而造成油井出砂。

2. 油层岩石的胶结状态

岩石的胶结强度是影响油层中岩石结构是否完整的一个重要因素。岩石的胶结强度主要取决于胶结物的种类、数量和胶结方式。

在砂岩地层中,成岩胶结物主要有三种:黏土、碳酸盐和硅质。在三种胶结物胶结而成的岩石中,硅质胶结物胶结而成的岩石强度最大,碳酸盐胶结次之,黏土胶结最差。对于同一种胶结物,其数量越多,胶结强度越大;数量越少,胶结强度越低。胶结方式主要有以下三种:

（1）基底胶结。当胶结物的数量大于岩石颗粒数量时，砂粒完全浸没在胶结物中，彼此互不接触或接触很少，这种砂岩的胶结强度最大。但由于这种岩中孔隙度、渗透性均很差，所以很难成为好的储油层。

（2）接触胶结。胶结物数量不多，仅存在于颗粒接触的地方。这种砂岩胶结强度最低。

（3）孔隙胶结。胶结物数量介于上述两种胶结方式中间。胶结物不仅在接触处，还充填于部分孔隙中。胶结强度也介于上述两种方式的胶结强度中间。

易出砂的油层岩石主要以接触胶结方式为主，其胶结物数量少，而且其中含有黏土胶结物。但这种储层的孔隙度大、渗透率高。当其他条件相同时，渗透率越高，砂岩强度越低，油层越容易出砂。

3. 渗透率的影响

在一般情况下，油层岩石的孔隙度越大，油层岩石的渗透率也越高，岩石的强度就越低，油层出砂就越严重。

4. 地层流体的物性

随着油田开采的进行，地层压力不断下降。当地层压力低于饱和压力时，地层中原油脱气。由于脱气后的原油黏度增大，使其对孔隙中的砂粒的携带能力提高，是引起油井运移出砂的一个原因。在相同条件下，地层液体的黏度越大，油井越容易出砂。

（二）开采因素

在地层岩石性质及目的层位中应力场分布状态相同或相似的前提下，生产压差过大，采液速度过大，由人为因素造成的各种油井激动而引起的地层压力场急剧变化，重复压裂等过度或突变的油井开采条件则是造成油井出砂的另一个主要原因，主要包括以下三个方面。

1. 射孔密度的影响

射孔密度太大，密集射孔破碎岩石甚至引起套管的破坏都会引起出砂。

2. 油（水）井工作制度不合理造成出砂

由于油井油嘴过大，强烈抽汲、气举以及水井的猛烈放喷等，都会造成油层结构破坏，引起大量出砂。

3. 其他

（1）当生产压差过大或采液速度过高时，地层中液体的渗流速度很大。越靠近井壁，液体的渗流速度越大。具有很高流速的地层流体将对地层中的岩石产生巨大的冲刺力。在其他条件相同的情况下，生产压差越大，渗流速率越高，油井越容易出砂。

（2）突然的开关井操作、放套管气等人为因素可造成油井的激动，在井底附近的地层中形成突变的应力场。这种以突然的方式建立起来的压差，以压力波的形式向地层深部传播时，在井壁附近形成很大的压力梯度。高梯度的压力波可以破坏岩石结构而造成油井出砂。

（3）过度酸化和重复压裂等油层改造措施破坏了岩石结构，也会造成出砂。

（4）油田开发后期的大量注水，在水敏性地层中造成岩石膨胀，泥质胶结物松散解体而出砂。

（5）油井出水，水冲刷油层的胶结物，破坏岩层颗粒间的胶结，特别是泥质胶结更易使岩层破裂而引起出砂。

总之，造成油（水）井出砂的原因很多，也很复杂，不同的井，不同的层位，出砂的原因各异，在生产过程中，要注意并保护油层的岩石原始状态和结构。

二、油气井出砂的危害

油气井出砂是疏松砂岩油气藏面临的重要问题之一。出砂的危害主要表现在以下四方面：

（1）油气井减产或停产。油气井出砂，极易造成砂埋产层、油管砂堵及地面管汇和储油罐积砂，从而被迫停产作业。冲洗被砂埋的油层，清除油管砂堵，既费时又耗资，问题还不能彻底解决。恢复生产不久又需重新作业，周而复始，生产周期越来越短，使油气田产量大减，作业成本剧增，经济损失严重。

（2）地面和井下设备及管线磨蚀加剧。油气流中携带的地层砂粒主要成分是二氧化硅，硬度很高，是一种破坏性很强的磨蚀剂，能使抽油泵阀座磨损而不密封，阀球点蚀，杆塞和泵缸拉伤，地面阀门失灵，输油泵叶轮严重冲蚀，从而被迫关井作业，更换或维修设备，造成产量下降、成本上升。

（3）套管损坏使油气井报废。长期严重的出砂在套管外形成巨大的空穴，内外受力不平衡导致突发性地层坍塌，轻则造成套管变形，重则套管被错断挤毁，导致油气井报废。

（4）破坏地层的原始构造或造成近井地带地层的渗透率严重下降。油气井出砂后，地层砂运移加剧，近井地带地层砂沉积较多，远井地带则变得结构疏松加剧。近井地带地层渗透率显著下降，引起油气井的产能下降。

解决油气井出砂问题，必须立足于早期防治，以减少对油层胶结的破坏。

第二节　化 学 防 砂

油气井出砂已经成为困扰国内外疏松砂岩油气藏开发的主要问题之一，防砂依然是解决此类问题的主要途径之一。多年来，尽管从机械到化学的各种防砂技术为开采易出砂油藏提供了多种技术支持，然而任何有效的防砂措施都是与储层岩石及流体性质和油气井生产方式相联系的。如何根据储层岩石和流体性质选择防砂方法并建立适宜的油气井生产方式，则是有效发挥各种防砂技术潜力，获得良好技术经济效益的前提。这是一个防砂工艺措施的综合决策问题。

目前，国内外的防砂新理论、新工艺、新技术层出不穷。从最初的机械防砂、化学防砂，发展到砾石充填防砂、复合防砂等，近年又出现了高压一次充填防砂、端部脱砂压裂充填防砂、纤维复合防砂等防砂新技术。防砂工艺理论与技术已经成为油气田开发方向的一个重要分支，工艺措施的制定成为油气田开发方案编制中的一个必要环节。目前防砂方法主要有化学防砂、机械防砂和压裂防砂。

化学防砂是向井眼周围地层和射孔孔眼中挤入一定数量的化学剂和固体颗粒（如预涂层砾石）以胶固地层砂运动，减轻油井出砂，实现长期生产的固砂技术。化学防砂的最大优点是井筒内部不留下任何机械装备，施工工艺简便，只需泵入化学剂即可。它对细粉砂尤为有效，对未严重出砂的地层和低含水油井成功率较高。化学固砂法最适于相对不含黏土和微粒矿物成分的厚度通常小于 5m 且渗透率均匀的目的层段。但化学防砂对地层渗透率有一定的伤害,成功率不如机械防砂,相对成本较高。

化学防砂可以分为两大类:第一类是固砂法,第二类是人工井壁防砂法。

一、固砂法

目前使用的化学固砂方法较多,本节主要介绍以下几种:树脂固砂法、氢氧化钙饱和溶液固砂法、四氯化硅固砂法、聚乙烯固砂法和氧化有机化合物固砂法。

(一)树脂固砂法

树脂固砂法主要有两种,一种是直接向近井地带疏松的出砂层段挤注树脂以固结近井地带的砂粒;另一种是在地面制备预涂层砾石,即在经筛析后的石英砂表面通过物理或化学方法均匀涂敷一层极薄的树脂,在常温下阴干,形成分散的颗粒,简称覆膜砂。施工时,用携带液泵入井内,挤入油层和射孔孔眼内。在一定温度和固化剂存在下,使颗粒表面软化,相互黏结成具有一定强度和渗透率的人工井壁作为挡砂屏障。图 10-1 给出了树脂固砂示意图。

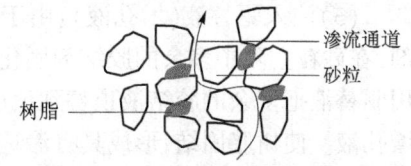

图 10-1 树脂固结地层砂示意图

1. 挤树脂固砂法

挤树脂固砂法所使用的树脂包括:环氧树脂、酚醛树脂、脲醛树脂、糠醇树脂及它们的混合物,其中以糠醇树脂为最好。固砂所用树脂必须具备的重要性能如下:

(1)常温下树脂黏度低于 20mPa·s。这种黏度值允许施工时有合理的泵注时间,允许挤入后置液时可以很好地替出过多的树脂。若树脂黏度过大,就用稀释剂进行稀释达到理想的黏度。对环氧树脂来说,合适的稀释剂有苯乙烯化氧、辛烯化氧、糠醇、苯酚等。对酚醛树脂、脲醛树脂、糠醇树脂来说,合适的稀释剂有糠醇、糠醛、苯酚和甲酚。稀释剂用量一般为每一百份质量树脂用 50~150 份质量稀释剂。

(2)树脂必须能润湿地层固相物质,这是最基本的要求。所挤入的树脂必须有毛细管力吸入砂粒间空隙中。

(3)最终聚合树脂具有足够高的抗拉强度和抗压强度。

(4)树脂聚合作用时间必须可控。聚合时间短使得后续过程中的顶替作业很困难,而聚合时间过长则会增加施工成本。

(5)最终的聚合物必须具有化学惰性,该聚合物必须允许保持与原油和盐水长时间的接触。

树脂胶结疏松砂岩油层步骤如下:

(1)预处理地层:胶结之前,需用前置液处理地层。根据砂层需要预处理目的的不同,前置液也不同。若要除砂粒表面的油,前置液可用液态烃,如柴油、煤油、原油、矿物油和芳香油。另一类是水基前置液,一般是淡水、盐水和海水,其中尤以盐水为最好。这种盐水是由一种或一种以上溶于水的无机盐构成,再加上表面活性剂如烷基磺酸钠、烷基苯磺酸钠、聚氧乙烯辛基苯酚醚-10,使砂粒表面由亲油反转为亲水,由于极性的胶结剂能润湿亲水表面,因而有好的胶结效果。水基前置液中不应含有堵塞地层的污染物。

(2)注入树脂胶结剂:地层用前置液处理后,再注入胶结液。胶结液中最好要含有耦联剂,使树脂和砂粒更紧密地结合在一起。合适的耦联剂有氨基硅烷,氨基硅烷用量每一百份质量的树脂加 0.1~10 份质量的氨基硅烷。若地层的渗透率比较高,则注入"纯粹的"胶结液(即不含携带液的胶结液)。若地层的渗透率比较低,可以把胶结液和水基携带液混合在一起注入地层中。

胶结液组分中应包括表面活性剂。表面活性剂能改善砂粒对树脂的润湿性,防止胶结液稠化和在水基携带液中出现聚集现象,从而保证了胶结液的泵送性能。胶结液组分中还应有分散剂。分散剂能使胶结液成雾滴状分散在携带液中,合适的分散剂有糠醛和酞酸二乙酯的混合物。由于砂层的不均质,所以胶结剂将更多地沿高渗透层进入砂层,影响防砂效果。为了使胶结剂均匀注入,在注胶结剂前,可先注一段分散剂。由于分散剂可减少高渗透层的渗透率,使砂层各处的渗透率拉平,这样,胶结剂可以比较均匀地分散入砂层。要提高防砂效果,应注意分散剂的使用。

(3)注入驱替液(增孔液):由于对砂粒起胶结作用的胶结剂是黏在砂粒接触点处的胶结剂,在砂粒空隙中多余的胶结剂固化后将引起砂层的堵塞,减少胶结后砂层的渗透率,因此要用驱替液把多余的胶结液顶替到地层深处。例如用极性胶结剂胶结时,就可以用煤油、柴油做增孔液。使树脂固结,形成具有渗透率的胶结地层,可通过加热和与催化剂接触就能使树脂达到固化。催化剂可以随胶结液一起注入地层中(内催化法),也可以先注入胶结剂,再注入催化剂(外催化法)。使用内催化法时值得注意的是:胶结液只有注入地层后,树脂才能发生固化反应。最好的催化方法是外催化法。对环氧树脂来说,合适的催化剂有胺类、酸酐类催化剂,对酚醛树脂、脲醛树脂、糠醇树脂来说,无机酸、有机酸和成酸化学剂都是比较好的外催化剂。

2. 预涂覆树脂砂

预涂覆树脂砂是在树脂配方中加入催化剂或在砂浆液后顶替外固化剂,促使预涂层砾石在低温地层中固化,达到胶固地层的目的,主要包括常温和高温覆膜砂两大类。前者用于井温60℃的油井,后者用于注蒸汽热采井(注汽温度 300~350℃)。近年来,随着技术的进步又开发研制了低温覆膜砂(适用油井温度 30~50℃)。

该方法井底不留任何机械装置,后期处理和补救作业十分方便。高温预涂层砾石工艺简便,可以单独使用,也可作为传统绕丝筛管砾石防砂工艺补充手段。该方法常用于严重出砂地层,挤入量由累计出砂量确定,但处理井段一般不超过 20m,其应用条件及技术评价如下:

(1)适用于每米地层出砂量大于 50L 的油、气井后期防砂。

(2)射孔井段不宜超过 20m。

(3)覆膜砂已形成温度系列,对不同井温适应性强。若地层温度大于60℃,选用常规覆膜砂,若低于60℃,选用低温覆膜砂(内催化系统)或常规覆膜砂加入外固化剂(可提高强度1.5倍),注汽井选用高温覆膜砂。

(4)若地层吸收能力太低,则应先解堵后,再挤覆膜砂。

(5)施工简便,易操作,无需特殊设备。

(6)固化后,抗压强度可大于 5~9MPa,渗透率保持为原砾石渗透率的80%左右。

(7)防砂成功率一般大于80%,对油井的含水适应性好。

(8)高孔密射孔(20 孔/m 以上),大直径孔眼($\phi 16 \sim \phi 20mm$)有助于改善覆膜砂在处理井段上的均匀分布,是提高防砂成功率的重要措施。

(二)氢氧化钙饱和溶液固砂法

将氢氧化钙饱和溶液用于胶结砂岩地层,胶结机理是氢氧化钙的饱和溶液,在高于65℃的温度下,与油层中的黏土矿物(蒙皂石、伊利石等)反应生成铝硅酸钙(胶结物),把砂粒胶结在一起,实现控制出砂。胶结地层能耐高温,适用于蒸汽驱和热水驱油藏固砂作业。由于氢氧化钙的溶解度很低,所以要多次循环注入氢氧化钙饱和溶液才能使胶结地层达到所需的强度。因此提出了一种改进型的方法,向处理地层中注入含有氯化钙和氢氧化钠的氢氧化钙饱和溶液,随着胶结反应的发生,氢氧化钙从溶液中析出,使溶液中氢氧化钙的浓度降低,这时氯化钙和氢氧化钠发生化学反应,又生成新的氢氧化钙,保持氢氧化钙在水溶液中的浓度不变,从而将未固结的地层胶结在一起,形成挡砂屏障。

(三)四氯化硅固砂法

四氯化硅可以用来固结疏松砂岩油藏。它是利用四氯化硅注入地层中后和地层中的水发生化学反应,生成无定形的二氧化硅。生成的二氧化硅可以将地层砂粒胶结在一起,达到固砂的目的。这一机理可用化学方程式表示为:

$$SiCl_4 + 2H_2O = SiO_2 + 4HCl \uparrow$$

从上式可以看出,用四氯化硅固砂,地层中一定要有水。地层含水饱和度越高,防砂效果越好,而渗透率损失不大。为了提高胶结地层的抗压强度可以采取预处理和后处理的方法,还可以在胶结剂中加入适量的中和剂,把生成的氯化氢中和掉以提高胶结强度。

四氯化硅固砂工艺简单,只需通过一般的注入工艺就能达到目的,成本低廉,主要用于气井防砂。

(四)聚乙烯固砂法

聚乙烯是二烯烃或三烯烃通过聚合反应的产物。聚乙烯固砂有两种工艺,一是用聚丁二烯经稀释剂稀释后加入催化剂通过化学反应胶结疏松砂岩,使用的催化剂有锆盐、钴盐及锌盐;二是利用聚丁二烯热聚合反应固砂。

(五)氧化有机化合物固砂法

采用含不饱和烯烃的有机化合物,在氧化聚合反应过程中,氧原子把双键打开,在各分子之间形成氧桥,从而使有机物生成网状的聚合物,将疏松砂岩有效胶结在一起。这种方法一般包括以下两个连续步骤:

(1)一种或两种以上的能起聚合反应的有机物质和催化剂混合,将混合物注入地层中,在地层温度下,与氧化气体接触发生氧化聚合反应,生成固态物质胶结砂粒,而基本上不降低地层的渗透性能。

(2)注入足够的氧化气体,使已注入的有机物质充分固化,适用的地层温度为150~250℃。

二、人工井壁防砂法

人工井壁防砂是化学防砂中的一大类,属于颗粒防砂。它是利用有特定性能的胶结剂和一定粒径的颗粒物质按比例在地面混合均匀,或风干后再粉碎成颗粒。也可直接用可固结的颗粒,用油基或水基携砂液泵入井内通过炮眼,在油层套管外堆积填满出砂洞穴,在井温及固化剂作用下,凝固后形成具有一定强度和渗透性的防砂屏障,即人工井壁。

人工井壁阻挡地层砂进入井筒,达到防砂目的。图 10-2 给出了人工井壁示意图。该方法适用油井已大量出砂,地层亏空严重的油水井防砂。

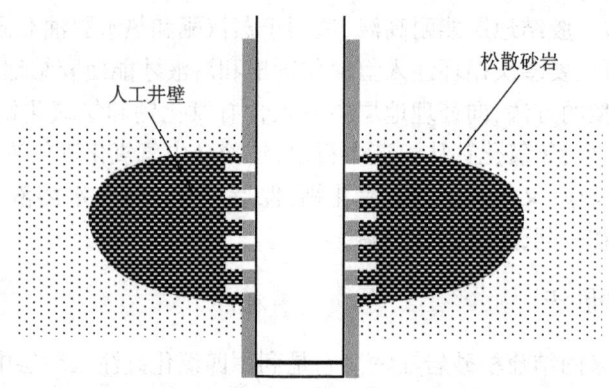

图 10-2 人工井壁示意图

这种方法比砾石填充后再作固结处理要便宜。在已大量出砂和套管损坏的井段,先挤入可固结的填充物,再在套管内作普通砾石填充。

（一）水泥砂浆人工井壁

水泥砂浆人工井壁是以水泥为胶结剂,以石英砂为支撑剂,按比例混合均匀,拌以适量的水,用油携至井下,挤入套管外,堆积于出砂部位,凝固后形成具有一定强度和渗透性的人工井壁,防止油层出砂。

水泥砂浆人工井壁适用于已出砂油井、低压油井、浅井(井深在 1000m 左右)、薄油层油井(油层井段小于 20m)的防砂。

1. 配方

水泥:淡水:石英砂 = 1:0.5:4。

2. 施工工艺过程

(1)压井,探砂面,冲砂至人工井底。

(2)光油管下到油层顶界以上 5m 左右。

(3)装好井口,接好施工车辆和地面管线,清水试压。

(4)正循环至套管返液,关套管阀门。

(5)正挤携砂液,求地层吸收能力。当泵压稳定,排量达 500L/min 时,地层吸收能力满足加砂条件。

(6)以体积比为(5~10):100 的携砂比加水泥砂浆,在泵压、排量稳定的条件下,把已配好的砂浆加完。

(7)正挤顶替液把砂浆全部挤入油层。

(8)关井候凝 48h 以上。

(9)压井,探砂面。若砂面过高影响生产,应钻掉砂塞。

(10)下生产管柱投产。

3. 施工中注意问题

(1)配制水泥砂浆不应太早,防止水泥初凝后影响胶结强度。
(2)配制水泥砂浆应用油井水泥,石英砂的粒度应以地层砂中值5~6倍为好。
(3)油管尾部不要带任何工具,防止砂卡。

(二)水带干灰砂人工井壁

水带干灰砂人工井壁防砂是以水泥为胶结剂,以石英砂为支撑剂,按比例在地面拌和均匀,用水携至井下,挤入套管外,堆积于出砂层位,凝固后形成具有一定强度和渗透性的人工井壁。

水带干灰砂人工井壁适用于处于后期的低压油水井、已出砂的油水井、多油层、高含水油井及防砂井段在50m以内的油水井的防砂。

(三)柴油乳化水泥浆人工井壁

柴油乳化水泥浆人工井壁以活性水配制水泥浆,按比例加入柴油,充分搅拌形成柴油水泥浆乳化液,泵入井内挤入出砂层位,水泥凝固后形成人工井壁。由于柴油为连续相,凝固后的水泥具有一定的渗透性,使液流能顺利地通过人工井壁进入井筒,达到防砂的目的。

柴油乳化水泥浆人工井壁适用于浅井、地层出砂量小于500L/m的井、油层井段在15m以内的油水井和油水井早期的防砂。

(四)树脂核桃壳人工井壁

树脂核桃壳人工井壁是以酚醛树脂为胶结剂,以粉碎成一定颗粒的核桃壳为支撑剂,按一定比例拌和均匀,用油或活性水携至井下,挤入射孔层段套管外堆积于出砂层位,在固化剂的作用下经一定反应时间后使树脂固结,形成具有一定强度和渗透性的人工井壁,防止油井出砂。

树脂核桃壳人工井壁适用于出砂量较小的油井、射孔井段小于20m的全井防砂和水井早期防砂。

(五)树脂砂浆人工井壁

以树脂为胶结剂,石英砂为支撑剂,按比例混合均匀,用油携至井下挤入套管外,堆积于出砂层位,凝固后形成具有一定强度的渗透性人工井壁,防止油井出砂。

这种人工井壁适用于吸收能力较高的油水井网、油层井段在20m以内的油水井后期的防砂。

化学防砂的配方选用及优缺点见表10-1。

表10-1 化学防砂选用参考表

方法	配方(质量分数)	优缺点
水泥砂浆	水:水泥:砂 = 0.5:1.0:4	原料来源广,强度较低,有效期较短
水带干灰砂	水泥:砂 = 1:2	原料来源广,成本低,堵塞较严重
柴油水泥浆乳化液	柴油:水泥:水 = 1:1:0.5	原料来源广,成本低,堵塞较严重
酚醛树脂溶液	苯酚:甲醛:氨水 = 1:1.5:0.05	适应性强,成本高,树脂储存期短

续表

方法	配方(质量分数)	优缺点
树脂核桃壳	酚醛树脂：核桃壳 = 1：1.5	胶结强度高，原料来源少，施工较复杂
树脂砂浆	树脂：砂 = 1：4	胶结强度较高，施工较复杂
酚醛溶液地下合成	苯酚：甲醛：固化剂 = 1：2：(0.3~0.36)	溶液黏度低，易于泵送，可分层防砂
树脂涂层砾石	树脂：砾石 = 1：(10~20)	强度较高，渗透率高，施工简单

第三节 机械防砂

一、绕丝筛管砾石充填防砂技术

绕丝筛管砾石充填防砂技术是目前最通用的防砂技术，约占所有防砂施工总量的 90%，本节重点加以论述。它具有防砂强度高，成功率高，有效期长，适应性好的特点，经过数十年的研究、应用和发展，技术十分成熟。在垂直井、定向井(甚至水平井)、海上油井、常规井、注汽热采井、新老井中应用非常普遍，效果很好，是众多防砂方法中首选的防砂方法。该方法简称"砾石充填"，事实上是由绕丝筛管与充填砾石结合共同完成防砂的。

(一)技术原理和工艺特点

绕丝筛管砾石充填防砂是在井眼内(裸眼或套管内)正对出砂地层下入金属全焊接的绕丝筛管，然后泵入砾石砂浆于筛管和井眼环空，如果是套管射孔完成井，还要将部分砾石挤入射孔孔眼和周围地层空穴内，利用充填砾石的桥堵作用来阻止地层砂运移，而充填砾石又被阻隔于筛管周围。这种多级过滤屏障，保证油流沿充填体内多孔系统经过筛管被源源不断地举升至地面，而地层砂则被限制在地层内，实现油井期生产又不出砂或轻微出砂。

由此可见，砾石充填防砂具有以下特点：

(1)防砂强度高。套管内、外密实的砾石充填体阻止地层骨架砂运移，保证地层结构不被破坏，而金属绕丝筛管本身强度很大，渗流面积大，因而，通过筛缝的流动阻力极小。所以，该过滤系统能随很大的生产压差阻止地层出砂。经试验研究，砾石充填能随的最大压差为 2.45MPa。

(2)有效期长。由于防砂强度高，不锈钢绕丝筛管耐腐蚀，砾石(石英砂)的化学性能稳定，筛管和充填体过滤体系无运动部件，砂粒被阻隔于系统之外，因此，过滤系统可以保证长期安全生产，一般可以有效工作 3~5 年。

(3)适应范围广。由于防砂机理是基于多级过滤，加上多年的发展，技术成熟，可供选择的工艺方式多，因而对地层、油井适应性很好。不管井段长短，地层流体特性，无论直井、斜井、常规井、热采井，单层完成或多层完成均可获得过功，成功率高达 90% 以上。但粉细砂岩不适用，因极细的地层砂能逐渐侵入充填体内重新堵塞而使防砂失效。

(4)产能损失相对较小。任何一种防砂方法都不可避免地带来油井的产能损失，也是因防砂保证油井正常生产而必须付出的代价。现场资料表明，正常的管内砾石充填产能损失约 30%，但采取有效的补救措施后，产能损失可降至 10%，这是完全可以接受的。

(二)适用范围及选井条件

绕丝筛管砾石充填防砂选井条件如下:
(1)不宜用于粉细砂岩($d_{50}<0.07\text{mm}$)。
(2)套管直径小于5in的小井眼施工困难,不适用或不用。
(3)对于多层系油藏,若油田开发方案要求经常调换层系开采的油井不适用。
(4)注水井不适用,水平井正在推广应用。

除以上条件外,绝大部分油气井和地层都适宜采用砾石充填防砂技术,并已取得良好的效果,显示了强大的生命力。

(三)砾石充填防砂工艺设计

1. 设计原则

防砂井施工设计是关系到作业是否顺利和防砂效果是否理想的关键环节。设计依据是地层与油、气井详细的地质和工程资料及目前工艺技术水平,并结合施工单位的能力。总之,设计应符合以下三个基本原则:

(1)注重防砂效果:要正确选用施工工艺和合理设计工艺步骤与工艺参数,以达到控制地层出砂的目的,使油井井口含砂量小于0.03%。

(2)保持防砂井产能:要尽量采用先进的工艺技术,最大限度地保持防砂井的产能,尽可能少减产或不减产(产能损失15%~20%)。

(3)强调综合经济效益:提高设计质量、控制施工成本、提高防砂成功率和延长有效期,并在最短时间内回收作业投资。

2. 设计步骤

形成一个完整的防砂工程设计,使施工方案系统化和规范化,不至于顾此失彼,影响设计及施工质量。

3. 施工工艺的选择

由于防砂地层及井况千变万化的特点,随着工艺的进步,砾石充填工艺按充填方式及特点又可细分为许多类。要针对地层条件及防砂井井况,选择合理的施工工艺方式,设计相应的工艺技术,以顺利进行防砂施工。

对于裸眼砾石充填工艺及特殊充填工艺本书后面将展开描述,这里重点讨论常规井管内砾石充填的具体设计内容。

4. 地层预处理设计

以室内试验结果为基础,包括地层砂样筛析,油样、水样分析,黏土矿物组成分析及敏感性试验等系列试验结果,结合防砂井况和配产要求,考虑是否对地层进行预处理和如何进行预处理。通常,地层预处理技术包括酸化预处理和黏土稳定处理技术。

(1)酸化预处理:它不同于基质酸化,目的是对已伤害地层近井地带进行解堵,主要是解除钻井液、水泥浆和射孔完井过程或二次作业过程造成的地层伤害。为了提高预处理效果,要先进行室内试验,以筛选出合理的酸处理液配方和用量,确定工艺条件及参数,从而正确进行酸处理设计。

（2）黏土稳定处理：一般当地层黏土矿物含量大于5%，就要考虑对防砂地层实施黏土稳定处理措施。方法是在砾石充填之前，向地层内泵注合适的黏土稳定剂（溶液），防止黏土颗粒膨胀和运移，既能减少地层渗透率下降，又可以减缓大量出砂。市场上主要有无机盐和有机盐两大类黏土稳定剂，有机盐类有效期长应首先考虑。具体使用哪一种，以及用量和工艺参数等，应通过室内黏土膨胀试验和岩心流动试验加以筛选确定。目前，地层预处理已经作为防砂施工中一项必不可少的环节被广泛采用，它与提高防砂成功率和减少产能损失都有密切的关系。

5. 砾石设计

砾石设计最普遍采用的是索西埃（Saucier）公式，即：

$$D50 = (5 \sim 6)d50 \quad (10-1)$$

式中 $D50$——设计砾石的粒度中值，mm；

$d50$——地层砂样粒度中值，mm。

在实际使用时，若地层砂非均质严重，砂粒粒度分布范围广，式（10-1）可改写设计砾石的分布范围：

$$D50 = (4 \sim 8)d50 \quad (10-2)$$

式（10-1）经过反复实验并为现场施工所证实的。

目前，常用工业砾石的规范见表10-2。

表10-2 常用工业砾石规范

标准筛目	颗粒直径（mm）	颗粒直径（mm）	粒度中值 D5	D50	渗透率（μm²）	孔隙度（%）
3~4	6.730~4.749	6.73~4.75	5.74	—	8100	—
4~6	4.749~3.352	4.75~4.75	4.06		3700	
6~8	3.352~2.382	3.35~4.75	2.87		1900	
8~10	2.387~2.006	3.35~4.75	2.68			
8~12	2.387~1.676	2.39~4.75	2.19		1150	
10~12	2.006~1.676	2.39~4.75	2.03		1745	
10~14	2.006~1.422	2.01~4.75	1.71		800	
10~16	2.006~1.194	2.01~4.75	1.60			
10~20	2.006~0.838	2.01~4.75	1.42	—	325	32
10~30	2.006~0.584	2.10~4.75	1.30		191	33
16~30	1.194~0.584	1.19~4.75	0.89			
20~40	0.838~0.432	0.84~4.75	0.64		121	35
30~40	0.534~0.432	0.58~4.75	0.50		110	
40~50	0.432~0.305	0.42~4.75	0.36		66	
40~60	0.432~0.254	0.42~4.75	0.33		45	32
50~60	0.305~0.254	0.30~4.75	0.28		43	
60~70	0.254~0.203	0.25~4.75	0.23		31	

若按式（10-1）的设计计算值与上表规范不一致，则可选用表中粒度更小一级的砾石，以保证防砂更可靠。根据长期防砂实践，已建立防砂用砾石的质量标准，其主要质量指标是：

(1)超大或过小尺寸的颗粒含量不得超过砾石样品质量的2%;
(2)砾石的圆、球度不低于0.6;
(3)试样在标准土酸中的酸溶解度小于1%;
(4)砾石试样在水中搅拌后,浊度不大于50度;
(5)显微镜下观察不能发现两个或两个以上的颗粒结晶块;
(6)在一定压力条件下进行抗破碎试验产生的细颗粒质量应符合表10-3的要求。

表10-3 细颗粒含量表

砾石尺寸(目)	细砂含量(%)	砾石尺寸(目)	细砂含量(%)
8~12	<8	20~40	<2
12~20	<4	30~50	<2
16~30	<2	40~60	<2

充填砾石的用量由充填空间决定,井内套管和筛管环的体积可查表或计算得到,地层内预充填砂量按油井已累计出砂量考虑。通常再增加20%的附加量,原则上是多挤入为好,以确保防砂的有效性。

6. 防砂管柱设计

防砂施工管柱通常包括绕丝筛管、信号筛管、光管、扶正器、充填工具等。

(1)绕丝筛管:筛管一般选用全焊接不锈钢绕丝筛管。它具有抗腐蚀,寿命长,耐高温,流通面积大,筛隙外窄内宽呈梯形,能够自洁的特点,可与相应的规格的工业砾石配用。目前能加工的最小筛缝是0.1mm。上述优点是绕丝筛管在工业上广泛应用的原因,缺点是造价高,相当于同直径割缝衬管的2~3倍。对某些粗砂岩地层($d50 > 0.15mm$),也可以采用割缝衬管替代绕丝筛管以降低防砂管柱成本。割缝衬管通常用套管利用铣刀或线切割技术直接加工,断面亦呈梯形,目前最小缝隙宽度达0.15~0.2mm。它和绕丝筛管相比,因耐腐蚀性差,缝隙会被腐蚀变宽使防砂寿命缩短,且流通面积小(仅为筛管的1/10),故只对一些产量不高,腐蚀轻,粗砂地层适用,应用受到限制。筛缝尺寸设计以挡住最小充填砾石粒径为原则,计算时按最小砾石直径的1/2~2/3考虑。

(2)信号筛管:是根据施工需要而设置的一段筛管,对低密度循环充填方式,设置上部信号筛管,而对高密度挤压充填方式,设置底部信号筛管。它们的作用是,当信号筛管(无论上部或底部)被充填砾石全部掩埋时,地面采压会迅速上升,它给施工人员一个明显的信号,即要及时地转下入一道施工工序。信号筛管的缝隙和直径与绕丝筛管相同,只是长度较短,仅1~2m即可。

(3)光管:防砂管柱上的光管采用普通油管或套管,位于绕丝筛管与信号筛管之间或绕丝筛管与充填工具之间。它的作用是在光管与井筒的环形空间内储备一部分充填砾石,因防砂结束后,充填砾石会发生密实性沉降——"砾石后沉效应",使井眼内砾石充填高度下降。而光管周围的储备砾石可以补偿"砾石后沉效应",保证筛管不裸露使防砂持续有效。此外,在环空内的较多的储备砾石还具有阻止地层流体(包括产出砂)沿着环空向上窜流的作用。光管直径与绕丝筛管的中心管直径相同,设计长度取决于充填方式,对低密度循环充填,光管长度一般约20~30m,对高密度挤压充填,光管长度至少应等于生产筛管长度。裸眼充填充井的光管段不宜设计在上部技术套管内,只能设计在裸眼段内,这样,光管和井眼之间的环空可以储备更多的砾石,以弥补可以预期的"砾石后沉效应"。

(4)扶正器:防砂管柱中应使用扶正器,以保证管衬在井筒内尽量居中,使筛管周围均匀地布满充填砾石,形成可靠的挡砂屏障,一般要求管柱的居中度不低于67%,这就需要在管柱上加装足够数量的扶正器。对于重直井,扶正器的间距为5~8m,对于井斜大于45°以上的定向井,扶正器间距应小于3m,而且,倾角越大,扶正器之间的距离越短。

(5)充填工具:是防砂管柱中必不可少的组成部分,作用是建立砾石砂浆的循环通道,将砾石充填于井筒环空或挤入射孔孔眼和井眼周围的地层中。按充填工艺的需要,常见的充填工具有三大类,包括反循环充填工具、正循环转换充填工具和挤压充填转换工具。各石油工具公司及作业服务公司均可提供各类防砂用充填工具,用户可根据防砂工艺需要及井况条件参考公司产品广告或使用说明书选用。

7. 工作液设计

工作液包括压井液、洗井液、携砂液等,工作液的设计在技术上的主要考虑是:

(1)具有足够的密度,以保证作业顺利实施。

(2)保护油、气层,尽量减少工作液对油层的伤害。

工作液密度主要根据油层压力设计,保护油气层则需要在工作液中添加一些化学剂,如黏土稳定剂和防乳化剂等,以减少油层黏土颗粒膨胀和运移,避免工作液与原油发生乳化。因乳化一旦发生,黏度急剧增加使流动阻力明显上升,极不利于防砂后油井投产。工作液中化学添加剂的使用要优选,必须先进行室内试验,合理筛选工作液配方,保证工作液与油层及流体有良好的配伍性。此外,由于防砂施工要求全过程要保证洁净,因此,工作液基液都要求严格过滤,使其中的固相颗粒直径控制到2~5μm,以减少对地层和充填层的固相颗粒堵塞。对于携砂液,除了应具有上述要求外,还需要具有一定的悬砂性和泵送性,按充填工艺要求不同,携砂液可分为低黏液、中黏液、高黏液和泡沫液四种,见表10-4。

表10-4 携砂液的选用

施工对象和方法	低黏液	中黏液	高黏液	泡沫液
裸眼井	适用	可用	—	—
长井段	适用	—	—	—
低压漏失井	—	—	—	适用
高斜井	—	适用	—	适用
振动充填	适用	—	—	—
两步法第一步	可用	可用	适用	—
两步法第二步	适用	—	—	—
高密度挤压井	—	—	适用	—
低渗透地层	适用	—	—	适用
高黏油地层	—	—	—	适用
流砂地层	—	—	适用	—

携砂液用量可按砾石设计量和携砂比进行估算,供现场备液时参考。20世纪70年代以前,现场几乎都采用低黏液循环砾石充填,由于伤害较严重,20世纪70年代后发展了高黏携砂液进行高密度砾石充填,使效果得以改善。但是,因高黏液的增黏剂一般采用高分子聚合物,深入研究发现,聚合物大分子残留于地层孔隙中也会对地层产生严重伤害,而且极难消除。因此近年来,又有重新采用水做携砂液进行循环充填的趋势,以避免聚合物伤害,只要在水中

加入适量化学剂就可以减少其他地层伤害,避免原有低黏液的缺陷。

8.施工工序设计

施工工序设计包括防砂全过程的各个施工步骤,施工工艺参数及相应的技术要求,施工器材的规格、数量以及施工装备的型号、数量等,现以常规井管内砾石充填为例加以说明:

(1)防砂准要:基液过滤→配液→压井→射孔(或补孔)→弹孔冲洗→井筒刮管,热洗。

(2)预处理:下管柱→试挤(求吸收能力)→挤入前置液→挤酸液(或黏土稳定剂)→泵入顶替液→关井反应→起出管柱。

(3)砾石充填:下防砂管柱→洗井(正洗及反洗)→加砂,替砂浆→泵入顶替液→洗井→工具丢手,起管柱。

(4)投产:下生产管柱,调整好工作参数开井投产。各工序的技术要求及工艺参数由不同的充填方式、使用的充填工具要求而决定,不能一概而论。此外,施工全过程要遵守有关井下作业规程和安全操作规定,并有严格的技术监督,以确保防砂施工质量和效果。

二、砾石充填防砂工艺技术

这里重点阐述最具代表性的常规井管内砾石充填,而对其他特殊类型的砾石充填工艺,只是将其不同点与管内充填进行对比论证。

(一)管内砾石充填

狭义的管内砾石充填是指对套管射孔完成井,对井筒内的筛管与套管之间的环空进行砾石充填,形成挡砂过滤屏障,达到防砂目的。但随着技术的发展,管内充填不仅仅指对井筒环空的砾石充填,还包括将砾石挤入射孔孔眼内和套管周围地层中,通常称为地层预充填。所以,广义的管内充填应包括套管环空充填和地层预充填两层概念。按施工工艺方式,管内充填又分为反循环充填、正循环转换充填和循环挤压充填。

1.反循环充填工艺

反循环是指充填砂浆液从油管与套管的环形空间进入井底,砾石靠重力沉留于筛管周围,携砂液被筛缝过滤经工具冲管进入施工油管并返出地面。砂浆到达井底时,若关闭井口油管阀门,也可将部分砾石挤入地层中。该方法工具操作方便,成本较低,但砾石砂浆易受套管内壁污物污染,使充填层渗透率下降。此外,套管承受高压施工和工作液用量较大也是本方法不足之处。

2.正循环转换充填工艺

防砂管柱下到设计位置后,从油管内泵入砾石砂浆到井下工具,经工具内管在密封件下方出口流入筛管与套管的环形空间,砾石靠重力沉积于筛管周围,携砂液则经筛缝过滤进入冲管上行,通过工具底部球阀进入工具大壁腔,并从工具密封件上方旁通孔流出工具,进入油井环形空间,不断返出地面。这种工艺的优点在于砾石砂浆从油管泵入,不易被污染,因而对地层和充填体渗透率伤害较小;此外,套管承受的压力较低,工作液用量较少。通过关闭井口套管阀门,也可实现砾石进入预充填的地层。

3.循环挤压充填工艺

循环挤压充填工艺利用四位式转换充填工具进行,如图10-3所示。井下防砂管柱配底部信号筛管,管柱就位后,工具处于下部循环位置状态从油管内泵入砾石砂浆,砂浆从工具内部经密封件下方转换孔流出,进入筛管与套管环形空间,砾石开始在底部信号筛管周围沉积,携砂液则被筛缝过滤进入冲管并经工具夹壁腔从工具上部旁通孔返出经油井环形空间流至地面。随着充填的进行,底部信号筛管被砾石完全掩埋,泵压迅速上升。此时,上提工具至挤压位置,因砂浆液已被沉积的砾石柱阻隔无法循环,被迫挤入射孔孔眼及周围地层空穴内,从而实现地层预充填。当泵压再次上升,地层不吸液时,再次将工具上提至上部循环位置,使冲管密封段从底部密封接头中拔出,更新建立循环通道,经筛缝过滤后的无砂液从冲管经工具流至环形空间返回地面,而砂浆中砾石被筛管阻挡,沉留于生产筛管周围实现管内充填。当砾石掩埋全部生产筛管后,泵压将再次上升,此时应停泵继续上提管柱至反洗位置,地面将清洁液向油套环空泵入,从工具上部旁通孔进入施工油管内,将油管内多余砂浆反洗出地面,然后起出管柱,完成充填作业的全过程。该工艺除具备一般正循环转换充填工艺的优点外,主要优势是向地层进行预充填安全可靠,易于保证防砂质量和效果。因而,现场应用十分广泛。为了避免地层预充填过程中,充填砾石和地层砂的掺混(这种混合物会极大降低近井地带渗透率),现场采用高黏携砂液,保证在近井地层空穴及射孔孔眼内填满高渗透的砾石带,既能延长防砂有效期,又可以改善油井产能。

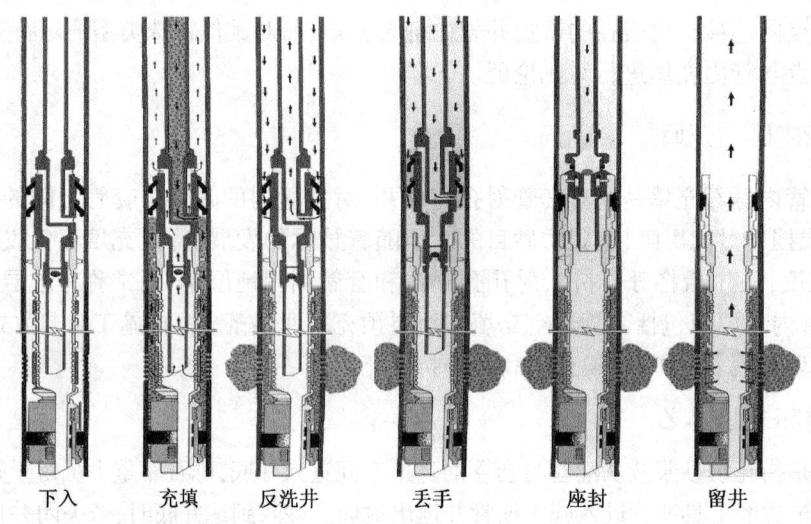

图 10-3 循环挤压充填工艺示意图

4. 减少管内充填井产能损失的主要技术措施

由于砾石充填使防砂后产能受到一定损失,为了降低产能损失,应采取一系列必要的技术措施:

(1)采用高密度、大孔径射孔技术:以增大液体流动面积,减小流动阻力,同时有利于减缓出砂。清楚地揭示增大孔密和孔径可以极大提高油井产能比。根据射孔优化设计计算,孔密至少应大于 20 孔/m,最大孔密目前已达到 40 孔/m;孔径至少应大于 13mm,最大孔径目前已达到 25mm。

(2)射孔孔眼冲洗技术:油井射孔后,尤其是正压条件射孔后,部分射孔孔眼仍被地层砂粒、炮弹碎片、水泥块和钻井液所堵塞,如不清除这些堵塞,在进行砾石充填防砂后,这些堵塞将是永久性的,无法排除,会极大降低油井正常产能。解除这些堵塞最有效的方法是进行孔眼冲洗,疏通所有孔眼。这可以为今后在预充填时,为砾石挤入近井地层和孔眼提供必需的通道和空间,而极大减少近井地层的渗流阻力,使产量得以提高。

现场广泛应用"射孔孔眼冲洗工具"来疏通孔眼。冲洗过程一般是:

①下入:工具厂至产层底界以下 2~3m,开泵止循环憋压,验证皮碗密封性。

②冲洗:上提管柱,自下而上逐段冲洗。每次上提距离为一个皮碗间距(约 0.5m)、正冲洗排量 200~300L/min,泵压小于验封压力。

③反洗:产层射孔段全部冲洗后,下放管柱至原验对位置,开泵反循环洗井,排量大于 500L/min,直至井口返出液洁净为止。

④起出:反洗后正憋压(约 20MPa),使工具销钉剪断,建立循环通道,可拆井口起出冲洗管柱,冲洗结束。

冲洗法的优点是能自下而上逐段彻底清洗全部孔眼,除使孔眼疏通外,还在套管周围形成空穴,为地层预充填提供更多的空间和良好的挤入条件。冲洗液应采用对油层无伤害或低伤害液体,配方由室内试验确定,因冲洗液用量很大,建议在现场重复使用,以降低成本。

(3)地层预充填:这是改善防砂油井产量最有效的途径。

被冲洗后畅通的射孔孔眼,要及时地挤入粒度相对均匀的高渗透砾石,否则在生产时,射孔孔眼将会被松散的大小不同的地层砂再次堵塞,这些杂乱无章的地层砂的渗透率极低,远远小于地层的原始渗透率,会极大地降低油井产能。因此,必须进行地层预充填,将高渗透砾石挤入射孔孔眼中和套管周围的地层空穴内,从而极大降低油流通过射孔孔眼时所受的流动阻力,因而在相同生产压差条件下,可显著提高油井产能。

可见射孔孔眼内挤入高渗透砾石对改善井底渗流条件何等重要,因此必须进行地层预充填才能有效地减少防砂后的产能损失。

(4)必要的油层保护措施:疏松砂岩地层通常含有一定数量的黏土矿物,当黏土矿含量大于 5% 时,膨胀性黏土和运移性黏土都会产生水敏和盐敏效应,使渗透率下降,此外,由于胶结疏松,液流的冲刷也会使部分微粒运移,进而带来速敏问题。因此,流速必须控制在"临界流速"范围内。通过油藏地质研究,进行系统的室内岩心敏感性试验,可确定地层的水敏和盐敏带来的渗透率损失与临界流速。解决上述敏感性问题的方法是采取针对性的油层保护措施。黏土伤害问题(水敏和盐敏)可以通过在工作液中加入适量的黏土稳定剂和盐类,或向近井地层内挤入适量的黏土稳定处理液加以解决,而速敏问题则要求油藏工程配产时,考虑使渗流速度低于"临界流速",以缓解微粒的运移。

市场上已有大量黏土稳定剂可供选择,具体应用时,应先进行岩心流动试验筛选,确定黏土稳定剂的种类、浓度和用量,以获得最佳的稳定效果。疏松砂岩油藏的原油黏度一般较高(数目到数千 mPa·s),因而防砂时,工作液若不配伍,与原油易发生乳化,形成油包水乳状液,它比原油本身黏度高得多,导致流动更加困难,降低产量。因此,工作液中需加入适当的防乳化剂,避免工作液与原油发生乳化,防乳化剂仍应在防砂前由室内试验筛选确定。综上所述,采用优化设计的高孔密、大孔径射孔、射孔孔眼清洗、地层预充填及必要的油层保护的配套技术措施可以使管内砾石充填井的产能损失得到一定补偿,从 30% 降至 10% 左右。

(二)裸眼井砾石充填

1. 裸眼砾石充填防砂技术评价

本方法是油层段采用裸眼完成,裸眼直径比上部技术套管更大,然后,正对出砂层段下入绕丝筛管,再对裸眼环空进行砾石充填,从而完成防砂。完井井身结构可见,它是一种先期防砂完井技术,和管内砾石充填相比,防砂原理完全相同,但它显示出以下技术优势:

(1)裸眼段渗流面积大,流速低,压降损失小,可以减缓出砂。

(2)采液指数高,易实现高产,与(不防砂)射孔完成井相比,产量可提高20%~30%。

(3)由于不必射孔和固井,极大减少了完井对油层的伤害。

2. 裸眼充填的应用范围

此法防砂的应用条件是:

(1)油层较单一,不含气层、水层及泥岩夹层。

(2)地层渗透性不宜过高,特别适用于高黏度稠油油层(因渗流面积大,伤害轻,减少稠油流动阻力)。

(3)适用于部分胶结的细、中、粗砂岩,流砂层和粉砂岩不适用。

3. 工艺和设计的特殊性

与管内砾石充填相比,设计和工艺有许多相同点,可参阅"管内砾石充填"部分,这里只介绍其区别。

(1)裸眼扩孔工艺:油层顶界以上地层下入技术套管固井后,先用小于技术套管内径的钻头钻开油层段(领眼)。然后,再下入专用的可伸缩式牙轮扩孔器将领眼直径扩大到需要的尺寸,即裸眼扩孔工艺。一般,扩孔后井眼直径为原领眼直径的两倍。扩孔的目的是增加砾石充填层径向厚度,提高防砂的稳定性,同时,也有效地增大了井眼的渗流面积,有利于实现高产。由于扩孔液直接与产层接触,容易造成地层伤害,故应满足以下技术要求:

①较强的携屑能力。

②与地层及流体配伍性好,伤害轻,无固相颗粒。

③具有足够的密度和适当的黏度。国内已开发的有SK无固相扩孔液(表10-5)。

表10-5 无固相扩孔液配制

配料名称	用量(%)	配制过程
KOH	2	(1)加KOH处理卤水;
PAC-141	0.8	(2)加PAC-141
HEC	0.8	(3)加HEC;
CMC低黏	1	(4)加低黏CMC
卤水	20	以水为基液

(2)筛管设计:其直径由裸眼充填厚度决定,裸眼充填厚度要求75~100mm(至少大于50mm),而管内充填厚度只要求大于25mm。为了增加环空内砾石储备量,生产筛管上部不准进入技术套管内,并采用上部信号筛管,进行低密度循环充填。

(3)光管长度设计:光管长度应按扩孔段长度和充填砂比表设计。

施工的充填砂比越高,光管则应设计更长,这主要是考虑"砾石后沉效应"的影响,以免下沉后储备砾石不够,而使筛管裸露导致防砂失败。

(三)高温注汽井砾石充填防砂

胶结疏松的出砂油藏大多是稠油油藏,有些甚至是特稠油油藏。必须用热力采油的方法才能保证油井正常生产,最常见的热采技术是注蒸汽采油——蒸汽吞吐和蒸汽驱。因注汽温度很高,温度最高达360℃,防砂必须采用耐高温系统,绕丝筛管砾石充填仍是最有效、最可靠的防砂途径。但由于高温注汽井的特定条件又使砾石充填系统与常规井存在一定的技术区别。注汽井和常规井砾石充填工艺的主要区别包括以下四个方面。

1. 砾石设计的区别

国外有些学者认为:在注蒸汽的高温条件下,井底饱和湿蒸汽液相 pH 值可高达 11~12,因而会对充填砾石和地层砂产生严重的溶蚀,据说溶蚀量竟高达 32%~46%,于是否定了石英砂作为注蒸汽井防砂充填材料的有效性和可靠性(表 10-6)。

表 10-6 不同材料热碱溶蚀对比

砾石材料	主要成分	温度(℃)	时间(h)	pH 值	溶蚀量(%)
16~20 目石英砂	SiO_2,含量 99.9%	282~304.4	192	7	31.9
16~20 目石英砂	SiO_2,含量 99.9%	260~282	72	11	46.1
12~18 目石英砂	SiO_2,含量 95%	276.7~298.9	72	11	56.0
20~40 目陶粒	Al_2O_3,含量 87%	293.3~315.6	72	11	3.5
20~40 目高铝陶粒	Al_2O_3,含量 94%~95%	293.3~315.6	72	11	3.7
20~40 目树脂涂层砂		271.1~298.8	72	11	24.3
20~40 目涂镍砂		300	72	11	0.8

显然,这些新型材料的热碱溶蚀量极大低于传统的防砂充填材料石英砂。但是上述试验的一个重要条件是:蒸汽液相取样是在大气环境下(0.1MPa)获得的,这与井底的真实的注汽高压环境有本质区别,井底注汽压力至少 10MPa,在中国的大部分油田高达 15MPa 以上。胜利油田防砂技术中心经过室内和现场反复试验证明:石英砂在井下高压注汽环境中,蒸汽液相 pH 值不会达到 11~12,而只有 8~8.5。于是在这种弱碱性介质中,石英砂实际溶蚀量只有 2% 左右。所以,作为一种防砂充填材料,不必担心石英砂在井底的溶蚀量,它不会影响防砂的有效性。因为地面试验(采样条件)与井底工况有本质的不同,导致测试的蒸汽液相 pH 值严重失真,误认为石英砂在井底高压下也有地面实验时产生的巨大溶蚀量。尽管如此,石英砂在注汽高温条件下仍有轻微的溶蚀,因此,进行砾石设计时,要考虑到这一因素而进行适当修正,具体如下:

(1)将砾石附加用时由常规井的 20% 提高到 50%。

(2)将设计砾石直径适当增加,传统井最小砾石粒径比筛缝大约 1/3,而注汽井可将这一数值提高到 1/2。这样保守的设计就能确保热采井防砂更安全。

2. 筛管设计的区别

由于注汽热采井井底温度高达 300℃ 以上,而筛管周围又被密实的砾石充填体掩埋而受约束,在高温时产生的巨大热应力可能使筛管结构破坏,而常规井不存在这一问题。因此注汽井热采筛管结构设计必须做特殊考虑,以保证筛管在注汽条件下正常生产。与常现筛管相比,热采筛管具有以下技术特点:

(1)中心管可以自由滑动。热采筛管中心管一端用 3 个销钉与筛套连接(常规筛管的筛套两端被直接组焊到中心管上)。注汽时,井底温度迅速上升,因筛套周围被砂砾埋住而不动,中心管受热膨胀迫使销钉剪断,使中心管自由伸长,避免了筛管产生热应力破坏。

(2)高温密封好:当中心管自由滑动时,筛套与中心管的径向间隙由两端的密封填料盒密封,填料选用耐高温橡胶石棉密封填料(耐温400℃,耐压10MPa),防止砂砾进入筛套内,保证正常注汽和采油。

(3)中心管渗流面积大:由于特稠油流动阻力高于常规井,故热采筛管中心管孔眼流通面积比常规筛管大20%,有利于稠油流动。

3.防砂管柱设计的区别

由于防砂施工后要注入高温蒸汽,常规井中用于密封砾石充填环空的普通橡胶封隔元件难以胜任,故必须选用耐高温、耐油、耐水蒸气的防砂封隔器——铅封封隔器代替。

4.防砂施工工艺设计的区别

视频10-1 不动生产管柱防砂或防塌技术

(1)施工工艺流程与常规井基本相同。常规井施工艺流程为:井眼准备→下入常规筛管→充填砾石→起出施工管柱→下生产管柱投产。注汽井施工艺流程为:井眼准备→下入热采筛管→充填砾石→下入铅封管柱→坐放铅封封隔器→丢手起管柱。可见,完成注汽井砾石充填需下两次管柱,第一次管柱完成充填,第二次管柱坐放铅封,比常规井更复杂。胜利油田的"一次管柱"系统用于注汽热采防砂井取代了传统的"两次管柱"防砂系统。系统中采用WQ1多功能工具。采用WQ1充填工具后,注汽井砾石充填防砂工艺可简化为:井眼准备→下入筛管防砂管柱→充填砾石及坐放铅封→起管柱。可见,"一次管柱"系统将传统的充填砾石和坐放铅封两道工序合二为一,从而减少起下一次管柱的时间和费用,具有明显的经济效益,确实比传统的"两次管柱"充填在技术上有重大突破(视频10-1)。

(2)黏土稳定技术的改进。注汽井井底温度远远高于常规井,对于具有潜在黏土伤害的油层,需在砾石充填时进行黏土稳定处理,但常规井应用的有机类长效黏土稳定剂通常耐温低于120℃,故必须筛选注汽井用耐高温黏土防膨剂。20世纪90年代以来,胜利、辽河等油田相继开发了工作温度超过300℃的高温防膨剂应用于注汽井,成为防止黏土伤害有力的技术手段,胜利油田采油工艺研究院分发的K-2高温防膨剂主要技术计能。K-2高温防膨剂不仅能预防黏土膨胀,对已经造成黏土伤害的近井堵塞,还有一定的解堵作用,已在现场应用数十口井,进行K-2剂处理后,注汽压力可以明显降低(最大降2MPa),有利于保证注汽的顺利进行。此外,蒸汽吞吐井随着采油的进行,井底温度逐渐下降,使稠油流动阻力不断增加,为了延长蒸汽吞吐周期,提高热采效率,采油生产时可考虑应用一些特殊的手段,如"注采一次管柱"系统、浸入式抽调泵、环空掺稀油或降黏剂等,均在生产中见到明显效果。

(四)定向井或水平井砾石充填防砂

随着海上油气田的迅猛发展,以及对各类油气田开发的高效益的追求,定向井及水平井的钻井和采油技术取得突破与进步,因此,定向井和水平井的防砂技术也应运而生,其防砂方法仍然首推绕丝筛管砾石充填。该技术是将垂直井砾石充填的基本原理和工艺移植于定向井(或水平井)中,但是,由于定向井所具有的特殊性,直井中的工艺设计和工具显得不适应,从而研究发展了具有特色的定向井砾石充填防砂技术(视频10-2)。对于井斜倾角小于45°的定向井,采用的砾石充填方法和工艺原则上与垂直井相同,充填率仍可高达95%以上,不会对防砂效果产生不良影响。因此这里只重点讨论倾

视频10-2 水平井打孔套管充填防砂完井技术

角大于45°的大斜度井的砾石充填防砂工艺。一般说来,定向井大多采用套管射孔完成方式,所以,这里只讨论定向井管内砾石充填,而且将它与直井充填加以对比,以期说明其特殊性。为了发现大斜度井砾石充填过程的充填规律,寻找施工工艺设计参数对充填效果的影响,国内外某些大公司的研究机构在20世纪80年代相继研制、建立了大型的定向井砾石充填物理模拟装置,它可以模拟从0°~90°不同井斜的定向井或水平井,在不同条件下,观察充填的全过程,找出各种影响因素对砾石充填率的定量关系,可以为优化现场施工工艺设计奠定可靠的基础。观察的现象和试验数据都用计算机记录处理。现将国内外模拟研究结果归纳如下:

(1)定向井砾石充填机理的描述及井斜对充填率的影响。通过模拟试验发现:定向井(主要指大斜度井)的砾石充填过程与垂直井有本质区别。在垂直井中,砾石靠重力和携砂液的动能自下而上地沉积于筛管周围,逐渐掩埋筛管而完成砾石充填。但是在大斜井中,砾石充填不是自下而上,而是自上而下完成的。由于重力与井轴有较大的偏角,重力总是使砾石产生自由沉降,在筛管表面形成"砂丘",而液流流速总是携带砂粒向前运动并将沉降于筛管表面的部分"砂丘"冲走或削低。从而使"砂丘"不断向井底延伸和发展,一旦"砂丘"高度充满油井环空间距时,环空被堵塞,形成砂桥,导致"砂丘"以下的环形空间无法填满砾石而使防砂施工失败。"砂丘"发展并提前堵塞环空是导致大斜井防砂失败或充填率很低的根本原因,这也是定向井砾石充填技术的难点所在。地面模拟试验的目的正是要寻求工艺上的特殊措施,保证"砂丘"一直发展到井底,使砾石充填全部连续地覆盖出砂井段,尽量提高砾石允填率,使防砂获得成功。如不采取特殊措施,只按垂直井充填工艺施工,试验证明:井斜角越大,则充填率越低。显然,当井斜角大于45°后,充填效率急剧下降,无法满足防砂的需要。

(2)冲管直径与筛管直径之比对充填率的影响。实验发现,只要采用较大直径的冲管,使冲管外径与筛管内径之比(简称冲/筛比)提高到0.8以上,充填效率可以超过95%,从而满足防砂需要。由于提高了冲1筛比,就缩小了冲管与筛管之间的环空的过水断面,增大了此环空内液流的流动阻力,迫使携砂液尽量在筛管与套管的环空内运动,才能不断冲刷"砂丘",使之向下延伸,把砾石送到井底,完成充填。当冲/筛比大于0.6后,充填效率开始急剧上升。以后的数值模拟理论研究表明,物理模拟试验曲线完全符合水—砂两相流的能量平衡和力学关系,因此是可信的。

(3)携砂液黏度及信号筛管位置对充填效率的影响。为了探索这其中的内在联系,设计了不同黏度的携砂液和防砂管柱组合,以发现最佳的配合(表10-7)。

表10-7 斜井砾石充填试验结果

序号	倾角(°)	携砂液	砾石尺寸(目)	冲/筛比	携砂比	管柱组合	充填率(%)
1	80	清水	10~16	0.56	1.1:100	上中信号筛管	25
2	80	清水	10~16	0.82	1.1:100	生产筛管	95~99
3	80	稠化液	10~20	0.56	44:100	上部信号筛管	50
4	80	稠化液	20~40	0.82	44:100	底部信号筛管	70
5	80	交联液	20~40	0.52	44:100	底部信号筛管+密封接头	90
6	80	中黏液	20~40	0.52	4:100	底部信号筛管+密封接头	95

目前,砾石充填防砂常用的携砂液为低黏液(30mPa·s以下)和高黏液(600~700mPa·s),

信号筛管分上部和底部信号筛管,试验却意外地发现:低黏液和高黏液均不理想,唯有中黏液(300~400mPa·s)与底部信号筛管的组合,可以实现较完全的砾石充填,充填效率达95%,满足要求。这是因为:低黏液携砂能力太差,在大斜井中,砂比稍高则易形成严重的"砂丘",甚至砂桥,使施工失败;而高黏液携砂—悬砂性虽好,能将砾石顺利输送到井底,但化水后,砾石要产生严重的"后沉降效应",使充填体形成"空腔",也影响防砂质量和效果。只有采用中黏携砂液既可较好地发挥两者的优势,又能适当弥补两者的缺陷,是大斜度定向井充填携砂液的最佳选择。此外,配用底部信号筛管的防砂管柱又改善了充填效率,因为在底部信号筛管被砾石掩埋之前,生产筛管到冲管没有液流循环通道,液流被迫流至底部信号筛管再流入冲管,这就有利于将砾石输送到井底,形成完整的充填体。

(4)提高携砂液密度和泵排量也能明显改善充填效率,试验结果见表10-8。

表10-8 密度和排量对充填效率的影响

序号	倾角(°)	排量(L/min)	携液密度(g/cm³)	携砂液黏度(mPa·s)	砾石尺寸(目)	携砂比	冲/筛比	充填率(%)
1	70	150	1.0	1.0	20~40	4.5:100	0.58	50
2	70	150	1.7	6.0	20~40	4.5:100	0.58	93
3	90	150	1.4	6.0	20~40	4.5:100	0.69	95

事实上,提高携砂液密度和排量都有利于增加液流的动能,就提高了液流对砾石"砂丘"的冲刷能力和对砂粒的携带能力,更容易使"砂丘"向井底延伸和发展,当然会改善砾石充填效率。反之,某些试验发现采用密度较轻的充填材料,如空心玻璃珠代替石英砂,也可以提高充填效率。因轻材料削弱了颗粒重力的影响,但由于成本昂贵,无法工业应用。

(5)只对大斜井的套管下半部-60°~60°(或-45°~45°)相位角范围内射孔,有利于提高射孔孔眼充填率。因为在套管上半侧射孔,孔眼内很难被挤入砾石,形成所谓"空白炮眼效应",而这些"空白炮眼"会在生产过程中充满因采油运移过来的地层砂(粒径不均、不规则排列),产生流动阻力很大,对采油不利;而且这些地层砂还会随时侵入充填体内,造成严重的堵塞使产量下降甚至防砂失效。因此,高倾角定向井防砂要求在套管上半部不射孔。以上物理模拟试验结果经进一步开发,已经编入在后来研究问世的定向井砾石充填施工优化设计软件程序中,此类程序已被广泛用来指导美国墨西哥湾地区、加州沿海地区和欧洲北海地区的海上定向井砾石充填防砂实践,为提高防砂成功率发挥了巨大的作用(视频10-3)。水平井可看作是井斜倾角为90°的定向井,其砾石充填机理和工艺与定向井无本质区别,用于定向井砾石充填的特殊技术措施原则上可用于水平井,但如果水平井段太长,砾石充填失败的风险也相应增大。目前应用不普遍,尚待研究。对于侧钻分枝井、多底水平井,由于井眼尺寸较小,砾石充填工艺很复杂,也很难成功,故以采用割缝衬管、滤砂管等工艺简便的防砂方法为宜。

视频10-3 海上油井防砂演示

◆ 思考题 ◆

1.造成油井出砂的主要原因有哪些?
2.出砂的危害是什么?

3. 目前国内各油田所使用的防砂方法主要有哪些？

4. 什么是化学防砂？目前国内各油田所使用的化学防砂方法主要有哪些？什么是地下合成防砂？

5. 简述机械防砂的分类。

6. 简述绕丝筛管防砂的工艺流程。

第十一章 套管检测与修复技术

随着油水井开采年限的增长,以及受工程因素和地质因素的影响,油水井套管会出现不同程度的损坏从而影响生产。油田工作者按照"预防为先,防修并重"的方针:一是研究套管损坏的机理,制定配套的防护措施;二是研究套损井修复技术,增强大修作业修复能力。减缓套管损坏速度,尽可能地延长油水井的使用寿命,提高油田后期开发的经济效益。

第一节 套管损坏的原因及预防

经过对套管损坏井的综合分析,发现造成油水井套管损坏的原因是错综复杂的,而且很多因素互相交织,互相影响。各种因素相互作用的结果,最终导致了套管的损坏。

一、套管损坏的原因分析

造成油水井套管损坏的因素,可以概括地分为地质因素和工程因素两大类。

(一)地质因素

地层(油层)的非均质性、油层倾角、岩石性质、地层断层活动、地下地震活动、地壳运动、地层腐蚀等情况是导致油水井套管技术状况变差的客观存在条件,这些内在因素一经引发,产生的应力变化是巨大的、不可抗拒的,将使油、水井套管受到损害,甚至导致成片套管损坏,严重干扰开发方案的实施,影响油田的稳产。

1. 地层的非均质性

陆相沉积的砂岩、泥质粉砂岩油田,由于沉积环境不同,油藏渗透性在层与层、层内平面之间都有较大的差别。在注水开发过程中,油层的非均质性将直接导致注水开发的不均衡性,这是引发地层孔隙压力场不均匀分布的基本地质因素。

2. 地层(油层)倾角

陆相沉积的油田,储油构造多为背斜和向斜构造。由于这些构造是受地层侧压应力挤压而形成的,一般在相同条件下,受岩体重力水平分力的影响,地层倾角较大的构造轴部和陡翼部比倾角较小的部位更容易出现套损。

3. 岩石性质

在沉积构造的油气藏中,储存油气的多为砂岩、泥砂岩、泥质粉砂岩。注水开发时,当油层中的泥岩及油层以上的页岩被注入水侵蚀后,不仅使其抗剪强度和摩擦系数大幅度降低,而且使套管受岩石膨胀力的挤压。同时,当具有一定倾角的泥岩遇水呈塑性时,可将上覆岩层压力转移至套管,使套管受到损坏。

4. 断层活动

在注水开发过程中,由于断层附近是地应力相对集中的地区,这也是产生断层滑移的基本条件。因为断层面的倾角一般都较大,在长期注入水侵蚀、重力的水平分力和断层两侧地层压差的作用下,出现了局部应力集中,致使上下盘产生相对滑移,剪挤套管,从而导致套管严重损坏。

5. 地震活动

地球是一个不停运动的天体,地下地质活动从未间断。根据微地震监测资料,每天地表、地壳的微震达万次,较严重的地震可以产生新的构造断裂和裂缝,也可使原生构造断裂和裂缝活化。地震后,大量注入水通过断裂带或因固井胶结第二界面问题进入油顶泥页岩,泥页岩吸水后膨胀,又产生黏塑性,岩体产生缓慢的水平运动,使套管被剪切错断或严重弯曲变形。

6. 地壳运动

地球在不停地运动,地壳也在不停地缓慢运动中,其运动方向一般有两个:一是水平运动(板块运动);二是升降运动。地壳缓慢的升降运动产生的应力可以导致套管被拉伸损坏,而损坏的程度和时间则取决于现代地壳运动升降速度和空间上分布的差异。

7. 地表地层腐蚀

地表地层腐蚀是不可忽视的套损原因之一,这是因为浅层水(300m以上)在硫酸盐还原菌的作用下产生硫化物,有硫化物的浅层水在含氧量只有十亿分之几的条件下,就会引起套管的腐蚀。

(二)工程因素

地质因素是客观存在的因素,往往在其他因素引发下成为套损的主导因素。采油工程中的注水,地层改造中的压裂、酸化,钻井过程中的套管本身材质、固井质量,固井过程中的套管串拉伸、压缩等因素,是引发诱导地质因素产生破坏性地应力的主要原因。

1. 套管材质问题

套管本身存在着微孔、微缝,螺纹不符合要求及抗剪、抗拉强度低等质量问题。完井后,由于采油生产压差或注水压差的长期影响,导致管外气体、流体从不密封处渗流进入井内或进入套管与岩壁的环空,分离后聚集在环空上部,形成腐蚀性很强的硫化氢气塞,将逐渐腐蚀套管。

2. 固井质量问题

固井是钻井完井前十分重要的工序,它直接关系到井的寿命和以后的注采关系。固井施工由于受各方面因素影响较多,固井质量难以实现最优状况。如井眼不规则、井斜、固井水泥不达标、顶替水泥浆的顶替液不符合要求、水泥浆的密度低或高、注水泥后套管拉伸载荷过小或过大等,都将影响固井质量。

3. 完井质量

完井方式对套管影响是很大的,特别是射孔完井法。射孔工艺选择不当,一是会出现管外水泥环破裂,甚至出现套管破裂;二是射孔时,深度误差过大,或者误射,误将薄层中的隔层泥岩、页岩射穿,将会使泥页岩受注入水侵蚀膨胀,导致地应力变化,最终使套管损坏。此外射孔密度选择不当,也会影响套管强度。

4. 井位部署的问题

断层附近部署注水井,容易引起断层滑移而导致套管严重损坏。注水井成排部署,容易加剧地层孔隙压差的作用,增大水平方向的应力集中程度,最终导致成片套损井的出现。

5. 开发单元内外地层压力大幅度下降问题

注水开发的油田,因为开采方式的转变,加密、调整井网的增多,对低渗透、特低渗透提高压力注水,以及控制注水、停注、放溢流降压等措施,都会使地层孔隙压力大起大落,岩体出现大幅度升降。

在同一区块内,因油层的非均质和井网部署的影响,使油层孔隙压力分布不均匀,从而引起孔隙骨架不均匀地膨胀或收缩,导致局部升降,造成局部应力集中而出现零星套损井。当区块之间形成足够大的孔隙压差时,特别是在行列注水开发条件下,泥页岩和断层面大面积水侵时,将导致成片套损井的出现。

6. 注入水侵入泥页岩的问题

在注水压力较高条件下(一般 13.5MPa),注入水可从泥岩的原生微裂缝和节理侵入,也可沿泥砂岩界面处侵入,形成一定范围的侵水域。这种侵水域在相当长时间内,将导致岩体膨胀、变形、滑移,最终导致套管的损坏。

7. 注水不平稳问题

在笼统注水条件下,非均质油层使层间差异增大。高渗透区吸水能力大,成为高压区;低渗透区吸水能力差,成为低压区,层间压差增大。分层注水差的层间压差也较大,在层间、区块之间注采不平衡,有的井超压超注或低压欠注,超压注水区将促进侵水域扩大,增大岩体的不稳定性,造成成片套损井的出现。另外,由于井下作业开发调整等,注水井时关时开,开关不平衡。这些都将影响岩体的稳定,最终将导致套损井的出现。

8. 注水井日常管理问题

由于对注水井管理不严格,管阀配件损坏、管线漏水维修不及时,全井注水时或分层注水量不清,异常注水井发现不及时,发现后未采取措施或采取措施不当,造成非油层部位长期进水水侵。套损井不能及时处理而成为水侵通道,进一步扩大了侵水范围。

二、套管损坏预防措施

针对前面阐述的套管损坏原因,提出以下预防措施,以便有效地减缓套损速度的上升。

(一)防止注入水窜入软弱夹层

注水开发的油田套管损坏主要是由于高压注入水进入软弱泥页岩夹层和断层接触面引起的地应力释放造成套管损坏。注入水窜入这两个地方除地质因素外,主要是由工程因素引起的,如固井质量不合格、超过破裂压力注水等。在工程中要防止注入水窜入软弱夹层方法包括以下六个方面。

1. 提高固井质量保证层间互不相窜

套管在井内偏心是造成固井质量不好的一个重要因素,合理使用套管扶正器使套管居中是提高固井质量的主要措施。使用好扶正器必须解决两个问题:一是选择好扶正器与井眼尺寸的配合;二是设计扶正器间距。设计扶正器总的原则是扶正器间距随井斜增大而减小。

2. 固井时在油层顶部下管外封隔器

固井时由于不能每口井都保证质量,一旦某一口注水井或高含水油井固井质量不合格,水就会在高压作用下,沿着窜槽地方窜入软弱的夹层段,造成潜在不稳定地层地应力释放。为此,提出了在油层顶部下一个管外封隔器,防止注入水窜槽。使用方法是在固井时,在油层顶部隔层和油层之间下入管外封隔器,当注完水泥浆时把封隔器坐开,即可达到弥补固井质量不好的问题。

3. 注入压力限制在地层微破裂压力以下

注入压力应以满足注水量、防止套管损坏为合理注入压力。如果这两项发生矛盾时,应以后者来确定。这主要由于当注入压力高于地层最小水平地应力(即破裂压力)时,很容易沟通原始裂缝,吸水量猛增即形成水窜入软弱夹层。因此,一个油田开发前,应开展地层地应力测试,根据地应力测试结果,按开发方案要求,把注入压力控制在最小地应力以下。

4. 压裂改造时防止垂直裂缝延伸到软弱夹层

一般井深大于 500m 压裂所形成裂缝为垂直裂缝,其裂缝高度与施工排量有关,排量越大,其裂缝越高。美国棉谷地区通过压裂后测井温,总结出施工排量与裂缝高度有以下关系:

$$H = 7.23 \times e^{1.03Q} \tag{11-1}$$

式中 H——裂缝高度,m;

Q——施工排量,m^3/min;

e——自然对数的底。

由式(11-1)可以看出,若施工排量为 $2.5m^3/min$,则裂缝高度为 96.2m。因此当砂岩的厚度小于此值,裂缝就延伸到夹层。当注入水从水井渗到压裂形成的人工裂缝带时,水就很容易窜到软弱夹层,给以后的开发过程带来许多弊病。由此可见,对一个油田进行压裂方案设计时,一定要认真了解压裂层、盖层的岩性及它的弹性模量、泊松比、抗张强度等力学参数,根据这些力学参数设计合理的排量,防止裂缝上下延伸到盖层。

5. 应用声波变密度测井检查固井质量

声波变密度测井是按时间的先后次序,对井下接收到的整个波列的幅度进行记录。由于记录的是全波列,所以也称为全波列测井。测井时,井下声源每秒钟发出 20 次频率为 20kHz 的脉冲声波,接收装置把经套管、水泥环、地层传播的声波接收、放大,并经电缆传输至地面设备,整个波列的图形如图 11-1 所示。

在油水井大修作业中,通过声波变密度测井可以检查水泥环与地层窜漏位置,判断管外出砂层位。

6. 合理地设计注采井网

高含水井早于低含水井发生套管损坏。这主要是由于水过早通过裂缝或固井的窜槽进入

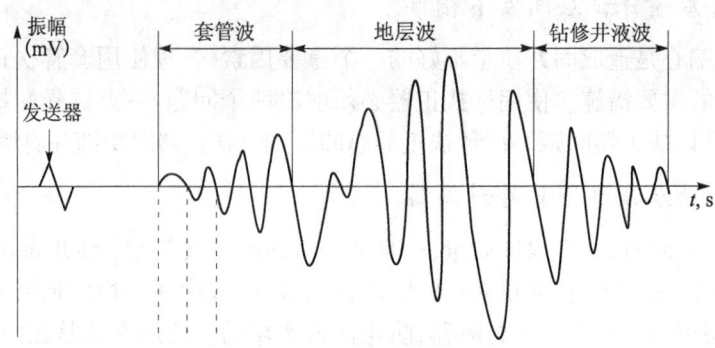

图 11-1 声波波列图

软弱层造成的结果。故选择合理注采井网、延迟油井水淹是防止套管损坏的一种方法。为此,注水开发裂缝性油田时,有两种注采井网有利于防止套管损坏:

(1)行列注采井网。油水井排的方向与油层主裂缝方向平行,利用注入水沿裂缝突进的特点,使相邻水井之间很快拉成水线,均衡地渗透到油井排去,这样可防止因裂缝水过早窜到软弱层。

(2)菱形注采井网。在采用面积注水方式时,油水井排的方向与油层主裂缝错开一个角度,这样可延迟处于裂缝方向上的油井过早水淹。

(二)维持合理的注采压差

当油层中流体被开采出来,一段时间(或很长时间)不注水补充能量,岩石的弹性应力大量释放而形成一个低应力异常区,周围高压应力区推动岩体向低压区运动,造成大量套管损坏。反之,注水强度大,注水量过多,则可形成高应力异常区,也会推着岩体向低应力区运动,使套管成片损坏。因此,油田开发要适时、适量、低于破裂压力注水,保持适当孔隙压力,并使油田内部各区块孔隙压力保持基本平衡,以避免套管损坏。

(三)防止油层出砂

油井出砂,水井吐砂,一方面影响油水井生产,另一方面在出砂层位形成空洞。空洞位置的套管失去支撑,当覆盖层发生坍塌,其坍落的岩石块撞击套管很容易造成套管损坏。因此,在开采过程中应防止地层出砂。

对于具体区域油水井出砂,应首先研究其油层出砂特点再选用适合其特点的防砂方法,达到防砂的目的。若地层出砂严重而形成较大空洞的井,在防砂之前,应首先采用高压填砂工艺技术,使空洞填满砂,再实施防砂措施,这样才能保证套管不因出砂形成空洞而造成套管损坏。

(四)防止套管腐蚀

目前在防止套管腐蚀上,国内外比较成熟的方法有以下几种:

(1)提高封固质量以隔绝腐蚀介质与套管之间的通道。根据井区地下介质矿化度的情况,当确认其中含有腐蚀性的介质特别是硫酸盐时,应使水泥浆返至地面,并采取措施保证封固质量,使水泥浆硬化后在套管周围形成一圈致密连续的水泥环。

(2)采用阴极保护技术。套管的阴极保护原理是采用地面直流电源和辅助阳极供给大量电子,使被保护金属阴极化,当极化电位极化至与被保护金属腐蚀电池中阳极初始电位相等时,腐蚀就被控制。

(3)使用抗H_2S套管。当井内H_2S达到一定浓度时,若不采取措施;套管很容易出现氢脆而损坏。对于产H_2S的油田,在防止套管氢脆时,应选用抗硫化物套管。在10种钢级的API套管中,抗硫的套管有六种,即$H-40$,$J-55$,$K-55$,$C-75$,$C-80$和$C-90$。

(4)加杀菌剂杀死有腐蚀的细菌。当发现井下套管腐蚀是由于细菌(一般是硫酸盐还原菌)腐蚀时,应根据细菌的种类而采用相应杀菌剂。杀菌剂应是复合型的,即缓蚀和杀菌共同作用,其加药量和加药周期可根据挂片细菌腐蚀速度决定。

(五)改进射孔对套管损害的措施

射孔对套管损坏程度主要与使用的射孔弹类型及射孔枪型有关。因此,减轻射孔对套管损坏的程度,可以通过合理地选择聚能射孔弹和射孔枪来实现。改进射孔对套管的损害应包括以下几方面:

(1)聚能射孔弹的选择与射孔枪型应相配合。应选择药量小,穿孔深,孔形规则,不堵孔者为最佳。

(2)应当严禁使用无枪身射孔和无枪身射孔弹;

(3)严禁射孔的孔眼排列为直线型,应采用孔眼成螺旋排列;

(4)当油层部位固井质量不好时,应采取减少射孔孔密或其他措施,防止因射孔给套管造成较大的伤害。

(六)对下井套管要进行严格质量检验

套管下井前均应进行严格的质量检验,检验内容如下:

(1)管体部分,包括丈量长度,外观目测检验,管体尺寸精度检验,如通内径、量外径、测壁厚和称单重、壁厚不均系数、内外不圆度、模拟射孔检查、机械性能检验、化学成分检验。

(2)螺纹部分,包括外观目测检查,用综合螺纹量规检查紧密距,用螺纹单项检测仪检查螺纹要素的单项精度,如锥度、齿高和齿形角。

(3)强度检验,包括抗内压、抗挤抗拉及残余应力等对抗挤临界压力的影响。了解热轧工艺及热处理工艺中发生问题而产生的组织不良情况。

(七)改进套管柱设计方法

传统保守设计套管抗挤强度是采用上覆层的压力来确定套管抗最大外挤力。事实上证明用这个方法确定最大外挤力是不合适的,应采用泥页岩蠕变形成不均匀"等效外挤力"作为套管最大抗挤强度。因此,油田开发前要准确测定地应力值,以该值进行设计,选择适合的套管等级和壁厚。值得提出的是,在射孔部位设计套管承受最大抗挤力时应考虑射孔影响。对于螺旋布孔(相位角90°),孔密度每米小于15孔时,可认为套管强度减少10%。

(八)提高套管抗挤强度

1. 使用高强度套管

应用高强度P110、V150套管,提高了套管抵抗挤毁的能力,因而减少了套管损坏。在设计抵抗较大外挤力时,高强度套管是首选对象。但是,高强度钢材韧性低,承受冲击的能力差,抗腐蚀能力低,易于受氢脆破坏;不适于现场焊接,加工比较困难;在维修和侧钻时要磨穿这种套管较困难。所以,高强度的套管应用范围受到了一定限制。

2. 采用厚壁和小直径的套管

厚壁套管就是将一般套管的壁厚加大,以增大其抗压强度的套管。一个空管对点载荷的承受能力与钢的强度成正比,与壁厚平方成正比。显然,为提高承受点载荷的能力,增加壁厚比增加强度更为有效。当载荷、壁厚均相同时,管径对变形有很大影响,小管径套管有较高的抗变形能力。

3. 在易发生套管损坏岩层段下双层组合套管

双层组合套管就是在套管内下入小套管,然后往环形空间内注水泥,形成一个整体组合结构。内层套管可由井口下至目的层,也可采用尾管形式。理论和实践表明,只要双层组合套管内外管尺寸及水泥品种选择适当,它具有极强的抵抗挤毁能力,其挤毁强度至少等于各层套管强度之和。因此,在超高压、高蠕变的地层中,使用双层组合套管对防止套管损坏有明显效果。

(九)在套管上设置"安全阀"

为了提高注水泥的质量并安全顺利地把套管柱下入预计井深,在套管柱上安装了一些附加装置,这些附加装置统称套管串附件,即"安全阀",包括:

1. 引鞋(套管鞋、浮鞋)

引鞋是一个弧锥形的带孔短节,如图11-2所示。引鞋中的套管鞋用螺纹连接到套管上,它位于整个套管柱下部,其作用是引导套管入井,防止套管插入井壁或刮削井壁。

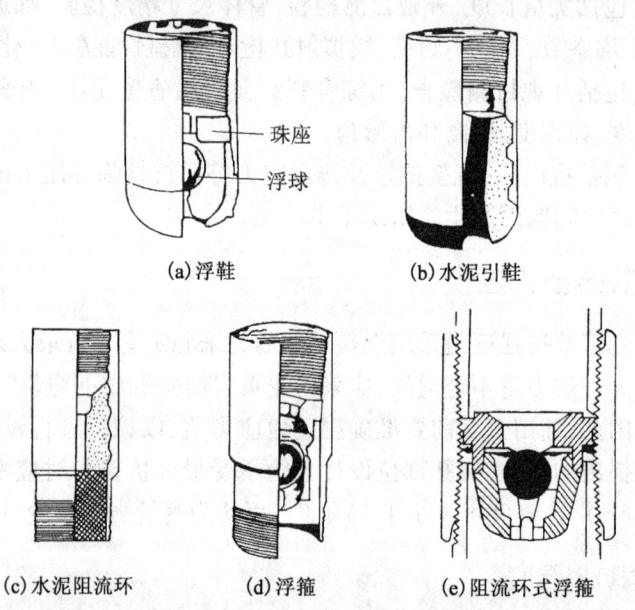

图11-2 阻流环、浮箍、浮鞋

常用的引鞋包括引鞋、浮鞋、差压灌注鞋。引鞋上有一孔口,完井液和水泥浆等液体可从中自由流通。浮鞋中有个回压阀，它允许完井液和水泥浆从套管鞋内泵出，而阻止其从井底流入套管内。当钻机的承载能力不能完全承受管柱重量时，其作用能使套管"浮"在井中。另外，浮阀可防止水泥浆因 U 形管作用而加在套管内上部的压力。

2．浮箍（回压阀）

在管串中使用浮箍主要作用是在注水泥结束后，挡住水泥浆回流，以保证套管外水泥浆的上返高度；其次是在下套管过程中阻止完井液流入套管内，以减轻套管柱的重量。

浮箍类型有：浮箍、差压充满浮箍及带挡圈（承托环或阻流环）的浮箍。注水泥浮箍与套管柱一起下入井中，并接在第一根或第二根套管接头的顶部。为了保证套管鞋处环空水泥环质量，要求浮箍安放位置一般距管鞋 20~30m，以保证管内有一定容积储存被污染的水泥浆。

套管串附件由下而上的顺序是：引鞋 + 浮箍 + 各式扶正器、泥饼刷 + 连顶节。

第二节　井筒技术状况检测

井筒技术状况检测是油水井维修工艺技术中的重要措施，它将为制定修井措施和施工步骤、选择工具、确定完井方式等提供可靠的依据。

井筒技术状况检测通常包括工程测井法和机械法两种。

工程测井法主要包括井径测井、井温与流量测井、彩色超声波电视成像测井、印模与陀螺方位测井、磁测井、磁性定位测井等不同的测井方法。

机械法检测，就是利用印模对套管和鱼头状态进行印证，然后加以定性、定量分析，以确定其具体形状和尺寸。

一、工程测井法

为了解井下管柱深度、检查井眼技术状况及施工作业效果而进行的生产测井项目统称为工程测井。工程测井主要包括井下管柱位置检测，套管内径变化、腐蚀和损害状况评价，射孔质量及固井质量评价等内容。

（一）井径测井

井径测井就是利用井径仪所测得的套管内径变化曲线，确定套管损害状况和位置的一种测井方法。主要测井仪器有 X－Y 井径、陀螺方位井径、多臂井径（八臂、三十六臂、四十臂地、六十臂等）等。在现场施工过程中，可根据不同的检测目的，优选运用相应的测井仪器和方法。

井径测井的用途主要体现在：井径测井得到的套管尺寸变化准确性高，可信赖程度也较高，是目前较常用的井筒技术状况检测法之一。对于套管补贴的施工井，井径测井是补贴前了解核实补贴井段套管内径、选择波纹管和胀头的重要依据，而补贴后，井径测井又是核实波纹管深度位置及补贴井段内径的重要依据和主要方法。

1．X－Y 井径测井

1) X－Y 井径仪结构

X－Y 井径仪主要由控制电路总成、测量总成、测量臂收放总成三部分构成，其结构如图 11－3 所示。

2) X-Y井径仪的工作原理

X-Y井径仪采用互成90°角的四条测量臂,同时测出互成90°角的两条井径曲线,用以了解套管内径的变化,大致确定变径情况。

井径的测量是通过两对互相垂直的测量臂测量套管内径的变化。每对井径臂对应一只滑线式的直拉杆电位器。在井径弹簧的作用下,打开的井径臂紧贴套管内壁,井径臂的横向变化通过传动杆成为径向变化,传动杆再带动井径电位器滑动臂移动。给该电位器通一恒定的直流电流,这样,套管内径的变化反映为电位器上直流电位的变化。该信号经简易电位频率转换,输出不同极性的频率脉冲并经电缆传输,在地面进行采集、录取,即可获得曲线。X-Y井径测井曲线在套管接箍或套管内径有变化处有明显的异常变化。在记录曲线上可直接读取套管内径变化的大小和深度。

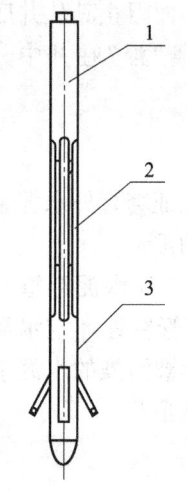

图11-3 X-Y井径仪结构示意图
1—控制电路总成;2—测量总成;3—测量臂收放总成

在使用X-Y井径仪时所要求的施工条件主要包括以下几点:

(1)井内无油管或是过油管测量,要求井内最小通径不小于54mm。

(2)井内压井液不限。

(3)井下有落物时,不能测井(探顶深度例外)。

(4)有套管规范、壁厚、套补距等数据。

(5)若过油管测量,则要求油管下面必须安装喇叭口,喇叭口直径100mm,其位置距目的层顶界不少于5m;工作筒内径必须大于54mm;油管内壁无蜡及残余油、无弯曲。

2. 方位井径测井

1)方位井径测井仪结构

方位井径测井仪是由一个X-Y井径仪与一个陀螺方位仪组合而成。它能通过油管连续测量套管的多点变形,在变形点内径不小于56mm的情况下,同时提供变形部位的尺寸和变形方位,其结构如图11-4所示。

2)方位井径测井仪的工作原理

如前所述X-Y井径仪有两对互相垂直的井径测量臂,可以测量套管同一水平面内互相垂直的井径(内直径)。陀螺方位仪具有测定方位性或者说具有定向特征(方位仪的核心部位是三自由度的陀螺仪,方位测量主要是利用三自由度陀螺的定轴性,详细的工作原理略)。因方位仪与井径仪连接在一起,根据方位仪的定向特征,方位仪可以跟踪井径仪上某一测量臂的方位。仪器在地面时可以测定一个测量臂的初试方位值,下井测量过程中,仪器可以同时测量套管变形部位的井径值和方位值。由于仪器测量的是套管内径,而不是内半径,所以,方位仪测的方位是内径的两个方位(即方位值和加上180°后的两个方位值)。方位井径测井可获得套管内径变化曲线和方位角度曲线。从曲线上可直接读出套管内径变化值和变形点方位角度。

在使用方位井径测井仪时所要求的施工条件主要包括以下几点:

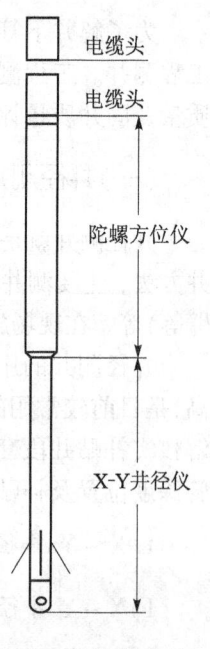

图11-4 方位井径测井仪结构图

(1)井内最小通径不小于54mm。
(2)井内压力不大于20MPa。
(3)井内温度不大于70℃。
(4)井内介质不限。
(5)套管规范、套管程序、套补距等数据齐全。
(6)油管下面必须安装喇叭口,喇叭口直径100mm,深度在测量井段5m以上。
(7)工作筒内径必须大于54mm。
(8)油管干净无污物、无弯曲。

3. 多臂井径测井

多臂井径测井是井径测井的发展方向,它能够更精确地反映套管内径的变化,甚至可以计算套管剩余壁厚。多臂井径仪包括八臂、三十六臂、四十臂、六十臂等,下面以八臂井径仪为例加以介绍。图11-5所示为国产八臂井径仪工作原理示意图。

八臂井径仪在井下仪器同一截面上均匀地安装八条相同的测量腿,每条测量腿由凸轮、井径腿、小轮、小轮轴等组成。在活塞缸内正对每个测量凸轮的上方安装有八个推杆和推杆弹簧,推杆下顶凸轮,上连拉杆电位器电刷轴。测量腿依靠推杆弹簧的弹力伸开,使小轮紧贴套管内壁运动。同一直径上对称的两条测量腿就像一个内卡尺,其小轮外沿间距离就是一条套管内径值。测量腿凸轮设计使小轮径向位移与推杆轴向位移成线形关系,当推杆带动拉杆电位器电刷轴上下位移时,电位器电阻值发生变化,将测量腿径向位移转变为直流电位差大小,通过

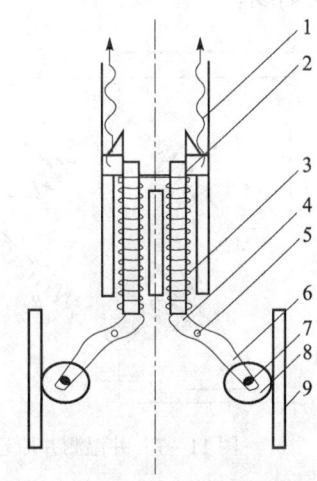

图11-5 八臂井径仪工作原理图
1—拉杆电位器;2—推杆;3—推杆弹簧;4—凸轮;5—支点;6—井径腿;7—小轮轴;8—小轮;9—套管

地面记录仪直接记录出四条套管内径曲线。三十六臂、四十臂、六十臂井径仪和八臂井径仪的原理相同,如图11-6所示为胜利油田滨南采油厂某套管缩径井的四十臂井径仪测井曲线图。

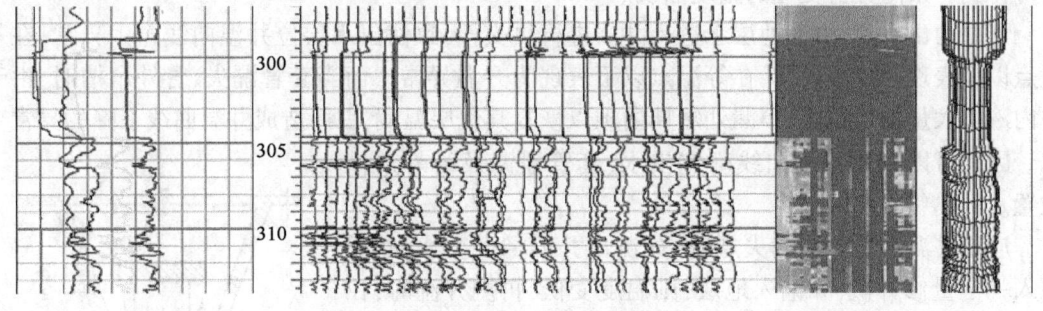

图11-6 四十臂井径仪测量套管缩径曲线图

在使用多臂井径测井仪时所要求的施工条件主要包括以下几点:
(1)井下无管柱。
(2)井的基本数据如套管规范、壁厚、套补距等数据齐全。
(3)井下有落物时,测量井段不能超过鱼顶深度。

(4)根据套管内径的大小选择不同的多臂井径仪,如套管内径为114.3~177.8mm,用三十六臂井径探头测量;套管内径为177.8~244.5mm,用六十臂井径探头测量。

(二)井温与流量计测井

1. 井温测井

井温测井的测量对象是地温梯度和局部温度异常。仪器电路中采用铜、钨、钼或合金作热敏电阻,对温度都有灵敏的反应,随温度的升高或降低伴有相应变化。通过测量桥路电位差的变化间接求出温度变化。井下仪器送到地面仪器的温度信号,经过电子线路处理,即可得到地温梯度曲线。

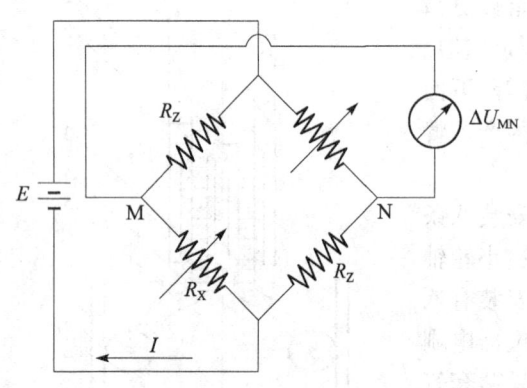

图 11 – 7 井温测井原理图

井温测井电路如图 11 – 7 所示,两个温度系数很大的热敏电阻 R_x 和电阻 R_z 构成电桥,电阻 R_x 放在紫铜管内,与井内液体直接接触。

在某一温度 T_0 时,$R_x = R_z$,电桥平衡,M 点与 N 点电位相等。当井内温度变化时,热敏电阻 R_x 的阻值随之发生变化,电桥失去平衡,MN 间出现电位差 ΔU_{MN},ΔU_{MN} 的大小与温度变化 ΔT 成正比,即

$$\Delta T = C \frac{\Delta U_{MN}}{I} \tag{11-2}$$

式中 C——井温仪常数;

I——电桥供电电流强度。

那么此时井内温度 T 为

$$T = T_0 + \Delta T = T_0 + C \frac{\Delta U_{MN}}{I} \tag{11-3}$$

对井温仪进行校验,求得 T_0 及 C 值,通过测量便可直接记录井内温度 T,沿井身连续测量便可得到一条随井身变化的温度曲线。

当井内出水时,由于地层水进入井筒进行热交换,致使出水层位井温曲线产生异常,在等温点以上表现为降温异常,在等温点以下表现为升温异常。而当套管漏失、管外窜槽时,由于井内液体大量漏入地层,窜漏处短期内难以恢复其地层温度,因而造成井温曲线下降的异常变化。因此可以利用井温曲线确定出水、套管泄漏及管外窜槽位置。

应用井温测井寻找漏失层时,先测出井温梯度基线,然后泵入一定量修井液,如漏入地层,则温度变低,再测井温时,在窜漏部位井温曲线将出现异常。将两次测量所得的井温曲线进行比较,找出温差大的井段即为漏失层位。

2. 流量计测井

目前,油田常用的井下流量计有转子流量计、涡轮流量计及示踪流量计三种,如图 11 – 8 所示为转子流量计工作原理图。

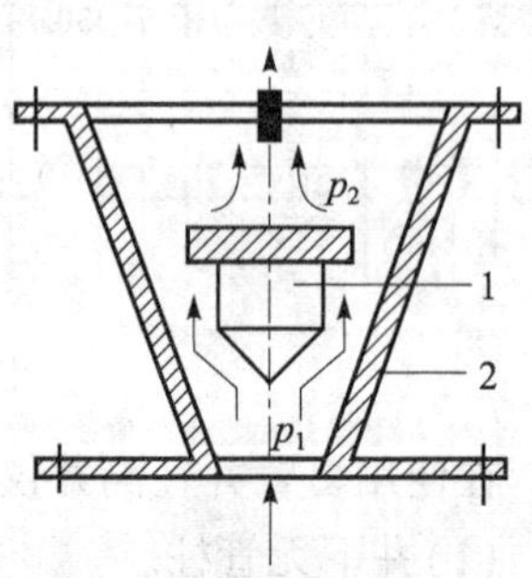

图 11 – 8 转子流量计工作原理图
1—转子;2—锥形管

转子流量计主要由一个上粗下细的锥形管和一个能上下浮动的转子所组成。当井内流体穿过转子与锥管壁间环隙时,流体受到了节流作用,由于流体速度的增加及摩擦阻力损失等原因,流体的静压力就要降低,这时,转子下面的压力大于上面的静压力,就产生了一个使转子向上移动的力。但是,转子越往上升,它与锥管间的环隙面积就越大,则流速下降,磨阻也下降,因此同一流量所产生的压差就越小。当上浮力与转子质量相等时,转子就稳定在某一高度上。

在地层窜漏层位,由于井内流体漏失使转子位置升高,通过流量计的流量增大,因此可用转子流量计查找地层窜漏层位。

(三)彩色超声波电视成像测井

彩色超声波电视成像测井技术可以将套管的损害程度直观地反映在电视屏幕上,结合井径测井则可定量地得到套管的损害形状与尺寸。

超声波井下电视成像测井是以超声波束为信息载体,利用超声波在介质中的传播和反射特性,对井壁进行扫描以获得图像的一种测井方法。在套管井中,应用超声波井下电视成像测井可以了解套管损害或射孔情况,如套管破裂、变形、扭曲、断裂、缩径、扩径、空洞及裂缝等,为套管损害机理研究及油水井大修提供依据。

超声波井下电视成像测井的原理如图11-9所示,当探头T绕Z轴旋转时,换能器向井壁发射声脉冲,并接受从井壁反射回来的声波。反射回波幅度的大小取决于井壁表面情况,光滑表面比粗糙表面反射的声波多,套管面比套管孔洞、裂缝反射的声波多。总之,井壁表面的任何不规则性都将改变反射声波信号的幅度,将此声波信号变换为电信号通过电缆传输到地面仪器,再根据电信号幅度大小,调制电视显像管灰度,并进行照相记录,既可确定井壁声学界面的几何位置,得到井壁声学界面电视图像。当上提探头进行连续测量时,即可得到井壁孔洞、裂缝分布的完整图像。超声波井下电视成像测井仪结构如图11-10所示。

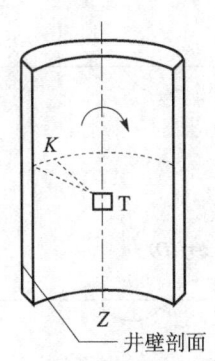

图11-9 声波井下电视测井原理图

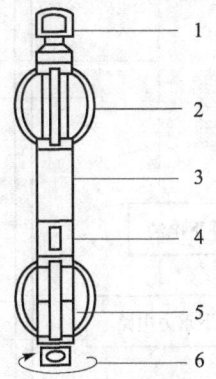

图11-10 井壁超声波测井仪结构示意图
1—打捞帽;2—扶正器;3—电路筒;4—压力平衡器;5—电动机和减速器;6—换能器

在使用超声波井下电视成像测井仪时所要求的施工条件主要包括以下几点:

(1)井径要大于100mm。

(2)在油水井液体中要求不能有气泡。

(3)钻井液压井时,密度小于$1.3g/cm^3$,含砂量小于5%,粒径小于$74\mu m$。

(4)井内必须有液体(水、油或钻井液)。

(四) 其他测井

1. 磁测井

磁测井仪是一种专门用于检测井下金属套管技术状况的涡流探伤仪器,一次下井可测得套管质量和井径两个参数。通过对质量和井径测量结果的综合解释,可确定套管腐蚀状况和破损程度,检查射孔质量及套管补贴效果。

1) 磁质量测井原理

磁质量测井系统由低频涡流传感器和电子系统两部分组成,传感器中有发射线圈和接收线圈,如图11-11所示。当给发射线圈供以16Hz的低频交流电时,套管对发射线圈所形成的交变电磁场产生涡流效应。在磁铁材料中,由于涡流效应使电磁波的振幅衰减并产生时间滞后效应,在接收线圈中产生的感生电流与发射线圈中的原生电流间将产生相位差。相位差大小与周围套管的厚度和材料特性有关,其关系为:

$$\phi = 2\pi D \sqrt{\frac{\mu_r f}{10^7 \rho}} \qquad (11-4)$$

式中 ϕ ——相位差;
μ_r ——套管相对磁导率;
f ——电源电阻率;
ρ ——套管电阻率;
D ——套管壁厚。

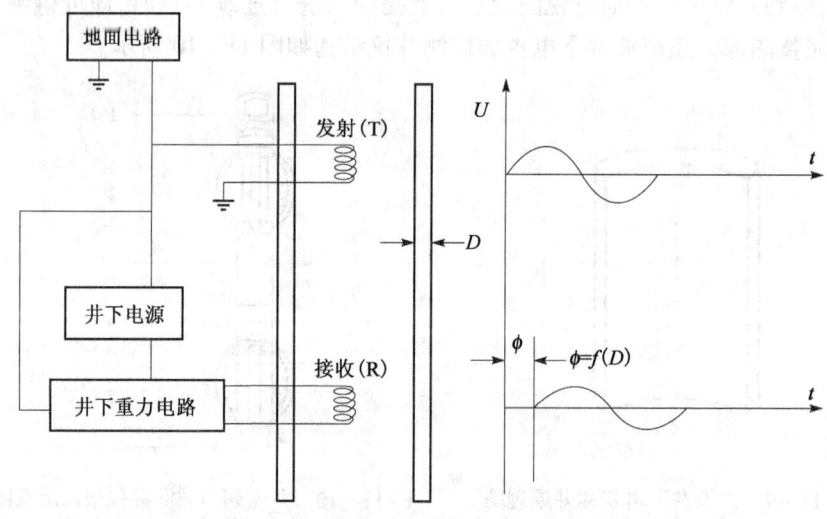

图11-11 磁重量测井原理图

当套管材料、电源频率不变时,相位差是套管壁厚的单值增函数,因此质量测量结果反映了套管壁厚变化情况。通过井下重力电路处理,将相位差转换成与之相应的电位差大小,即可得到不同井段套管壁厚变化情况。

2) 磁井径测量原理

磁井径仪是一种非接触型井径仪,它不受井内液体、套管积垢、结蜡及水泥附着物的影响,是用于测量金属套管内径的一种仪器。

磁井径测量系统由一个工作于20kHz的高频涡流传感器线圈、20kHz晶体震荡电源和谐振放大器三部分组成,如图11-12所示。当晶体振荡器给传感线圈供以高频电流时,由于高频电流的趋肤效应,高频交变电磁波将在套管内壁形成涡流,涡流耗损的反射效应使线圈阻抗发生变化。当套管材料和仪器参数不变时,线圈阻抗变化量是线圈与套管内壁间距离(既套管内径)的单值增函数,因此线圈阻抗高低反映了套管内径变化情况。在磁井径测量电路中,采用谐振调幅法,将线圈阻抗变化转换为放大器输出电压的变化,从而达到测量井径的目的。

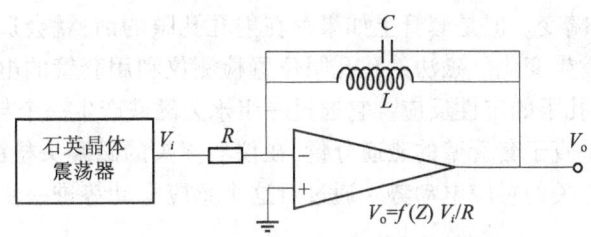

图11-12 磁井径测量原理图

2. 磁性定位测井(或称接箍测井)

磁性定位测井是根据井壁磁通量变化利用磁性定位器检查井下工具深度的一种简便有效的测井方法,广泛应用于对分层配水管柱的作业质量检查。

磁性定位器主要由两个永久磁钢和一个绕组线圈组成,两个磁钢同极相对,中间放置线圈,装在非磁铁(如铜)外壳中,并用橡胶或其他非金属材料固定,其结构及原理如图11-13所示。

其基本原理为:当仪器沿井身移动时,由于仪器周围介质的磁阻(如套管、油管、配产、配注等工具及管柱壁厚改变)发生变化,使通过绕组线圈的磁力线重新分布,磁通量密度发生变化,并在线圈中产生感应电动势。它的大小根据电磁感应定律求得:

$$\omega = -\frac{d\Phi}{dt} \qquad (11-5)$$

既感应电动势等于磁通量的时间变化率的负值。它的大小与介质磁阻变化、测速、磁场强度及绕组有关,通过测量线圈闭合回路中感应电流产生的电位差大小,即可确定套管接箍、油管各种管柱接箍、工具配件的位置。

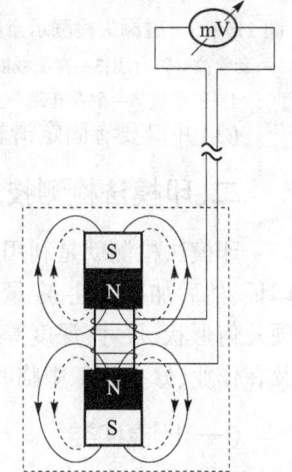

图11-13 磁性定位器结构及原理示意图

磁性定位测井资料解释应用比较简单,通常是根据油水井井下工具类型,先在地面进行模拟实验,测出井下工具各个部位的磁性定位曲线特征和形态,将井下实测曲线与模拟曲线进行特征对比,即可确定井下工具的实际深度。据此可评价作业质量。

3. 磁法孔眼位置检测测井

磁法射孔孔眼检测是利用射孔后套管壁磁通量变化,来确定射孔孔眼位置和深度的射孔孔眼检测方法。磁法射孔孔眼位置检测仪不仅能够检测射孔孔眼的深度,而且可以很方便地检测到每个射孔弹是否发射,漏检率小于等于3%。

磁法射孔孔眼位置检测仪主要由上扶正器、下扶正器、探头和电路筒组成,其结构如图11-14所示。

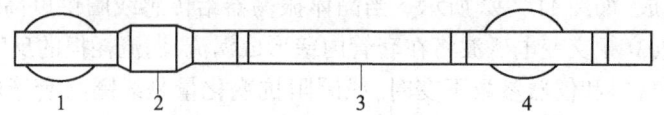

图11-14 磁法射孔孔眼位置检测仪结构图
1—下扶正器;2—探头;3—电路筒;4—上扶正器

磁法射孔孔眼位置检测仪的工作原理是:在均匀套管中,由磁通源发生的磁通将均匀流过套管壁,磁通不会发生畸变。但是套管上如果存在射孔孔眼的话,就会造成套管壁的不均匀,磁通就会在这些地方发生变化。磁法射孔孔眼位置检测仪利用套管的电磁特性,通过测量泄漏磁通,获得套管射孔孔眼的定性反应。它通过一组永久磁铁产生一个与套管耦合的磁场,在射孔孔眼处产生一个垂直于套管壁的磁通分量,在仪器探头的磁漏头检测线圈内产生一个磁通与测量深度变化率有关的感应电动势。通过对这个感应电动势进一步处理,可以得到射孔孔眼位置的成果图。

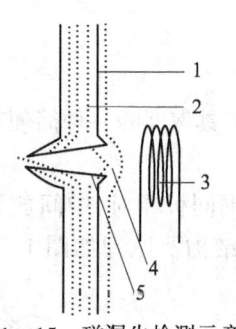

图11-15 磁漏失检测示意图
1—套管;2—磁力线;3—探测线圈;
4—磁通量;5—射孔孔眼

磁漏失检测原理如图11-15所示。由于漏磁量测试对垂直于套管壁进入井眼的磁力线分量的梯度敏感,实际上是对缺陷处产生的梯度敏感,在射孔孔眼处或其他裂缝处的磁力线分量的梯度达到最大,因此探测线圈在射孔孔眼处的感应较强,几乎探测不到管壁厚度的变化,另外套管壁上的腐蚀射孔孔眼处得到的信号相比弱很多。

在使用磁法射孔孔眼位置检测仪时所要求的施工条件主要包括以下几点:
(1)井下无大的变形,最小通径为102mm。
(2)井口数据应齐全准确。
(3)井口要有固定滑轮的装置。

二、印模法检测技术

印模法检测就是利用印模(包括铅模、胶模、蜡模等)对套管和鱼头状态及几何形状进行印证,然后加以定性、定量地分析,以确定其具体形状和尺寸。印模法检测适用于井下落物鱼顶几何形状、尺寸、深度等的核定,套管变形、错断、破裂等套管损害程度和深度位置的验证,以及在作业、修井施工中临时需要查明套管技术状况等其他情况的井况。

(一)印模种类

印模的种类较多,按制造材料分成铅模、胶模、蜡模、泥模四种类型。目前使用较为广泛的是铅模和胶模两种类型。而铅模中较广泛使用的是平底带水眼式,胶模广泛使用的是封隔器式胶筒形的侧向打印胶模。

(二)铅模、胶模基本结构形式

1. 铅模

铅模多用于井下落鱼情况的核定,以及套损类型、深度、程度的核定。铅模常用的有普通型平底带水眼式与护罩式两种形式,如图 11-16 和视频 11-1 所示。

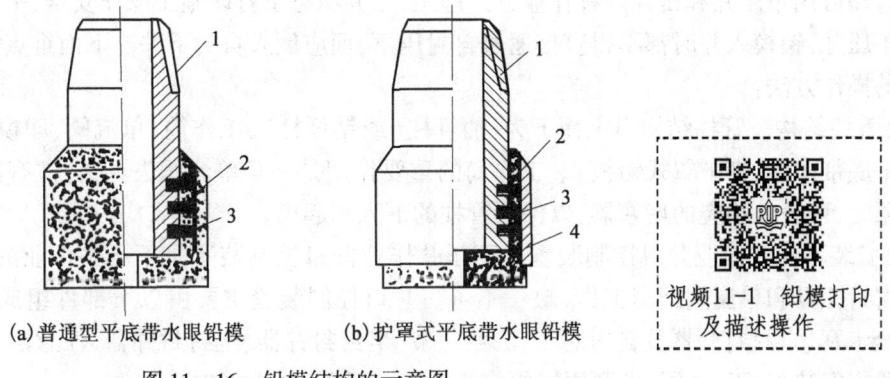

(a) 普通型平底带水眼铅模   (b) 护罩式平底带水眼铅模

图 11-16　铅模结构的示意图

视频11-1　铅模打印及描述操作

2. 胶模

胶模一般多用于孔洞、破裂等漏失情况的验证,即套管侧面打印,所以胶模也称侧面打印器。它的基本结构形式同扩张式封隔器胶筒类似,但其内部帘线较少,工作面长度较长,胶筒面半硫化处理,表面光滑,平整无缺陷,可承压 0.5~1.0MPa。基本结构形式如图 11-17 所示。

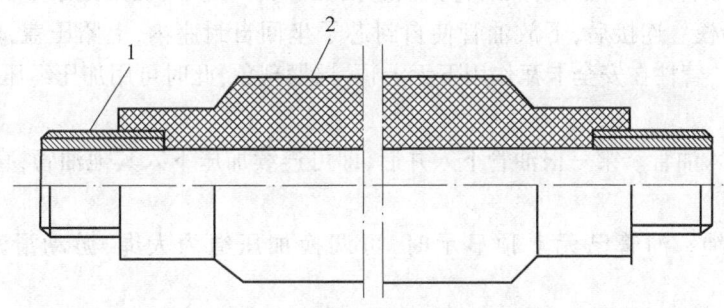

图 11-17　胶模示意图

1—硫化钢芯；2—橡胶筒

胶筒一般由专业橡胶厂根据用户的需要制造,在胶筒黏合完成后,硫化温度、压力、时间等应严格控制,胶筒表面邵尔硬度应保持在 30~40。成形后,外形尺寸的最大工作面外径应比刚体最大外径小 0.5~1mm,以免入井时划擦胶筒。工作面长度视打印井段长度而定,钢体中心长度与胶体总体长度相匹配,其他部件基本与扩张式封隔器钢体部件相似。

(三) 印模打印 (检测) 施工方法

印模打印检测井下技术状况一般分井下落物鱼顶状况打印、套管变形错断的最小径向变化打印和套管破裂、孔洞等的侧面打印等三种形式。

1. 端部打印

端部打印,既井下鱼顶状况和套管损害程度打印。一般有两种方式打印,既管柱硬打印法和绳缆软打印法。软打印法虽然施工时间短,速度快,但其危险性大,易造成绳缆堆积卡阻,因而各油田严格限制使用。但在井况较清楚、井下状况不十分复杂的深井,在做好预防事故措施条件下,也可适当考虑使用。

硬打印可用不压井和压井两种作业方式施工,压井状态下打印施工操作安全、平稳。无论压井或不压井,铅模入井时都不得直接通过自封压下,而应倒入自封下井。下面重点介绍不压井施工的操作方法:

(1)管柱结构。管柱结构自上而下为:油管柱(或钻杆柱)、工作筒、单流阀、印模(端部打印常用平底带水眼、带护罩式铅模)。工作筒的重要作用是一旦单流阀失灵,管柱有溢流或有井喷迹象时,可投入相应的堵塞器,以保证管柱的下入和起出。

(2)安装不压井作业井口控制装置。不压井作业井口控制装置是不压井作业的关键,它与管柱密封工具和单流阀配套工作,缺一不可。井口控制装置主要由以下部件组成(自上而下):安全卡瓦、自封封井器及自封芯子、法兰短节、半封封井器、全封封井器、任意法兰。井口控制装置应安装平、正、牢固,各紧固螺栓旋紧扭矩一般不低于2800N·m。

(3)调换加压绳。当井内压力大于管柱自身重力时,应改用加压绳下入管柱的先头部分或起出管柱的后尾部分。加压绳、提升绳应绷紧,加压吊卡应悬吊平、正、牢固。

(4)连接井下工具。将工作筒、单流阀连接在第一根入井油管下端,旋紧扭矩不低于2400N·m,并涂抹密封脂。

(5)印模入井。清洗铅模,在螺纹处涂抹密封脂,记录铅模端面形状描绘。将一根油管提起,使工作筒插入自封芯内,然后卸掉自封压盖,按下安全卡瓦手柄,使卡瓦牙咬住油管,提起油管,自封芯子既与油管同时上提,然后将铅模连接在单流阀之下,旋紧扭矩不低于2800N·m,注意不得划碰铅模。连接后,下放油管使自封芯子坐回自封座内,上紧压盖,然后缓缓下放。全封完全打开后,管柱在安全卡瓦作用下无上顶、摇摆现象,此时可用加压绳压下油管,使油管顺利下井。

(6)连续下入油管。第一根油管下入井后,即可连续加压下入其他油管,直至油管质量超过井内压力。

(7)调换大绳。油管已无上顶显示时,可调换加压绳为大绳,游动滑车正常下(起)油管。

(8)打印。铅模下至预打印1~2m时,记录管柱悬重,开泵循环工作液(不压井一般用清水),冲洗鱼头,套损点1~2周,正常后,以0.5~1m/s的速度下放打印,注意管柱下降悬重不超过30~50kN,一次打成。然后测量最后一根油管方余,计算下入深度。

(9)起打印管柱。正常起打印管柱,管柱有上顶显示时,改用加压方法起出后尾部分。放下游动滑车,将大绳拨至井架天车多余空轮内,调换加压绳,起至最后一根时,上提速度应控制在0.5m/s以内。当工作筒、单流阀、铅模进入法兰短节内全封以上时,停止上提,按下安全卡瓦手柄,咬紧油管,然后关闭全封,注意两侧关闭圈数相同,打开放空阀放净法兰短节内余压,即可提出工作筒、单流阀、铅模。

(10)卸掉铅模。将起出的最后一根带有铅模的油管拉向油管桥,注意不得划碰铅模,分别卸掉工作筒、单流阀、铅模,将铅模清洗干净。

(11)印痕分析。将铅模端面印痕情况描绘出来,与入井前记录对比,根据印痕形状、尺寸、分析判断鱼顶几何形状或套损程度情况。

2.侧面打印

侧面打印是利用管柱将侧面打印胶模下至设计深度,然后开泵憋压0.5~1MPa,使胶模在液压下扩张,紧贴在套管内壁上,将套管的孔洞、破裂等破损状况印在胶模上。管柱泄压后,起出打印管柱,卸掉胶模并清洗干净后,将胶模连在地面泵上,憋压使其扩张到井下的工作尺寸,即可清晰地将井下套管的破损状况直观地反映出来,既有准确的几何情况,又可直接测得破损尺寸。这种方法简便易行,获得的资料数据真实可信。

侧面打印可在不压井状态下进行。不压井的管柱起下操作方法与铅模的不压井起下作业基本相同。

(1)管柱结构。管柱结构(自上而下)为油管柱、工作筒、胶模、油管短节、丝堵。

(2)打印。按铅模的不压井打印方式将侧面打印胶模管柱下至设计深度,核定无误后,向管柱内灌注清水,当有压力显示后,在0.5~1.0MPa稳定5min。之后放净管柱内压力起出打印管柱,注意侧面打印只许进行一次,核定深度时应考虑管柱的伸长。

(3)印痕分析。将起出的胶模卸掉,清洗干净,连接在地面泵上,用清水憋压0.5~1.0MPa,使胶模扩张至井下工作状态尺寸,此时胶模即可将套管的破裂、孔洞等破损程度清晰地反映出来。对印痕进行测量描绘,并可进行拍照存档,即可获得准确的套损程度尺寸。

(四)印痕分析判断

印痕分析判断,是对铅模的印痕进行测量、描绘、对比,并作定性、定量地分析解释,其结论用于指导修复措施的制定和施工设计的编写。同时也为套管的套损机理研究和预防措施的制定、实施提供有效依据。

目前,印痕分析判断主要以对比法、作图法、模拟法、经验法为主。

1. 对比法

对比法就是将铅模打出的印痕形状与理论图形进行对比,找出相同或相似的图形(表11-1)。

表11-1 铅膜印痕描述及事故判断处理分析表

类别		印痕图形	简单描述	故障判断	处理方法
落物	杆类		落物打印在铅膜正中清晰	鱼顶清楚,落鱼直立正中	下母锥或卡瓦打捞筒
			铅膜边缘有斜印痕	落鱼斜倒	应下带引鞋或扶正打捞工具
			铅膜平面有一横倒半圆长条痕	落鱼倒放	下带拔钩或引鞋工具

续表

类别		印痕图形	简单描述	故障判断	处理方法
落物	管类		单圈印痕打在正中间	说明落物是管类,外螺纹鱼头,直立于中间	同打捞杆类
			印痕单圈并有缺口打在旁边	落物鱼头是外螺纹,偏斜并破坏	同打捞杆类注意保护鱼头
			印痕单圈打在旁边	鱼头外螺纹,斜立于井中	下引鞋和扶正的打捞工具
			双圈印痕打在正中	管类内螺纹,鱼头直立	用捞矛或卡瓦捞筒打捞
			双圈打偏在铅磨底	管类内螺纹、鱼头歪斜	用带外螺纹或引鞋的打捞工具
	绳类		铅膜底有绳痕	钢丝绳落在井底	用打捞绳类工具
			铅膜侧面有绳痕	钢丝绳落在套管侧面	
			铅膜底有绳痕	钢丝绳落在井底	

续表

类别		印痕图形	简单描述	故障判断	处理方法
落物	绳类		几段直杆圆形痕在铅模底部	电缆	用打捞绳类工具
	小件		铅模角有半圆洞痕	钢球	用打捞小件落物工具
			铅模底部有清晰的扳手印痕	扳手	
			铅模底部有清晰的三个牙块痕	三个牙块痕在正中	
套管	破裂		铅膜侧面有两道刀切条痕	套管裂缝所划破	进行套管补贴或取、换套
			铅膜侧面有两道宽缝裂痕	套管裂口所划破	
	变形		铅模一边缘偏陷	套管单向变形	采用胀管器或爆炸整形
			铅模两缘偏陷	双向或多向变形	
其他			铅模底部只有砂粒痕迹	说明接触到砂面，落物已砂埋	冲砂、套铣或带水眼工具打捞

对比法除与理论图形对比外,还可以与工程测井曲线、成像图比较,可获得更加准确的结论。

对比法的重要作用是通过同一口井的几次不同规格铅模的印痕对比,可以分析、判断、确定套管损害的最小通径和几何形状,为修复或报废措施的制订、施工设计的编写提供可靠依据。

2. 作图法

作图法是将铅模入井前的端面基本形状测绘清楚备存,然后铅模入井打印,将打出的印痕进行测量描绘作图。备存的图形与印痕描绘图形比较,找出基本变化轮廓,然后进行分析。

3. 模拟法

模拟法是在作图法基础上,根据印痕形状、尺寸,用相应规格的材料,模拟出井下落物鱼顶的形状或套管的变形、错断、破裂、孔洞等形态,与印痕基本相吻合,直接观察出井下鱼顶情况。

以上几种印痕分析判断方法,是目前油水井大修施工中常用的分析解释方法。在具体应用中,还应根据不同情况进行不同的对待和分析,以便得出准确的结论,真正能为修复措施的制定提供可靠依据。

第三节 套管整形技术

套管在井下始终承受变化着的地层应力和流体的内外挤压力,产生缩颈和局部变形,严重影响抽油泵和井下工具的下入与更换。对一定范围内的变形和缩颈,可以采用套管整形工具修复,处理得当可恢复到原内径的 95% 以上。

套管整形修复中,整形类工具随整形工艺的不同而工具结构不同,整形工具分成冲胀类整形、碾压挤胀类整形、磨铣扩径整形和爆炸修复。

一、冲胀类整形

冲胀类整形工具是利用工具的挤胀作用修整套管。冲胀类整形工具主要有梨形胀管器、旋转震击式整形器两种。

(一)梨形胀管器

1. 基本结构

梨形胀管器的基本结构如图 11-18 和彩图 11-1 所示。

彩图11-1 梨形胀管器

胀管器工作面外部车有循环用水槽,水槽分直式和螺旋式两种,可根据变形井段的变形形状和尺寸选用。

胀管器的斜锥体前端锥角一般应大于 30°,与挤胀力 F 和半锥角 $\alpha/2$ 成反比。当锥角小于 25°时,大量现场经验证明,胀管器锥体与套管接触部位易产生挤压黏连而发生卡钻事故。因此一般前端锥角大于 30°。

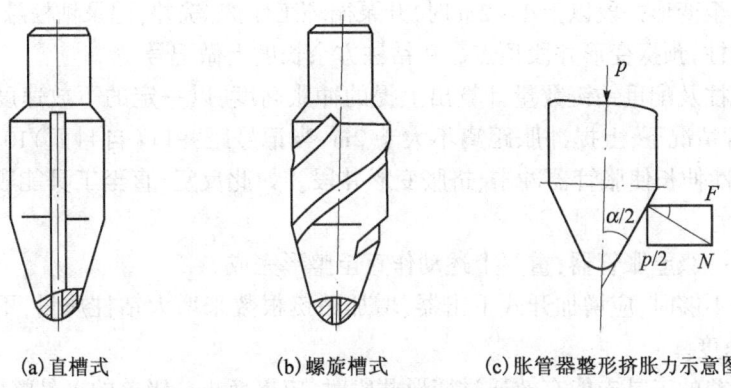

(a)直槽式　　　(b)螺旋槽式　　　(c)胀管器整形挤胀力示意图

图 11-18　梨形胀管器结构示意图

F—侧向分力(挤胀力);N—垂向分力;α—胀管器前端锥角

2. 作用原理

胀管器工作面部分为锥体大端,当钻柱给胀管器工作面大端施加力 P 时,其锥体大端与套管变形部位接触的瞬间所产生的侧向分力 F 直接作用挤胀、冲胀变形部位。钻柱施加给工具的力 P 与钻柱质量、下放速度和下放距离、井内介质密度有关,所以

$$P = \frac{1}{2}Mv^2 \tag{11-6}$$

$$F = \frac{P}{2}/\tan\frac{\alpha}{2} \tag{11-7}$$

式中　M——钻柱质量,kg;

　　　v——钻柱下放速度,m/s;

　　　α——胀管器锥角,(°)。

将式(11-7)推理,则

$$F = \frac{Mv^2}{4\tan(\alpha/2)} \tag{11-8}$$

由此可知:挤胀力 F 与钻柱质量成正比,与下放速度 v 的平方成正比。当工具锥角大于 30°时,钻柱质量不变而下放速度越快则整形冲胀力越大。为施工安全起见,下放速度应严格控制。一般以增加钻柱质量即增加钻铤数量来提高钻柱质量 M,使冲击挤胀力增大。

3. 技术规格、参数

接头螺纹:工作面直径 φ105mm 以下为 PEG(230)型,直径大于 φ105mm 以上为 NC-31、NC-38 型(210、310 扣型)。

工作面尺寸:奇系列由 φ95mm 开始,每 2mm 级差;偶系列由 φ96mm 开始,每 2mm 级差。

工具全长:250~400mm;整形恢复率:≥95%。

4. 使用方法及注意事项

(1)套管变形井段深度、变形尺寸、形状等应清楚、准确。

(2)首次整形应选用大于变形尺寸 2mm 的胀管器。

(3)胀管工作管柱结构(自下而上)为:胀管器、安全接头、钻铤、钻杆柱。

(4) 工具下至变形井段以上 1~2m 时，开泵循环工作液，洗井，记录钻柱悬重。

(5) 下放钻柱，预探变形井段顶点。在钻柱方余长度上做记号。

(6) 根据钻柱及配重钻铤数量计算出上提的冲胀高度，以一定的下放速度下放钻柱冲击胀管。一般正常情况下，上提冲胀距离不大于 2m，当记号距井口（自封面）10~30cm 时刹住车，利用钻柱惯性伸长使胀管器冲击、挤胀变形井段。如此反复，直至工具能顺利通过变形井段，上提无夹持力。

(7) 更换下一级差胀管器，重复上述动作直至整形完成。

(8) 冲胀力不够时，应增加开式下击器、增加钻铤根数来增大钻柱质量，不应提高冲胀距离和增加下放速度。

(9) 同一级差的工具未能有效通过变形井段时，应更换小一级差的工具整形。

(10) 一般情况下不得越级差选用工具。

注意事项：按上述方法多次胀不开，此时切忌高速下放冲胀，由于速度及下放高度的增加所产生瞬时冲击力很大，胀管器虽可强行通过，但套管被挤胀之后钢材本身的弹性恢复力将使胀管器通过的尺寸缩小，造成卡钻。

（二）旋转震击式整形器

1. 基本结构

旋转震击式整形器由锤体（上接头）、整形头、钢球、整形头螺旋形曲面等组成，如图 11-19 所示。

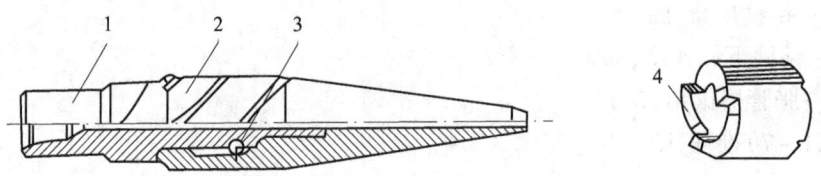

图 11-19 旋转震击式整形器示意图
1—锤体；2—整形头；3—钢球；4—整形头螺旋形曲面

旋转震击式整形器不用提放钻柱冲击，只需旋转钻柱而使工具产生向下的震击力，对套管变形部位有较好的保护。整形头内孔壁上有环形槽，装有钢球并被螺钉锁住而不外窜，钢球将锤体与整形头连为一体，锤体和整形头接触面有凸凹螺旋形凸轮曲线面配合，可以转动一次管柱（工具）发生三次震（敲）击。工具外面有三条螺旋形水槽，可以循环洗井。

2. 作用原理

旋转震击式整形器在钻柱旋转带动下，整形器的锤体同整形头间的凸轮面产生相对运动，锤体带动钢球沿环形槽抬起。经旋转一定角度后，凸轮曲面出现陡降，被抬起的锤体下降，砸在整形头上，给变形部位以挤胀力。由于锤体、整形头端面的凸轮轮廓面为三个等分的螺旋面，所以钻柱每旋转一周可发生震击三次。

震击力的大小由钻柱本身质量、凸轮螺旋曲面高度决定。高度越大、钻柱向下冲击行程越大。在工具不变情况下，增加钻柱质量（即增加配重钻铤数量）可增大冲击力。加快钻柱旋转速度也能起到较好的冲击整形效果。

3. 技术规格与参数

旋转震击式整形器的技术规格与参数见表 11-2。

表 11-2 旋转震击式整形器参数表

规格型号	接头螺纹	工作外径水眼(mm)	整形尺寸分级
XZQ-114	NC26,(2A10)	100×25	85,87,90,92,94.96,98,99,100
XZQ-122	NC31(210),REG(230)	122×30	102,104,106,108,110,112~114
XZQ-140	NC31(210)	128×40	114,116~126,128

4. 使用方法与要求

(1)工具规格尺寸选择应与套管变形部位相适应,不可超越整形级差太多。锤体和整形头间的转动、上下窜动等应灵活,水眼应通畅。

(2)整形钻柱结构(自下而上)为:整形器、钻铤、开式下击器、钻杆柱。

(3)工具下至变形点以上 1~2m 时,开泵循环工作液洗井,记录钻柱悬重。

(4)下放钻柱,使工具与变形部位顶部接触,钻压稍大于所加钻铤重量。

(5)上提钻柱,使悬重处于钻柱悬重减去钻铤重量,然后再稍上提 100~150mm,稍拉开下击器即可。

(6)旋转钻柱,整形器开始旋转震击整形。注意转数不超过 20r/min。

(7)当旋转扭矩明显降低或无扭矩时,整形器已通过变形井段,此级别的整形即完成。上下划眼 3~4 次。

(8)更换下一级差整形器,重复上述动作要求,完成整形。

(9)若变形井段长度大于下击器拉开行程,钻柱整形旋转扭矩降低或已无扭矩,不应停转,应下放钻柱使整形器接触到变形部位,然后继续整形。

(10)整形器与开式下击器、钻铤配套使用。用钻铤为整形器提供冲击力,用下击器拉开的行程消除凸轮曲面以上钻柱悬重对工具旋转的摩擦阻力。

(11)钻柱及工具旋转前的上提拉开下击器非常必要。否则全部悬重加在整形器凸轮曲面上,旋转时立即会将工具磨损。

(12)每次使用后,检查工具磨损情况,钢球、环形槽无磨损可再用,凸轮曲面严重磨损则必须更换。

二、碾压挤胀类整形

碾压挤胀类整形工具是利用挤胀和碾压作用修整套管,常用的有偏心辊子整形器和三锥辊套管整形器两种。

偏心辊子整形器和三锥辊套管整形器,利用该类工具对油水井轻度变形的套管进行整形修复,最大可以恢复到原套管内径的 98%。

(一)偏心辊子整形器

偏心辊子整形器对套管变形后通径较大(5½in 套管变形通径一般 φ100mm 以上)的套损井,一次整形可恢复径向尺寸 98% 以上。与冲胀类工具相比,该工具的最大优点是起下钻柱次数极大减少,工作程序相对安全稳定,无卡钻和顿井口等危险情况出现。

1. 基本结构

偏心辊子整形器由偏心轴（上接头）、上辊、中辊、下辊、锥辊、钢球、丝堵等部件组成，如图 11-20 和视频 11-2 所示。

视频 11-2 偏心辊子整形器

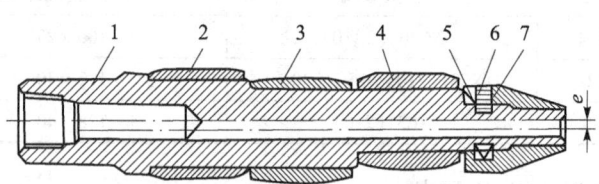

图 11-20 偏心辊子整形器示意图

1—偏心轴；2—上辊；3—中辊；4—下辊；5—锥辊；6—丝堵；7—钢球

偏心轴上端为连接钻柱的螺纹，下端为四阶不同尺寸不同轴线的台阶。其中上接头、上辊、下辊三轴为同一轴线，中辊与锥辊为另一轴线，两轴线的偏心距为 e。

辊子分为上辊、中辊、下辊、锥辊四件，为整形器的整形挤胀关键零件。锥辊起引鞋导向作用，同时其内孔有半球面的槽与芯轴配合，装入钢球后被固定，在旋转时起上、中、下三辊的限位作用。锥辊在入井后，对变形部位有初始整形作用。

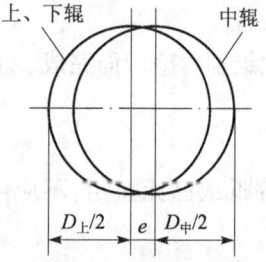

图 11-21 偏心辊子整形器工作原理图

2. 作用原理

当钻柱沿自身轴线旋转时，上、下辊自身轴线做圆周运动，而中辊轴线由于与上、下轴线有一偏心距 e，必绕钻柱中心线以 $1/2D_{中}+e$，为半径做圆周运动，这样就形成一组曲轴凸轮机构如图 11-21 所示。形成以上、下辊为支点，中辊为旋转挤压的形式对变形部位套管进行碾压整形。

除此之外，当工具在变形复杂的井段内工作时，由于变形量不同，上、下辊与中辊又可以互为支点，但各支点的阻力各不相同，因此具有偏心距 e 的偏心轴旋转时，在变形量小阻力小的支点处，辊子边滚动边外挤。在变形量大，阻力也较大的支点处，偏心轴与辊子间产生滑动摩擦运动，对变形部位向外挤胀。

3. 技术规格与参数

以 5½in 套管为例，偏心辊子整形器的技术规格与参数见表 11-3。

表 11-3 偏心辊子整形器技术规格（5½in 系列）

上辊	中辊	下辊	工具最大外径（mm）	整形量（mm）	整形范围（mm）	备注
105	104	105	110.5	5.5	105~110.5	偏心矩：6mm；整形范围：105~125mm
	107		112	7	105~112	
	110		113.5	8.5	105~113.5	
	113		115	10	105~115	
	116		116.5	11.5	105~116.5	
	119		118	13	105~118	

续表

上辊	中辊	下辊	工具最大外径（mm）	整形量（mm）	整形范围（mm）	备注
110	104	110	113	3	110~113	偏心矩:6mm；整形范围：105~125mm
	107		114.5	4.5	110~114.5	
	110		116	6	110~116	
	113		117.5	7.5	110~117.5	
	116		119	9	110~119	
	119		120.5	10.5	110~120.5	

4. 使用方法与要求

（1）检查各辊子尺寸应符合设计整形量对辊子尺寸的要求，辊子孔径与轴的间隙应不超过0.5mm。

（2）工具安装后，用手转动辊子应灵活无阻滞，上下滑动辊子窜动量不大于1mm。

（3）钢球装口丝堵应紧固，锥辊转动灵活无卡阻。

（4）工具内充满润滑脂。

（5）连接工具入井，整形器之上应加装安全接头。

（6）工具下至变形部位以上1~2m时，开泵循环工作液，记录钻柱悬重。

（7）洗井正常后，启动转盘空转钻柱，转数不超过20r/min。无异常后，缓慢下放钻柱，转动不停。锥辊、下辊逐渐进入变形部位，转盘扭矩将明显增大，此时保持缓慢下放直至工具通过变形（整形）部位。

（8）上提、下放钻柱，用较高的转数反复划眼，直至工具能顺利通过变形点无夹持力。

（9）视整形量和整形结果是否符合要求，酌情更换大一级别的上、中、下辊再次整形，直至达到设计要求。

（10）必要时整形器之上加配重钻铤和开式下击器，恒定进给钻压。

（11）旋转转数一般不超过40r/min。

（二）三锥辊套管整形器

三锥辊套管整形器适用于变形后通径较小（5½in 套管变形通径 φ85mm 以上）的套管整形施工。该工具的优点是：保护套管内壁不被刮磨伤害，管外水泥环不被震挤破碎；另外，工具一次整形量较大，可达6mm以上。

1. 基本结构

三锥辊套管整形器的基本结构形式如图11-22所示。它由芯轴（上接头）、锁定销、垫圈、锥辊、销轴、引鞋等零件组成。

芯轴上部为钻杆接头螺纹，中部为圆锥体，其上有三个梯形槽，安装锥辊，由销轴在中间穿过限定只能绕轴芯转动。芯轴下部为引鞋，用以引入工具进入变形井段。锥辊是工具整形的关键零件，分长、短锥面两部分。长锥面对变形部位有挤胀、碾压两个作用。短锥面对恢复通径的变形部位有克服弹性变形，保持并固定通径尺寸的辊压作用。工作循环水眼一般大于20mm。

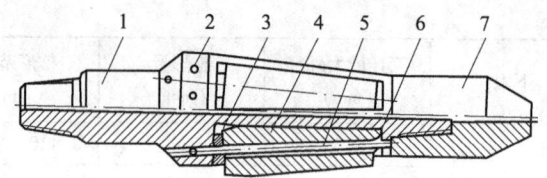

图 11-22 三锥辊整形器
1—芯轴;2—锁定销;3,6—垫圈;4—锥辊;5—销轴;7—引鞋

2. 作用原理

三锥辊套管整形器随钻柱旋转和所施加的钻压进入套管变形部位,锥辊随芯轴转动并绕销轴自转,对变形部位套管进行挤胀、碾压,在钻压和钻柱转动作用下,套管变形部位不断被挤胀、碾压而逐渐恢复通径。

3. 技术规格与参数

三锥辊套管整形器的技术规格参数见表 11-4。

表 11-4 三锥辊整形器参数($5\frac{1}{2}$in 系列)

规格型号	接头螺纹	工作直径(mm)	适应套管(in)
ZGQ-114	NC26(2A10),REG(230)	92,94,96~114	$4\frac{1}{2}$
ZGQ-122	NC31(230),REG(230)	102,104,106~112	$5\frac{1}{2}$
ZGQ-126	NC31(230),REG(230)	114,116,118~126	$5\frac{1}{4}$

4. 使用方法与要求

(1)整形器各连接、销定部位完好,润滑脂充足。

(2)工具下至变形部位以上 1~2m,开泵循环工作液,记录管柱悬重。

(3)旋转下放钻具,使整形器缓慢工作。

(4)锥辊接触变形部位时,悬重下降,此时钻压应保持在 20~50kN,转数控制在 20~40r/min。

(5)悬重下降、扭矩减少,工具已通过变形部位,此时应上下划眼 3~5 次至工具无夹持。

三、磨铣扩径整形

磨铣扩径工艺技术是应用磨铣工具对套管变形或错断部位进行磨削或铣削处理,使其基本恢复原来通径的一种工艺技术。目前,这项修复技术广泛应用于通径大于 90mm 错断井段修复和机械整形后套管损坏部位的修整、取直。

工艺原理是依靠钻具旋转和加载到磨铣工具上部的钻具重量,使磨铣工具在旋转过程中,侧面或端面的硬质合金磨削或铣削损坏的套管及损坏部位的岩石,产生碎屑通过不断循环工作液排出井筒,从而达到套管损坏部位恢复原有径向尺寸和通径的目的。

常用的磨铣扩径工具主要有磨鞋、铣鞋、铣锥三类。

(一)磨鞋类

磨鞋类扩径工具主要有:平底磨鞋、凹底磨鞋、梨形磨鞋、领眼磨鞋等,其基本结构形式如

图 11-23 所示。不同端面形式和结构形式的磨鞋,适用于落鱼鱼顶的修理、套管错断部位的修整和较大通径套损部位的磨铣扩径。平底磨鞋见视频 11-3,凹底磨鞋见视频 11-4。

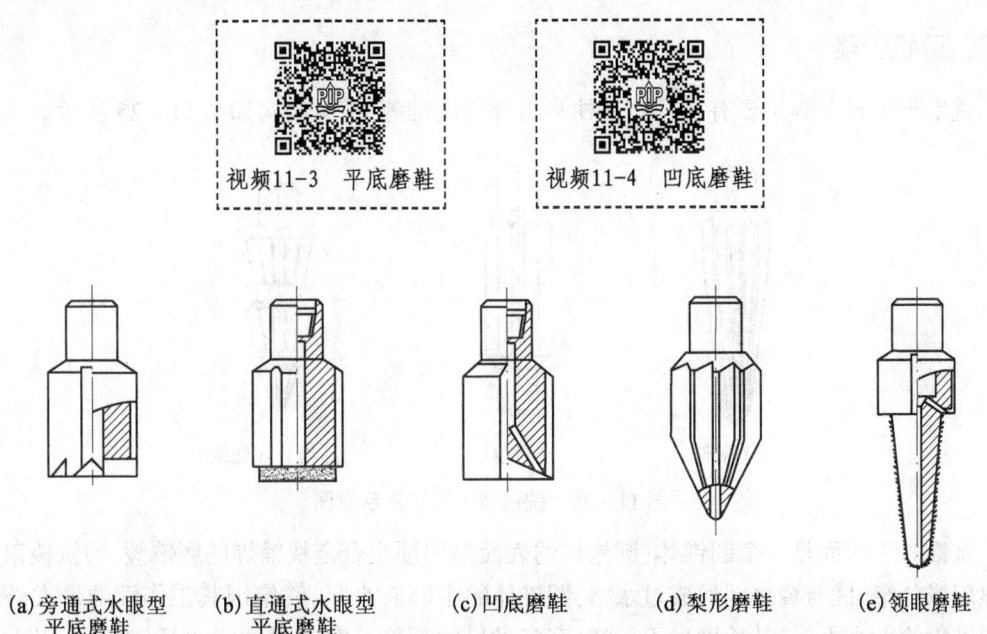

图 11-23 磨鞋类扩径工具示意图

平底、凹底磨鞋主要用于磨削稳定不晃动的落物及落物鱼顶错断的修整;领眼磨鞋主要用于磨削有内孔的落物和通径较大的活动型错断的套管部位;梨形磨鞋主要用来磨削较大通径的套管变形以及套管在接箍处的卷边及套管内壁其他坚硬的杂物。

(二)铣鞋类

铣鞋类扩径的工具主要有:外齿型铣鞋、刮刀式铣鞋和复式磨铣筒等,其基本结构如图 11-24 所示。

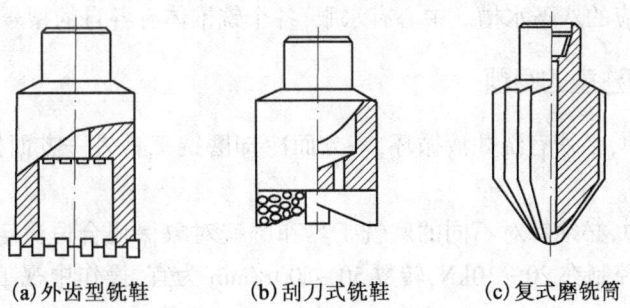

图 11-24 铣鞋类扩径工具示意图

外齿型铣鞋主要用来处理套管内壁的坚硬杂物及套管接箍处的卷边等。

刮刀式铣鞋底部有四片铣刀,呈内凹状,铣刀片上焊接有纽扣合金粒。它主要用于错断通径很小或出泥岩块的坍塌形错断井的磨铣处理。

复式磨铣筒有两个磨铣刃,一个在它的端部,一个在它的内腔顶部,两个磨铣刃均由镶嵌的硬质合金块构成。主要用于磨铣夹持在套管损坏部位的落物和对严重弯曲井段的扩铣、修直,端部的磨铣刃铣削下来的落鱼或套管片在内腔起到扶正作用,随着铣削的进尺加深,才被内腔顶部的磨铣刃铣削。因此,用它处理套损井段不易磨铣套管。

(三)铣锥类

铣锥类扩径工具主要有:铣锥、铣柱和组合式铣锥等,基本结构如图 11-25 所示。

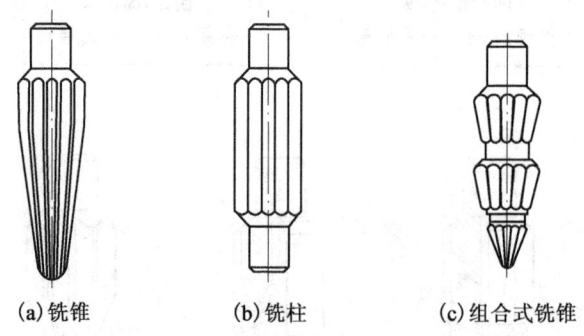

(a)铣锥　　　(b)铣柱　　　(c)组合式铣锥

图 11-25　铣锥类扩径工具示意图

铣锥的工作面是一个圆锥体,圆锥体的表面是用硬质合金块铺焊的磨铣棱,磨铣棱以直线或螺旋线分布,棱与棱之间形成过水槽,圆锥体的中心有水眼,铣锥因其工作面的最大外径不同和锥角的大小不同,其长度也不一样,有多种尺寸规格。它主要用于通径 $\phi 90mm$ 以上的错断部位的磨铣扩径。

铣柱的上部是钻杆内螺纹,中部是一个圆柱体,圆柱体的表面用硬质合金块铺焊了八个磨铣棱,磨铣棱的分布形式与铣锥相同,下部是钻杆外螺纹,用于连接铣锥。它的最大工作外径一般为 $\phi 120 \sim \phi 122mm$,长度 $1 \sim 2m$,主要用于机械整形后通井规仍无法通过的套管损坏井段的扩铣、修直。

组合式铣锥由上、中、下三个铣锥体组成。上部铣锥体是圆柱形,其上端为钻杆内螺纹,下端为中部铣锥体连接的内螺纹。中部铣锥体类似于外齿铣鞋其上端为外螺纹,下端为下部铣锥体连接内螺纹。下部铣锥体为上端带连接外螺纹的铣锥。各个铣锥体外部有八个焊硬质合金块的磨铣棱和相应的八条水槽。中心有水眼,各个铣锥体有各自的型号和规格。

(四)施工中应注意的问题

(1)磨铣过程中,必须有洗井液循环,一方面冷却磨铣工具另一方面携带碎屑,洗井液排量不能低于 $25m^3/d$。

(2)磨铣过程中,必须针对不同的磨铣工具和磨铣对象保证合适稳定的钻压和钻速。一般磨鞋类工具钻压控制在 $20 \sim 30kN$,转数 $50 \sim 100r/min$ 为宜,操作中视工具情况尽可能采取低钻压高转数磨铣。

(3)使用平底或凹底磨鞋类工具修整错断口,磨铣进尺不能太长,一般不超过 $0.5m$ 就应起出钻具,打铅印落实磨铣效果,因该种工具容易磨铣出套管,所以达到修整错断口的目的即可。

(4)使用铣锥类工具磨铣错断口,在选用工具时一定要根据印模落实的套管错断口的最小通径准确计算所选工具的尺寸,并留一定的余量,必须保证铣锥前端能够准确插入错断口,才能实施磨铣。

(5)磨铣过程中要随时捞取洗井液排出的碎屑进行观察,如果洗井液排量正常,进尺较慢,则可适当增加钻压和转数,如果洗井液排量正常金属碎屑显著减少,岩屑突然增加,进尺可能也增长较快,这是一个危险信号,说明可能磨出套管,应立即停止磨铣,起出钻具后,进行打印落实,采取适当的补救措施。

(6)当磨铣工具下至错断口以上 1~2m 时,开泵循环,并且采取较低钻压和钻速磨铣,磨到错断口以后再上提 1~2m,反复磨铣顺畅后,再正常磨铣错断口,以便于对不规则错断口附近进行修整,保证磨铣工具在磨铣断口时,受力尽可能均匀,运转更平稳。

(7)每次磨铣完成后,对工具的磨损部位,磨损情况的检查也非常重要,这些数据资料对验证和判断磨铣效果,下步工具、工序的选择有十分重要的指导作用,是现场施工人员不应忽视的重要环节。

四、爆炸修复

爆炸修复又称爆燃整形。当使用胀修、机械整形无法施工或效果极差时,可采用爆炸整形的办法来修复。只要通径不小于 65mm,能允许爆燃工具下入均可实施爆燃整形,因此它适用的范围较大,特别是对错断套管的复位是有效的措施之一。

以电缆输送爆燃整形工具为例,其基本结构如图 11-26 所示。

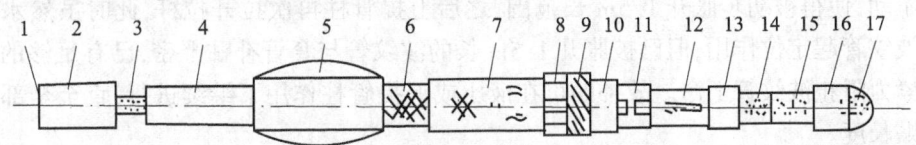

图 11-26 电缆输送爆燃整形工具示意图
1—电缆头;2—磁定位器;3—安全电缆;4—加重杆;5—扶正器;6—胶塞;7—雷管室及雷管;8—压帽;
9—胶圈;10—接头;11—变扣接头;12—药柱;13—短节;14—炸药;15—药柱;16—短节;17—导向丝堵

一次爆燃整形就能恢复或超过原套管尺寸。爆燃整形效果的关键是正确掌握药量和药柱的中心线与套管轴线的重合程度。爆燃整形效果虽然理想,但整形后必须及时加固,否则套管损坏程度会很快恢复原状。值得注意的是这种工艺比较难掌握,极少数情况会修整失败,选用时应慎重。

爆燃整形的作业程序:
(1)用探伤仪测出变形位置,或用小直径工具将变形井段修复出一定直径的通道,使其加重杆能通过。
(2)用电缆将爆炸器下到变形位置。
(3)用定位器测定深度,使其无误。
(4)引爆。
(5)下通井规或电测井径检查修复效果。

第四节 套管补贴和加固技术

近几年通过进一步的完善和发展,对于调整层系、封水、修补套管的穿孔、套管裂缝、螺纹失效等作业,采取了套管补贴技术。

套管加固可以使整形、磨铣扩径复位的效果保持相对长的时期,尽量发挥其修复后的功能,使套管损坏部位保持较大的井眼通道,防止再次损坏和维持油井生产。本节主要介绍套管补贴技术以及套管加固技术。

一、套管补贴技术

套管损坏的原因和类型较多,所以套管修复的方法和种类也有多种,下面介绍波纹管补贴和套管内衬管补贴。

（一）波纹管补贴

1. 补贴工艺原理

补贴工具与波纹管一同入井至预计深度,在液压作用下,双液缸将液体的压力变成机械上提力,带动液缸下部的活塞拉杆上行,而活塞拉杆下部接有刚性、弹性胀头一同上行。刚性胀头上部呈锥状,初步将波纹管胀开,为弹性胀头进入波纹管创造一定条件。弹性胀头呈圆球状,进一步将波纹管胀圆胀大,紧紧地贴补在套管内壁上。活塞拉杆外部为波纹管,由液缸下部的止动环限位,液缸又在水力锚作用下相对不动。所以在刚性、弹性胀头作用下,波纹管相对位置不动,使得被初步胀开1.5m长范围,之后上提管柱再次拉开拉杆,此时虽然水力锚已不再对波纹管起定位作用,但已被胀开1.5m长的波纹管与套管补贴严密,已有足够的摩擦阻力和张紧力阻止波纹管上窜。故补贴可在液压或上提管柱作用下继续进行,直至全部完成设计的补贴长度。

2. 补贴修复适用的范围

波纹管补贴适用于油水井套管的腐蚀孔洞、裂缝、轻微破裂、螺纹失效漏失等的套管内壁补贴堵漏修复,对于误射孔的补救、射孔层位调整、补贴射孔孔眼等修复补贴和调整补贴施工尤为适用。

3. 补贴工具

补贴工具由波纹管、滑阀、液压缸、胀头等组成。

1）波纹管

波纹管是套管补贴修复施工中主要修复使用的消耗材料,起修复堵漏的主导作用,按截面几何形状分为8峰和10峰两种规格,如图11-27所示。

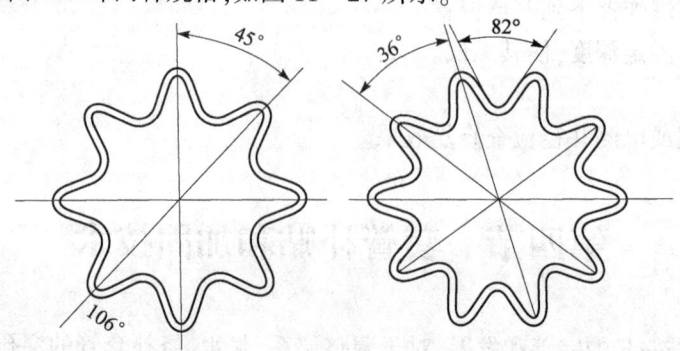

图11-27 波纹管截面示意图

波纹管补贴时变形较大,所以要用抗拉性、抗弯折性、抗压强度、延伸率、收缩率较大的钢板轧压焊接成型。外部经除锈处理后,涂敷环氧树脂黏接剂,贴一层0.4~0.5mm的玻璃丝布。内表面处理光滑无疤痕后,涂防腐漆及润滑脂待用。

环氧树脂黏接剂的配制:环氧树脂与固化剂按1.5:1的配比混合,充分搅拌3min后,均匀涂于波纹管外壁。每千克黏接剂可涂抹1.5m左右长的波纹管。

2) 滑阀

滑阀结构如图11-28所示。滑阀上扶正器的弹簧片与套管内壁紧紧压合,下井时滑阀上端与油管柱相连,下端与补贴工具相连。由于套管壁与扶正器的摩擦作用,在上提或下放管柱时,滑阀分别处于关闭或打开状态,起切断或连通油管与套管环形空间的作用,以利于起下管柱作业。

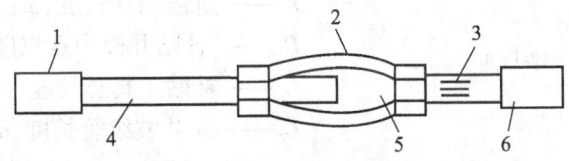

图11-28 滑阀结构示意图
1—上端;2—扶正器;3—连通孔;4—中心管;5—阀套;6—下端

3) 液压缸

此处的液压缸是一种双作用液压缸,是补贴施工中的关键工具,是将管柱中液体压力转变为机械上提力的重要能量转换工具,提供拉动胀头胀大波纹管的作用,其结构与常规双作用液缸类似。常用的液压缸基本参数为:工具全长(拉杆全部缩回):8070mm;最高工作压力:35MPa;活塞拉杆回缩行程:1500mm。

4) 胀头

胀头部分是补贴工具中的重要部件,是最后完成对波纹管胀挤实现补贴的关键性工具,基本结构如图11-29所示。

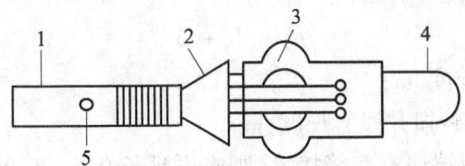

图11-29 胀头部分结构示意图
1—安全接头;2—刚性胀头;3—弹性胀头;4—导向头;5—安全销钉

4. 套管补贴技术

套管补贴管柱结构如图11-30所示。

当波纹管和补贴工具用油管送到被补贴部位,油管内憋压,在液力作用下,水力锚咬住套管,当液缸继续升高,波纹管内的拉杆在液缸作用下向上急速收回,同时带动刚性胀头和弹性胀头一起急速向上运动,胀大波纹管紧紧地贴在套管内壁上,靠黏接剂黏牢(图11-31)。由此可见,套管黏补的成败,关键在于波纹管及胀头的选择、套管内表面的清洁程度和深度探测的准确度。

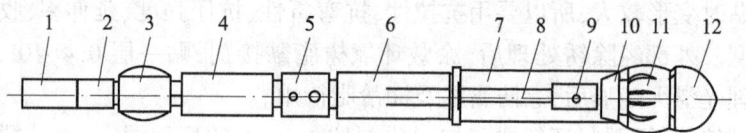

图 11-30 套管补贴管柱结构示意图

1—油管;2—短节;3—滑阀;4—震击器;5—水力锚;6—液缸;7—波纹管;
8—拉杆加长杆;9—安全接头;10—刚性胀头;11—弹性胀头;12—导向头

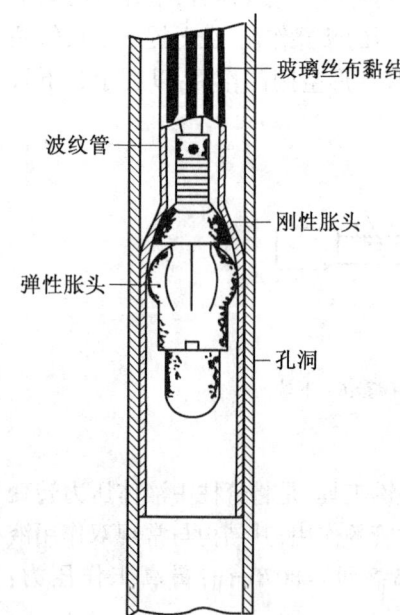

图 11-31 波纹管补贴套管示意图

(1) 补贴管柱深度现场计算公式:

$$L_C = D_{t\Delta} - L_B - \frac{L_W - 0.3}{2} + \gamma - Z - F - X - J$$

(11-9)

式中 L_C——所需油管长度,m;
$D_{t\Delta}$——补贴井段中点深度,m;
L_B——补贴工具总长度,m;
L_W——入井波纹管长度,m;
γ——油补距,m;
Z——作业井口高度,m;
F——最后一根油管方余,m;
X——滑阀关闭行程,m;
J——震击器全部拉开的行程,m。

式中,$(L_W - 0.3)$是考虑补贴时,因液缸活塞拉杆急速上行,管柱及波纹管会有一定的上窜量及加长杆与波纹管长度计算时留出的咬管钳的余量,一般上窜余量不超过30cm。

F 余量不超过 1.5m,与滑阀关闭行程相同,同时考虑到方余过多会增加井口连接管线的难度,因此方余不超过 1.5m 为宜。

(2) 波纹管实际入井长度计算公式:

$$L_w = L_t + 3$$

(11-10)

式中 L_W——波纹管所需长度,m;
L_t——补贴井段(或破损井段)长度,m。

如波纹管在搭接长度两端遇有套管接箍,则应再延长 0.5~1.0m,以避免遮挡住接箍。

(3) 加长杆长度计算选配计算公式:

$$L_{加} = L_W - L_{活} - L_{安} + 0.1$$

(11-11)

式中 $L_{加}$——加长杆所需长度,m;
L_w——入井波纹管长度,m;
$L_{活}$——活塞拉杆拉出的长度,m;
$L_{安}$——安全接头长度(安全接头上端面至刚性胀头上端面),m;
0.1——预留咬打管钳长度,m。

(4) 胀头选择原则。

弹性胀头在井内工作时,始终处于压缩状态,一般压缩量为 2.8mm 左右时对波纹管的弹性挤胀力最大。选择弹性胀头时,应根据波纹管规格尺寸选择,即每米重量的波纹管与弹性胀头匹配。在现场施工中,为保险稳妥起见,还应按经验公式选择核对弹性胀头:

$$d_Z = d_{cin} - 4 \tag{11-12}$$

式中 d_Z——所需弹性胀头工作面尺寸,mm;

d_{cin}——测井检测后得到的套管补贴井段内径,mm。

此经验公式的原则是弹性胀头最大工作面外径比补贴井段套管内径小4mm,加上弹性胀头补贴工作时的压缩量2.8mm,为6.8mm左右,胀头完全可以实现对波纹管的胀挤。

(5)波纹管选择。

波纹管选择包括长度与外径选择两种,一般情况下,应根据工程测井与印模检测结果来选择波纹管长度和外径。

①入井波纹管长度,应比破损井段长出3m,以保证补贴井段(破损井段)上、下各有1.5m的搭接长度,确保波纹管两端在套管完好处搭接密封可靠。

②波纹管外径选择、处理。补贴波纹管外径应根据套管破损井段内径来选择。一般情况下,因破损井段深浅位置不同,同一口井套管深浅不同而套管壁厚也可能不同,油层位置壁厚厚一些,油层顶部以上则薄一些。因此选择波纹管外径应根据破损井段套管实际内径尺寸来确定。还应将波纹管外部增缠一层1mm厚玻璃丝布,以弥补波纹管外径尺寸的不足。

5. 施工步骤与注意事项

1)施工步骤

(1)通过套管破损检测手段,找出套管破损部位的井深及上、下界面。

(2)用符合设计要求的通井规(刮管器)通井刮削至套管破损井段以下5m,然后用80℃以上的热水洗净井筒,确保补贴质量。

(3)组装连接补贴管柱,工具顺序为(自下而上):导向头 + 弹性胀头 + 刚性胀头 + 波纹管(内部穿有安全接头、加长杆、活塞拉杆)+ 动力液缸 + 水力锚 + 震击器 + 滑阀 + 提升短节 + 油管(或钻杆)。

(4)波纹管涂抹固化剂后入井。

(5)波纹管下至补贴井段后,核对深度,误差不超过 ±20cm。上提管柱1.5m,关闭滑阀,记录管柱悬重。

(6)管柱内灌满工作液,憋压补贴,升压程序为先升压 4~6MPa 使水力锚工作,然后升压 15MPa→20MPa→25MPa→30MPa,最高不得超过32MPa,每个压力点稳压5min。

(7)放掉管柱内压力,上提管柱不超过1.5m行程,此时管柱悬重稍有增加。

(8)按上述升压稳压程序补贴,直至完成全部补贴。

(9)起出补贴管柱,候凝固化48h以上。

(10)下试压管柱对补贴井段参照波纹管补贴后的抗压性能进行试压检验,稳压30min,压降小于0.5MPa为合格。

(11)工程测井,核对补贴后的波纹管的准确深度。

(12)要在压井状态下进行补贴施工。

(13)入井管柱及工具螺纹应清洁无损,涂密封脂,旋紧扭矩不低于3200N·m。

2)注意事项

(1)补贴前必须在补贴段用套管刮削器进行刮削清理,去掉套管上的水泥残渣、毛刺、死油和硬蜡等物,以保证胀贴时胀头顺利通过补贴管,使补贴管牢固地贴在套管内壁。

(2)需用外径不小于套管内径 3mm 的通井规和一个外径与液缸外径相近,长度超过 5m 的长套铣管通井,以确保工具能够顺利下井。

(3)施工时若需要压井时,要求必须使用稳定性好,含砂量低于 2% 以下的压井液。

(4)在选配所需加长杆长度时,应将安全接头长度和液缸下拉杆长度计算在内。要求整个补贴管装上后有 0.1~0.4m 的可活动区间。

(5)液缸的额定压力为 32MPa,使用时不得超过此值。

(二)套管内衬管补贴

套管内衬管补贴方法利用了套管补贴器进行作业施工。

1. 特点及适用条件

特点:采用金属封隔件,可适应各种井温环境;补贴后的内通径大(ϕ101mm),有利于其他工艺的实施;施工简单,补贴长度在 10m 以内的用小修设备即可施工;由于补贴强度高,所以不容易捞出。

该套管补贴器用于套管内径 ϕ124mm 井的补贴。不仅适用于套管整形修复后的补贴加固,还适用于套管腐蚀穿孔、破裂、螺纹漏失的修复,以及高含水、高含硫、误射孔段的封堵等。

2. 作用原理

将组装好的补贴管和专用补贴工具用油管送到预定井深位置,定位校深后,用水泥车从油管内打压,启动动力坐封工具,使工具活塞向上运动,缸体相对向下运动,产生两个大小相等,方向相反的力。向下的力通过坐封套作用于上锥体,向上的力通过拉杆、丢手机构作用于下锥套,将补贴管上、下两端的金属锚锚爪胀开,同时两端的软金属密封材料受挤压变形,密封了补贴管外两端的环形空间,达到了加固密封的目的。当水泥车压力升到 20~25MPa 时,丢手机构启动,补贴工具与补接工具脱离。提出补贴加固工具,补贴管固定在补贴位置,完成补贴。套管内衬管补贴井下示意图如图 11-32 所示。

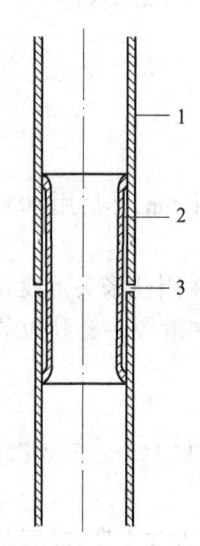

图 11-32 套管内衬管
补贴示意图
1—油层套管;2—补贴管;
3—破损处

3. 主要技术参数

最大刚体外径:ϕ116mm;最小内通径:ϕ100mm;适用套管内径:ϕ124mm;钢球直径:ϕ30mm;最大补贴间距:10m;工作温度:350℃;工作压力:25MPa。

4. 操作规程

(1)先进行刮井、洗井。

(2)用模拟通井规通井,同时打压 20MPa,检验油管。在确保油管质量合格,通井规通过顺利、无阻卡的条件下,方可下入套管补贴器。

(3)按现场技术人员的要求连接好补贴工具,装好临时卡子及补贴器。

(4)装好油管吊卡,将补贴工具尾端置于滑车上,缓慢起吊,严禁碰撞封隔件。

(5)补贴工具下入井口,过井口时严禁碰撞封隔件。由临时卡子将补贴工具坐在井口上,拆除临时短节。

(6)将送封工具接在2⅞in油管上,缓慢起吊。将球座装入送封工具下接头内,再与补贴工具内芯管接头对接牢固。起吊100~300mm后拆除临时卡子。

(7)工具外套拧入补贴工具外套上端的止口内,拧紧后用锁帽锁紧。

(8)补贴器下入井内需补贴的位置,测好深度确保补贴位置的准确性。在下井途中应缓慢操作,每小时不超过30根油管为宜,严禁急刹车,严禁吊卡与井口冲击。

(9)下井到位后,投入钢球(钢球直径见技术参数),连好管线打压,当压力达5MPa时稳压5min,以后每升5MPa均稳压5min,直至达到坐封压力,压力突然归零为止。在升压过程中应用低挡慢打压。如果压力超过22MPa时仍不突然归零,则可边打压边上提管柱,直至丢开为止。

(10)正常丢开后,上提管柱3~5m再缓慢下放管柱回探,探着力不大于100kN。如果工具无位移,说明坐封牢固可靠。

(11)提出管柱和送封工具。

(12)收回送封工具,清洗干净以备再用。

5. 注意事项

(1)工具下井不到位不许投球。

(2)下井途中允许反洗井,坚决不许正洗井。

(3)下井速度要缓慢,不许撞击井口。

(4)所用的油管质量要好,如果打压时油管破裂,会造成坐封失败质量事故。

(5)工具下井前必须用模拟通井规通井,确保井内畅通。

二、套管加固技术

套管加固是在整形、磨铣扩径复位后,对套管变形、错断口的恢复部位进行的钢管内衬式加固,使套管损坏部位保持较大的井眼通道,起防止再次损坏和维持生产的作用。目前常用的加固方法主要有不密封式加固、液压密封式加固和爆炸焊接加固三种。

(一)不密封式加固技术

密封加固器由丢手、悬挂装置和加固钢衬管三部分组成。

1. 原理

加固管上部连接丢手悬挂装置,用投送管柱送至整形扩径井段后,投球打压,使悬挂装置中的防掉防顶卡瓦张开,紧紧咬住套管内壁,同时丢手接头在压力作用下脱开,与投送管柱起出,加固管及悬挂装置则留在需加固的井段中。加固后内通径保持在$\phi 80 \sim \phi 100$mm。

2. 操作方法

(1)用模拟筒进行模拟通井,在整形扩径的套损部位无夹持力,保证加固装置的顺利下入。

(2)下入加固装置至井下,使加固管位于套损井段正中。

(3)投球打压12~15MPa,使加固器卡瓦张开,紧紧咬住套管内壁,升压至20MPa,剪断销钉,起出丢手接头和投送管柱。

3. 适用范围

适用于套管变形井的加固和油层部位套损井的加固。注水井套管错断整形扩径后,一般不宜使用该方法加固。因注入水仍将会从加固处漏失,成为套损源。

(二)液压密封式加固技术

1. 原理

利用液压传递原理将地面泵车提供的压力,通过动力工具内的导压孔作用于其活塞上,活塞向上运动,缸体相对向下运动,产生两个大小相等、方向相反的作用力,推动上下胀头工作,将加固管两端的特制钢体挤贴到套管完好处,达到密封加固的目的。上提管柱拉断连接套,完成丢手工作。

2. 操作方法

(1)模拟通井:下入 $\phi 118mm \times 3000mm$ 或 $\phi 114mm \times 8000mm$ 通径规模拟加固器通井,在整形扩径的套损部位无夹持力,保证加固装置的顺利下入。

(2)测井:对套损井段进行 X – Y 井径测井,根据测井曲线选择上下加固点和加固器。

(3)校深:用管柱将加固器送至加固井段后,进行磁性定位测井,校正加固点的位置。

(4)加固:清水打压缓慢升至 13MPa,稳压 10min 进行密封加固并拉断丢手连接套。下放管柱,钻压至 20~30kN,如管柱遇阻,证明丢手成功。

(5)试压:对加固井段进行试压,管柱结构为:油管 + K344 – 95 封隔器 + 油管 + 喷砂器 + K344 – 95 封隔器 + 尾管 + 丝堵,清水试压 15MPa,稳压 30min 压力不降为合格。

(三)燃爆焊接加固技术

燃爆焊接加固方法,简称为焊接加固,不同于地面上的电焊、气焊,它是在油水井内的介质中进行的,与水下焊接相类似。井下爆炸焊接实质上是在高压下,两金属管材在高速相撞下的重新结合。爆炸焊接是同类或者不同类金属的结合过程,可使绝大多数金属材料相互复合在一起形成一种新的多种金属性能的复合材料。

1. 工艺原理

用适合在油水井套管内介质(钻井液、水、油水混合液等)中使用的火药、炸药及其辅助工具用具等连同焊管用管柱送入井内至焊接加固井段,经校深无误后,撞击点火或定时点火,引燃火药,排出高温高压气体,使预焊接加固井段的压井液排出,使此加固井段形成气体段塞。而此时焊管内的雷管炸药在点火时间延迟元件作用下,引爆雷管,引起炸药(TNT)爆炸。产生的强大爆速、爆压,使焊管径向以 5~7km/s 的速度扩展,并与套管产生斜碰撞,这种碰撞的结果使两金属管材之间(即焊管外壁与套管内壁)形成一股速度高达 5~7m/s 的金属射流。这种射流使金属管材内外侧表面有 5%~7% 的金属层从表面剥离。使两金属板之间获得新鲜清洁的表面,在高压作用下互相结合,形成新的整体,从而使焊管上下两端的外表面与套管内表面结合,完成密封式焊接加固(图 11 – 33)。

2. 焊接条件

在井下介质中实现爆炸焊接,必需的环境条件,包括:焊管与预加固套管之间必须是气体

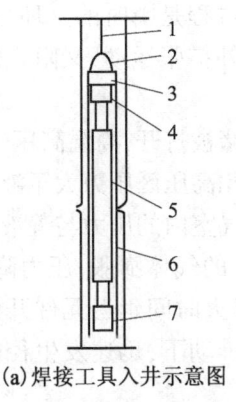 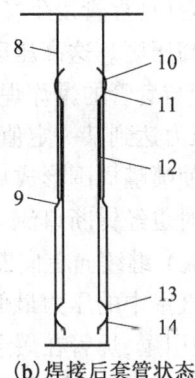

(a)焊接工具入井示意图　　(b)焊接后套管状态

图 11-33　爆炸焊接加固法示意图

1—电缆；2—电缆提环；3—脱扣装药；4—环焊装药；5—扩径装药；6—加固管；7—引焊装药；
8—原套管；9—原套管新口；10—焊接后加固管上部外凸；11，14—原套管
被扩张井段；12—爆炸后加固管扩径；13—焊接后加固管下部外凸

段塞，焊接材料表面必须清洁，焊管外壁与套管内壁间有一定的碰撞角度，焊接速度（爆速）应低于被焊材料的声速。

3. 焊接炸弹

焊接炸弹（即焊管内的炸药装置）由装药系统、排气系统、控制系统三个系统组成。

1）装药系统

装药系统是实现爆炸焊接的关键，它由以下四部分组成。

(1) 环焊装药的作用是将焊接钢管炸出环向凸起，以撞击套管内壁，在凸起接触面形成爆炸焊接接触面，在变形错断口附近的焊管，爆炸后扩张到所要求的尺寸（如 5½in 套管，整形复位到 ϕ120mm 左右，用 ϕ114.7mm 的焊管爆炸后内径达 110mm 以上）并紧贴套管内壁，坏套管上下两环面则力图实现局部环向外凸起焊接。所以环焊装药的药量较大，药盒尺寸相对较大，以保证焊管两端炸后的向外凸起速度和形状及加固质量。

一般焊管以 568m/s 的向外凸起速度（取 550～600m/s）碰撞套管时，焊管、套管都不发生破裂，向外凸起角度也能满足焊接要求。

(2) 扩径装药的作用是将内径约 100mm 焊管扩径到 110mm 以上。爆炸时除对焊管两端进行向外凸起环焊，同时还对中间部分扩径，而扩径部分装药量比环焊药量少，保证扩径通径即可。

(3) 脱扣装药的作用是使爆炸后与其连接的管柱螺纹松扣，以便退出，起出管柱。

(4) 引爆装药的作用是保证当排气推进系统、燃烧排液系统燃烧排液完成后，仍有足够的能量引爆焊管中的炸药完成爆炸焊接动作。

2）排气系统

排气系统作用是使预焊接加固管井段瞬时形成一个气体段塞，为爆炸焊接创造出一个接近于地面的环境条件。

排气推液原理：一般情况下，油水井大修施工是在压井状态下进行的。套损井的变形、错断部位的爆燃整形、焊接加固是在井筒内充满压井液下进行燃爆的。压井液密度较高，即套管与焊管间的环空内充满压井液，压井液的可压缩性非常小，当焊管内的炸药被引爆时，爆炸所

产生的高压气体迅速推动焊管发生径向膨胀,而这种过程是瞬时的。环行空间压井液来不及排出,而被压缩形成高压区。这高压区既推动套管向外扩张运动,又阻止焊管径向膨胀,这种情况便难于实现焊管与套管的爆炸焊接加固。

当燃烧室内的压力达到某一定值时,排气喷嘴封堵被打开,高温高压气体沿喷嘴喷射向焊管外的环形空间,并使喷嘴周围形成局部高压区。当此高压区压力大于液柱静水压时,液柱则向井口方向流动,同时也经错断口流向地层。当高压气室内的压力与静液柱压力相等时,由于惯性作用,液柱(液流)继续向上向断口流动,气室中的气体膨胀,压力降低。当液体停止向上向断口流动时,则气室中的压力最低。此时,爆炸点火时间延迟元件开始工作,焊管中的焊接装药及扩径装药被引爆,焊管在爆轰波的高压气体推动下,迅速发生径向膨胀,与套管内壁相撞,结合组成一体,焊接即告完成。

3) 控制系统

引爆点火的控制系统是爆炸焊接成败的关键系统,主要作用是控制整形扩径的爆炸,即环焊的爆炸和焊管中间扩径的爆炸时间。这里需重点考虑的是安全性和可靠性。引爆点火控制系统主要由磁控定时起爆器构成,为了更安全,在电路设计中应增设二级定时装置。

4. 爆炸焊接用加固管

焊管是爆炸焊接用特种钢管,一般多用低碳钢,延伸率不低于30%;抗拉、抗压、抗挤等强度应略高于被焊套管强度5%~10%。

第五节 取换套工艺技术

针对套管变形井、严重错断井、破裂外漏井作业,采用了取换套工艺技术。取换套管工艺原理是采用专用的套铣工具(套铣钻头、套铣筒等配套工具),钻铣套管周围的水泥环及部分岩石,使之自由,下入套管内割刀、磨铣工具及打捞工具将套损点以上及其以下适当部位的套管取至地面,然后下入新套管利用补接专用工具进行新旧套管的对接(视频11-5)。

视频11-5 取换套技术

取换套管的修复作业施工是一项技术性极强的综合性工作,主要包括套铣前准备,套铣取套,补接、固井、完井三大部分。

一、套铣前准备

套铣前准备工作是很重要的施工内容,工序繁杂,特别是套损点的检测、套损形状、深度等都应核定准确,为套铣深度的确定、套铣钻头的选择、补接完井方式的确定等提供可靠的依据。

套铣前准备工作包括:压井、起原井管柱、打印核实套损点、下示踪管柱、丢手、填砂、打导管、安装钻台、选配查铣钻具、配制套铣工作液等工序内容,每项工序内容又有不同的步骤要求。下面将分别进行介绍。

(一)压井

根据施工井的基本情况、历次修井、作业情况、近期所测静压、含水等资料数据,选择相应的压井液压井。压井液综合性能满足施工要求,视黏度应达 60~70s,原则上应选用对油层低伤害或无伤害的压井液。压井应采用循环法,不应采用挤压法,同时也要最大限度地对油层实施保护。

(二)起原井管柱

井压稳后,安装作业井口,起出原井管柱。如井内有抽油泵,则先安装抽油杆自封,起出抽油杆及柱塞,然后压井,起原井管柱。

(三)打印核实套损点

打印核实套损点几何形状、程度、深度等是重要的工序内容,它将为下步套铣深度的确定、套铣钻头的选择、套铣工作液性能的选配及示踪管柱结构的确定等提供重要依据。

常用机械法检测套损程度、几何形状和深度。因变形错断的检测用铅模一次即可完成,而漏失井需检测出漏点准确位置及漏失量。下面介绍机械法找漏的方法。

1. 双封隔器加节流器机械法找验漏

双封隔器加节流器机械法找验漏施工简单,结构准确可靠,常用管柱结构(自上而下)为:油管柱、工作筒、扩张式封隔器、油管、节流器、扩张式封隔器、丝堵。

双封隔器之间卡距视井漏失情况适当选择确定,一般初次找漏,先用 100m 左右的大卡距,由井口开始找验至油层顶界;然后根据大卡距找验漏初步确定的深度位置,缩小卡距到 10m 以内,详细找验。找验漏管柱本身的漏失量在 15MPa 下,低于 15L/h。

一般泵压应由低向高逐渐增高,三个压力值下的漏失量为验漏最终结论,其压力差值不少于 2MPa,最高注入泵压不超过 12MPa,每个压力值下的注入量应减掉管柱漏失量,所得差值即为某泵压下的注入量,即漏失量。

在验漏时应注意录取漏点深度、漏失井段、漏点注入量及泵压、管柱漏失量等重要数据。

2. 侧面打印法检测套损程度、几何形状

套损程度包括变形、错断、破裂的几何形状,变形最大部位直径,错断部位最小通径,破裂的裂缝长宽尺寸等。检测套损程度常用铅模、胶模等打印。变形、错断一般常用带护罩平低铅模打印;破裂的检测常用胶模,即套管侧面打印法。

套管侧面打印法即采用扩张式封隔器钢体、特制的半硫化胶筒,用管柱连接下入检测井段,憋压使胶筒扩张,紧贴在套管破裂位置。起出胶筒后,在地面连接管线,再憋压使其扩张,即可清晰地观测、测量到套管破裂的印痕和基本尺寸。

铅模、胶模打印时,应注意录取印模规格尺寸,管柱悬重,胶筒扩张泵压、深度,印模起出后的印痕情况等资料数据。特别是应注意录取印模(包括胶筒)入井前后的形状变化,变形、错断部位尺寸,破裂点井段等数据。

(四)下示踪管柱、丢手、填砂

丢手、填砂管柱的重要作用是确保以后套铣、取套、新套管串入井等重要工序施工时,不发生井喷等严重事故而采取的强化安全措施;同时也是为新套管串入井提供示踪引导作用,确保套铣完成,取出套管后,井眼、下断口不丢失。另外也可以避免套铣时,破碎水泥块、岩屑等卡下断口。丢手填砂管柱对于活动型错断井的套铣取套尤为适用。

管柱结构（自上而下）为：油管柱、丢手装置、压缩式封隔器（2级）、油管柱、丝堵。封隔器以下的油管柱支到井底，丢手装置常用正反扣接头，也可选用憋压式接头。

封隔器下到下断口以下10~20m，管柱内憋压坐封封隔器，然后反转管柱，由丢手接头处卸开以上管柱，上提管柱2~4m。

填砂是指由油管正循环填入工程砂，砂柱高度一般1~2m。如井内压力较高，压井深度又不够深，必要时可以在砂柱以上再增打0.5~1.0m水泥塞，以确保施工安全，如图11-34所示。

若通径较大（ϕ100mm以上），小直径压缩式封隔器可以通过断口，则应将封隔器下至断口以下10~20m；如断口通径较小（小于ϕ99mm），小直径封隔器通不过断口，可将油管直接通过断口，在断口以下10~20m处直接打水泥塞，水泥塞高度可适当增高至2m，并在水泥塞中及水泥塞以上留20~40m油管示踪，如图11-35所示。

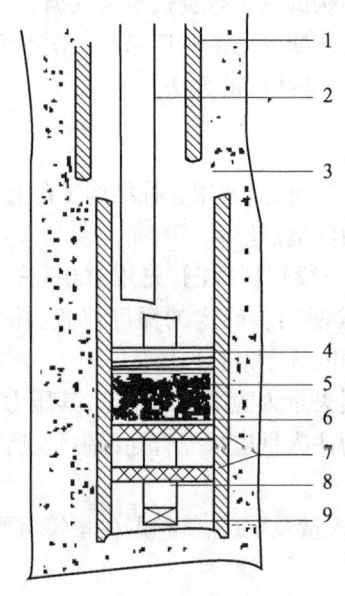

图11-34 填砂示意图
1—套管；2—油管；3—断口；4—水泥面；5—砂柱；6—丢手接头；7—封隔器；8—尾管；9—丝堵

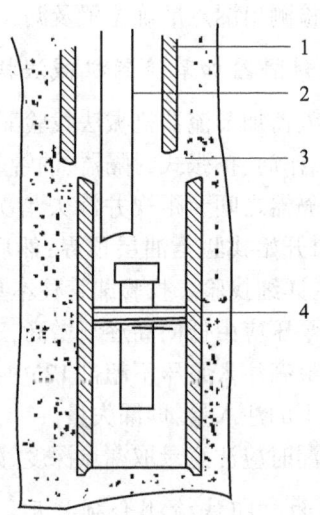

图11-35 水泥塞与丢手示踪示意图
1—套管；2—油管；3—断口；4—水泥面

（五）打导管、安装钻台

井内丢手、填砂、打水泥塞等项工作完成后，打井口导管。井口导管的作用是保证井口稳定、牢固、不坍塌，便于大方钻杆、套铣筒的起下。导管打入后，周围2~4m范围内打水泥封固，以增加导管的稳固性。

导管直径应大于入井工具最大直径20mm以上，长度一般不低于2.5m，以保证循环的工作液能顺利流回储池。导管上端一侧应开有循环出口，其高度应高出储池20~30cm，如图11-36所示。

安装钻台时，其上的转盘中心应对正导管内的原井套管中心，其偏差不超过2mm，以免方钻杆在旋转工作过程中，因不同轴而磨损严重。

钻台安装牢固稳定后，测钻台补心与原钻井补心高差，可按下式计算：

新钻台补心差 = 套补距 - 套铣钻台补心高（补心至原套管法兰面）

此补心是计算本次施工的重要数据,必须测量计算准确,否则将会给以后的套铣深度、取套深度、补接深度等一切深度计算带来错误。

(六)选配套铣钻具、配制套铣工作液

1. 选配钻具

根据套损点、套损井段核定结果和设计要求,选配套铣钻具。

1)套铣钻头

套铣水泥帽、水泥环及以上空井筒段,用Ⅰ型套铣钻头,如图11-37所示。

套铣断口、管外封隔器,用Ⅱ型大通径快速切削钻头,如图11-38所示。

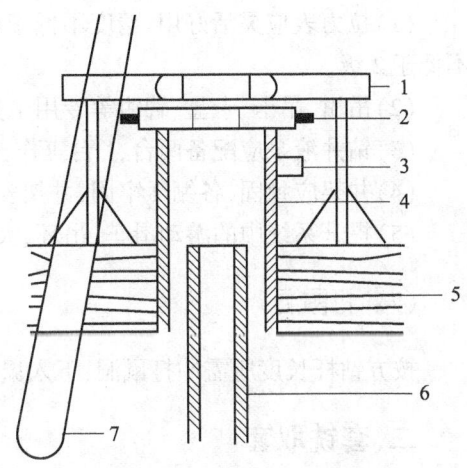

图11-36 井口导管、钻台安装示意图
1—钻台;2—防掉装置;3—循环出口;4—井口导管;
5—水泥;6—套管;7—鼠洞管

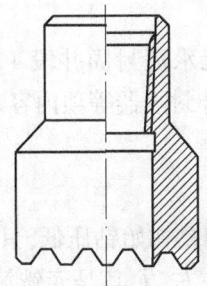 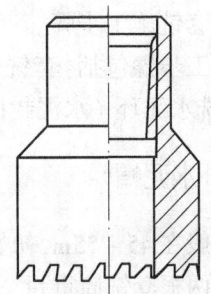

图11-37 Ⅰ型套铣钻头示意图　　图11-38 Ⅱ型大通径快速切削钻头示意图

2)套铣筒

套铣筒应铅直无弯曲,螺纹完好无损,本体经探伤检测无微裂纹等缺陷。

套铣筒应按顺序编号,每起钻一次需要更换调整顺序,不得在同一深度位置反复使用同一根套铣筒,以免造成疲劳损坏。

3)方钻杆

方钻杆六方体表面光滑无疤痕,探伤无损,上、下接头螺纹无损伤。

套铣钻头之上、方钻杆与水龙头之间、套铣筒之间应加接保护接头。

2. 套铣工作液

在现场配制套铣工作液时,所用清水应符合工作液性能要求,水质清洁、无杂质、pH值应达到7~8.5。

柴油、黄化拷胶、铁矿石粉(Fe_2O_3)、CMC、纯碱等应准备充足。

检测、化验工作液性能参数的仪器、仪表、器具等应齐全。

(七)其他套铣前准备工作

套铣之前的准备工作较多,除前所述外,还应做好其他各项工作。

(1)拉力表应灵活好用,精度不低于0.5％,其他计量器具、仪表等应完好齐全,精度等级不低于2级。

(2)吊钳、吊卡、卡盘、管钳等专用工具应配备齐全。

(3)钻井液泵应配备两台,1台工作,1台备用,两台泵应完好。

(4)井架应稳固,各绷绳牢固,井架安装符合要求。

(5)提升系统中的游动滑车、吊环、大绳等应经检验完好无损,游动滑车内润滑充分。

(八)打鼠洞

按方钻杆长度所需冲打鼠洞,下入鼠洞管。

二、套铣取套

套铣取套这项工序步骤是整体取换套施工中最为关键的工序,只要一开始,就不能停止。全部的配套工序,辅助工作将投入运行,并且统一指挥,协调作业,任何一项配套、辅助工作出现问题,都会影响套铣工作的顺利进行。因此,在确保套铣前准备工作彻底完成的基础上,应当认真细致地实施套铣施工步骤。

套铣取套的施工步骤包括:套铣管外水泥帽、加深套铣无水泥封固井段(即岩壁扩刮井段)、适时取套、套铣水泥环(水泥封固井段)、套铣断口或管外封隔器等项内容。

(一)套铣管外水泥帽

管外水泥帽一般在45~55m,初始的套铣比较费时。原因是初始钻压低,只能靠方钻杆自身重量和初始的一两根套铣筒重量,全部钻压也不过20kN左右,尤其是套铣第一、第二根套管,只能靠大排量冲刷,较高转数(100~120r/min)破碎水泥帽。套铣水泥帽时,在初始套铣不超过2m时,不得全钻压下高速旋转,以保持方钻杆的稳定。

套铣完方钻杆长度后,接换单根套铣筒。接换单根应上下划眼2~4次,大排量冲洗,将水泥碎块冲洗干净。

套铣超过20m后,保持20~30kN的钻压,100~200r/min的转数,排量为1.5m³/min左右,快速套铣钻进,一直套铣完水泥帽。

注意每换接一次单根套铣筒都应划眼2~4次,并大排量冲洗。套铣工作液常规性能、流变性能应保持良好。水泥帽套铣完成后,大排量冲洗2~4周,将水泥碎块、岩屑冲洗干净,如图11-39所示。必要时取出这部分套管。

(二)加深套铣

加深套铣是套铣钻头对管外无水泥封固的空井段岩壁刮扩过程。此时的钻压、转数、排量可保持较高水准,以利快速钻进,如图11-40所示。

套铣无水泥封固的空井段,套铣钻头端面铣齿发挥作用较小而主要靠钻头下端外侧的铣齿刮扩岩壁,进行扩孔钻进。此时是快速套铣钻进的阶段,在每次换接单根时都应上下划眼3~5次,并大排量冲洗井壁,使岩屑返回井口。此时的钻压应随套铣深度的增加而适当控制减小,最高钻压不超过80kN,转数可一直保持在100~120 r/min,排量应保持在1.5m³/min左右。

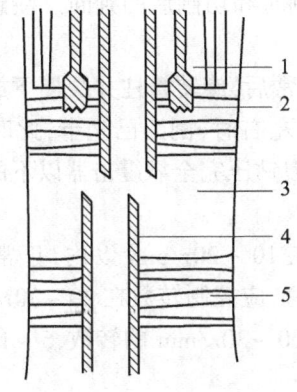 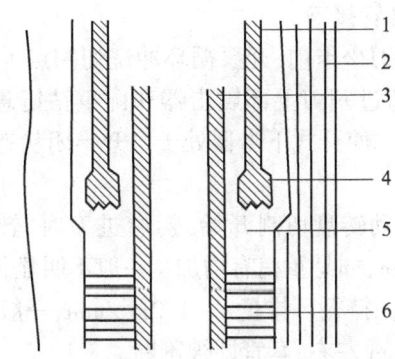

图 11-39　套铣水泥帽示意图　　　图 11-40　套铣无水泥封固井段示意图
1—套铣钻头；2—水泥帽；3—无水泥　　1—套铣筒；2—岩壁；3—套管；4—套铣钻头；
空井段；4—套管；5—水泥封固井段　　　5—无水泥空井段；6—水泥封固井段

注意： 在接换单根套铣筒时，应平稳操作、快速接换，保持快速钻进一直套铣到固井水泥面。

(三) 适时取套

被套铣后的套管在套铣筒内过长将会弯曲贴靠套铣筒内壁，如不及时取出，将使套管扭断而卡套铣筒，造成严重事故和不良后果。因此在套铣时，一般每 80~120m 取套一次，必要时每 50~80m 取套一次。

推荐采用切割取套，用组合打捞切割管柱进行切割取套。

1. 打捞切割管柱深度计算

切割管柱深度按下式计算：

$$L_P = D_{tv} - L_C - L_m - L_s - L_d - L_{bx} \tag{11-13}$$

式中　L_P——入井所需钻杆长度，m；
　　　D_{tv}——设计切割深度，m；
　　　L_C——配重钻铤长度，m；
　　　L_m——开式下击器打开后的总长度，m；
　　　L_S——套管捞矛长度，m；
　　　L_d——内割刀长度，m；
　　　L_{bx}——新旧补心高度差，m。

2. 管柱连接要求

打捞、切割组合管柱选配完后，捞矛、割刀应对正井口，缓慢入井，不得刮碰井口。入井后下放速度应控制在 2m/s 以内，不得转动管柱。如割刀中途坐卡，则应上提管柱解卡，不得顿击强下。

所有下入钻杆、工具等连接螺纹均需涂防黏扣密封脂，旋紧扭矩不低于 3200N·m。

3. 切割操作

(1) 割刀下至设计深度后，一般应距切割深度点 1m 左右，以备下放坐卡。核对管柱深度误差不超过±0.2m,校对拉力表,记录管柱悬重,以备切割时和切割后的判断。注意切割点位置应避开套管接箍。

(2)割刀坐卡前,开泵循环冲洗切割点1~2周期,正常后,旋转管柱并缓慢下放管柱。当悬重下降超过割刀上部震击器和配重钻铤悬重1~2kN左右时,割刀已坐卡,此时应停止下放,上提管柱使开式下击器处于半开半闭状态,割刀的进刀钻压完全靠震击器以下的配重钻铤提供。

(3)启动转盘切割开始,初始进刀时,转数应控制在10~20r/min以内,正常后提高到30~40r/min,如悬重稍有增加(一般不明显,0.5~1.0kN),应控制转数在20~30r/min以内。切割时,应保持循环排量1~1.2m³/min,一般情况下,以20~30r/min的转数,5~12min,割刀可进刀30mm左右,套管即被割断。

切割时应密切注意,因使用开式下击器及配重钻铤,割刀的进刀钻压只能靠震击器以下的配重钻铤来供给,此时的管柱悬重应是震击器以上管柱悬重。因割刀进刀量不超过30mm,也就是管柱下放量不超过30mm,而这30mm下放量又在震击器半开半闭状态下的下行程中,所以悬重无明显变化。为保证切割断套管,一般可维持低转数多转3~5min,即可完成切割。

(4)验证切割结果,应上提管柱,上提行程稍大于震击器切割时半开半闭状态下的行程(30~50cm),如行程已达到要求,而悬重无变化(因有捞矛在井内,上提30~50cm),说明割刀虽坐卡但未进入工作,或刀片损坏,应起出管柱,检查工作情况,然后重下切割。如行程刚达到要求,悬重也稍有增加,说明割刀工作正常并已割断套管,应转动管柱,上提使割刀刀片收拢。此时悬重增加明显,说明套管已被割断并被抓获,则可起出切割打捞管柱,如悬重无明显增加,说明套管未被割断或割断未被抓获,应进行重抓或起出管柱检查工具,重割重捞。

此切割打捞法,每80~120m(或50~80m)取套1次,直至被套铣套管全部取完。

套铣水泥封固井段以前的水泥帽、空井段,应注意工作液性能始终保持最佳状态。特别是无水泥封固的空井段,应注意工作液的造壁防坍塌性能,泥饼厚度不超过3mm,失水应控制在6~7mL/30L之间,黏度保持在40~45s,工作液循环排量保持在1.3m³/min以上。

4. 套铣水泥封固井段

套铣水泥封固井段即管外水泥环,此时已接近油层部位,深度达500m以下(个别井水泥面在300~400m),地层易坍塌,但有水泥封固,所以套铣钻头既钻铣水泥又扩岩层井壁。此时的钻压、转数、排量应配合良好,平稳套铣钻进。

一般情况下,钻压应随套铣深度增加而相应减少,转数也应按钻压的变化而适当调整,钻压较低,转数应增加;钻压较高,转数应降低,排量应始终保持在1.3~1.5m³/min。

保持平稳套铣钻进,每接换1个单根,均应划眼3~5次,工作液循环正常后,再继续套铣。

以平稳的钻压(80~120kN)、适中的转数(80~100r/min)、较高的排量(1.5m³/min)、较低的泵压(12~15MPa),套铣加深完成对水泥封固井段的套铣,一直套铣到断口以上3~5m,或管外封隔器以上1~2m(一般裸眼封隔器下至油层顶部,680~740m)。

断口以上套管套铣完成并取出套管后,应以一般排量冲洗井壁2~4周期(排量在1m³/min左右),彻底冲洗干净水泥碎块和岩屑,然后准备起套铣筒更换钻头。

5. 套铣断口或管外封隔器

套铣断口或管外封隔器时,一般深度已在600m以下,接近或超过岩层的易坍塌部位。因此在起套铣筒更换套铣钻头前,应调整工作液性能,使造壁防坍塌性能提高,保持工作液的泥饼厚度,减少失水量,使工作液以中等排量循环 2~3 周期(一般排量控制在 1.0~1.2m³/min),使井壁的工作液泥饼均匀光滑,不被冲刷掉,然后快速起钻,在短时间内更换完套铣筒和钻头。

1) 更换Ⅱ型套铣钻头、套铣断口

更换连接好Ⅱ型套铣钻头后,注意钻头入井下放速度不得过快,接近到示踪管柱上端部时,应注意引入示踪管柱到套铣钻头内。套铣钻头及套铣筒沿着示踪管柱下到断口以上接近管外封隔器时,应缓慢下放;同时开泵循环工作液,启动转盘,以较低转数(20~40r/min)边转边下放,当钻压有明显增大时,说明套铣钻头已接触到断口以上水泥环或管外封隔器,此时即正式开始套铣断口或管外封隔器。应保持钻压在 90~120kN,转数在 60~80r/min,排量不低于 1.5m³/min,平稳套铣完断口以上 3~5 根套管或套铣完管外封隔器。然后使用连续方钻杆将套铣钻头套铣通过断口 2~5m,或套铣通过管外封隔器 2~4m。

2) 取出断口以上套管

套铣通过断口与管外封隔器以后,应加深套铣 2~5m,然后上下划眼 3~5 次,以 1.0~1.2m³/min 排量循环 2~3 周期,保持井壁泥饼厚度,然后在套铣筒内将剩余的套管取出。

3) 捞出断口以下原井落物

如断口以下的原井落物无卡阻,则在套铣过断口 2~5m 后,取出断口以上套管,打捞原井落物;如原井落物在断口以下被卡阻则在取出断口以上套管之前,加深套铣到断口以下 20~30m,然后取出上部套管再进行打捞原井落物;如原井落物在断口以下卡阻难于打捞,则可打捞断口,倒掉断口以下被套铣套管,即可带出套管内的原井落物。

6. 修整鱼头

套铣通过断口以下 20~30m,在捞尽原井落物后,开始修整鱼头(断口)。
(1) 划眼 3~5 次,以 1.0~1.2m³/min 排量循环造壁 2~4 周期。
(2) 在套铣筒内下入鱼头修整管柱,管柱结构(自上而下)为:
①钻杆柱、安全接头、锥形铣鞋;
②钻杆柱、安全接头、平底磨鞋;
③钻杆柱、安全接头、凹形铣磨鞋。
(3) 修整鱼头的基本要求:
①用锥形铣鞋修整断口内周边,用平底磨鞋修整断口顶端,用凹形铣磨鞋修整断口外侧边。修整鱼头务必光滑、平整,为下步新套管串入井后补接完井创造条件。
②如断口以下在打捞原井管柱过程中被倒出,而新套管入井完井的又不需固井,则应在井内留有一完好套管接箍,以便新套管串入井后对扣完井。
③修整鱼头(断口)时的钻压应控制在 20kN 以内,转数控制在 60r/min 以内,排量因在套铣筒内循环,故可保持在 1.0~1.2m³/min。
④断口经修整后,应打印核实断口深度、断口修整后的光滑程度。

三、补接、固井、完井

补接、固井、完井的工序步骤是全部换取套管施工工序的最后工序步骤,也是十分重要的施工内容,它的施工成功率、施工质量,将直接影响最后的修复效果。

工序包括:核定断口修整程度、补接、起套铣钻具、固井、候凝、测井、钻水泥塞、补接井段试压、完井收尾等项内容。

(一)核探断口

断口经修整后,应下入大直径平底铅模,核实检测断口的平整、光滑程度及深度,为新套管串的深度计算、补接器的选择等提供依据。

如断口经检测不平整,补接不利,则应采取切割法使断口光滑平整。即在断口以下避开套管接箍 2~3m 处切割套管并取出,可使断口光滑平整,以利补接器抓获。或者采用倒扣法,即将断口以下 1~2 根套管倒出,使井内留有一完好接箍,以便下一步使用新套管入井,对扣完井。但倒扣法难于操作。另外,如需固井完成则不宜对扣完井。

(二)补接

根据断口修整程度及原套管规格,选择补接器型号规格,其原则是:需固井完成的选择铅封注水泥式套管补接器;不需固井完成的,选择封隔器套管补接器或采用对扣法完成。补接器外径应比套铣筒、钻头内径小 6~10mm,以便在套铣筒内顺利下入。

如无合适的补接器或补接器外径较大,在套铣筒内下入困难,则应先起套铣筒后下补接。但在起套铣筒之前,断口处需示踪保鱼,在补接器抓获断口后,再起出示踪管柱以免因井壁垮塌卡埋示踪管柱。

1. 补接套管串结构

补接套管串结构(自上而下)为:新套管串、补接器。

入井套管螺纹应完好无损,涂专用密封脂,旋紧扭矩不低于 3800N·m。

补接器深度按下式计算:

$$l_{cz} = D_c - l_{bj} - l_{bx} \tag{11-14}$$

式中 l_{cz}——上部套管串长度,m;

D_c——补接深度,m;

l_{bj}——补接器长度,m;

l_{bx}——新旧钻台补心差,m。

2. 补接管柱入井

补接器与套管连接后入井,补接器正对套铣筒中间,缓慢入井,在套铣筒内下放速度不超过 2m/s。补接器下至断口以上 1~2m 时,记录套管串悬重,开泵循环工作液,正常后,缓慢下放。

3. 补接

保持工作液循环,同时慢转并下放管柱,当悬重下降 3~5kN 时,应停止下放。确认断口已完全进入补接器引鞋及尾管内时,可继续慢放管柱,使断口部位套管完全进入补接器抓捞卡瓦内,此时悬重下降最多不应超过补接套管串悬重的 30%~50%。

1)铅封注水泥式套管补接器补接

在确认断口已完全进入抓捞卡瓦内后,可慢慢上提管柱,使补接器处于中和点状态,以消除管柱的弹性扭矩(这一点很重要),即暂停 1~2min,然后上提负荷视补接器规格而定。一般原则是不超过补接器铅封压缩的许用负荷。铅封被压缩后,下放管柱,使悬重为压缩铅封时负荷的25%,开泵试压检验补接工具工作状况,试压压力为3.5~7.5MPa,稳压5min,压力降不超过0.5MPa为合格。证明补接工具工作状况良好后,即可慢慢下放管柱,使补接器承受70~90kN的下压负荷,以打开注水泥循环通道,为下步固井做好准备。

2) 封隔器型套管补接器补接

缓慢下放并转动管柱,直至断口进入补接器内顶出密封圈保护套为止。此时管柱悬重不得全部压下,应保留90~100kN的提拉力。当确认断口已完全进入补接器内并顶出密封圈保护套后,则应上提管柱,使补接器内卡瓦卡紧并抓获断口部位。

注意上提负荷不得超过补接器许用提拉负荷(5½in补接器许用提拉负荷一般为1400kN左右)。补接器卡紧断口套管后,补接管柱试压,压力为9~12MPa,30min压力降不超过0.5MPa为合格。

3) 起套铣筒

补接试压合格后,即可起套铣筒。当套铣筒提至补接器时,应注意需缓缓提升通过补接器,稍有悬重变化或遇阻现象,则应正转管柱,不得划碰、刮撞补接器。

起套铣筒之前,应大排量(1.5m³/min以上)冲刷井壁,破坏泥饼,为下一步固井水泥与井壁的胶结创造良好条件(视频11-6)。

视频11-6 套铣筒

(三)固井

(1) 连接地面及井口固井流程管线并试压,试压压力一般不低于20MPa,稳压15min,压力降不超过0.1MPa为合格。

(2) 水泥浆量不超过10m³,可考虑人工配制,水泥车泵入。

(3) 水泥浆量超过10m³,应用下灰车、水泥车配合泵入固井。

(4) 水泥浆上返深度视取套管深度而定。一般情况下,300m左右的取换套管井,水泥应返至地面。超过300m深度,水泥应返至补接器以上100~150m即可。特殊需要的井,可根据地质要求全井固井。

(5) 水泥浆的相对密度一般应达到1.85~1.95,固井水泥用专用油井水泥,标号视井深、井温适当选用。

人工配制水泥浆时,从水泥加水开始配制到完成泵入时间不超过40min。泵注水泥浆时,中途不得停泵。

(6) 泵注水泥浆前,先泵入4~6m³清水为前垫,然后泵注入水泥浆。泵注压力应不超过15MPa,排量不低于0.5m³/min。

(7) 水泥浆泵注完成后,用清水或工作液顶替水泥浆。

(8) 水泥浆用量(全井固井)计算公式:

$$V_{cs} = 1.18 \times [(d_b \times k)^2 - d_\infty^2] D_t \tag{11-15}$$

式中 V_{cs}——水泥浆用量,m³;

d_b——套铣钻头外径,m;

k——钻头扩孔系数,取$k = 1.3$;

d_∞——下入套管外径,m;

D_t——补接器尾管深度,m。

(9)顶替液量(全井固井)计算公式:

$$V_d = V_D + V_{LC} \tag{11-16}$$

式中 V_d——顶替液量,m^3;

V_D——井内套管至补接器深度的容积,m^3;

V_{LC}——地面流程容积,m^3。

泵注顶替液过程中,中途不得停泵,应连续泵注,排量不低于 $0.5m^3/min$,压力不超过 15MPa。顶替液量不得超过或低于计算用量,以免补接器以上无水泥或井内套管内残留水泥塞过高。

(10)关闭补接器注水泥通道,顶替液泵注入完成后,上提管柱,悬重达到补接器许用提拉负荷,关闭补接器的注水泥循环通道,使套管外的水泥浆不能返回到套管内。

(11)候凝72h。

(四)测井

候凝时间达到24h后,应进行声幅测井、声波变密度测井,检查固井质量、水泥与井壁胶结情况。

补接固井后的完井井身结构如图 11-41 所示。

(五)钻水泥塞、冲砂、捞封隔器

候凝72h后,钻掉示踪水泥塞,冲砂、打捞丢手封隔器。

(1)钻水泥塞及冲砂管柱结构(自上而下)为:钻杆柱、开式下击器、配重钻铤、安全接头、刮刀钻头。每隔 5~8 根钻杆,应在接箍处加保护套接头护箍,护箍一般用橡胶件制成。

(2)钻进时,钻压保持 10~15kN,转数控制在 60 r/min 以内,排量不低于 $0.5m^3/min$。钻完水泥塞后,可直接用钻塞管柱冲砂,冲砂排量不低于 $1m^3/min$。冲到封隔器丢手接头时,应保持大排量循环冲洗 3~5 周期,务必将砂子冲净。

(3)打捞丢手封隔器。下钻杆带专用打捞丢手的工具,捞取封隔器,注意上提负荷不超过 200kN(钻杆柱重量除外),使封隔器上提解封。

(4)封隔器捞出后,用通井规或较大直径的铅模通至人工井底,套管通井规或铅模直径比套管内径小 6~8mm 即可。

(六)全井或补接井段试压

通井无异常后,全井试压或补接井段试压,试压压力为 15MPa,或按新钻井标准试压。

补接井段试压时,管柱结构(自上而下)为:油管柱、扩张式封隔器、油管及短节、节流器、扩张式封隔器、尾管、丝堵。

封隔器的上、下卡点距补接井段上、下各 2~4m,避开套管接箍。

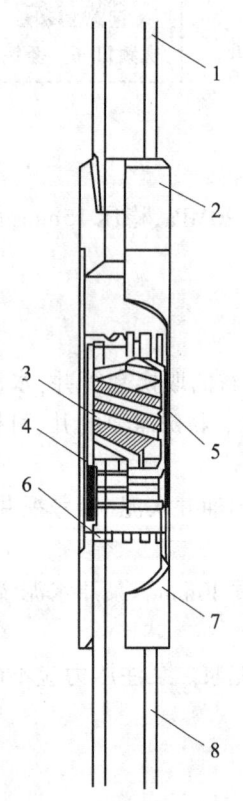

图 11-41 补接固井后井身结构示意图
1—上部新套管串;2—上接头;
3—卡瓦;4—水泥通道;5—卡瓦座;
6—铅封环;7—引鞋;
8—下部原井旧套管

(七)完井

下入完井管柱、装采油井口、替喷、完井。必要时全井酸化处理,以解除钻井液的伤害。

◆◆ 思考题 ◆◆

1. 造成套管损坏的地质方面的原因有哪些?
2. 造成套管损坏的工程方面的因素主要有哪些?
3. 为什么要维持合理的注采压差?
4. 在防止套管腐蚀上,国内外比较成熟的方法有哪几种?
5. 提高套管抗挤强度主要采取什么措施?
6. 安装套管串附件的目的是什么?在管串中使用浮箍的主要作用是什么?
7. 简述梨形胀管器的作用原理,及使用时的注意事项。
8. 偏心辊子整形器的作用原理是什么?
9. 简述三锥辊套管整形器的使用方法和要求。
10. 简述磨铣扩径技术的工艺原理。
11. 铣锥类扩径工具主要有哪些?其各自的适用条件是什么?
12. 简述爆燃整形的适用条件、作业程序。
13. 什么是套管加固?常用的加固方法有哪些?
14. 简述燃爆焊接加固技术的工艺原理。
15. 爆炸焊接的条件是什么?
16. 简述爆炸焊接用加固管的组成和要求。
17. 简述波纹管套管补贴器的补贴工艺原理。
18. 波纹管套管补贴时,如何配制和使用环氧树脂黏结剂?
19. 取换套管的原理是什么?取换套管的修复作业施工主要包括哪几部分?
20. 写出压井液密度计算公式,并标明各个符号表示的意义和单位。
21. 简述套铣钻头的种类、适用条件,并画出示意图。
22. 简述套铣取套的施工步骤。
23. 为什么要适时取套?有哪些规定?
24. 什么时候修整鱼头?有哪些基本要求?
25. 补接管柱入井的要求是什么?
26. 钻水泥塞冲砂管柱结构是怎样的?冲砂时的要求有哪些?

附录
常用名词解释

1. 井下作业

利用一套地面和井下设备、工具,对油气田开发采取各种井下技术措施,以达到提高生产井产量,改善井下技术状况和油气田开发效果,提高最终采收率的目的。这一系列井下技术工艺称为井下作业。它包括油井分层开采,水井分层注水,油、气、水井压裂和酸化,油、气、水井堵水,油、气层防砂治砂,油、气、水井大修等。因此,井下作业已成为实现油、气田长期高产稳产和改善开发效果的重要手段。

2. 压井作业

指在具有自喷能力的油、气、水井进行井下作业时,先用水泥车把压井液泵入井内,使井内液柱压力略大于油、气、水层静止压力,避免油、气层内的油、气、水喷出地面,然后进行井下作业。

3. 压井液

指在压井作业中能防止井喷的液体。常用的压井液有清水、盐水、钻井液等。要根据地层压力大小选择不同密度的压井液,密度小了压不住井,密度过大会把井压漏、压死,影响油、气层生产能力和油层吸水能力。

4. 循环法压井

把配好的压井液泵入井内进行循环,将密度较大的压井液替入井筒,这种压井方法称循环法压井。

循环法压井分为正循环和反循环两种。压井液从油管、套管环形空间泵入,从油管返出称反循环压井,此法多用于压力高产量大的井。压井液从油管泵入,从油管、套管环形空间返出称正循环压井,此法多用于压力低、气量大的井。

5. 挤注法压井

指用高压挤入压井液,把井内的油、气、水压进地层,以达到压井的目的。此法多用于砂堵、蜡堵或其他事故不能进行循环的井。其缺点是压井时可能将脏物挤入油、气层,对油、气层造成污染。

6. 喷水降压法

指注水井作业时将注入地层的水大量放喷,以降低井底压力,便于拆卸井口装置,进行井下作业。此法消耗注水补充的部分能量,同时各层喷出的水量无法计量,故一般不采用此法。

7. 不压井、不放喷作业

不压井、不放喷作业也称加压起下作业。不压井作业是指自喷井不压井、注水井不放喷进行起下管柱作业。它是使用一套控制装置来克服管柱的上顶力,在井内保持高压的情况下实现安全起下管柱。这种井下作业方法可避免油、气层污染和损耗地层能量。

8. 压裂

利用地面高压泵将压裂液挤入油、气层,使油、气层产生裂缝或扩大原有裂缝,然后再挤入支撑剂,使裂缝不能闭合,从而提高油、气层的渗流能力,这种工艺措施称为压裂。

9. 压裂液

在压裂过程中,向井内油、气层挤入的液体统称压裂液。根据施工不同阶段和不同作用,可分为:

前置液,也称预压液,指压开裂缝加砂之前所用的液体,起破裂油、气层的作用;

携砂液,将支撑剂携带到裂缝中,同时还起延伸裂缝和冷却地层的作用;

顶替液,将携砂液替入裂缝中。

压裂液性能直接影响压裂效果和成本高低,因此要求压裂液具有一定黏度、滤失少、悬砂能力强、摩阻低、性能稳定、配伍性好、易排泄、成本低等优点。

10. 压裂液类型

指根据压裂液的基液性质划分的种类。常用的压裂液分为三类:一是水基压裂液,包括盐水与活性水压裂液、稠化水压裂液、水包油压裂液、水基凝胶压裂液等;二是油基压裂液,包括稠化油压裂液、凝胶原油压裂液、油包水压裂液等;三是其他类型压裂液,包括聚合物乳状压裂液、泡沫压裂液、酸基压裂液、液化气压裂液等。

11. 支撑剂

指油、气层压开裂缝后,充填到裂缝中的一种固体颗粒。它的作用是支撑裂缝不闭合。使油、气层具有较高的渗透率,以达到增产、增注的目的。因此要求支撑剂具有足够的强度、颗粒大小均匀、圆度好、杂质少、价格便宜等优点。

12. 支撑剂类型

按支撑剂的力学性质可分为两大类:脆性支撑剂,包括石英砂、玻璃球、陶粒等;韧性支撑剂,包括核桃壳、铝球、塑料球等。

13. 破裂压力

指油、气层岩石开始产生裂缝时的井底压力。可用下列公式进行计算:

$$p_f = G_{Df} \times H_d$$

式中 p_f——破裂压力,MPa;

G_{Df}——破裂压力梯度,MPa/m;

H_d——油、气层深度,m。

14. 破裂压力梯度

指地层深度每增减1m破裂压力的变化值,其大小与岩石性质、埋藏深度、微裂缝等有关。据大量资料统计,破裂压力梯度在15~18kPa/m至22~25kPa/m之间变化。一般认为小于15~18kPa/m产生垂直裂缝,大于23kPa/m则产生水平裂缝。因此深地层易产生垂直裂缝,浅地层易产生水平裂缝。

15. 含砂比

指单位体积携砂液中砂子的质量比或体积比,即每立方米携砂液中有多少千克支撑剂;或每立方米携砂液中有多少升支撑剂。含砂比过高或过低,对压裂效果都有不良影响,因此要根据携砂液的性能,裂缝的渗滤性,以及液体的流速等确定合理的含砂比。

16. 分层压裂

分层压裂也称选择性压裂,是指用压裂车进行多层分压或单独压开预定的层位。这种方法多用于射孔完成的井。

由于处理井段小,压裂强度大,因而增产增注效果好。这种方法可分为上提封隔器法和滑套喷砂器分层压裂法等。

17. 多裂缝压裂

指一次压裂能产生多条裂缝的压裂工艺技术。常用的方法有塑料球封堵法、暂时堵塞剂法等。前者多用于射孔完成的井,后者多用于裸眼完成井、射孔井段套管变形不宜用封隔器卡开的井以及固井质量不好容易窜槽的井。

18. 限流压裂

指采用严格控制油(气)层射孔密度,提高注入排量,使最先压开的油(气)层吸收大量压裂液而增大孔眼摩阻,造成井底压力剧增,迫使压裂液分流,从而相继压开邻近油(气)层,达到一次压开几个油(气)层的目的。这种压裂方法的优点是一次能压开几个层至20个层,并能压开厚度小于0.4m的薄油(气)层,而且对套管、水泥环及隔层损坏小。

19. 脱砂压裂

指能控制裂缝长度、增大裂缝宽度、提高裂缝导流能力的一种水力压裂工艺。压裂时,通过控制前置液用量和施工排量,使携砂液达到裂缝尖缝端附近时,前置液完全滤失,携砂液脱砂形成砂堵,阻止裂缝延伸。当地面继续加砂时,裂缝长度不增加,而宽度不断增大,从而形成短而宽的具有高导流能力的裂缝。

20. 高砂比压裂

指裂缝中铺砂浓度大于 $10kg/m^2$ 的一种压裂工艺。这种压裂的关键技术是采用"坡阶式分段法",即低砂比阶段时间相当短,在 2~5min 内使砂比达到30%以上,在大部分作业时间内以高砂比泵入,实现用少量的压裂液把砂子带入裂缝,使裂缝中的铺砂浓度达到 $10kg/m^2$ 以上。这种压裂方法可造成具有高导流能力的裂缝,从而提高压裂的增产增注效果。

21. 冻胶酸压裂

指利用冻胶酸或稠化酸作前置液压开并延伸裂缝,然后泵入携砂液,形成砂支撑的酸蚀缝,以提高储层的导流能力。

22. 高能气体压裂

高能气体压裂(High Energy Gas Fracturing,HEGF)。指利用火药或火箭推进剂燃烧产生的高温、高压气体压开多条径向裂缝以获得增产、增注效果的方法。这种压裂方法具有施工简便、成本低、无污染的优点,为低产低压井改造提供了新手段。

23. 酸化

酸化是指把地面配制的酸液经井筒挤入油(气)层中,酸液溶解井底及其附近油(气)层中的堵塞物,恢复油(气)层原有的渗透率;酸液还能溶解碳酸盐岩、钙质胶结物,增加油(气)流通道,降低油(气)渗流阻力,从而达到增产增注的目的。

24. 酸液种类

指酸化和酸处理时所采用的酸液品种,常用的有盐酸、甲酸、乙酸、多组分酸、乳化酸、稠化酸、泡沫酸等。

25. 酸液的添加剂

在酸化和酸处理时要在酸液中加入某些化学物质,以改善酸液的性能并防止酸液在地层中产生有害的影响,这些化学物质统称为酸液的添加剂。常用的添加剂有缓蚀剂、缓速剂、稳定剂、表面活性剂等;有时还要加入增黏剂、减阻剂、暂时堵塞剂、破乳剂、杀菌剂等。

26. 酸液溶解能力系数(ρ_{100})

指单位质量纯酸反应所能溶解的矿物质量,可用下式表示:

$$\rho_{100} = \frac{矿物的相对分子质量 \times 矿物在反应方程式中的摩尔数}{酸的相对分子质量 \times 酸在反应方程式中的摩尔数}$$

27. 酸液溶解能力(x)

单位体积酸液与岩石中某种矿物完全反应所能溶解的体积,称为该酸液对该矿物的溶解能力,可用下式表示:

$$x = \frac{溶解能力系数 \times 酸液密度}{岩石密度}$$

28. 酸洗

指在酸化前用稀盐酸溶液在井筒中进行循环冲洗,以清除井壁、井筒中的泥饼、残留钻井液及注酸管内的铁锈等脏物,以保持酸液浓度不变,从而提高酸化效果。

29. 酸浸

酸浸是将浓度在6%以下的酸液泵入井内,关井2~6h,使黏附在孔眼的盐类和油气层表面的堵塞物被溶解掉,再用大排量将井内脏物冲洗干净,以提高酸化效果。

30. 热酸处理

指把酸液加热后再挤入地层。热酸对碳酸盐类的作用速度比普通温度的酸快3~4倍,缩短酸化时间,增强溶解性,从而提高酸化效果。

31. 选择性酸化

挤酸前,在控制高吸水层启动压力的条件下,把由聚乙烯醇加硼砂组成的暂堵剂挤入高吸水层,暂时封堵,迫使泵压提高,当泵压达到低吸水层或不吸水层启动压力时,酸液自动挤入这些油层,以达到恢复和提高其吸水能力的目的。

32. 压裂酸化

压裂酸化又称酸压,指用酸液作压裂液,不加砂的压裂。或者用高黏液体当前置液,先把地层压开裂缝,然后再挤入酸液,这种方式称为前置液压裂酸化或称填塞酸压。压裂酸化多用于碳酸盐岩地层,使裂缝壁面凹凸不平而不能闭合,从而增加地层渗透能力,达到增产的目的。

33. 暂堵酸化

指用携带液将暂堵剂带入井内封堵高渗透层,然后再挤酸、酸化中低渗透率层。

34. 分层酸化

指用分隔器或堵塞球进行分隔,使酸液分别进入各层段。这是一种提高多产层纵向改造效果的有效方法。

35. 闭合酸化

采用常规酸液压开地层后停泵,等待裂缝闭合,再以低于地层破裂压力略高于闭合压力的处理压力,将酸液挤入闭合或部分闭合的裂缝中,使地层产生不规则刻蚀裂缝及深度较大的流通沟槽,而面积较大的未被刻蚀的裂缝面,就能支撑住裂缝,使之不闭合,这种酸化工艺称为闭合酸化。它适合于某些较软的碳酸盐岩储层。

36. 盐酸处理

指用一定浓度的盐酸处理油、气层,溶解其孔道表面的碳酸盐类及黏土等胶结物,同时也可清除储层表面的泥饼、钻井液及铁锈等堵塞物。盐酸与石灰岩、白云岩发生化学作用生成可溶的盐类,其反应式如下:

$$CaCO_3 + 2HCl \longrightarrow CaCl_2 + CO_2 \uparrow + H_2O$$

$$CaMg(CO_3)_2 + 4HCl \longrightarrow MgCl_2 + CaCl_2 + 2CO_2 \uparrow + 2H_2O$$

新生成的氯化钙($CaCl_2$)和氯化镁($MgCl_2$)都能溶解于水,新生成的二氧化碳(CO_2)是气体也能溶解于水。所以在酸处理后,用自喷或抽汲方式将反应后的废酸液,包括溶解其中的盐类排出地面。这样就可增大储层孔道,提高渗透率,达到增产增注的目的。

37. 土酸处理

指用浓度为10%~15%的盐酸和浓度为3%~8%的氢氟酸与添加剂组成的混合液(土酸)处理油、气层。盐酸可溶解地层中的碳酸盐类和铁、铝等,而氢氟酸可溶解硅酸盐类,其反应式如下:

$$SiO_2 + 4HF \longrightarrow SiF_4 \uparrow + 2H_2O$$

$$CaAl_2Si_2O_8 + 16HF \longrightarrow CaF_2 \downarrow + 2AlF_3 + 2SiF_4 \uparrow + 8H_2O$$

新生成的氟化硅(SiF_4)是气体,但新生成的氟化钙(CaF_2)不溶于水,会沉淀下来堵塞储层。所以在硫酸盐和硅酸盐含量较高的油、气层中,常先用盐酸处理后,再用土酸进行处理。

38. 堵水

指用机械或挤化学剂等方法把高含水层或层内高含水段封堵,以缓解层间和层内矛盾,使未见水层或低含水层充分发挥作用。堵水要选准时机,堵早了影响堵水层发挥作用,堵晚了影响其他层发挥作用。另外,还要避免"堵后难采""堵后无采"的现象出现。

39. 机械堵水

指用封隔器、套管补贴等技术将需要封堵的高含水层堵住。

40. 化学堵水

指用化学剂封堵高含水层。化学堵水大致可分为选择性堵水和非选择性堵水两大类,其优点是不受套管变形及损坏的影响,弥补了机械堵水的不足。

41. 非选择性堵水

指将封堵剂挤入油井的高含水层内,凝固成一种不透水的人工隔板,阻挡注入水流入井内。这种堵水方法有效期较长,但堵住了整个层段,没有选择性。常用的封堵剂有水玻璃、合成树脂、水泥等。

42. 选择性堵水

指将具有选择性的堵水剂挤入需要封堵的高含水油层,使堵水剂与高含水层中的水发生物理化学作用,产生一种固态或胶态阻碍物,阻止注入水流入井内。这种堵水剂挤入含水层时,与油不发生作用,能随油气被采出。这种方法的优点是只堵油层的含水部分,含油部分不会堵塞。常用的堵水剂有乳化石蜡、活性稠油、松香皂等。

43. 水玻璃堵水

将水玻璃溶液、柴油和氯化钙溶液,依次挤入水淹层或高含水层,使水玻璃与氯化钙在地层内相遇,生成白色硅酸钙沉淀,堵塞地层孔隙和孔道,以达到堵水的目的,其反应式如下:

$$Na_2SiO_3 + CaCl_2 \longrightarrow 2NaCl + CaSiO_3 \downarrow$$

这种封堵剂来源广、成本低、施工安全、封堵效果较好,但要对非封堵层采取保护措施,避免伤害。

44. 合成树脂堵水

将以氢氧化钠作触媒的219#酚醛树脂,按一定比例加入固化剂——草酸,混合均匀后加热至草酸完全溶解树脂为止,然后挤入高含水层或水淹层,便可形成坚固不透水屏障,达到堵水的目的。

45. 水泥浆堵水

利用水泥浆在凝固过程中见水变硬的性质,打水泥塞封堵下层水,挤入窜槽井段封堵窜槽水,或挤入高含水层或水淹层,以达到堵水的目的。

46. 乳化石蜡堵水

将乳化石蜡溶液挤入水淹层,再挤入一定数量的破乳剂。在水淹层中,破乳后的硬脂酸和石蜡凝聚在水淹层砂粒表面,堵塞了水淹层;在油层中,破乳后的硬脂酸和石蜡则形成小颗粒悬浮在原油中,可随油流排出地面。

47. 活性稠油堵水

把加入表面活性剂的稠油挤入高含水层,使油相渗透率提高,水相渗透率降低;另外活性稠油遇水后形成性能稳定的油包水型乳状液,可增大对水流的阻力,因活性油与地层原油为同相,不会阻止其流动,因而可起到阻止水窜入井内,降低油井含水率的作用。

48. 松香皂堵水

由于地层水含有大量钙、镁离子,当松香皂液与之相遇后可生成松香酸钙和松香酸镁沉淀,把水淹层孔隙堵塞,起到堵水的作用,而出油层不含钙、镁离子,所以不会发生堵塞。

49. 封隔器堵水

指利用封隔器将高含水层与出油层隔开,以达到封堵高含水层的目的。

50. 底水封堵

指在靠近油水界面上部,挤入树脂、硅酸钙、硅酸溶液等封堵剂,在井底附近形成人工隔板,阻止底水锥进。

51. 防砂
利用各种措施和方法,防止油、气层出砂以堵塞井底称为防砂。

52. 防砂方法分类
指按防砂机理及工艺条件,对防砂方法划分的种类。一般可分为机械防砂、化学防砂、砂拱防砂等。

53. 探砂面
指用光油管在井筒内试探砂柱顶面的位置。根据油管下入深度和人工井底深度就可算出砂柱面的位置。

54. 人工井壁防砂法
人工井壁防砂法也称颗粒防砂法,是指把具有特殊性能的水泥浆、树脂、核桃壳及树脂砂浆等挤入油层出砂部位,这些物质凝固后形成一层既坚固又有渗透性的人工井壁,可起到阻止油(气)层砂子流入井内而不影响油(气)井的生产。

55. 人工胶结砂层防砂法
人工胶结砂层法也称液体防砂法,是指从地面向油(气)层挤入胶结剂和增孔剂,使胶结剂固化,将井壁附近的疏松砂层胶固,起到防砂的作用。常用的方法有酚醛树脂溶液防砂,酚醛溶液地下缩聚防砂等。

56. 砾石充填防砂法
先将割缝衬管或绕丝筛管下入井内出砂井段,将经过选择的砾石用高质量的液体送至衬管或筛管外面,形成一定厚度的砾石层,可阻止砂子流入井内,但对油流不受影响。这种方法又分为裸眼砾石充填与套管内砾石充填两种。

57. 高温固砂法
由氢氧化钙、碳酸钙、有机硅烷低聚物及增乳剂、分散剂等组成的高温固砂剂,在高温条件下,其中的有机硅化合物经过水解,表面脱水使有机硅化合物的一端与地层砂以硅氧键的形式结合,形成蜂窝状结构,将地层砂固结在一起,造成具有一定渗透率和强度的人工井壁,从而起到防砂的作用。这种固砂方法多用于蒸汽吞吐出砂的井。

58. 冲砂
指向井内打入液体,利用高速液流将砂堵冲散,并将砂子带出地面。按冲砂时的冲洗循环方式可分为:正冲砂——冲砂液从油管注入,从油、套管环形空间返出;反冲砂——冲砂液从油、套管环形空间注入,从油管返出;正反冲砂——先用正冲砂方式冲散砂堵,使泥砂呈悬浮状态,然后迅速改用反冲砂方式,将泥砂带出地面。

59. 冲砂液
指用来解除砂堵的液体。要求冲砂液具有一定黏度,保证有良好的携砂能力;具有一定的密度,形成液柱压力,防止井喷;不伤害油层;来源广、价格便宜等性能。常用的冲砂液有油、水、乳状液和汽化液等。

60. 捞砂
指利用提升设备将捞砂筒下入井内捞取积砂。常用的捞砂筒有活塞式捞砂筒和真空捞砂筒两种。捞砂一般用于油层压力较低、砂堵不严重、井深较浅、不宜采用冲砂的井。

61. 窜槽
各层段套管与水泥环或水泥环与井壁之间互相窜通称为窜槽或管外窜槽。造成窜槽的原因有:固井质量不好,射孔把水泥环震裂;井下作业时压差过大将管外地层憋窜;套管损坏造成窜槽等。

62. 验窜
验窜也称找窜。可用封隔器、同位素测井、声波测井、井温测井等方法进行验证,并可确定窜槽的层位。

63. 封隔器找窜
用两个封隔器卡住要验窜的层段,用不同压力从油管挤入液体,观察套管压力或溢流量变化,即可判断是否窜槽及窜槽量的大小。

64. 同位素测井找窜
往地层内挤入含放射性液体,用同位素测井仪录取放射性曲线,与井的自然放射性曲线进行比较,放射性强度有明显增加的井段,说明管外窜槽。

65. 封窜
指对已找到的窜槽进行封堵,通常采用循环法、挤入法、填料水泥浆法等方法。

66. 循环法封窜
将水泥浆以循环而不憋压的方式替入窜槽内,水泥凝固后,可达到封窜的目的,这种方法称为循环法封窜。

67. 挤入法封窜
将水泥浆挤入窜槽内,以达到封窜的目的,这种方法称为挤入法封窜,适用于窜槽体积大、形状不规则的井。

68. 填料水泥浆法封窜
在水泥浆挤入并充满窜槽段后,接着挤入填料水泥浆堵死窜槽的进口,避免水泥浆反吐,以达到封堵的目的,这种方法称为填料水泥浆法封窜。

69. 套管损坏类型
指按套管损坏的性质和程度划分的种类。一般分为套管变形、套管破裂、套管错断和套管外漏四种。

70. 套管变形整形技术
指根据套管变形的程度,采用相应的工艺措施修复变形的套管。通常采用胀管修复法、爆炸整形法和磨铣整形法三种。

71. 胀管修复法
指采用各种形状的整形器顿击胀管整形。常用的整形器有梨形胀管器、长圆形鼻状整形器、偏心辊子整形器、旋转震击套管整形器、滚球套管整形器等。

72. 爆炸整形法
将合乎要求的适量炸药,放在特制的爆炸筒内,下到套管变形位置引爆,冲击波将套管变形部分向外鼓胀,使套管变形得到恢复,这种方法称为爆炸整形法。

73. 磨铣整形法
指用锥形磨鞋或锥形铣鞋把套管凸出的部分磨掉,并从套管损坏处挤入水泥浆进行封固。

74. 套管补贴技术
指利用井下黏合剂,将特制的金属波纹管紧紧地黏贴在套管的破损处,以恢复套管的正常使用功能。常用的方法有封隔器环氧树脂波纹管贴补、旋转卡瓦波纹管贴补、玻璃纤维波纹管贴补等。

75. 环氧树脂波纹管贴补
在耐高压的橡胶筒(即封隔器)上套着波纹管,其两端靠卡环固定,上连树脂缸和扶正器,下连平衡压力的喷嘴。下到井内套管损坏处后,憋压将橡胶筒膨胀而胀圆波纹管,靠波纹管上所带的树脂缸挤出的环氧树脂黏合剂将波纹管紧贴在套管损坏处。等候24h树脂固化后即可使用。

76. 旋转卡瓦波纹管贴补
将外面包裹一层涂环氧树脂黏结剂的玻璃布,用下井管柱下到套管破损处。然后旋转钻杆,通过丝杆等部件的作用使卡瓦胀开,固定顶套与波纹管的位置,再上提井下管柱,胀头胀开波纹管,使之紧贴于破损套管内壁,等待固化。

77. 玻璃纤维波纹衬管贴补

把外层涂有催化剂的塑料瓦梭状玻璃纤维布缠绕在涂有防黏剂的胶筒上制成的玻璃纤维衬管,下到井内套管损坏位置。从管柱加液压鼓胀胶筒,将玻璃纤维波纹衬管紧紧挤压在破损处。保持压力12~24h,待塑料固化后,经试压合格,即可恢复生产。

78. 井下事故

在井下作业时或生产管理过程中,由于卡钻、井下落物等原因,影响生产井正常生产,甚至使生产井报废的事件称为井下事故。

79. 卡钻

管柱在井下仅能在很小的范围内活动或转动,不能上起时称为卡钻。卡钻的类型很多,有砂卡、蜡卡、落物卡、套管变形卡、水泥卡等。

80. 井下落物

凡是掉入或断落在井内的物体称为井下落物,俗称落鱼。一般分为管类落物、杆类落物、小物件落物和绳类落物四大类。

81. 鱼顶与鱼底

井下落物的顶部称为鱼顶。鱼顶井深指鱼顶所在井下位置的深度。

鱼底是指井下落物的底部。鱼底井深指鱼底所在井下位置的深度,即鱼顶深度加上落物(鱼)的长度。

82. 探鱼

利用油管或钻杆带铅模等工具,在井内探测落鱼的深度和位置的过程称为探鱼。

83. 印模法检测

利用专用管柱下接铅模、蜡模、泥模、胶模等打印工具,对井下落鱼或套管损坏程度等进行打印,对印痕进行描绘、分析、判断,搞清鱼顶、套损点等的几何形状、尺寸和深度位置,这种方法称为印模法检测。

84. 摸鱼

利用油管或钻杆下带打捞工具,在井下寻找落鱼,拨正落鱼,使之进入打捞工具内的过程称为摸鱼。

85. 方入与方余

打捞井下落物时,所使用的打捞管柱上部方钻杆进入转盘以下的长度称为方入;方钻杆上部所剩余的长度称为方余。

86. 鱼顶方入和造扣方入

根据鱼顶深度计算的打捞工具端部碰到鱼顶时,所使用的打捞管柱上部的方钻杆进入转盘的长度称为鱼顶方入。

当打捞工具(公锥或母锥)下到可以造扣到造扣结束,或打捞工具(卡瓦打捞筒)下到可以进行打捞的井深时,打捞管柱上部方钻杆进入转盘的尺寸称为造扣方入。

87. 卡点

指钻具或其他物品在井内被卡的具体位置。

88. 打捞

指利用各种打捞工具捞取井下落物。

89. 硬捞与软捞

用油管、抽油杆、钻杆等连接打捞工具,下到井内进行打捞称为硬捞。用钢丝绳、钢丝连接加重杆、铅锤或油管和打捞工具下入井内进行打捞称为软捞。

90. 打捞工具分类

指按打捞工具的结构形式所划分的种类,一般分为锥类、矛类、筒类、强磁类、篮类、钩类六种形式。

91. 锥类打捞工具

指一种专门在管类落物(油管、钻杆、封隔器、配水器等)的内孔或外壁上进行造扣而实现打捞目的的专用工具。这种工具打捞成功率较高、操作简便,但对管壁过薄的鱼头、自由落物等不能使用,捞住鱼头后一旦拔不动,退出工具较难。常用的有公锥、母锥等。

92. 矛类打捞工具

指既能打捞自由落物,又能打捞遇卡落物,形状像矛一样的打捞工具。常用的有滑块捞矛、接箍捞矛、可迟式捞矛等。

93. 筒类打捞工具

指用来打捞管、杆类落物的打捞工具。常用的有不可退式卡瓦打捞筒、可退式卡瓦打捞筒、短鱼顶捞筒、测井仪打捞筒、抽油杆打捞筒等。

94. 强硬打捞工具

指利用磁铁吸铁的原理打捞铁类小物件的专用打捞工具,如磁铁打捞器等。

95. 篮类打捞工具

指用来打捞小落物、绳类、非金属碎块的打捞工具,常用的有反循环打捞篮、老虎嘴等。

96. 钩类打捞工具

指专门用来打捞绳、缆、钢丝等落物的打捞工具,按其结构形式可分为内钩、外钩、内外组合钩、壁钩、活齿外钩等几种形式。

97. 公锥与母锥

指打捞钻杆或油管及其他管类落物的一种打捞工具。

公锥是一个通心圆锥体,其两端车有螺纹,上端用来连接钻杆或油管,下端特制螺纹用来打捞落物。公锥下端有正扣和反扣两种,正扣公锥直接用来造扣打捞管件,反扣公锥是为倒扣用的。

母锥是一个锻制的短钢管,其顶上车有内扣,便与钻杆连接,下部车有锥形的内打捞扣,扣上带有切削槽,用来打捞钻杆、油管等。母锥也有正扣与反扣之分。

98. 打捞矛

是从管子内壁打捞管类落物的一种工具。

用上提下放和不同方向转动,使打捞矛进入管类落物的内腔,然后逐渐向上拧紧,使打捞矛的卡瓦在重力和管壁摩擦力的作用下,向圆柱杆的下端移动,直到打捞矛的圆柱杆和卡瓦与管壁内表面牢牢卡死为止,起钻将落物捞出。

99. 卡瓦打捞筒

是一种捞油管、钻杆的打捞工具,由壳体、卡瓦、配合接头和引鞋等部件组成。

当引鞋切口把落鱼引进打捞筒后,继续下放打捞筒,落鱼上顶卡瓦,迫使卡瓦克服弹簧的阻力而沿斜面向上移动,打捞筒内径变大,落鱼通过卡瓦上行一段距离后,开始上提打捞筒,卡瓦在弹簧和摩擦力作用下沿斜面下滑,直径越来越小,从而卡住管身,上提捞出落物。

100. 磁铁打捞器

用来打捞钳牙、卡瓦牙、都头、阀球座等小物件的一种打捞工具,由接头、壳体、顶部磁极、永久磁极、底部磁极、青铜套和铣鞋等组成。

磁铁打捞器由钻杆或油管下入井内,开泵进行正反循环,将落物聚集在井底中心,停泵后加压吸落物,平稳起钻捞起小落物。

101. 一把抓

是用来打捞单独落井小物件的工具,如钢球、钳牙、卡瓦等。把一把抓下入预定位置后,变换几个方向下放,寻找最大的放入位置。找到这个位置后,交替进行加压与旋转,使牙齿向里包卷,将落物包在里面,起出一把抓就可以捞出落物。

102. 老虎嘴
是用无缝钢管氧焊割成老虎嘴状的打捞钢丝绳的工具。打捞时将老虎嘴下至鱼顶上部，开泵冲洗后，旋转不同方向并上下活动，待落物进入嘴腔后，稍加压起钻捞出落物。

103. 活页式打捞器
指由接头、主体、活页和引鞋组成的打捞工具。活页中间有开豁圆孔，一端有绞链固结，可向上开启，当抽油杆进入活页打捞器后即顶开活页，鱼顶进入一定长度后活页下落，使抽油杆进入活页开口，上起打捞器时活页卡住抽油杆的接头，将它带至地面。

104. 捞钩
指用于打捞弯曲抽油杆的打捞工具。打捞时，将钩子下至第二根抽油杆之上接头，然后转动一两圈，使抽油杆进入钩子内，上提钩子卡住落物接头而被捞出。

105. 施工一次成功率
指成功工序与实施工序的百分比。成功工序指符合质量标准和录取资料标准的工序；实施工序指实际施工中的工序。

参考文献

[1] 胡博仲主编. 油水井大修工艺技术. 北京:石油工业出版社,1998.
[2] 董国永主编. 井下作业 HSE 风险管理. 北京:石油工业出版社,2002.
[3] 唐仁栋,麻建群主编. 井下作业班长. 北京:石油工业出版社,1993.
[4] 车仕华主编. 井下工程. 北京:石油工业出版社,1997.
[5] 董国永主编. 安全监督. 北京:石油工业出版社,2003.
[6] 万仁溥,罗英俊主编. 采油工程手册(第五分册). 北京:石油工业出版社,1989.
[7] 万仁溥主编. 现代完井技术. 北京:石油工业出版社,2000.
[8] 游亨淮主编. 井下作业工. 北京:石油工业出版社,1996.
[9] 扬川东主编. 采气工程. 北京:石油工业出版社,1996.
[10] 张琪主编. 采油工程原理与设计. 东营:石油大学出版社,2000.
[11] 李文华主编. 采油工程. 北京:中国石化出版社,2004.
[12] 中国石油天然气集团公司人事服务中心编. 井下作业工(上、下册). 北京:石油工业出版社,2004.
[13] 中国石油天然气总公司人事教育局. 修井工程. 北京:石油工业出版社,1992.
[14] 刘合主编. 油田套管损坏防治技术. 北京:石油工业出版社,2003.
[15] 于宝新主编. 油田开发专业技术知识精读本. 北京:石油工业出版社,2004.
[16] 谢南屏主编. 钻井工程. 北京:石油工业出版社,1997.
[17] 崔德明主编. 井下作业 300 例上册. 东营:石油大学出版社,2002.
[18] 陈庭根主编. 钻井工程理论与技术. 东营:石油大学出版社,2000.
[19] 胡盛忠主编. 石油工业新技术及标准规范手册. 哈尔滨:哈尔滨地图出版社,2004.
[20] F M 李著. 水泥和混凝土化学. 3 版. 唐明述等,译. 北京:中国建筑工业出版社,1980.
[21] 陈福煊主编. 油气田测井原理与解释. 北京:石油工业出版社,1990.
[22] 刘万赋,吴奇主编. 井下作业监督. 北京:石油工业出版社,1996.
[23] 徐同台,赵敏,熊友明等编著. 保护油气层技术. 2 版. 北京:石油工业出版社,2003.
[24] 吴奇主编. 井下作业工程师手册. 北京:石油工业出版社,2004.
[25] 罗平亚著. 储集层保护技术. 北京:石油工业出版社,1999.
[26] 何生厚主编. 胜利油区油气层保护技术. 东营:石油大学出版社,2003.
[27] 罗英俊主编. 油田开发生产中的保护油层技术. 北京:石油工业出版社,1996.
[28] 曲占庆主编. 采油工程基础知识手册. 北京:石油工业出版社,2002.
[29] 文浩,杨存旺主编. 试油作业工艺技术. 北京:石油工业出版社,2004.
[30] 文浩主编. 试油作业工艺技术. 北京:石油工业出版社,2002.
[31] 王鸿勋,张士诚主编. 水力压裂设计数据计算方法. 北京:石油工业出版社,1998.
[32] 郝瑞主编. 钻井工程. 北京:石油工业出版社,1989.
[33] 万仁溥主编. 采油工程手册. 北京:石油工业出版社,2000.
[34] 吴奇主编. 井下作业监督. 北京:石油工业出版社,2003.
[35] 吴志义. 修井工程. 北京:石油工业出版社,1996.
[36] 聂海光,王新河主编. 油气田井下作业修井工程. 北京:石油工业出版社,2002.
[37] 李克向主编. 保护油气层钻井完井技术. 北京:石油工业出版社,1993.
[38] 中国石油天然气集团公司职业技能鉴定指导中心编. 井下作业工. 北京:石油工业出版社,2012.
[39] 石兴春主编. 井下作业工程监督手册. 北京:中国石化出版社,2008.
[40] 步玉环,王德新主编. 完井与井下作业. 东营:中国石油大学出版社,2006.
[41] 杨国圣主编. 井下作业工艺技术. 北京:中国石化出版社,2013.